全国高等医药院校教材

物 理 学 教 程

（供中医、中西医结合、中药、制药、药理、制剂、
针灸、推拿、护理、中医工程等专业使用）

（第三版）

主　编　顾柏平（南京中医药大学）

东 南 大 学 出 版 社
·南京·

内容提要

本教材根据卫生部制定的高等中医药院校医药及相关专业的物理学课程的教学大纲,结合多年来各中医药院校的专业设置和教学实践,由全国多所中医药院校共同协作编写而成。为了适应当前的教学形势的需要,我们又组织相关院校的老师对教材进行系统性审读和修订。教材共13章,包括了力学、热学、光学、电学和量子物理等经典物理和近代物理的内容。

本教材重视基本概念和基本理论的阐述,在保证基本理论体系的前提下,注重理论联系实际,力求反映物理成就在医药上的应用成果。教材内容重点突出,深入浅出,叙述简练。本教材主要作为全国高等中医药院校医药及相关专业的物理学课程的教材,也可作为其他院校相关教师及科研人员的参考用书。

图书在版编目(CIP)数据

物理学教程/顾柏平主编. —3版. —南京:东南大学
出版社,2016.7(2021.12 重印)
全国高等医药院校教材
ISBN 978-7-5641-6514-7

Ⅰ.①物… Ⅱ.①顾… Ⅲ.①物理学—医学院校—教材
Ⅳ.①O4

中国版本图书馆(CIP)数据核字(2016)第 107028 号

物理学教程(第三版)

主　　编	顾柏平	电　　话	(025)83795627/83362442(传真)
责任编辑	陈　跃	电子邮件	chenyue58@sohu.com
出版发行	东南大学出版社	出 版 人	江建中
地　　址	南京市四牌楼2号	邮　　编	210096
销售电话	(025)83794121/83795801		
网　　址	http://www.seupress.com	电子邮箱	press@seupress.com
经　　销	全国各地新华书店	印　　刷	江苏省地质测绘院
开　　本	787mm×1092mm　1/16	印　　张	17.75
字　　数	454 千字		
版印次	2016 年 7 月第 3 版　2021 年 12 月第 4 次印刷		
书　　号	ISBN 978-7-5641-6514-7		
定　　价	53.00 元		

* 本社图书若有印装质量问题,请直接与营销部联系。电话:025-83791830

再 版 前 言

本教材是一本供全国高等中医药院校医药及相关专业使用的物理学教材。该教材主要依据卫生部制定的高等中医药院校医药专业的物理学课程的教学大纲,根据各院校现有专业设置的实际情况和多年的教学实践,结合当今科技发展趋势和对学生综合素质的要求,由全国多所中医药院校教师共同编写而成。

为了适应当前教学的需要,我们又组织相关学校的老师,对教材进行了系统性的审读,并在第二版的基础上对部分内容作了增删,使之更有利于教学。各院校可根据不同的教学层次以及不同专业的教学时数对教学内容进行选择。全教材共有 13 章,内容包括力学、热学、电学、光学和量子力学等经典物理学和近代物理学的内容。

在重编和再版过程中,我们重视对基本概念和基本理论的阐述,在保证理论的系统性和完整性的同时,特别强调其应用性,力求反映物理成就在医药研究中的应用,以拓展学生的知识视野,培养学生的学习兴趣,提高学生学习物理的积极性和主动性。

在本教材的重编和再版过程中,我们得到了各相关兄弟院校的各级领导和同行专家们的大力支持和帮助,在此一并表示感谢。

由于编者水平有限,加之时间仓促,书中难免有错误和不妥之处,恳请广大师生和读者批评指正。

编 者

2016 年 7 月

目 录

1

刚 体 的 转 动

物体的运动往往是很复杂的,只有当物体的形状和大小与所研究的问题无关时,物体才可以被当做质点来处理。例如,汽车沿公路行驶,可以被看做质点的运动。但是,如果要研究汽车轮子的转动,轮子就不能简单地被看做质点。实际上,在许多问题中,物体的运动是直接与其形状、大小有关的。比如,大到地球的自转、小到原子及原子核的转动(称之为自旋)等等,这时,物体就再也不能被看做为质点了。

在外力作用下,物体总要或多或少地发生一些形变。但在某些问题中,物体的形状和大小变化很小,可以忽略。这样,为了便于问题的深入研究而引入刚体这一理想模型。所谓**刚体**,是指无论在多大的外力作用下,其形状和大小都不发生任何变化的物体。因此,刚体上任意两点之间的距离永远保持不变。

平动和定轴转动是刚体最简单和最基本的两种运动形式。刚体的任何运动都可以看成是其质心的平动和绕通过质心轴转动的合成。在刚体运动过程中,如果刚体上任意一条直线在各个时刻的位置始终彼此平行,这样的运动称为**平动**。根据平动的定义可以得出,刚体做平动时,其各点的运动状况是完全相同的。知道了刚体上任一点(比如质心)的运动,整个刚体的运动情况也就知道了。因此,做平动的刚体可以被当做质点来处理,描述质点运动的各种物理量,如速度、加速度等等,以及质点力学的规律都适用于描述刚体的平动。本章主要讨论刚体定轴转动的描述方式和它所遵循的力学规律。

1.1 刚体定轴转动的描述

刚体运动时,如果刚体的各个质点在运动中都绕同一根直线做圆周运动,这种运动称为转动,这根直线称为转动轴(简称转轴)。如果转轴相对于所取的参考系固定不动,那么这种转动称为**定轴转动**。比如,机床飞轮的转动就是定轴转动。定轴转动是刚体最简单的一种转动形式。除非特别说明,本章主要讨论刚体定轴转动及其性质。

刚体定轴转动具有如下特点:

(1)除转轴上的点以外,刚体上其他各个质点都绕转轴做圆周运动,但各个质点做圆周运动的半径不一定相等。

(2)各质点做圆周运动的平面垂直于轴线,圆心是该平面与轴线的交点。

(3)各质点与圆心的连线,在相同时间内转过的角度是相同的,因此,只需要一个独立的转角(变量)就可以确定定轴转动刚体的位置。

如图 1-1 所示,设刚体绕转轴 OO' 做定轴转动。根据定轴转动的特点,在描写刚体的转动时,通常取任意一个垂直于定轴

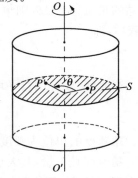

图 1-1　刚体转动的描述

1

OO' 的平面 S 作为参考平面,该平面与刚体同步转动,所以又称为**转动平面**。根据转动平面的运动情况,就可以确定整个刚体的运动情况。当刚体做定轴转动时,转动平面上各点的线量,比如位移、速度和加速度等各不相同,用这些物理量来描述刚体的运动显然是比较复杂的,也是不适用的。因此,考虑到刚体转动的特点,采用角量(角坐标、角位移、角速度和角加速度等)对转动的刚体做整体的描述。

1.1.1　角坐标与角位移

如图 1-2 所示,取垂直于转轴的任一转动平面,P 为该平面上的任意一质点,O 为转动平面与转轴的交点。规定水平向左为参考方向,从圆心 O 到 P 点的有向线段称为 P 点的**矢径**,一般用符号 r 表示。矢径与参考方向的夹角 θ 称为**角坐标**,它是描写刚体位置的一个变量。当选取不同的参考方向时,角坐标的值也不相同。通常规定:以参考方向为准,矢径 r 沿逆时针方向旋转,角坐标为正($\theta > 0$);矢径 r 沿顺时针方向旋转,角坐标为负($\theta < 0$)。刚体做定轴转动时,其角坐标 θ 将随时间连续地改变,用函数 $\theta = f(t)$ 表示,此函数关系就称为刚体定轴转动的转动方程。通常角坐标的单位是弧度(rad)。

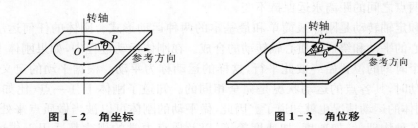

图 1-2　角坐标　　　　　　　　　　图 1-3　角位移

如图 1-3 所示,设 t 时刻质点在 P 点,角坐标为 θ;在 $t + \Delta t$ 时刻,质点到达 P' 点,角坐标为 $\theta + \Delta\theta$,则角坐标的增量 $\Delta\theta$ 称为**角位移**。

角位移是一个矢量,其大小就等于矢径 r 转过的角度;对于定轴转动来说,由于只有逆时针、顺时针两个转动方向,因而角位移的方向可用正负号表示,一般规定沿逆时针方向转动的角位移为正,沿顺时针方向转动的角位移为负。角位移的单位也是弧度(rad)。

1.1.2　角速度

角速度是用来描述刚体转动快慢和转动方向的物理量。假设在 $t \sim t + \Delta t$ 时间内刚体转动的角位移为 $\Delta\theta$,则角位移与所用时间之比称为刚体在这段时间 Δt 内的**平均角速度**,用 $\bar{\omega}$ 表示,即

$$\bar{\omega} = \frac{\Delta\theta}{\Delta t} \tag{1-1}$$

当时间 $\Delta t \rightarrow 0$ 时,平均角速度的极限值称为 t 时刻的**瞬时角速度**,用 ω 表示,即

$$\omega = \lim_{\Delta t \to 0} \frac{\Delta\theta}{\Delta t} = \frac{\mathrm{d}\theta}{\mathrm{d}t} \tag{1-2}$$

角速度的单位为弧度/秒(rad/s)。

角速度是矢量,其大小由式(1-1)和式(1-2)确定,而方向则由**右手螺旋法则**确定:将右手拇指伸直,其余四指平行并拢并沿旋转方向弯曲,这时拇指所指的方向就是角速度 $\boldsymbol{\omega}$ 的方向,如图 1-4 所示。当刚体同时参与多个转动时,其总角速度是各个分转动的角速度

的矢量和。

在任意相等的时间内,如果刚体转过的角位移都相等,或 ω 始终不变,那么这种转动称为匀速转动。

1.1.3 角加速度

角加速度是用来描述刚体转动角速度变化性质的物理量。设刚体在 t 时刻的角速度为 ω_0,在 $t+\Delta t$ 时刻的角速度为 ω,则角速度的增量 $\Delta\omega=\omega-\omega_0$ 与时间 Δt 之比,称为在 Δt 这段时间内刚体转动的**平均角加速度**,用 $\overline{\beta}$ 表示,即

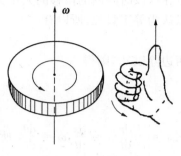

图 1-4 右手螺旋法则

$$\overline{\beta}=\frac{\Delta\omega}{\Delta t} \tag{1-3}$$

取 Δt 趋近于零的极限值,得到

$$\beta=\lim_{\Delta t\to 0}\frac{\Delta\omega}{\Delta t}=\frac{d\omega}{dt} \tag{1-4}$$

β 称为在 t 时刻刚体转动的**瞬时角加速度**,简称**角加速度**。若 β 不变,则称为匀变速转动;对匀速转动,$\beta=0$。角加速度的单位是弧度/秒^2(rad/s^2)。

角加速度 β 也是矢量,由式(1-4)可知,β 的方向与角速度 ω 的变化情况有关;对于定轴转动,当刚体转动加快时 β 和 ω 方向相同,当刚体转动减慢时 β 与 ω 方向相反。

刚体做匀速和匀变速转动时,用角量表示的运动方程与质点做匀速直线运动和匀变速直线运动的运动方程极其相似,均可通过对式(1-4)和式(1-2)的逆运算,即积分运算得到。匀速转动($\beta=0$)的运动方程为

$$\theta=\theta_0+\omega t \tag{1-5}$$

匀变速转动(β 不变)的运动方程为

$$\omega=\omega_0+\beta t$$
$$\theta=\theta_0+\omega t+\frac{1}{2}\beta t^2 \tag{1-6}$$
$$\omega^2=\omega_0^2+2\beta(\theta-\theta_0)$$

其中,β 为匀变速转动的角加速度,θ_0、ω_0 分别为 $t=0$ 时刻的角坐标、角速度(即初始条件),θ、ω 分别为 t 时刻的角坐标、角速度。

1.1.4 角量与线量的关系

在研究刚体转动时,通常把描写质点位移及其变化快慢等性质的物理量叫**线量**,而把描写刚体转动的角位移及其变化快慢等性质物理量叫做**角量**。定轴转动刚体上的每个质点(轴线上的点除外)都做圆周运动。所以,要描写刚体上某质点的运动,可以用线量,也可以用角量。因此,角量与线量之间必然有一定的关系。

如图 1-5 所示,刚体在很短的时间 Δt 内的角位移为 $\Delta\theta$,P

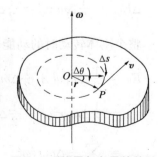

图 1-5 线量与角量的关系

点在这段时间内的位移的大小为 $|\Delta \boldsymbol{r}|$ (即为弦长),相应弧长为 Δs。当 Δt 极小时,弦长可以认为等于弧长,所以有

$$|\,\mathrm{d}\,\boldsymbol{r}\,| = \mathrm{d}s = r\mathrm{d}\theta$$

两边除以 $\mathrm{d}t$,则得

$$\frac{|\,\mathrm{d}\,\boldsymbol{r}\,|}{\mathrm{d}t} = \frac{\mathrm{d}s}{\mathrm{d}t} = r\frac{\mathrm{d}\theta}{\mathrm{d}t} \tag{1-7}$$

而 $v = \dfrac{|\,\mathrm{d}\boldsymbol{r}\,|}{\mathrm{d}t} = \dfrac{\mathrm{d}s}{\mathrm{d}t}, \omega = \dfrac{\mathrm{d}\theta}{\mathrm{d}t}$,所以上式改写为

$$v = r\omega \tag{1-8}$$

写成矢量形式为

$$\boldsymbol{v} = \boldsymbol{\omega} \times \boldsymbol{r} \tag{1-9}$$

将(1-8)式两边对 t 求导数,由于 r 是恒量,故得

$$\frac{\mathrm{d}v}{\mathrm{d}t} = r\frac{\mathrm{d}\omega}{\mathrm{d}t} \tag{1-10}$$

即

$$a_t = r\beta \tag{1-11}$$

这就是切向加速度 a_t 与角加速度 β 之间的关系式。把 $v = r\omega$ 代入向心加速度的公式 $a_C = v^2/r$,可得到

$$a_C = v\omega = r\omega^2 \tag{1-12}$$

这就是向心加速度 a_C 与角速度 ω 之间的关系式。

1.2 转动动能 转动惯量

1.2.1 转动动能

刚体可以看成是由许多质元所组成的,每个质元又可近似地看做为质点,因而刚体可近似看做质点组。设各质点的质量分别为 Δm_1、Δm_2、$\cdots$、Δm_n,各质点与转轴的距离分别为 r_1、r_2、$\cdots$、r_n。当刚体绕定轴转动时,各质点的角速度 ω 相等,但线速度不尽相同。

设第 i 个质点的线速度为 $\boldsymbol{v}_i$,其大小为 $v_i = r_i\omega$,则相应的动能为

$$\Delta E_{Ki} = \frac{1}{2}\Delta m_i v_i^2 = \frac{1}{2}\Delta m_i r_i^2 \omega^2 \tag{1-13}$$

整个刚体转动时的动能是所有质点的动能之和,即

$$\begin{aligned} E_K &= \frac{1}{2}\Delta m_1 v_1^2 + \frac{1}{2}\Delta m_2 v_2^2 + \cdots + \frac{1}{2}\Delta m_n v_n^2 \\ &= \frac{1}{2}\Delta m_1 r_1^2 \omega^2 + \frac{1}{2}\Delta m_2 r_2^2 \omega^2 + \cdots + \frac{1}{2}\Delta m_n r_n^2 \omega^2 \\ &= \sum_{i=1}^{n} \frac{1}{2}\Delta m_i r_i^2 \omega^2 \end{aligned} \tag{1-14}$$

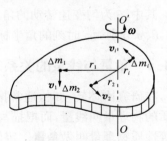

图 1-6 刚体转动惯量

因子 $\dfrac{\omega^2}{2}$ 对各质点都相同,可从括号内提出,所以刚体转动动能为

$$E_{\mathrm{K}} = \frac{1}{2}\left(\sum_{i=1}^{n}\Delta m_i r_i^2\right)\omega^2 \qquad (1-15)$$

式(1-15)中括号内的量常用 I 来表示,称为刚体对给定转轴的**转动惯量**,因此刚体的**转动动能**可写成

$$E_{\mathrm{K}} = \frac{1}{2}I\omega^2 \qquad (1-16)$$

式中

$$I = \sum_{i=1}^{n}\Delta m_i r_i^2 \qquad (1-17)$$

1.2.2　转动惯量

由式(1-17)可知转动惯量等于刚体中各个质点的质量与这一质点到转轴的距离平方的乘积之和,即所有质点的质量与其转动半径的平方的乘积之和。把转动动能与平动动能公式相比较可知,转动惯量对应于平动的惯性质量,它是刚体转动时转动惯性大小的量度。转动惯量的单位是千克·米²($\mathrm{kg \cdot m^2}$)。

对于质量连续体分布的刚体,式(1-17)则应写成积分形式

$$I = \int r^2\mathrm{d}m = \int r^2\rho\mathrm{d}V \qquad (1-18)$$

式中,$\mathrm{d}V$ 为体元的体积,$\mathrm{d}m$ 为体元的质量,ρ 为体元处的质量体密度(即单位体积刚体的质量),r 为体元与转轴之间的距离。

对于质量连续面分布的刚体,式(1-17)则应写成积分形式

$$I = \int r^2\sigma\mathrm{d}S \qquad (1-19)$$

式中,$\mathrm{d}S$ 为面元的面积,$\mathrm{d}m$ 为面元的质量,σ 为面元处的质量面密度(即单位面积的刚体的质量),r 为面元与转轴之间的距离。

对于质量连续线分布的刚体,式(1-17)则应写成积分形式

$$I = \int r^2\lambda\mathrm{d}l \qquad (1-20)$$

式中,$\mathrm{d}l$ 为线元的长度,$\mathrm{d}m$ 为线元的质量,λ 为线元处的质量线密度(即单位长度的刚体的质量),r 为线元与转轴之间的距离。

以上三式的积分范围为刚体质量分布的区域。

从转动惯量的定义可以看出,刚体的转动惯量与下列因素有关:① 与刚体的质量有关,一般来说质量大的转动惯量大。② 在质量一定的情况下,还与质量的分布有关,即与刚体的形状、大小和密度有关。③ 与转轴的位置有关,例如同一均匀细长棒,对于通过棒的中心并与棒垂直的转轴和通过棒的一端并与棒垂直的另一转轴,转动惯量是不相同的,后者较大。所以只有明确了刚体质量、形状、大小及转轴以后,转动惯量才有意义。

几种形状简单、密度均匀的物体对不同转轴的转动惯量如表1-1所示。

表 1-1 几种特殊形状的物体的转动惯量

物体	转轴	图示	转动惯量	物体	转轴	图示	转动惯量
细杆（质量 m、长度 l）	(a) 过中心垂直于杆身		$\frac{1}{12}ml^2$	圆环（质量 m、半径 R）	(a) 过中心与环面垂直		mR^2
	(b) 过一端垂直于杆身		$\frac{1}{3}ml^2$		(b) 沿一直径（不计宽度）		$\frac{1}{2}mR^2$
薄圆盘（质量 m、半径 R）	(a) 过中心垂直盘面		$\frac{1}{2}mR^2$	圆球（质量 m、半径 R）	沿一直径		$\frac{2}{5}mR^2$
	(b) 沿一直径		$\frac{1}{4}mR^2$				

1.2.3 平行轴定理

如图 1-7 所示，刚体对任意一根转轴 Oz 的转动惯量 I 与对通过其质心的平行轴 Cz' 的转动惯量 I_C 之间有如下关系：

$$I = I_C + mh^2 \qquad (1-21)$$

式中，m 为刚体的总质量，h 为两平行轴之间的距离。式(1-21)称为**平行轴定理**。应用该定理可以很方便地求出刚体绕与通过其质心的转轴相平行的任意一根转轴的转动惯量。

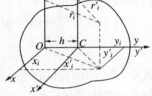

图 1-7 平行轴定理

1.2.4 正交轴定理

设有一薄板状刚体，通过其上面任一点 O 有三根正交坐标轴，z 轴垂直于板面，x、y 轴在板面内，如图 1-8 所示，则

$$I_z = \sum_{i=1}^{n}(\Delta m_i r_i^2) = \sum_{i=1}^{n}\Delta m_i(x_i^2 + y_i^2)$$
$$= I_x + I_y \qquad (1-22)$$

式中，$I_x = \sum_{i=1}^{n}\Delta m_i y_i^2$，$I_y = \sum_{i=1}^{n}\Delta m_i x_i^2$。式(1-22)称为**正交轴定理**，它表明薄板状刚体对板面内两相互垂直轴的转动惯量之和，等于该刚体对通过该两轴之交点且垂直于板面的轴的转动惯量。

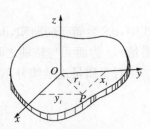

图 1-8 正交轴定理

1.2.5 转动惯量的叠加性

如图 1-9 所示，刚体由两球 A、C 及细杆 B 组成，它对转轴 OO' 的转动惯量为 I，根据式(1-17)很容易得到

$$I = I_A + I_B + I_C \qquad (1-23)$$

式中，I_A、I_B 和 I_C 分别是 A、B 和 C 对转轴 OO' 的转动惯量。式

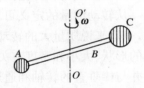

图 1-9 转动惯量叠加性

(1-23)表明,由几部分物体组成的刚体对转轴的转动惯量等于其各部分物体对同一轴的转动惯量之和。这一叠加性是利用实验方法来测定特殊形状物体的转动惯量的基本依据。

【例 1-1】 如图 1-10 所示,质量为 m、长为 l 的均匀细棒绕离质心 C 为 h 的 O 点且垂直于棒的轴转动,求该棒的转动惯量。

【解】 沿细棒取坐标轴 Ox,原点 O 位于棒与垂直转轴 OO' 的交点。在细棒上坐标为 x 处取一长为 dx 的质元,其质量为 $dm = \lambda dx$,其中 $\lambda = m/l$ 为细棒的质量线密度。根据转动惯量的定义和式(1-20),细棒对 OO' 轴的转动惯量为

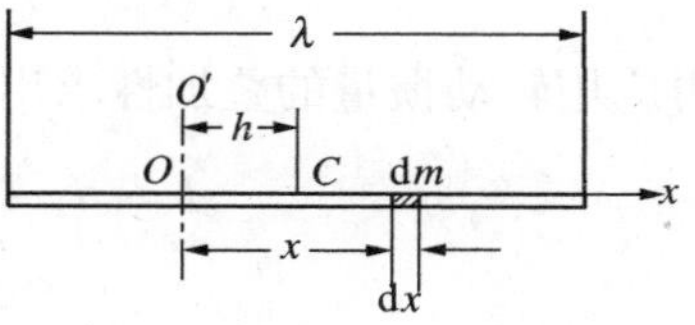

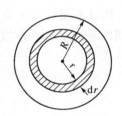

图 1-10 均匀细棒的转动

$$I = \int_{-\frac{l}{2}+h}^{\frac{l}{2}+h} x^2 \lambda dx = \frac{1}{3}\lambda\left(\frac{l}{2}+h\right)^3 - \frac{1}{3}\lambda\left(-\frac{l}{2}+h\right)^3$$

$$= \frac{\lambda l^3}{12} + \lambda l h^2 = \frac{1}{12}ml^2 + mh^2$$

$$= I_C + mh^2$$

上式与平行轴定理一致。若转轴通过棒的中心且与棒垂直,则 $h=0$,$I = ml^2/12$;若转轴通过棒的一端且与棒垂直,则 $h=l/2$,$I = ml^2/3$。

【例 1-2】 如图 1-11 所示,为质量 m、半径为 R 的均匀薄圆盘,求其绕通过盘心且垂直于盘面的轴的转动惯量。

【解】 设圆盘质量面密度为 σ,$\sigma = m/\pi R^2$,取半径为 r,宽为 dr 的细圆环作为质元,其质量为 $dm = \sigma dS = (m/\pi R^2)2\pi r dr$,所以质元对转轴的转动惯量 dI 为

$$dI = r^2 dm = \frac{m}{\pi R^2}2\pi r^3 dr$$

于是,圆盘对给定轴的转动惯量 I 为

$$I = \int_0^R \frac{m}{\pi R^2}2\pi r^3 dr = \frac{2m}{R^2}\int_0^R r^3 dr = \frac{1}{2}mR^2$$

图 1-11 均匀薄圆盘

【例 1-3】 如图 1-12 所示,两小球的质量分别为 m_1 和 m_2,分别连在一根质量为 M、长为 $2l$ 的均匀刚性细棒的两头,整体绕通过细棒中心 O 且与棒垂直的竖直轴转动,求在下列情况下,物体总的转动惯量:(1)不计小球的尺寸;(2)小球的半径分别为 r_1 和 r_2。

【解】 把物体视为刚体,应用刚体转动惯量的叠加性和平行轴定理求解。

(1)两小球 m_1 和 m_2 绕轴的转动惯量分别为

$$I_1 = m_1 l^2, \quad I_2 = m_2 l^2$$

棒的转动惯量为

$$I_C = \frac{Ml^2}{3}$$

总的转动惯量为

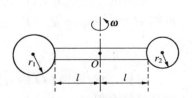

图 1-12 转动惯量的叠加

$$I = I_1 + I_2 + I_C = m_1 l^2 + m_2 l^2 + \frac{1}{3}Ml^2$$

（2）计入小球的尺寸大小后，首先应用平行轴定理求出各小球对转轴的转动惯量

$$I_1 = I_{C1} + m_1(l+r_1)^2 = \frac{2m_1r_1^2}{5} + m_1(l+r_1)^2$$

$$I_2 = I_{C2} + m_2(r_2+l)^2 = \frac{2m_2r_2^2}{5} + m_2(r_2+l)^2$$

再应用转动惯量的叠加性求出总的转动惯量为

$$I = I_1 + I_2 + I_C$$
$$= \frac{2m_1r_1^2}{5} + m_1(l+r_1)^2$$
$$+ \frac{2m_2r_2^2}{5} + m_2(l+r_2)^2 + \frac{Ml^2}{3}$$

1.3 转动定律

1.3.1 力矩

对于质点来说，要使其运动状态发生改变必须施加力的作用。与此对应，要使原来静止的刚体以某一角速度转动，或者使转动的刚体改变其角速度，则必须对刚体施加外力矩。设刚体所受外力 F 在垂直于转轴 OO' 的平面内，如图 1-13(a) 所示，力的作用线和转轴之间的垂直距离 d 称为力对转轴的力臂。力和力臂的乘积称为力对转轴的**力矩**，用 M 表示，其大小为

$$M = Fd$$

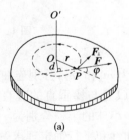
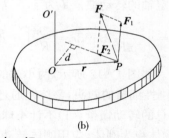

(a)　　　　　　　(b)

图 1-13　力　矩

设力的作用点为 P，P 点至转轴 OO' 的垂直距离为 d，相应的矢径为 r。从图 1-13(a) 可知，$d = r\sin\varphi$，φ 是力 F 与矢径 r 之间的夹角（$F_\perp$ 与矢径 r 垂直），所以上式也可写成

$$M = Fr\sin\varphi = rF_\perp \tag{1-24}$$

可见，力对转轴 OO' 的力矩也等于从转轴到该力作用点的距离 r 和该力垂直于矢径 r 的分量的乘积。

力矩是矢量，其大小由式（1-24）确定，而方向可按右手螺旋法则确定，其方法如下：就是指四指并拢与大拇指垂直且在同一平面内，让右手四指沿矢径 r 的方向，经过小于平角的

角度转到力 F 的方向,此时拇指的方向就是力矩 M 的方向。将式(1-24)改写成矢量式,

$$M = r \times F \qquad (1-25)$$

如果刚体所受的作用力不在垂直于转轴的平面内,那就必须把外力分解为两个互相垂直的分力,一个是与转轴平行的分力 F_1,它不能使物体转动;另一个是与转轴垂直的分力 F_2,它才能使物体转动。如图1-13(b)所示。力矩的单位为米·牛顿(m·N)。

1.3.2 转动定律

刚体运动的动力学规律可以在牛顿运动定律的基础上演绎和推导出来。

图1-14表示一个绕垂直于转动平面过 O 点且绕 Oz 轴转动的刚体,t 时刻的角加速度为 β,P_i 为构成刚体的任一质点在 t 时刻所经过的位置,质点的质量为 Δm_i,P_i 点离转轴的距离为 r_i,相应的矢径为 r_i。设刚体绕轴转动的角速度和角加速度分别为 ω 和 β,此时质点 P_i 所受外力为 F_i,内力 f_i(刚体中其他各质点对质点 P_i 所施作用力的合力)。设 F_i、f_i 都在转动平面内且与 r_i 的夹角分别为 φ_i 和 θ_i。根据牛顿第二定律可得

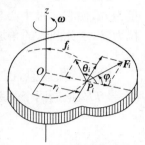

图1-14 转动定律推导

$$F_i + f_i = (\Delta m_i)a_i \qquad (1-26)$$

式中的 a_i 是质点 P_i 的加速度。质点 P_i 绕转轴做圆周运动,可把力和加速度都沿径向和切向分解。由于径向力的方向是通过转轴的,其力矩为零,对转动无影响,因此,可不予考虑。切向分量的方程如下

$$F_i \sin\varphi_i + f_i \sin\theta_i = (\Delta m_i)a_{it} = (\Delta m_i)r_i\beta \qquad (1-27)$$

式中 $a_{it} = r_i\beta$ 是质点 P 的切向加速度,左边表示质点 P_i 所受力的切向分力。在式的两边各乘以 r_i 可得到

$$F_i r_i \sin\varphi_i + f_i r_i \sin\theta_i = (\Delta m_i)r_i^2\beta \qquad (1-28)$$

可见左边第一项是外力 F_i 对转轴的力矩,第二项为内力 f_i 对转轴的力矩。

同理,对刚体中全部质点都可写出类似的方程。把这些式子全部相加,则有

$$\sum_i F_i r_i \sin\varphi_i + \sum_i f_i r_i \sin\theta_i = (\sum_i \Delta m_i r_i^2)\beta \qquad (1-29)$$

上式左边第二项表示内力对转轴的力矩的代数和,由于内力总是成对出现的,每一对都是大小相同、方向相反、力臂相同,因此该项等于零,即

$$\sum_i f_i r_i \sin\theta_i = 0 \qquad (1-30)$$

于是,式(1-29)写成

$$\sum_i F_i r_i \sin\varphi_i = (\sum_i \Delta m_i r_i^2)\beta \qquad (1-31)$$

式(1-31)的左边是刚体所有质点受的外力对转轴力矩的代数和,称为**合外力矩**,用 M 表示;式(1-31)右边的 $\sum_i^n \Delta m_i r_i^2$ 是刚体的转动惯量 I。于是,式(1-31)可写成为

$$M = I\beta \tag{1-32}$$

此式表明,刚体做定轴转动时,刚体的角加速度与它所受合外力矩成正比,与它的转动惯量成反比(M、I、β都是对同一根转轴而言的),这一关系称为**转动定律**。它体现了刚体转动的规律性,是刚体动力学的一个基本方程式。用矢量式表示时,转动定律可写作为

$$\boldsymbol{M} = I\boldsymbol{\beta} = I\frac{\mathrm{d}\boldsymbol{\omega}}{\mathrm{d}t} \tag{1-33}$$

式(1-33)是瞬时关系式,一定的力矩作用于刚体,就会产生相应的角加速度。

【例1-4】 如图1-15所示,一只均匀圆盘,半径为R,质量为m,使它通过中心与盘面垂直的转轴转动,在盘边缘上施一拉力T,求此圆盘的角加速度及圆盘边缘上切向加速度(摩擦力不计)。

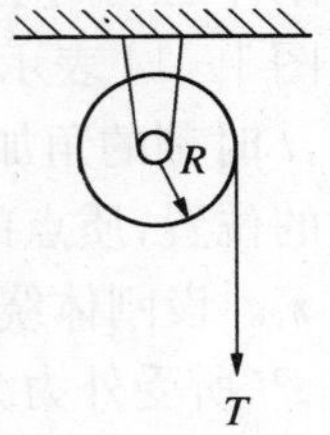

【解】 依题意,圆盘的转动惯量$I = mR^2/2$,受到的力矩$M = TR$,把这两个关系式代入式(1-32)中,则得

$$TR = \frac{1}{2}mR^2\beta$$

于是求得圆盘的角加速度为

$$\beta = \frac{2T}{mR}$$

图1-15 定轴转动

圆盘的切向加速度为

$$a_t = R\beta = \frac{2T}{m}$$

【例1-5】 复摆。如图1-16所示,设质量为m的复摆绕通过某点O与摆面垂直的水平转轴做微小摆动(也称振动),求运动方程及摆动周期。($\theta < 5°$)

【解】 该图代表复摆中包含质心C的一个截面,O是悬挂点,O、C两点的距离为l,绕过O点轴的转动惯量为$I_\circ$。根据转动定律得到

$$-mgl\sin\theta = I_\circ\beta$$

因为$\theta < 5°$,所以$\sin\theta \sim \theta$;根据定义,$\beta = \mathrm{d}\theta^2/\mathrm{d}t^2$,得到运动方程

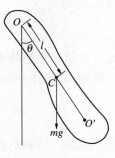

图1-16 复摆

$$\frac{\mathrm{d}\theta^2}{\mathrm{d}t^2} + \frac{mgl\theta}{I_\circ} = 0$$

此方程的解为

$$\theta = \theta_0\cos\left(\sqrt{\frac{mgl}{I_\circ}}t + \alpha\right)$$

其中,θ_0为摆幅(即振幅),α为初位相,它们由初始条件决定,有关内容请参见第10章。

1.4 力矩的功 动能定理

1.4.1 力矩所做的功

如图 1-17 所示,刚体在垂直于转轴的平面内的外力 **F** 作用下,在 dt 时间内绕轴产生一极小的角位移 $d\theta$,力 **F** 作用点 P 的位移大小近似为 $ds = rd\theta$,r 为 P 点的矢径长度,位移与矢径垂直,与 **F** 的夹角为 θ。根据功的定义,力 **F** 在这段位移上所做的功为

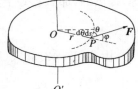

$$dA = F\cos\theta ds = Fr\cos\theta d\theta \qquad (1-34)$$

因为 $\theta + \varphi = 90°$,所以 $\cos\theta = \sin\varphi$。又因 $M = Fr\sin\varphi$,故上式可写成

图 1-17 力矩做功

$$dA = Md\theta \qquad (1-35)$$

式(1-35)表明,刚体在力矩的作用下产生了角位移 $d\theta$,则力矩所做的元功 dA 等于力矩 M 和角位移 $d\theta$ 的乘积。

在恒力矩 M 作用下刚体转过 θ 角,力矩对刚体所做的功为

$$A = M\theta \qquad (1-36)$$

在变力矩作用下刚体从 θ_1 转到 θ_2,则力矩对刚体所做的功为

$$A = \int_{\theta_1}^{\theta_2} Md\theta \qquad (1-37)$$

刚体做定轴转动时,外力对刚体做功是通过合外力矩的功的形式表现出来的。由于刚体内部各质元的相对位置保持不变,因而合外力矩只能使刚体转动。

1.4.2 动能定理

从转动定律 $M = I\beta$ 出发可以推导出刚体定轴转动中的动能定理。

从

$$\beta = \frac{d\omega}{dt} = \frac{d\omega}{d\theta}\frac{d\theta}{dt} = \omega\frac{d\omega}{d\theta} \qquad (1-38)$$

得

$$M = I\left(\omega\frac{d\omega}{d\theta}\right) \qquad (1-39)$$

于是有

$$Md\theta = I\omega d\omega = d\left(\frac{1}{2}I\omega^2\right) \qquad (1-40)$$

当刚体的角速度从 t_1 时刻的 ω_1 改变为 t_2 时刻的 ω_2 时,在这过程中,合外力矩对刚体所做的功为

$$A = \int_{\theta_1}^{\theta_2} Md\theta = \int_{\omega_1}^{\omega_2} d\left(\frac{1}{2}I\omega^2\right) = \frac{1}{2}I\omega_2^2 - \frac{1}{2}I\omega_1^2 \qquad (1-41)$$

式(1-41)是**动能定理**在刚体转动情况下的积分表述形式,它表示合外力矩对刚体所做的功等于刚体转动动能的增量。在式(1-41)中,θ_1、ω_1 是刚体起始时的角坐标、角速度;θ_2、

ω_2 是刚体末了时的角坐标、角速度。

1.4.3 机械能守恒定律

式(1-41)也可以表达为

$$A = E_{K_2} - E_{K_1} \tag{1-42}$$

式中，E_{K_2}、E_{K_1} 分别代表刚体始、末态的转动动能。如果功 A 是有势力(比如重力、电场力等)提供的，那么它等于势能(比如重力势能、电势能等)的减少，即

$$A = -(E_{P_2} - E_{P_1}) \tag{1-43}$$

由式(1-42)和式(1-43)得到

$$E_{K_1} + E_{P_1} = E_{K_2} + E_{P_2} \tag{1-44}$$

式中，$E_{K_1} + E_{P_1} = E_1$ 表示刚体在起始位置的机械能，$E_{K_2} + E_{P_2} = E_2$ 表示刚体在末了位置的机械能。式(1-44)表明，仅在有势力作用下转动时刚体的机械能守恒，也称为机械能守恒定律。

【例1-6】 在例1-4中，如果在拉力线的一端悬挂一质量为 m' 的小物体，设拉力线上的张力为 T，当物体由静止下落 h 时，试证系统的机械能守恒。

【解】 已知拉力线上的张力为 T，取物体 m' 为研究对象，取加速度 a 向下为正，则根据牛顿第二定律有：

$$m'g - T = m'a \tag{1}$$

取圆盘为研究对象，根据转动定律得到：

$$TR = \frac{1}{2}mR^2\beta \tag{2}$$

又因

$$a = a_t = R\beta \tag{3}$$

解(1)、(2)、(3)三式的联立方程得到：

$$a = \frac{2m'}{m + 2m'}g \tag{4}$$

物体 m' 从静止开始匀加速下落 h 的距离后具有速度 v，则有

$$v^2 = 2ah \tag{5}$$

在下落过程中只有重力对系统做功，此时所做功为

$$A = m'gh \tag{6}$$

由(4)、(5)、(6)三式得到：

$$m'gh = m'g\frac{v^2}{2a} = \frac{1}{2}m'v^2\left(\frac{g}{a}\right) = \frac{1}{2}m'v^2\left(\frac{m+2m'}{2m'}\right) = \frac{1}{4}(m+2m')v^2$$

对该式作 $I = mR^2/2$，$\omega = v/R$ 的代换，得到：

$$m'gh = \frac{m'v^2}{2} + \frac{I\omega^2}{2} \tag{7}$$

这里，$m'gh$ 是初始时刻系统的机械能；$(m'v^2/2)+(I\omega^2/2)$ 是末了时刻系统的机械能，它包括圆盘的转动动能 $I\omega^2/2$ 和物体 m' 的平动动能 $m'v^2/2$。因此，此时系统机械能守恒。

1.5　角动量定理　角动量守恒定律　定点转动

1.5.1　角动量的概念

设刚体在恒定的合外力矩 $\boldsymbol{M}$ 的作用下作定轴转动，转动惯量为 I，t 时刻的角速度为 ω_1，$t+dt$ 时刻的角速度 $\omega_2=\omega_1+d\omega$，则角加速度为 $\beta=d\omega/dt$，根据转动定律得：

$$M = I\beta = \frac{Id\omega}{dt} \tag{1-45}$$

或

$$Id\omega = I(\omega_2 - \omega_1) = Mdt \tag{1-46}$$

即

$$I\omega_2 - I\omega_1 = Mdt \tag{1-47}$$

式（1-47）中，$I\omega$ 表示刚体的转动惯量和角速度的乘积，是描述刚体绕定轴转动的状态的一个物理量，称为刚体对该转轴的**角动量**（又称**动量矩**），用 $\boldsymbol{L}$ 表示。角动量是一个矢量，方向与 $\boldsymbol{\omega}$ 一致，可表示为

$$\boldsymbol{L} = I\boldsymbol{\omega} \tag{1-48}$$

角动量的单位是千克·米²/秒（kg·m²/s）。

1.5.2　角动量定理

式（1-47）中，Mdt 表示刚体转动过程中物体所受的合外力矩和作用时间的乘积，这个物理量描述使刚体的转动状态发生改变的作用，称为刚体所受的**冲量矩**。式（1-47）表明，作用于做定轴转动的刚体上的冲量矩，等于在这段时间内刚体角动量的增量，这一关系称为**角动量定理**。当刚体由 t_1 时刻的角速度 $\boldsymbol{\omega}_1$ 变为 t_2 时刻的角速度 $\boldsymbol{\omega}_2$ 时，力矩 $\boldsymbol{M}$ 的冲量矩为

$$\int_{t_1}^{t_2} \boldsymbol{M}dt = \int_{\omega_1}^{\omega_2} d(I\boldsymbol{\omega}) = I\boldsymbol{\omega}_2 - I\boldsymbol{\omega}_1 \tag{1-49}$$

冲量矩也是一个矢量，方向与角动量的变化方向相同，单位是米·牛顿·秒（m·N·s）。

当刚体做定轴转动时，其转动惯量 I 不变。由式（1-45），可将转动定律表示成

$$\boldsymbol{M} = I\boldsymbol{\beta} = I\frac{d\boldsymbol{\omega}}{dt} = \frac{d(I\boldsymbol{\omega})}{dt} = \frac{d\boldsymbol{L}}{dt} \tag{1-50}$$

上式表明，作用在刚体上的合外力矩等于刚体的角动量（或动量矩）对时间的变化率。这种表达式比 $\boldsymbol{M}=I\boldsymbol{\beta}$ 的形式适用范围更广泛。就如同 $\boldsymbol{F}=d\boldsymbol{P}/dt$ 形式的牛顿第二定律的表达式比 $\boldsymbol{F}=ma$ 的适用范围更为广泛一样，这里 $\boldsymbol{P}$ 为质点运动的动量。

1.5.3 角动量守恒定律

根据式(1-49)或式(1-50),若作用于刚体的合外力矩 $M=0$,则刚体的角动量为

$$L = I\omega = 恒矢量 \tag{1-51}$$

上式说明,当刚体所受的合外力矩等于零时,其角动量(或动量矩)保持不变。这就是**角动量守恒定律**,又称**动量矩守恒定律**。

由角动量守恒定律可知:① 对于定轴转动的刚体,其转动惯量 I 是保持一定的,刚体的角速度 ω 也是保持一定的。即原来静止就永远静止,原来做匀速转动仍然做匀速转动。② 刚体对转轴的位置可以改变,即 I 是可变的,但等式 $I\omega = I_0\omega_0$ 却始终成立,这时物体的角速度随转动惯量的改变而变化,转动惯量增大则角速度变小,反之,转动惯量变小则角速度增大。

在日常生活中有许多应用角动量守恒的例子。例如舞蹈、花样滑冰、杂技、跳水等表演节目中,当演员旋转身体时,常把伸开的双臂收回靠拢身体,以便迅速减小身体的转动惯量,增加角速度使身体旋转加快。

同已经学习过的动量守恒定律和能量守恒定律一样,角动量守恒定律也是自然界中最普遍的守恒定律之一,对宏观和微观领域都适用,比如研究天体的自转、电子和原子核的自旋等。

【例1-7】 一质量为 m,长为 $2l$ 的均匀细杆 AB,可绕水平光滑且垂直于纸面的轴 O(AB 的中点)在竖直面内转动。在杆水平放置的情况下,一质量为 m' 的小球以速度 v_0 与杆的 A 端相碰,如图1-18所示。假定 m' 与 m 作弹性碰撞,相互作用时间极短,求 m' 的反弹速度 v 及细杆的转动角速度 ω。

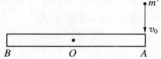

图1-18 球与杆的碰撞

【解】 从题意可知,小球 m' 作平动,杆 m 作转动。这样可以分别用平动及转动的规律来解决。

对小球来说,在与杆相碰的过程中,它共受两个力:重力和杆给它的平均作用力 F。由于相互作用时间 Δt 极短,$F \gg m'g$,所以重力可以忽略不计。

取竖直向上为正方向,F 为正值,小球的初动量为 $-m'v_0$,末动量为 $m'v$。根据动量定理有

$$F\Delta t = m'v - (-m'v_0) \tag{1}$$

两边同乘以 l,得

$$Fl\Delta t = [m'v - (-m'v_0)]l \tag{2}$$

对杆来说,对转轴产生力矩的力是 F 的作用力 F',力矩为 $F'l$。根据角动量定理有

$$F'l\Delta t = -I\omega - 0 \tag{3}$$

因为 $F' = -F$,所以有

$$Fl\Delta t = I\omega - 0 \tag{4}$$

由式(2)和式(4),可以得到

$$(m'v + m'v_0)l = I\omega \tag{5}$$

因为系统的碰撞是弹性碰撞,所以系统也遵守机械能守恒定律。碰撞前杆不动,系统的总能量就是小球的平动动能 $m'v_0^2/2$;碰后系统的总能量是小球平动动能 $m'v^2/2$ 和杆的绕 O 轴的转动动能 $I\omega^2/2$ 之和。根据能量守恒定律可得

$$\frac{1}{2}m'v_0^2 = \frac{1}{2}m'v^2 + \frac{1}{2}I\omega^2 \tag{6}$$

式中,杆的转动惯量 $I = ml^2/3$,联立(5)、(6)两式,可解得:

$$v = \frac{v_0(m - 3m')}{(m + 3m')} \qquad \omega = \frac{6m'v_0}{(m + 3m')l}$$

讨论　如果将式(5)改写为

$$m'v_0l = I\omega - m'vl$$

或

$$(m'l^2)\frac{v_0}{l} = I\omega - (m'l^2)\frac{v}{l} \tag{7}$$

这是角动量守恒定律的表达式。对于转轴 O,小球的转动惯量为 $m'l^2$,小球碰撞前瞬时角速度为 $-v_0/l$(顺时针方向),碰撞后瞬时为 v/l(逆时针方向),杆的转动角动量为 $-I\omega$(顺时针方向)。

1.5.4　定点转动

刚体转动时,如果刚体内有一点始终保持不动,这种转动称为**定点转动**。陀螺、回转罗盘(用于航空和航海方面)等,都是刚体定点转动的实例。

刚体定点转动与定轴转动不同之处在于转动轴通过一个定点,且转动轴在空间的取向随着时间的改变而变化,因而角速度、角动量的大小和方向时刻在变化。这是一个三度空间的转动的问题,比定轴转动复杂得多,因为在定轴转动时,角速度、角动量的方向只沿着固定的转动轴在变化。

图 1-19 是一个绕其自身对称轴 OO' 以大小为 ω 的角速度高速旋转的陀螺,其角动量为 $\boldsymbol{L}$,O 点是固定不动的点(即定点)。对称轴与 z 轴成 θ 角,通过 O 点的支撑力 N 不产生对 O 点的力矩,只有重力 mg 对 O 产生一个力矩 $\boldsymbol{M}$,大小为

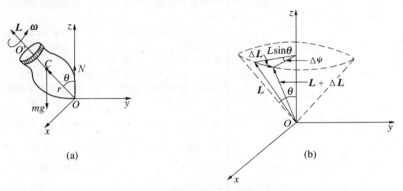

(a)　　　　　　　　　　　(b)

图 1-19　陀螺的定点转动

$$M = mgr\sin\theta \tag{1-52}$$

式中,m 是陀螺的质量,r 是其质心到 O 点的距离。根据角动量定理,在一段微小时间 Δt 内(Δt 很小)有

$$\Delta L = M\Delta t \tag{1-53}$$

从图中可以看出

$$\Delta L = (L\sin\theta)\Delta\psi \tag{1-54}$$

式中,$\Delta\psi$ 很小,它是 L 的顶端的轨迹在 Δt 的时间内所划的圆周角。由以上三式得到

$$\Omega = \frac{\Delta\psi}{\Delta t} = \frac{mgr}{L} \tag{1-55}$$

$$\Omega = \frac{mgr}{I\omega} \tag{1-56}$$

式中,I 为陀螺绕自身对称轴 OO' 转动的转动惯量,ω 为陀螺绕自身对称轴 OO' 转动的角速度,又称为自旋角速度,L 为陀螺自旋角动量,Ω 为陀螺绕 z 轴转动的角速度,称为**进动角速度**。

从式(1-55)或式(1-56)中可以看出,当陀螺的自旋角动量 L 或自旋角速度 ω 很大时,Ω 的值很小,角动量的方向变化很缓慢,在很长时间内可保持角动量相对稳定,这一性质被广泛地应用于航空、航海和制导中。陀螺进动的机械模型,也是我们用经典理论研究物质微观结构的重要图像。例如,著名的拉莫尔进动频率成功地用经典的方法解释了原子光谱线在磁场中的分裂现象。原子核在磁场中能级也会发生分裂,在射频作用下发生核磁共振现象。在药物结构研究中,通过核磁共振实验可以测出核的进动的频率,以研究药物分子的结构。

本 章 小 结

1. 基本概念

刚体　平动　定轴转动　定点转动　转动动能　转动惯量　角动量

2. 主要公式

刚体平动与转动的重要公式及其比较

质点的直线运动公式 (刚体的平动)	刚体的定轴转动学公式	质点的直线运动的动力学 公式(刚体的平动)	刚体的定轴转动力学公式
速度　$v = \dfrac{\mathrm{d}r}{\mathrm{d}t}$	角速度　$\omega = \dfrac{\mathrm{d}\theta}{\mathrm{d}t}$	力 F,质量 m 牛顿第二定律 $F = ma$	力矩 M,转动惯量 I 转动定律 $M = I\beta$
加速度　$a = \dfrac{\mathrm{d}v}{\mathrm{d}t}$	角加速度　$\beta = \dfrac{\mathrm{d}\omega}{\mathrm{d}t}$	动量 mv,冲量 $F\Delta t$(恒力); 动量原理 $F\Delta t = mv - mv_0$(恒力)	角动量 $I\omega$,冲量矩 $M\Delta t$(恒力矩) 角动量原理 $M\Delta t = I\omega - I_0\omega_0$(恒力矩)
匀速直线运动　$x = x_0 + vt$	匀角速转动 $\theta = \theta_0 + \omega t$	动量守恒定律($\sum F = 0$) $\sum mv = $ 恒量	角动量守恒定律($\sum M = 0$) $\sum I\omega = $ 恒量
匀变速直线运动 $v = v_0 + at$ $x = x_0 + v_0 t + \dfrac{1}{2}at^2$ $v^2 - v_0^2 = 2a(x - x_0)$	匀变速转动 $\omega = \omega_0 + \beta t$ $\theta = \theta_0 + \omega_0 t + \dfrac{1}{2}\beta t^2$ $\omega^2 - \omega_0^2 = 2\beta(\theta - \theta_0)$	平动动能　$mv^2/2$ 恒力的功　$A = Fs$ 动能定理 $A = \dfrac{1}{2}mv_2^2 - \dfrac{1}{2}mv_1^2$	转动动能　$I\omega^2/2$ 恒力矩的功　$A = M\theta$ 动能定理 $A = \dfrac{1}{2}I\omega_2^2 - \dfrac{1}{2}I\omega_1^2$

习 题

1-1 刚体绕定轴转动,在每秒钟内角速度都增加 π/5,刚体是否做匀加速转动?

1-2 如图所示,将棒的一端固定,并使它能绕固定端在竖直平面内自由转动,一次把它拉开与竖直方向成某一角度($0<\theta<$ π/2);另一次将它拉到水平位置($\theta=$π/2);问在这两种情况下:(1)放手的那一瞬时,棒的角加速度是否相同? (2)棒转动的过程是否属于匀变加速转动?

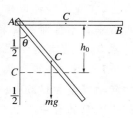

题 1-2 图

1-3 有人将握着哑铃的双手伸开,坐在以一定的角速度转动着的(摩擦不计)木凳子上,如果此人将手缩回,使转动惯量减少为原来的一半。问:(1)角速度增加多少? (2)转动动能是否发生改变?

1-4 足球守门员要分别接住来势不同的两个球;第一个球从空中飞来但无转动;第二个球沿地面滚来。两个球的质量以及前进的速度相同,问守门员要接住这两个球所做的功是否相同? 为什么?

1-5 在一个系统中,如果该系统的角动量守恒,动量是否一定守恒? 反之,如果该系统的动量守恒,角动量是否也一定守恒?

1-6 直径为 0.9m 的转轮,从静止开始以匀加速转动,经 20s 后它的角速度达到 100rad/s,求角加速度和这一段时间内转轮转过的角度以及 20 s 末转轮边缘的线速度、切向加速度。

1-7 一个作匀加速转动的飞轮从静止经 4.0 s 转过了 200 rad,且角速度达到 180rad/s,求它的角加速度。

1-8 一车床主轴的转速从零均匀增加到 $n=250$rev/s,所需的时间为 30s,主轴直径 d =0.04m。求 $t=30$s 时主轴表面上一点的速度、切向加速度和向心加速度。

1-9 双原子分子中两原子相距为 r,它们的质量分别为 m_1 和 m_2,分别绕着通过连接中点与绕质心且垂直于两原子连线的轴转动,求分子在两种转动情况下的转动惯量。(原子看做为质点,质心离中心距离 $x_c=\dfrac{m_1-m_2}{m_1+m_2}\cdot\dfrac{r}{2}$)

1-10 求质量为 m,长为 l 的均匀细棒在下面几种情况的转动惯量:(1)转轴通过棒的中心并与棒垂直;(2)转轴通过棒的一端并与棒垂直;(3)转轴通过上棒上离中心为 h 的一点并与棒垂直;(4)转轴通过棒的中心并与棒成 θ 角。

1-11 如题 1-11 图所示,一等腰三角形的匀质薄板,质量为 m,求它对 y 轴的转动惯量。

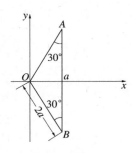

题 1-11 图

1-12 砂轮直径为 0.20m,厚为 0.025m,密度为 2.4g/cm³,绕过中心垂直于盘面的轴转动。求:(1)转动惯量;(2)当 $n=$ 3 600rev/s 时的转动动能(砂轮视为实心圆盘)。

1-13 如题 1-13 图所示,一铁制飞轮,已知密度 $\rho=$ 7.8g/cm³, $R_1=0.030$ m, $R_2=0.12$ m, $R_3=0.19$ m, $b=$ 0.040m, $d=$ 0.090m,求它对转轴的转动惯量。

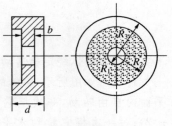

题 1-13 图

1-14 用线绕于半径 $R=1.0$ m,质量 $m_1=100$ kg 的圆盘上,在绳下端挂以质量为 $m_2=10$ kg 的物体。设圆盘可绕过盘心垂直于盘面的定轴转动,求:(1)圆盘的角加速度;(2)下落 4.0s 后圆盘的角位移。

1-15 一转台绕竖直轴转动,每分钟转一周,转台对轴的转动惯量为 1 200kg·m²。质量为 80kg 的人,开始站在台的中心,随后沿半径向外跑去,问当人离转台中心 2.0m 时,转台的角速度是多少?

1-16 有圆盘 A 和 B,盘 B 静止,盘 A 的转动惯量为盘 B 的一半,它们的轴由离合器控制。开始时,盘 A、B 是分开的,盘 A 的角速度为 ω_0,两者衔接到一起后,产生了 2 000J 的热。求原来盘 A 的动能为多少。

1-17 质量为 m,长为 l 的均匀棒,绕一水平光滑的转轴 O 在竖直平面内转动,O 轴离 A 端距离为 $l/4$。若使棒从静止开始由水平位置绕 O 轴转动,求:(1)棒在水平位置上刚启动时的角加速度;(2)棒转到竖直位置时,在 A 端的速度及加速度。

1-18 一飞轮的质量 $m=200$ kg,在恒力矩的作用下,由静止开始转动。经过 10.0s 后,飞轮的转速为每分钟 120 转。设飞轮的质量可以看做均匀分布在半径 $R=0.50$ m 的轮缘上,求力矩的大小。

1-19 长为 $2l$,质量为 m 的均匀细棒放置在光滑水平面上,可绕过棒的质心并与水平面垂直的轴转动,轴承光滑,现有一质量为 m 的子弹以速度 v_0 沿水平面垂直入射至距棒的端点为 $\dfrac{l}{4}$ 处,并停留在棒内,问:棒和子弹绕竖直轴的角速度等于多少?系统损失的能量为多少?

1-20 质量为 M 且长为 $2l$ 的均匀直棒可绕垂直于棒的一端的水平轴做无摩擦的转动。棒原来处于平衡位置,即棒垂直悬挂于轴上,现有一质量为 m 的子弹以 v_0 的速度射入棒的一端后又射出,射出的速度为 $\dfrac{1}{5}v_0$,求棒绕轴转动的最大角度和系统损失的能量。

2

物体的弹性

前一章阐述了力对物体的外效应,忽略了物体在力作用下所产生的变形,仅分析了力对物体运动状态的影响。本章将讨论力对物体的内效应,即在力的作用下,物体产生形变的规律。任何材料组成的物体在外力的作用下或多或少都会产生一定的形变。对大多数固体材料来说,形变的性质与所施加的外力大小及其方式有关。本章将引入应力、应变的概念,讨论力对物体的内效应,介绍骨骼、肌肉的成分及其力学性质。

2.1 物体的应力和应变

2.1.1 外力、内力和应力

作用于物体上的力有外力和内力之分。**外力**指物体受到其他物体的作用力,包括载荷、约束外力。物体因受外力而变形,其内部各部分之间因相对位置改变而引起的相互作用力称为**内力**。为了说明物体的内力,可把受外力作用的物体分为Ⅰ、Ⅱ两部分,如图 2-1 所示,任意取其中一部分作为研究对象。在Ⅱ上作用的外力有 F_3 和 F_4,欲使Ⅱ保持平衡,则Ⅰ必然有力作用于Ⅱ的 $m-m$ 截面上,并与Ⅱ所受的外力平衡。根据作用力与反作用力定律可知,Ⅱ必然也以大小相等、方向相反的力作用于Ⅰ上。这里Ⅰ与Ⅱ之间相互作用的力就是物体在 $m-m$ 截面上的**内力**,所以内力是分布于截面上的一个分布力系。

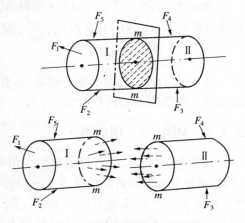

图 2-1 横截面内力分布

为了说明内力在物体截面内某一点处的强弱程度,引入**应力**。设想在 $m-m$ 截面上取微小面积 ΔS,ΔS 上内力的合力为 ΔF,这样在 ΔS 上的平均应力 P_m 为

$$P_m = \frac{\Delta F}{\Delta S} \tag{2-1}$$

当 ΔS 趋近于零时,P_m 趋近其极限值 P,即

$$P = \lim_{\Delta S \to 0} \frac{\Delta F}{\Delta S} = \frac{\mathrm{d}F}{\mathrm{d}S} \tag{2-2}$$

P 可视为截面上某点的应力。一般这个应力不与截面垂直或平行,所以又可将 P 分解为垂直于截面的分力和平行于截面的分力,分别称**正应力** σ 和**切应力**(或**剪应力**)τ。

物体的形状多种多样,通常将物体简化为杆件。作用于杆件上的外力有多种情况,但最终可把杆件因受力发生的形变归结为四种基本形变的一种或几种形变的组合。四种基本形变为:拉伸-压缩形变、剪切形变、扭转形变、弯曲形变。

2.1.2 正应力、正应变

如图 2-2(a)所示,横截面积为 S 的杆件,在其两端加一对大小相等、方向相反、作用线与杆轴线重合的力 F,此时杆件处于拉伸形变状态。杆件被拉伸时其内部各点位置发生改变,产生内力。用隔离法在截面处将杆件分为 Ⅰ、Ⅱ 两部分,如图 2-2(b)所示。由图分析出物体内力 N_{I} 与 N_{II} 是一对作用力与反作用力,均匀分布于整个截面。因此,把垂直作用在物体某截面上的内力与该截面积 S 的比值,定义为物体在此截面所受的**正应力**,以 σ 表示。由于 Ⅰ 部分处于平衡状态,因此,$N_{\mathrm{I}}=F$,则

$$\sigma = \frac{N_{\mathrm{I}}}{S} = \frac{F}{S} \qquad (2-3)$$

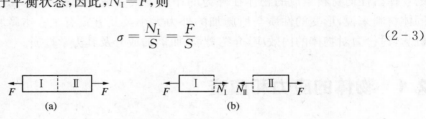

$$
\begin{array}{cc}
\text{(a)} & \text{(b)}
\end{array}
$$

图 2-2 杆件的正应力

因杆件受拉伸而引起的正应力又称为张应力,因杆件受压缩而引起的正应力称为压应力。

物体受外力作用产生正应力的同时,其长度也会发生变化。设物体原长为 l_0,受拉力或压力的作用后变为 l,长度的增量 $\Delta l = l - l_0$。Δl 与物体原长 l_0 的比值称为**正应变**,用 ε 表示。即

$$\varepsilon = \frac{\Delta l}{l_0} \qquad (2-4)$$

由式(2-4)知,$\Delta l > 0$ 表示张应变,相应 $\varepsilon > 0$,而 $\Delta l < 0$ 表示压应变,相应 $\varepsilon < 0$。正应变反映了物体形变的性质和程度。

2.1.3 切应力 切应变

如图 2-3 所示,一杆件受到大小相等、方向相反、作用线平行于上下底面的一对外力作用,产生剪切形变。若在杆件内作一与底面平行的截面,并将它分离,如图中虚线所示,截面上、下两部分为 Ⅰ、Ⅱ 也互施内力 F_{I}、F_{II},其大小也等于外力 F,方向与截面平行,分布在截面上。我们把平行作用于物体某截面上的内力 F_{I} 与该截面积 S 的比值,定义为物体在此截面的**切应力**。以 τ 表示,则

$$\tau = \frac{F_{\mathrm{I}}}{S} = \frac{F}{S} \qquad (2-5)$$

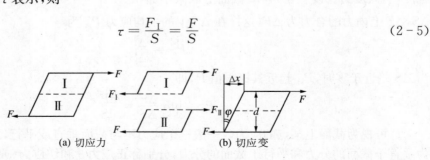

(a) 切应力   (b) 切应变

图 2-3 杆件的切应力与切应变

实验表明,当物体产生剪切形变时,它只发生形状的变化而体积不变,并且任意一截面

移动的距离 Δx 与该截面到底面的距离 d 的比值是相同的,这一比值称为**切应变**。以 γ 表示切应变,则有

$$\gamma = \frac{\Delta x}{d} = \tan\varphi \qquad (2-6)$$

当角 φ 很小时,上式可写成

$$\gamma = \varphi \qquad (2-7)$$

在复杂的形变中,物体某截面上的应力可以与截面成某一角度,我们可以将其分解为与截面垂直的正应力及与截面相切的切应力。因而,复杂的应变都由正应变与切应变组合而成。应力的单位是帕斯卡(Pa)。应变反映物体形变程度,是无量纲的物理量。

2.1.4 扭转和弯曲时的应力与应变

如图 2-4 所示,杆件受到大小相等、方向相反、作用面都垂直于杆轴的一对力(即力偶)作用下引起的形变称扭转形变。实验表明,各圆周线绕轴线相应地旋转了一个角度,但大小、形状和相邻两圆周线之间距离不变,在小变形时,各纵向线仍为一直线,只是倾斜了一个微小的角度。变形前圆轴表面的方格扭歪成菱形。根据这些现象,可推测圆轴变形前的横截面在变形后仍保持平面,形状大小不变,半径仍为直线。扭转变形时,圆轴右端截面对左端截面绕轴线相对转过的一角度。

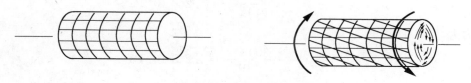

图 2-4 扭转应力分布

根据理论分析,在扭转力矩作用下,相邻的两个截面之间将产生切应力,其大小与距中心轴的距离成正比,在截面的边缘达最大,方向与截面平行,与半径垂直。因此所有距圆心等距离点的切应力相等,如图 2-4 所示。

圆轴在受到扭矩作用时,在横截面上的剪应力随半径的增加而上升,最大剪应力位于横截面的圆周边缘上,亦即扭转载荷主要由圆轴的外层承受。在保持轴重量不变的情况下,把实心轴轴心附近的材料移置到圆截面的边缘处,自然就提高了轴的刚度;反之,如保持轴的刚度不变,空心轴可减轻轴的重量,节省材料。生物体中的管状骨也均为空心的结构,可见在生物进化过程中也是按最优力学原理设计生物体结构的。

物体承载后发生弯曲变形也是一种常见的情形。当做用于物体(多为杆件)上的载荷和反力都垂直于其轴线时,杆件的轴线由直线变为曲线,这种形变就称为弯曲形变。我们在矩形截面杆件上作垂直于纵向线的横向线 $m-m$ 和 $n-n$,然后加载使杆件发生弯曲形变,如图 2-5 所示。形变后 $m-m$ 和 $n-n$ 仍为两直线,且仍和已经弯曲的纵向轴线垂直。根据这些现象可推测:横截面在变形前后仍保持为平面,并仍垂直于变形前后杆件的纵轴线,只是绕横截面中某一轴旋转了一个角度。设想杆件是由许多纵向纤维组成的,在弯曲变形后,靠近顶部的纤维缩短,靠近底部的纤维伸长,中间必定有一层纤维长度不变,称之为中性层,横截面绕着与中性层相交的轴线旋转。所以单纯弯曲时,中性层以上的纤维受到压

缩,中性层以下的纤维受到拉伸,其张应力或压应力的大小与该层到中性层的距离成正比,离中性层越远,纤维的张应力或压应力就越大,而中性层正应力为零,如图 2-5 所示。纯弯曲时,杆件内部只有正应力,正应力的大小和到中性层的距离有关。亦即弯曲载荷主要由杆件的外层承受。又一次证明生物体中的空心管状骨结构,是按最优力学原理设计生物体结构的。

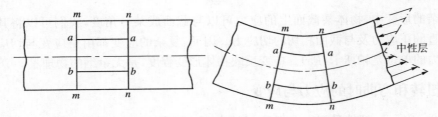

图 2-5 弯曲应力分布

【例 2-1】 人骨骼上的肱二头肌,可对相连的骨骼施加大约 600N 的力。设肱二头肌横截面面积平均为 $S_1 = 5.0 \times 10^{-3} \text{ m}^2$;腱将肌肉的下端连到肘关节下面的骨骼上,设腱的横截面面积为 $S_2 = 5.0 \times 10^{-5} \text{ m}^2$。试求肱二头肌和腱的拉应力。

【解】 根据拉应力定义公式(2-3),可求得肱二头肌张应力为

$$\sigma_1 = \frac{F}{S_1} = \frac{600}{5.0 \times 10^{-3}} = 1.2 \times 10^5 \text{ Pa}$$

腱张应力为

$$\sigma_2 = \frac{F}{S_2} = \frac{600}{5.0 \times 10^{-5}} = 1.2 \times 10^7 \text{ Pa}$$

2.2 物体的弹性与范性 弹性模量

2.2.1 物体的弹性与范性

物体在外力的作用下都要或多或少地发生形变,在一定的形变限度内,当外力撤除后形变随之消失,物体恢复原状,物体的这种形变称为**弹性形变**。但当外力超过某一限度时,撤除外力后物体不能恢复原状,这种形变称为**范性形变**。图2-6所示为金属材料在拉伸时典型的应力与应变的关系曲线。

弹性范围(*OB*):这阶段的应变值一般很小,并且若将载荷卸去,形变立即全部消失。斜直线 *OA* 表示应力与应变呈现正比关系,在直线段内应力与应变服从胡克定律。直线最高点 *A* 对应的应力称为**正比极限**。由 *A* 点到 *B* 点,应变与应力不再成正比,但在这个范围内,当撤除外力后物体仍能恢复原来的形状,*B* 点对应的应力称为**弹性极限**,也称为**屈服点**。

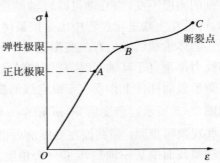

图 2-6 典型的应力-应变关系曲线

范性范围(BC)：当形变超过 B 点后，撤除外力后材料不能恢复原来的形状，表现出永久形变，呈现范性或塑性。当应力继续增长到 C 点时材料断裂，C 点称为**断裂点**。断裂点对应的应力称为**材料的抗断强度**。B 点到 C 点是材料的范性范围，若 C 点距 B 点较远，说明这种材料能产生较大范性形变，具有延展性或塑性。若 C 点距 B 点较近，则材料表现出脆性。

若将断裂后的试件接合起来，测量其形变后的长度为 l，原长 l_0，以 δ 表示材料的延伸率，则

$$\delta = \frac{l - l_0}{l_0} \times 100\%$$

工程应用上规定，$\delta > 5\%$ 的材料为塑性材料；$\delta < 5\%$ 的材料为脆性材料。密质骨是脆性材料。

2.2.2 弹性模量

从应力-应变关系曲线上可以看出，在正比极限范围内，应变与应力成正比。这一规律为**胡克定律**。对于不同的材料，具有不同的比例系数。定义：在应力-应变关系曲线中的正比极限范围内，应力与应变的比值，称为该材料的**弹性模量**。弹性模量是由材料的性质决定的一个恒量。当材料发生正应变时，在正比极限范围内，张应力与张应变之比值或压应力与压应变之比值，称为**杨氏模量**，以 E 表示，则

$$E = \frac{\sigma}{\varepsilon} = \frac{F/S}{\Delta l/l_0} = \frac{Fl_0}{S\Delta l} \tag{2-8}$$

当材料在张应力（或压应力）作用下产生纵向伸长（压缩）时，与应力垂直的横向宽度要缩短（增宽），横向宽度的相对缩短与纵向相对伸长成正比，该比例系数称为泊松比。其值由材料性质决定。一般材料的泊松比的值介于 0.1 与 0.3 之间。

在切应变的情况下，在正比极限范围内，切应力与切应变的比值，称为**切变模量**，以 G 表示，则

$$G = \frac{\tau}{\gamma} = \frac{F/S}{\Delta x/d} = \frac{Fd}{S\Delta x} \tag{2-9}$$

当角 φ 很小时

$$G = \frac{\tau}{\gamma} = \frac{F/S}{\varphi} = \frac{F}{S\varphi} \tag{2-10}$$

切变模量仅对固体有意义。流体不能抵抗切应力的作用，任何小的切应力都会引起流体流动。弹性模量的单位为帕（Pa）。

【例 2-2】 设某人的股骨长 0.40m，横截面面积平均为 5.0cm²，体重 50kg（500N），股骨在压缩时其弹性模量为 9×10^9 Pa，求当此人双腿站立时，他的股骨缩短多少？

【解】 人的体重由两条腿承担，该人站立时每条腿承担 250N 的力，根据式（2-8）得

$$\Delta l = \frac{Fl_0}{SE} = \frac{250 \times 0.40}{5.0 \times 10^{-4} \times 9 \times 10^9} \approx 2.2 \times 10^{-5} \text{ m}$$

2.3 黏弹性

在外力作用下，有些物体产生的形变对时间有依赖关系，如橡胶、各种生物软组织及药物中的一些外用药膏等，其力学性质介于弹性固体和黏滞性流体之间，这类物质称为**黏弹**

性物质。可用如图 2-7 所示的流变模型来定性描述其性质,该模型是由阻尼器串联一个弹簧组成。

黏弹性物质的应力与应变具有下列特征:

(1) 如果保持应力一定,则开始有一迅速的较大应变,随后有一缓慢的持续应变过程,最后才达到具有恒定应变量的稳定状态,这种现象称为**蠕变**,如图 2-8(a)所示。

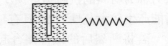

图 2-7　黏弹性物质的流变模型

(2) 如果保持应变一定,则开始所加的应力要大些,然后逐步减小,最后达到一恒定值,这种现象称为**应力松弛**,如图 2-8(b)所示。

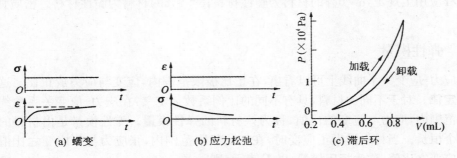

(a) 蠕变　　　　　(b) 应力松弛　　　　　(c) 滞后环

图 2-8　黏弹性物质的特征

(3) 对黏弹性物质做周期性地加载和卸载,则加载时的应力-应变关系曲线与卸载时的应力-应变关系曲线不相重合,这一现象称为**滞后**,或称为**迟滞**。并且加载与卸载的应力-应变关系曲线能形成一个闭合环,称为**滞后环**或**迟滞环**。滞后环所包围面积表示黏弹性物体在周期性的应变过程中单位体积内所消耗的能量。滞后环的大小与周期性加载与卸载的速度有关。图 2-8(c)为股动脉的压力与容积关系的实验曲线,图中滞后环的存在,表明股动脉为黏弹性物质。

2.4　骨骼和肌肉的力学性质

2.4.1　骨骼的力学性质

骨是一种复杂物质,是一种有生命的复合、各向异性、非均匀的材料,具有黏弹性和良好应力适应性,骨的一切功能都与它的优良性质相一致。

1) 骨的功能

骨的功能主要包括两方面:一是组成骨骼系统,用来对人体的支撑和维持人体形态,保护内脏器官。骨骼是肌肉的附着部位,又为肌肉收缩和身体运动创造条件,本身以连续变化来适应环境的需要。二是借调节血液的电解质 Ca^{2+}、H^+、$H_2PO_4^-$ 离子的浓度来保持体内矿物质的动态平衡,即骨髓造血、钙磷的储存与代谢等功能。

2) 骨的组织结构

组织是由类似的特殊细胞结合在一起而完成某一功能的结合体。结缔组织是结合到一起而构成生物体不同结构支架的组织,骨是坚强的结缔组织。在骨组织中包括细胞和细胞基质。

(1) 细胞　骨组织中细胞有三种,它们是骨细胞、成骨细胞和破骨细胞。这三种细胞能相互转换、相互配合而可吸收旧骨质,产生新骨质。骨细胞埋于骨基质内,是骨正常情况下的基本细胞,呈扁椭圆形,在骨组织中起新陈代谢作用以维持骨的正常生理状态,在特定条件下它可以转化成另外两种细胞。

成骨细胞呈立方形或矮柱形,细胞浆为碱性,从它分泌出的碱性胞浆使钙盐沉淀,而成为针状晶体排列于细胞间质中间,这些细胞间质将成骨细胞包围起来,成骨细胞逐渐变成骨细胞。

破骨细胞是多核的巨细胞,多分布于骨组织的被吸收的表面上,细胞浆为酸性,内含酸性磷酸酶,它可以溶解骨的无机盐和有机质,并把它转移或排出到其他部位,从而使该部分骨组织削弱或消失。

(2) 细胞间质　它含有无机盐和有机质。无机盐又称为骨盐,其成分主要为羟基磷灰石晶体[$Ca_{10}(PO_4)_6(OH)_2$],非常坚硬,弹性模量 $E = 165$ GPa;有机质主要为黏多糖蛋白,组成骨中胶原纤维,其力学特性表现为韧性。羟基磷灰石晶体沿胶原纤维的长轴排列。羟基磷灰石与胶原纤维结合在一起,使骨材料的力学性质介于两者之间,有柔韧的胶原纤维,防止材料脆性断裂;有坚硬的矿物质,防止材料过早屈服,且具有很高的抗压性能。

3) 骨的功能适应性

骨的功能适应性主要指生物体如下的功能:当生物体需要骨增加时,增加骨完成其功能的本领;当生物体需要骨减少时,降低骨完成其功能的本领。活体骨不断地进行着生长、加强和再吸收的过程,人们把这个过程称之为骨的重建,骨重建的目标总是使其内部结构和外部形态适应于其载荷环境的变化。重建又可分为表面重建与内部重建两种。表面重建指的是在骨的外表面上骨材料的再吸收或沉积;内部重建是指通过改变骨组织的体积密度,来达到骨组织内部的再吸收或加强。

骨的内部结构和外部形态与所受的载荷大小及方向有直接关系。实验指出,通过施加轴向和弯曲载荷可引起动物腿骨的表面重建。增加猪的体力活动量,如缓慢行走可使腿骨的骨膜表面向外移动和内骨膜表面向内移动。施加于胫骨上间的歇性弯曲应力,可使骨膜表面向外移动。当增加载荷时,骨有明显的沉积。表面重建也可通过减小动物肢体上的载荷而在动物腿骨上引起。把小猫、兔犬的前肢固定,发现其内骨膜表面没有什么移动,但其骨膜表面有大量再吸收。

由此可见,骨与工程材料是有区别的。骨是有活性的和有生命的器官,表现在骨中有血液循环,在此过程中血液向骨输送养分,同时带走无用的东西,不断地进行新陈代谢,骨的形状改变、生长和吸收都与应力有关,应力起到了调节作用。应力不足与应力过高都会使骨萎缩,因此骨对应力存在一个最佳适应关系。

4) 骨的力学性质

骨是有生命的器官,它具有优化的结构形式。目前对骨的力学性质的研究是将骨作为一种材料,而不是作为一个解剖结构。一般从骨密质的试件进行拉伸、压缩、剪切、扭转、弯曲等试验,从而了解骨材料的力学性质。测试的数据可因试件的个体差异和不同的测试方法而有所不同。下面仅以在这一领域内的一些测试结果讨论骨的力学性质。

如图 2-9 所示为成人湿润密质骨的拉伸图。由图可知,当 ε 小于 $0.4\%\sim0.5\%$ 时,在该范围内的 σ-ε 曲线虽不是直线,但弯曲程度很小。A 为屈服点,超过此点骨

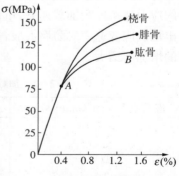

图 2-9　成人湿润密质骨试件拉伸 σ-ε 图

将发生一定的永久变形,A 点为屈服极限。B 为断裂点,对应的应力称为强度极限。如肱骨的强度极限约为 117×10^6 Pa,极限应变约为 1.5%,属脆性材料。

如图 2-10 所示为股骨密质骨、颅骨的切向和径向及椎骨试件的压缩应力—应变曲线。从曲线可知,股骨的压缩强度极限较高,而压应变小,椎骨的压缩强度极限小,而压应变较高。

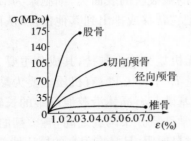
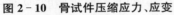

图 2-10　骨试件压缩应力、应变

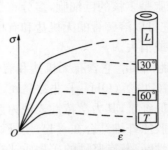

图 2-11　密质骨的各向异性

如图 2-11 所示是人体股骨密质骨沿四个不同方向试件的拉伸强度、延伸率的变化,从沿骨轴方向加载时,其拉伸强度、延伸率最高。这是由于骨骼结构在横向与纵向上是不同的,即骨的力学性质呈各向异性。取同一块整骨的不同部位的试件测试,由于其解剖部位不同,力学性质也有差异。

骨的干湿程度影响骨的力学性质。研究表明,拉伸和压缩时,干骨的强度、弹性模量均高于湿骨,如表 2-1 所示。

表 2-1　成人密质干、湿骨拉伸和压缩的力学性质

实验性质		成人骨骼	
		干　骨	湿　骨
拉伸	强度极限($\times 10^6$ Pa)	120.1±27.7	80.3±10.8
	弹性模量($\times 10^9$ Pa)	18.9±2.95	12.2±8.99
压缩	强度极限($\times 10^6$ Pa)	180.5±33.3	110.9±27.3
	弹性模量($\times 10^9$ Pa)	18.3±1.17	14.5±8.2

骨材料的力学性质与加载的速率有关。加载速率指每单位时间内载荷的增长量,试件中的应力速率即为加载速率,单位时间内应变的改变量称为应变速率。表 2-2 中的数据显示出加载应变速率对防腐人股骨的压缩强度极限和弹性模量的影响,两项指标均随应变速率的增加而增大。

表 2-2　加载应变速率对防腐人股骨压缩力学性质的影响

应变速率(mm/(mm·s))	强度极限($\times 10^6$ Pa)	弹性模量($\times 10^9$ Pa)
0.001	163.3	15.5
0.01	182.8	17.6
0.1	203.9	18.3
1.0	225.0	22.5
300	284.7	30.2
1 500	323.4	41.5

应力集中对骨的力学性质也会产生影响。当一等截面的直杆受轴向拉压时，与轴垂直的任一横截面上的应力分布是均匀的。若在截面上有圆孔、裂纹、切口等，应力不再均匀分布，如在横截面上有一圆孔，在圆孔边缘应力急剧增大，这种现象称为**应力集中**。这种应力集中的现象只局限在圆孔附近，离孔边缘处应力迅速下降趋于均匀。对于脆性材料，应力集中将大大降低其强度。骨属脆性材料，在临床骨外科手术时，如果四肢骨骨折，螺钉固定钢板时需钻孔，这时将产生应力集中现象。

综上所述，骨的力学性质不仅与构成骨的复合材料的特性有关，与骨的构造、外形密切相关，还受干湿程度等因素的影响。并且随人们性别、年龄、从事的职业、生活的经历和营养状况等不同，显示其力学性质的个体差异。

2.4.2 肌肉的构造及肌丝滑移理论

肌肉与一般软组织不同，在神经的控制下，通过自身主动收缩而产生人体的机械运动。它不但可以被动地承载，而且能主动地做功。动物的肌肉有三类：骨骼肌、心肌和平滑肌。它们的组织成分相同，收缩的生化机理相近，但在结构、功能和力学性质上有着许多差别。人们也只有运用肌肉才能对环境发生作用，显示力量和移动包括自己在内的物体，肌肉是把食物氧化反应最终产生的化学能转换成机械功的生物学"机器"。

1) 骨骼肌的基本结构

骨骼肌的每块肌肉外面包裹着一层较厚的结缔组织膜，称为肌外膜。内部排列着许多肌束，每捆肌束外部被一层由胶原纤维和弹性纤维混合而成的结缔组织膜包裹，此结缔组织称为鞘套；肌束中包含着无数条肌纤维，它们被认为是构成肌肉的基本单位，其外部被称为肌内膜的结缔组织膜所包裹。借助于光学显微镜可观察到肌纤维的构造。

肌纤维是一种多核细胞，呈长圆柱形或长棱柱形。人体内的肌纤维最短约 1mm，最长达 125mm，通常在 3～40mm。肌纤维的直径（或宽度）范围是 10～60μm。对于一个人来说，通过锻炼或体力劳动会使某些部分肌纤维的直径增大，但并不能使肌纤维的数量增多。肌纤维是由肌内膜、细胞核、肌浆和肌原纤维所组成。肌原纤维实现了肌肉收缩。

用染色剂浸染肌原纤维，显微镜下每条肌原纤维都有明暗相间的横纹。横纹的排列呈周期性。利用高倍放大镜可看到下面两类条带，如图 2 - 12 所示。

A 带 比较暗淡，又称暗带。在肌肉收缩时保持着不变的宽度（约 1.5μm）。在该线的中央有一条颜色较浅的窄带称为 H 带，在 H 带的正中有一条颜色很暗的线称为 M 线，是由 M 膜所形成。

I 带 比较明亮，又称明带。当肌纤维舒张时变得较宽（约 0.8μm），而收缩时就变得很窄。I 带被一条颜色很深的细线一分为二，该线称为 Z 线，由 Z 膜所形成也称为间线。两个相邻的间线之间的部分称为肌节，每个肌节长约 2～3μm，其两端为明带而中间为暗带。无数个长度大体上相同的肌节沿轴向串连就组成了肌原纤维。利用电子显微镜可观察到每个肌节都是由许多更细的肌微丝交错对插排列所成。这些肌微丝可分为细肌丝和粗肌丝两类。

细肌丝 又称肌动蛋白微丝（长为 2μm，直径为 $5 \times 10^{-3}\mu$m），固定在 Z 膜上。每根细肌丝的一部分位于 I 带，另一部分在 A 带内滑动，但在 H 带内无细肌丝。

粗肌丝 又称肌浆球蛋白微丝，亦称肌球蛋白（长为 1.5μm，直径为 $1.2 \times 10^{-2}\mu$m），它

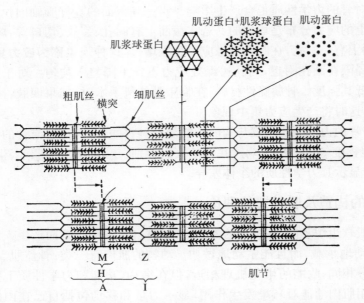

图 2-12　肌纤维构造、肌浆球蛋白和肌动蛋白分子的空间排列

与 A 带的宽度直接相关。肌浆球蛋白微丝约由 180 个肌浆球蛋白分子组成,呈杆状,一端较大,略成球形,突出于杆轴线之外称横突,杆本体构成肌浆球蛋白微丝,如图 2-12 所示。

　　I 带完全是肌动蛋白,A 带与肌浆球蛋白微丝同长,H 带则是两种肌微丝不重叠的部分,M 带联结相邻肌浆球蛋白微丝的部分。这两类肌微丝平行地排列着,在横向保持着一定的距离并且相互穿插,如图 2-12 所示。每一条粗肌丝都被 6 条细肌丝所包围;粗肌丝靠这些横突与周围的 6 条细肌丝相连构成横桥系统。

　　2) 肌肉收缩的肌丝滑行学说

　　肌纤维的收缩机理曾经是一个长期被人们探索的问题。但随着电子显微镜和 X 射线衍射技术的应用,生物化学的发展,对骨骼肌纤维的微观构造和化学成分有了突破性的认识,在此基础上对肌纤维的收缩机理提出了不同的理论。

　　20 世纪 50 年代,提出肌肉收缩的肌丝滑行学说,此后随着实验结果的不断积累,这一学说已为大家所接受。按此学说,肌肉收缩力量由重叠区域的横桥产生,而肌肉缩短也是由横桥的运动所引起。肌肉松弛时,肌浆球蛋白分子的头部贴近纤维丝;受刺激时,头部突起,黏接于肌动蛋白微丝上,形成"横桥",产生张力,使肌浆球蛋白微丝和肌动蛋白微丝之间发生相对滑移。此时 I 带和 H 带缩短,整个肌肉的长度也因此变短,但 A 带宽度不变。如果肌节进一步缩短,I 带将变得更窄,H 带宽度也更小,直至消失,A 带宽度仍不变。如果肌节再继续收缩,此时不仅细肌丝折叠,而且粗肌丝也发生皱褶,导致 A 带变窄。拉伸情况则与此相反,这就是肌丝滑行学说,收缩和拉伸情况如图 2-13 所示。由于在收缩状态下细肌丝与粗肌丝之间的重叠部分较多,所以肌肉越是收缩,承载荷的能力就越强。因此所有肌肉在静息时都是处于部分收缩的状态。当肌肉完全收缩时,比静息状态还要再缩短 1/3 至 1/2。横桥间距约 45nm,只相当于半个肌节长度的 5%。但是,骨骼肌和心肌主动收缩时可以缩短 30%,所以每个横桥必须与原先接触的肌动蛋白微丝脱离,然后在另一处再次与肌动蛋白微丝接触,这样重复 5～6 次,就像人们在拔河比赛中一把手接一把手地拉拽绳索的动作一样。

总之,肌纤维的收缩是由于细肌丝向 M 膜方向移动,在 A 带长度不变之下使 I 带缩短,从而缩短了肌节长度,整个肌纤维也随之缩短了。细肌丝之所以向 M 膜方向移动是受到粗肌丝横桥(肌浆球蛋白分子头)拉力作用的结果。当肌浆球蛋白分子头向 M 膜方向运动时,就会把附着在它上面的细肌丝拉向 M 膜的方向。产生此运动所需的能量由三磷酸腺苷(ATP)供给。但是肌浆球蛋白分子头上所结合的 ATP 只有在被 ATP 酶分解后才能释放出能量,而存在于肌浆球蛋白分子头上的 ATP 酶只有与肌动蛋白结合才具有分解 ATP 的活性。松弛状态的肌纤维在肌浆球蛋白分子头与细肌丝的肌动蛋白之间隔有原肌球蛋白,它阻碍着肌动蛋白与肌浆球蛋白分子头接触。当肌纤维要收缩时,肌质网释放出钙,肌浆中钙浓度增高。钙与细肌丝的原肌动蛋白结合时,原肌蛋白的构型与位置因之发生变化,原肌球蛋白的位置也随之变化,使肌动蛋白与肌浆球蛋白分子头接触。在接触的瞬间,ATP 酶被激活。

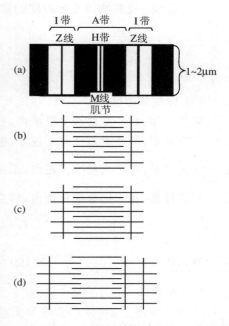

图 2-13 肌原纤维横纹模式图及不同收缩状态肌微丝滑动简化图解

它分解 ATP 并使储存于 ATP 内的化学能变为机械能,造成肌浆球蛋白分子头的运动,将细肌丝拉向 M 膜。当肌浆中的钙被肌质网收回,并有另一个 ATP 分子结合在肌浆球蛋白分子头上时,肌浆球蛋白分子头才能脱离细肌丝。两种肌丝又回复到原来的相对位置,肌纤维松弛。若细胞内缺乏 ATP 时,肌浆球蛋白分子头便不能脱离细肌丝以转动退回到原来的位置,细肌丝也不能返回到原来的位置。这样,肌纤维就一直处于收缩状态下。在生理学上称这种情况为肌强直。肌肉微结构及收缩机理的研究,对认识肌肉的力学性质十分重要。

本 章 小 结

主要概念、基本性质及经典公式

(1) 外力、内力、应力

外力:外力指物体受到来自其他物体的作用力。

内力:物体因受外力而变形,其内部各部分之间因相对位置改变而引起的相互作用力称为内力。

应力:反映截面上某点的内力的强弱程度。

正应力:垂直于截面的应力,$\sigma = \dfrac{F}{S}$

切应力:平行于截面的应力,$\tau = \dfrac{F}{S}$

(2) 应变：反映物体变形程度的物理量。

正应变：$\varepsilon = \dfrac{\Delta l}{l_0}$

切应变：$\gamma = \dfrac{\Delta x}{d} = \tan\varphi$

(3) 弹性和范性

弹性变形：在一定的形变限度内，当外力撤除后，物体能恢复原状的变形。

范性变形：当外力超过某一限度，撤除外力后物体不能恢复原状的变形。

杨氏模量：在正比极限范围内，正应力与正应变之比值。$E = \dfrac{\sigma}{\varepsilon} = \dfrac{F/S}{\Delta l/l_0} = \dfrac{F\,l_0}{S\,\Delta l}$

切变模量：在正比极限范围内，切应力与切应变的比值。

$$G = \frac{\tau}{\gamma} = \frac{F/S}{\varphi} = \frac{F}{S\,\varphi}$$

材料的延伸率：$\delta = \dfrac{l - l_0}{l_0} \times 100\%$

(4) 黏弹性

在外力作用下，物体产生的形变对时间有依赖关系，其力学性质介于弹性固体和黏滞性流体之间，黏弹性物质具有蠕变、应力松弛、滞后等力学特征。

(5) 骨的力学性质

骨是一种复杂物质，是一种有生命的复合、各向异性、非均匀的材料，具有黏弹性和良好应力适应性，骨的一切功能都与它的优良性质相一致。骨的力学性质不仅与构成骨的复合材料的特性、骨的构造、外形有关，还受干湿程度、性别、年龄、应力集中、加载速率等因素影响。

肌肉的构造及肌丝的滑移理论：

肌肉由肌纤维组成；一个肌纤维细胞包括细胞膜、细胞核、细胞浆、细胞质；光学显微镜可观察细胞质中排列着有明暗相间条纹的肌原纤维，一段完整的明暗纹称肌节；肌节中的暗纹称 A 带，明纹称 Ⅰ 带；电镜下看到肌节中的暗带(A 带)是被称做粗肌丝的肌浆球蛋白，明带(Ⅰ 带)是被称做细肌丝的肌动蛋白。肌纤维的收缩是由于细肌丝向 M 膜方向移动，这在 A 带长度不变之下使 Ⅰ 带缩短，从而缩短了肌节长度，整个肌纤维也随之缩短了。细肌丝之所以向 M 膜方向移动是受到粗肌丝横桥拉力作用的结果。

习　题

2-1　阐述下列物理量的意义及它们之间的关系：

(1)外力、内力、应力；(2)正应力、正应变、杨氏模量；(3)切应力、切应变、切变模量。

2-2　骨的功能适应性指什么？骨的力学性能与哪些因素有关？

2-3　试简述肌肉收缩的肌丝滑移理论。

2-4　试计算横截面积为 $5.0\,\text{cm}^2$ 的股骨，(1)在拉力作用下，骨折将发生时所具有的张力(抗拉强度为 $12 \times 10^7\,\text{Pa}$)；(2)在 $1.0 \times 10^4\,\text{N}$ 的压力作用下它的应变($E = 9.4 \times 10^9\,\text{Pa}$)。

2-5　松弛的二头肌伸长 2 cm 时所需要的力为 10N。当它处于紧张状态(主动收缩)

时,产生同样的伸长则需200N的力。若将它看成是一条0.2m、横截面积为50cm² 的圆柱体,试求上述两种状态下的弹性模量。

2-6 设某人下肢骨长 0.6m,平均横截面积 3.0cm²,该人体重 800N,问此人双足站立时下肢骨缩短了多少?($E=9.4\times10^9$Pa)

2-7 在边长为 2.0×10^{-2}m 的立方体的两个相对面上,各施以 9.8×10^2N 的切向力,施力后两个相对面的相对位移为 0.10×10^{-2}m,求其切变模量。

2-8 试简述黏弹性物质的应力-应变的特征。

3

流体动力学基础

前两章讨论了固体在外力作用下的一些力学性质。本章将讨论另一类物体——流体的动力学性质。液体和气体统称为**流体**。流体没有固定的形状,其形状随容器的形状而定。流体各部分之间很容易发生相对位移,这种性质称为**流动性**。流体可到达任何允许到达的地方、充满允许的空间而不中断,呈现出连续分布的特性,这种性质称为**连续性**。**流体静力学**研究流体处于静止状态时的力学规律,有关内容已在中学物理中讨论过。**流体动力学**研究流体运动的规律以及运动着的流体与其他物体之间的相互作用。本章将介绍流体动力学的一些基本理论和研究方法。

在人体生命活动中,血液循环和呼吸道内气体的输运是重要的生理过程;在药物合成和制造过程中,液体的输送、流量的测量和控制是必不可少的环节。因此,医药院校的学生学习流体力学的基本知识是完全必要的。

3.1 流体运动的基本概念

3.1.1 理想流体

实际流体都有黏滞性。由于实际流体内部各部分的流速不尽相同,速度不同的相邻两流体层之间存在着沿分界面的切向摩擦力,又称**内摩擦力**,它阻碍流体各层间的相对滑动。流体的这种性质称为**黏滞性**。虽然实际流体总是或多或少地具有黏滞性,但是像水和酒精等液体的黏滞性很小,气体更小。因此,在讨论这些黏滞性很小的流体的流动时,黏滞性可以忽略不计。

实际流体都是可压缩的。但是,就液体而言,可压缩性很小。例如,水在 10℃时,每增加一个大气压,减小的体积只不过是原来体积的二万分之一。因此,一般液体的可压缩性可以忽略不计。就气体而言,可压缩性非常显著,但当气体处在可以流动的状态下,很小的压强差就足以使气体迅速流动,因此引起的气体密度变化不大,其可压缩性也可忽略。

为了简化问题,只考虑流体的流动性和连续性而忽略流体的可压缩性和黏滞性,从而引入**理想流体**模型,它是绝对不可压缩和完全没有黏滞性的流体。根据这一模型得出的结论,在一定条件下,可以近似地解释实际流体流动的情况。

3.1.2 稳定流动

一般对运动着的流体而言,流速是空间和时间的函数,表示为

$$v = v(x, y, z, t)$$

如果空间各点的流速不随时间而变化,则这种流动称为**稳定流动**,即

$$v = v(x, y, z)$$

类似于电力线,为了形象地描述流体的运动情况,在流体流过的空间中作一些假想的曲线,称为**流线**,如图 3-1,3-2 所示,图中所有带箭头的曲线都表示流线。流线上任意一点的切线方向与流体质点通过该点的速度方向一致;而流线的疏密情况则表明流速的大小。流线密集,流速较大;流线稀疏,流速较小。流速在空间的分布形成一个**流场**,它反映流体的一个运动状态,流速不随时间变化的流场称为**稳定流场**。

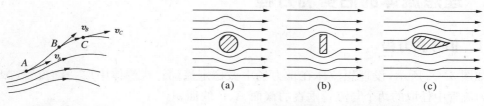

图 3-1 流 线   图 3-2 流体绕过各种障碍物时的流线

在图 3-3 所示的流体中取一截面 ΔS_1,则通过截面周边上各点的流线围成的管状区域称为**流管**。当流体做稳定流动时,流线和流管的形状不随时间而改变。由于每一时刻空间一点上的流体质点只能有一个速度,所以流线不可能相交,流管内的流体不能流出管外,流管外的流体也不会流入管内。

3.1.3 连续性方程

如图 3-3 所示,在一个做稳定流动的不可压缩流体中取一截面很小的流管,在流管中任意两处各取一个与该处流速相垂直的截面 ΔS_1 和 ΔS_2。因流管的截面很小,流体质点在 ΔS_1 和 ΔS_2 截面上各处的流速可看成分别相等,且分别为 v_1 和 v_2。在 Δt 时间内,流过 ΔS_1 和 ΔS_2 截面的流体体积分别为 $\Delta S_1 v_1 \Delta t$ 和 $\Delta S_2 v_2 \Delta t$。由于流体不可压缩,因而流入截面 ΔS_1 与流出截面 ΔS_2 的流体体积应相等,则

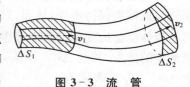

图 3-3 流 管

$$\Delta S_1 v_1 \Delta t = \Delta S_2 v_2 \Delta t$$

即
$$\Delta S_1 v_1 = \Delta S_2 v_2 \qquad (3-1)$$

这一关系式对于同一流管中任意两个垂直于流管的截面都是适用的,即
$$v S = 恒量 \qquad (3-2)$$

又 $Q_V = vS$,表示在单位时间内通过截面 S 的流体体积,称为**体积流量**,简称流量,单位为米³/秒(m³/s)。类似地,$Q_\rho = \rho vS$ 称为流体的质量流量,它表示在单位时间内通过截面 S 的流体的质量,其单位为千克/秒(kg/s)。式(3-1)和式(3-2)称为流体的**连续性方程**。它表明,不可压缩的流体做稳定流动时通过同一流管各横截面的体积流量相等,且等于恒量。

当不可压缩的流体在管中流动时,整个管子可看成为一根流管,连续性方程中的流速可用该截面的平均流速代替。

【例 3-1】 正常成人休息时,通过主动脉的平均血流速率为 $v=0.33$m/s,主动脉半径平均为 $r=9.0\times10^{-3}$m。求通过主动脉的平均血流量。

【解】 因为主动脉的横截面积为

$$S = \pi r^2 = 3.14 \times (9.0 \times 10^{-3})^2 = 2.5 \times 10^{-4}\ \text{m}^2$$

则通过主动脉的平均血流量为

$$Q = Sv = 2.5 \times 10^{-4} \times 0.33 = 8.3 \times 10^{-5}\ \text{m}^3/\text{s}$$

3.2 理想流体的伯努利方程

3.2.1 伯努利方程

如图 3-4 所示,设理想流体在重力场中做稳定流动。在流体中取一细流管,ΔS_1 和 ΔS_2 为流管中任取的两个与流管垂直的截面 A、B 的面积。由于流管很细,截面 A 和截面 B 处的各物理量可看成分别相等。A 处的压强为 p_1,流速大小为 v_1,高度为 h_1;B 处的压强为 p_2,流速大小为 v_2,高度为 h_2。选取某一时刻 t 在 AB 之间的流体为研究对象,并设经过很短时间 Δt,这部分流体移动到 A'和 B'之间。由于 Δt 很短,AA'间和 BB'间的流体在此期间的各物理量可认为来不及发生变化。

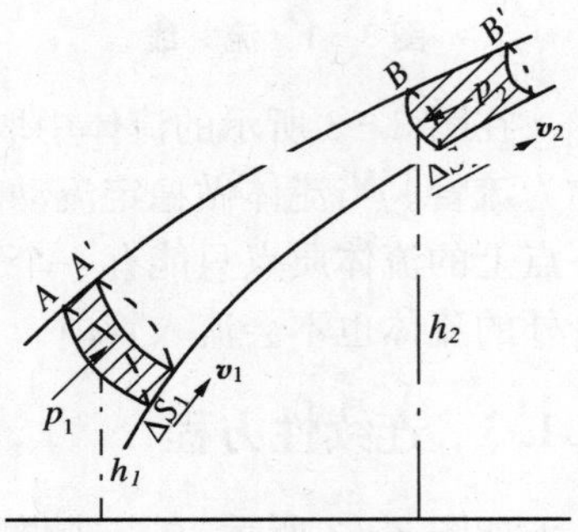

图 3-4 同一流管内两截面处流体

接着分析在 Δt 时间内,研究对象的机械能的变化以及引起这些变化的外力所做的功。

因为理想流体做稳定流动,所以 A'和 B 之间的那部分流体的机械能保持不变,从而,只需考虑 AA'之间与 BB'之间的流体能量的变化。由于理想流体是不可压缩的,AA'之间流体的体积一定等于 BB'之间流体的体积,均为 ΔV。设流体的密度均匀,大小为 ρ,则这两部分流体的质量也相等,均为 Δm。Δm 可表示为

$$\Delta m = \rho \Delta S_1 v_1 \Delta t = \rho \Delta S_2 v_2 \Delta t = \rho \Delta V$$

AB 间的流体在 Δt 时间内流到 $A'B'$间,其机械能的增量为

$$\begin{aligned}\Delta E &= (E_{K_2} + E_{P_2}) - (E_{K_1} + E_{P_1}) \\ &= \left(\frac{1}{2}\rho {v_2}^2 + \rho g h_2\right)\Delta V - \left(\frac{1}{2}\rho {v_1}^2 + \rho g h_1\right)\Delta V\end{aligned}$$

理想流体没有黏滞性,故不存在能量损耗。因此,只需考虑作用在这段流体上的外力做功。流管外的流体对这部分流体的压力垂直于流管表面,与流速垂直,因而不做功。作用于 ΔS_1 上的压力 $p_1 \Delta S_1$ 的方向与流体运动方向一致做正功,而作用于 ΔS_2 截面上的压力 $p_2 \Delta S_2$ 的方向与流体运动方向相反做负功。

所以,Δt 时间内周围流体的压力所做的总功为

$$\begin{aligned}W &= p_1 \Delta S_1 v_1 \Delta t - p_2 \Delta S_2 v_2 \Delta t \\ &= (p_1 - p_2)\Delta V\end{aligned}$$

根据功能原理,物体系机械能的增量等于它所受的外力所做的总功,即

$$\left(\frac{1}{2}\rho v_2{}^2 + \rho g h_2\right)\Delta V - \left(\frac{1}{2}\rho v_1{}^2 + \rho g h_1\right)\Delta V = (p_1 - p_2)\Delta V$$

将上式两边除以 ΔV 并移项,得

$$\frac{1}{2}\rho v_1{}^2 + \rho g h_1 + p_1 = \frac{1}{2}\rho v_2{}^2 + \rho g h_2 + p_2 \qquad (3-3)$$

由于 A、B 是任取的两个截面,所以在同一流管内任一截面处有

$$\frac{1}{2}\rho v^2 + \rho g h + p = 恒量 \qquad (3-4)$$

式(3-3)和式(3-4)都称为**伯努利方程**。式中 $\frac{1}{2}\rho v^2$ 是单位体积流体的动能,$\rho g h$ 是单位体积流体的势能。压强 p 所做的功 $W = p\Delta S v \Delta t = p\Delta V$,由此可见,压强 p 相当于单位体积流体通过某一截面时压力所做的功,常把它称为**压强能**。伯努利方程表明:理想流体做稳定流动时,同一流管内任一截面处单位体积流体的动能、势能和压强能的总和是一恒量。它实质上是理想流体在重力场中流动时的功能关系。

如果流管中的截面 ΔS_1 和 ΔS_2 趋近于零,这时流管就变成了流线,v、h、p 为流线上某点的流速、高度、压强的精确值。因此,式(3-3)或式(3-4)适用条件是,理想流体做稳定流动时同一根流管的任意截面或同一根流线上的任意点。

3.2.2 伯努利方程的应用

1)空吸作用

如图 3-5 所示,一水平放置的管,A 处和 C 处的截面积大于 B 处的截面积。管内流体由 A 处流向 C 处。水平管本身可看做一流管,因 $S_A > S_B$,由连续性方程 $v_A S_A = v_B S_B$ 可知 $v_A < v_B$。又由于管道水平放置,伯努利方程可表示为 $p_A + \frac{1}{2}\rho v_A{}^2 = p_B + \frac{1}{2}\rho v_B{}^2$。由此可见,在同一水平管中,流速大处压强小,流速小处压强大。当 B 处的流速足够大,以至 B 处的压强小于大气压时,容器 D 中的液体因受大气压的作用沿竖直管上升,直至被压到 B 处被水平管中的流体带走,这种作用称为**空吸作用**。

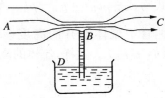

图 3-5 空吸作用

空吸作用的应用很广,如喷雾器、水流抽气机、内燃机中的汽化器等均是根据这一原理制成的。

2)流量计

图 3-6 为**文丘利流量计**的原理图。测量流体流量时,将它水平地连接到被测管道(如自来水管)上。取水平管为流管,S_1 和 S_2 为该管的两截面且高度相同,由伯努利方程可得

$$\frac{1}{2}\rho v_1{}^2 + p_1 = \frac{1}{2}\rho v_2{}^2 + p_2$$

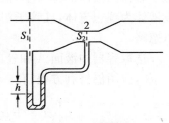

图 3-6 流量计

由连续性方程可得

$$S_1 v_1 = S_2 v_2$$

由以上两式消去 v_2,可得

$$v_1 = S_2 \sqrt{\frac{2(p_1 - p_2)}{\rho(S_1^2 - S_2^2)}}$$

若两竖直管中液面的高度差为 h,则上式中压强差 $p_1 - p_2 = \rho gh$,再代入上式得

$$v_1 = S_2 \sqrt{\frac{2gh}{S_1^2 - S_2^2}}$$

因此,流体的流量为

$$Q = S_1 v_1 = S_1 S_2 \sqrt{\frac{2gh}{S_1^2 - S_2^2}} \qquad (3-5)$$

3) 流速计

如图 3-7 所示是**皮托管**(流速计)的原理图。两个弯成 L 形的管子,其中一个管子的开口 A 迎着流来的流体,另一个管子的开口 B 在侧面,与流体的流动方向相切。C 与 A、D 与 B 分别在两根流线上,分别满足伯努利方程。

C、D 在很远处靠得很近,运动状态几乎相同,因此,A、B 两点有如下等式关系:

$$\frac{1}{2}\rho v_A^2 + p_A = \frac{1}{2}\rho v_B^2 + p_B$$

由于流体在 A 处受阻,因而流速 $v_A = 0$。于是上式写成 $\frac{1}{2}\rho v_B^2 = p_A - p_B$。$A$、$B$ 两处的压强差可由两管中流体上升的高度差求出,即 $p_A - p_B = \rho g(h_A - h_B)$。这样,流体的流速为

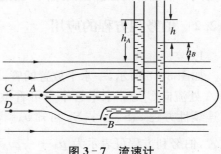

图 3-7 流速计

$$v = v_B = \sqrt{2g(h_A - h_B)} = \sqrt{2gh} \qquad (3-6)$$

4) 虹吸管

虹吸管是用来从不能倾斜的容器中排出液体的装置,如图 3-8 所示。将管内充满液体,管一端置于容器中,排出液体的管口 D 置于低于容器内液面的位置上,液体就会从管内流出。为了使问题简化,设液体为理想流体,且管子粗细均匀,其截面积与容器横截面相比可以忽略。

选取容器内液面 A 和管口 D 为两参考面,该两处的压强 $p_A = p_D = p_0$,应用伯努利方程,有

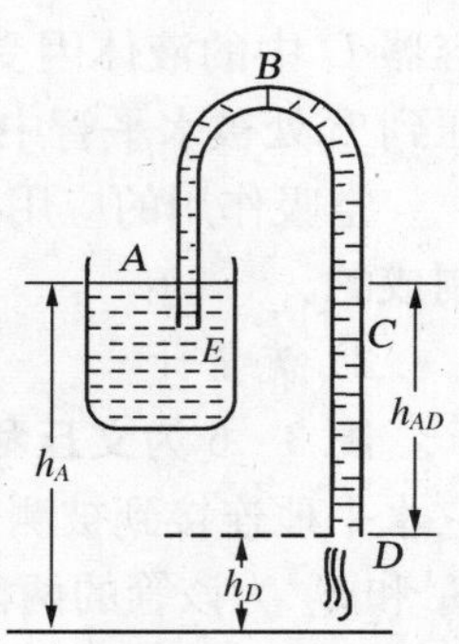

图 3-8 虹吸管

$$\frac{1}{2}\rho v_A^2 + \rho gh_A = \frac{1}{2}\rho v_D^2 + \rho gh_D$$

由连续性方程 $S_A v_A = S_D v_D$,因为 $S_A \gg S_D$,所以 $v_A^2 \ll v_D^2$ 而可忽略不计,则有

$$v_D = \sqrt{2g(h_A - h_D)} = \sqrt{2gh_{AD}} \qquad (3-7)$$

式中，h_{AD} 为液面 A 与出口 D 的高度差。

选取管中两点 B、C 为参考点，当管子粗细均匀时，$v_B = v_C = v_D$，应用伯努利方程，有

$$\rho g h_B + p_B = \rho g h_C + p_C$$

即
$$\rho g h + p = 恒量$$

由上式可以看出，粗细均匀的虹吸管中，处于较高处液体的压强小于处于较低处液体的压强。

如果选取 B、D 两处应用伯努利方程，可得出

$$\rho g h_B + p_B = \rho g h_D + p_0$$

则有
$$h_B - h_D = \frac{1}{\rho g}(p_0 - p_B)$$

当 $p_B = 0$ 时，$(h_B - h_D)$ 有最大值，这说明虹吸管能工作的界限为其最高处与出口之间的竖直距离不能超过 $p_0 / \rho g$；对水而言，其值约为 10m。

3.3 实际流体的流动

实际流体，如石油、甘油、血液等，流动时都具有较大的黏滞性，不再是理想流体，因而不能直接应用伯努利方程式(3-3)或式(3-4)。本节主要讨论黏滞性流体流动的规律。

3.3.1 牛顿黏滞性定律

如图 3-9 所示，在一竖直圆管中注入无色甘油，上部再加一段着色甘油，其间有明显的分界面。打开管子下部的活门使甘油缓缓流出，经一段时间后，着色甘油的下部呈舌形界面，说明甘油流出时，沿管轴流动的速度最大，距轴越远流速越小，在管壁上，附着的甘油流速为零。速度分布的示意图如图 3-9(b)所示，即沿 z 方向流动的液体实际上分成许多平行于管壁的薄圆筒状薄层，称为**流层**，各层之间有相对滑动。设想在 x 方向相距 dx 的两流层的速度差为 dv，则 dv/dx 表示在垂直于流速方向上，相距单位距离的流层间的速度差，称为**速度梯度**。由

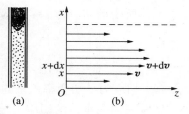

图 3-9 流体的黏滞性

图可见，不同 x 处的速度梯度不同，距管轴越远，速度梯度越大，速度梯度的单位是秒$^{-1}$(s^{-1})。

两相邻流层做相对运动时，两层之间存在着相互作用力，快层对慢层的作用力的方向与速度方向相同，促其加速；慢层对快层的作用力与速度方向相反，阻滞快层流动，这一对力称为流体的**内摩擦力**或**黏滞力**。

实验表明，流体内相邻两流层接触面间的内摩擦力 f 与接触面积 S 及速度梯度 dv/dx 成正比，即

$$f = \eta \frac{dv}{dx} S \qquad (3-8)$$

上式称为**牛顿黏滞性定律**。式中的比例系数 η 称为**黏滞系数**或**黏度**,它的单位为帕斯卡·秒(Pa·s)

表 3-1　几种流体的黏度值

液　体	温度(℃)	黏度(×10⁻³Pa·s)	液体	温度(℃)	黏度(×10⁻³Pa·s)
	0	1.794	酒精	20	1.200
	10	1.310	蓖麻油	17.5	1225.0
水	20	1.009	血液	37	2.0~4.0
	37	0.690	血浆	37	1.0~1.4
	100	0.284	血清	37	0.9~1.2

表 3-1 给出了几种流体的黏度值。从表中可以看出,黏度的大小不但与流体种类有关,而且还与温度有关。一般说来,液体的黏度随温度升高而减小,气体的黏度随温度的升高而增大。

有些流体严格遵守牛顿黏滞性定律,η 为一常数,称为**牛顿流体**;另一些流体不服从牛顿黏滞性定律,η 不再是常数,而是与压力、速度梯度有关,这种流体称为**非牛顿流体**。例如,纯净水和血清等均为牛顿流体,而全血以及悬浊液是非牛顿流体。

在工程技术上常会遇到**运动黏度**的概念,它的定义是流体的黏度与同温度下该流体密度 ρ 的比值。用 v 表示,即

$$v = \frac{\eta}{\rho}$$

运动黏度的单位为米²/秒(m²/s)。

可以证明,速度梯度等于流体在单位时间内的切应变 $d\gamma/dt$,即**切变率**,用 $\dot{\gamma}$ 表示。又由于流体所受的切应力 $\tau = f/S$,所以牛顿黏滞性定律又可表示为

$$\tau = \eta\dot{\gamma} \tag{3-9}$$

1) 血液的非牛顿黏性

(1) 切应力—切变率关系的非线性

实验表明人全血的切应力 τ 与切变率 $\dot{\gamma}$ 是非线性的。若仍用牛顿黏滞性定律来描述:

$$\tau = \eta_a\dot{\gamma}$$

则 η_a 不是常数。η_a 称为**表观黏度**。

如图 3-10 所示,血液黏度与红细胞压积(H)有密切关系,在同样切变率下,H 越高,黏度越大,非牛顿行为越显著。而随着切变率的增大,血液的流动性状渐趋于牛顿流体,即 $\eta_a \to$ 常数。正常人血液 H 为 45%,在 $\dot{\gamma} > 200s^{-1}$ 时,即可近似地看做是牛顿流体。

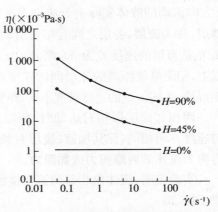

图 3-10　不同 H 值下,η_a 随 $\dot{\gamma}$ 的变化

（2）血液的黏弹性和触变性

研究发现，血液具有黏弹性，即应力不仅取决于瞬时切变率，而且与历史过程有关。因此，在研究与血液流动有关的问题时，应该计及血液的黏弹性。为了简化，分析大血管时通常不计黏弹性，但血管较小时（如冠状动脉），似乎应该考虑血液黏弹性效应。

血液的黏度一方面依赖于切变率，另一方面也依赖于剪切时间，即切变率恒定时，血液黏度随时间的变化。如果时间足够长，黏度到达一定值后也不再随时间改变，其值仅仅取决于切变率，这就是血液的**触变性**。如图 3-11 所示为人全血在 $\dot{\gamma}=0.97\text{s}^{-1}$ 的条件下，τ 随时间变化的曲线，叫做**扭矩衰减曲线**。图 3-12 为人全血在周期为 20s 时线性变化的切应力下所得出的滞后环。图中数据都显示出人血的触变性。

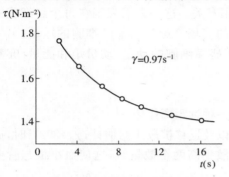

图 3-11　人全血扭矩衰减曲线　　　图 3-12　人全血滞后环

一般说来，在低切变率下，如小于 0.1s^{-1}，血液表现为黏弹性；切变率在 $0.1\sim10\ \text{s}^{-1}$ 范围内，血液具有触变特性。

2）血液非牛顿黏性原因的推测

全血的非牛顿黏性可能与红细胞的状态及血液中各种成分的状态、相互作用有关。

（1）红细胞的聚集

在静止状态下，红细胞在血浆中聚集形成叠连，并构成网络。当流动切变率较低时，红细胞叠连依然存在。切应力增大时，叠连逐渐裂解，尺寸变小，因而表观黏度亦减小。当应力达到一定值（约 $0.2\text{N} \cdot \text{m}^{-2}$，相当于 $\dot{\gamma}$ 为 50s^{-1} 时），叠连几乎完全裂解为单个红细胞，应力-应变关系亦逐渐趋于线性。红细胞聚集是低切变率下血液非牛顿行为的主要原因。

（2）红细胞及叠连细胞的变形

一旦血液流动，红细胞及叠连细胞就在流体动力作用下变形。据观察，应力很小（大约 $10^{-8}\text{N} \cdot \text{m}^{-2}$）时，叠连细胞像柔性纤维一样弯曲；当应力达到 $0.1\text{N} \cdot \text{m}^{-2}$ 时，红细胞就有明显的变形。这种变形需要一定的能量和时间，因而影响血液的黏性和弹性。

红细胞的表面积与体积的比值，是决定红细胞变形性的重要因素。红细胞膜的面积对于体积来说相对过剩，使红细胞能变成各种形态，而不必增加表面积。在表面积和体积不变的情况下，正常红细胞可拉伸至原长的 230%。如果要使红细胞膜表面积增加 2%～3%，就可使红细胞膜破坏。

红细胞的变形性还决定于红细胞膜的黏弹性质，而黏弹特性又与细胞膜的成分及其在膜中的结构和排列有关。

红细胞细胞质的黏度称为**红细胞的内黏度**，它是决定红细胞变形性的又一重要因素。

内黏度又决定于细胞内血红蛋白的浓度和理化特性。

在流动切变率较高，叠连细胞完全裂解的情况下，红细胞变形能力决定了它的形变、体积以及应力改变时形状改变的速率，从而决定了血液黏度和松弛时间。另外，据观测，当红细胞从细针管射出后，形状恢复到自然状态所需的时间约为 $1/3s$，这和高切变率下血液的松弛时间同数量级。

红细胞变形是切变率较高时血液流变性质的决定因素。

（3）红细胞的相对运动

血液流动时，红细胞除了和血浆一起运动外，还有相对于血浆的运动，包括移动、转动和布朗运动。这些运动引起细胞与血浆之间的相互作用，从而影响血液的宏观力学性质。不仅如此，红细胞运动还和红细胞之间的相互作用有关。这一方面表现在每个红细胞的运动都受到其他红细胞流场的影响，而它自身诱导的流场又影响其他红细胞的运动；另一方面也表现在细胞碰撞时的能量和动量交换取决于碰撞细胞的动量、动量矩和能量，亦和细胞运动的轨迹、相对方位等有关。

（4）有形元素间的相互作用

① 每个有形元素的诱导流场间的干扰，这是一种远距离作用。

② 有形元素相互碰撞引起的动量、能量交换以及迁移扩散。据估计，$\dot{\gamma}=20s^{-1}$ 时，碰撞引起的血小板的迁移扩散，比布朗运动引起的扩散率高两个数量级，这使血小板与管壁碰撞的概率大大增加。

③ 范德瓦耳斯引力、表面静电作用及长链大分子的连接作用，这些只有当有形元素间距极小时，才起作用，且与血浆的物理、化学性质有密切关系。

（5）血浆因素

除了血浆黏度直接影响全血黏度外，血浆对血液流变性质的影响还表现在以下三方面：

① 血浆蛋白质影响红细胞的聚集能力

主要有两种作用：一是起搭桥作用，加强聚集能力，这主要是纤维蛋白原所致，球蛋白次之；二是改变红细胞表面的电特性，纤维蛋白原、球蛋白等接近于电中性，它们包围红细胞，削弱红细胞表面之间的静电斥力，促进聚集；而白蛋白带负电，加强排斥作用，削弱聚集。

② 血浆渗透压影响红细胞的力学性质

红细胞膜两侧的渗透压差，在一定程度上决定了它的形状和尺寸，并影响膜的弹性，从而改变红细胞的变形能力，其作用相当复杂。

③ 血浆 pH 值的影响

据测量，pH 值在 6.85～7.35 范围内，在 pH 值升高时，表观黏度降低。

3.3.2 实际流体的伯努利方程

伯努利方程是依据理想流体模型应用功能原理推导出来的。推导中没有考虑流体流动中损耗的能量和外界提供的能量，因此在实际应用时，发现与实际情况有一些不一致。例如，流体在均匀的水平管中稳定流动，由于管道的高度相等，截面积相等，由连续性原理和伯努利方程可得出水平管道各处的压强相等的结论。但实际上，如图 3-13 所示，在水平管中装有竖直的细管作为压强计,从细管中流体上升的高度来测定各处的压强。实验表明,管道各处的压强沿着流体流动的方向,随流程的增加而逐渐降低,即 $p_1 < p_2 < p_3$。这是因为实际流体做稳定流动时,因流体内部存在内摩擦力和流体与管壁的作用,流体必须克服阻力做功,使流体的部分能量转换成热能。

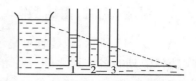

图 3-13　实际流体在水平管中流动

又如,实际流体流动时,常需要泵等设备提供动力。显然,它们提供的能量将增加流体的机械能。这样,按照能量守恒的原理,理想流体的伯努利方程就被修正为

$$\frac{1}{2}\rho v_1{}^2 + \rho g h_1 + p_1 + W_外 = \frac{1}{2}\rho v_2{}^2 + \rho g h_2 + p_2 + W_损 \qquad (3-10)$$

式中,$W_外$ 和 $W_损$ 分别为流体沿同一流管自截面 1 处运动至截面 2 处,外部对单位体积流体所做的功以及单位体积流体克服阻力所做的功。

将上式除以**重度** $\gamma = \rho g$,式(3-10)变换为

$$\frac{v_1{}^2}{2g} + h_1 + \frac{p_1}{\gamma} + L_外 = \frac{v_2{}^2}{2g} + h_2 + \frac{p_2}{\gamma} + L_损 \qquad (3-11)$$

式中,$v^2/2g$ 称为**动压头**;h 称为**势压头**;p/γ 称为**压力头**;三者之和称为**水头**;$L_外 = W_外/\gamma$ 称为**外加压头**;$L_损 = W_损/\gamma$ 称为**损失压头**。式(3-11)各项的单位都是米(m)。

【例 3-2】　有重度为 $1.00 \times 10^4 N/m^3$ 的水,用泵从贮槽将其打到 20.0m 高处,如图 3-14 所示。泵的进口管内径为 100mm,流速为 1.00m/s,泵的出口管内径为 60.0mm。水流动过程损失压头为 3.00m 水柱,试求泵出口处水的流速和所需的外加压头。

【解】　已知泵入口及出口管的内径分别为 d_1 和 d_2,设相应的流速为 v_1 和 v_2,由连续性方程求得

$$v_2 = v_1\left(\frac{d_1}{d_2}\right)^2 = 1.00 \times \left(\frac{0.100}{0.0600}\right)^2$$

$$\approx 2.78 \text{ m/s}$$

取水平面 1-1′为基准面,泵把水打到 2-2′面,该水面距基准面的高度为 $h_2 = 20.0m$,1-1′处的水位基本不变,即 $v_1 = 0$,此处压强 $p_1 = 1.00atm = 1.01 \times 10^5 Pa$;在 2-2′出口处,压强 $p_2 = p_1$,流速 $v_2 = 2.78m/s$,代入式(3-11),得

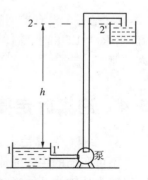

$$0 + 0 + \frac{1.01 \times 10^5}{1.00 \times 10^4} + L_外 = \frac{2.78^2}{2 \times 9.8} + 20.0 + \frac{1.01 \times 10^5}{1.00 \times 10^4} + 3.00$$

得　$L_外 \approx 23.4m$ 液柱

结果表明,泵的外加压头必须大于液体垂直扬升高度和损失压头之和。可见,在实际应用中必须正确估算损失压头,才能保证管道和渠道的设计流量达到一定的要求。

图 3-14　泵打水到高处

3.3.3 层流、湍流、雷诺数

如图 3-15 所示,该装置可显示黏性流体的稳定流动和不稳定流动。

流体流动时各流层之间仅作相对滑动而不混合,该流动属于**层流**。但是,当流体的流速增加到某一数值时,流体可能向各个方向上运动,包括垂直于原运动方向的运动。此时各流层之间相互混淆起来,层流遭到破坏,而且可以出现涡旋,这样的流动称为**湍流**。用如图3-15(a)所示的实验装置可以观察到这两种不同形式的流动状态。

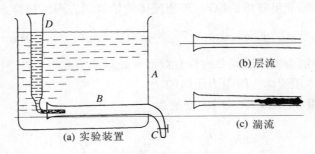

图 3-15 层流和湍流

如图 3-15(a)所示,在一个盛水的容器 A 中,水平地装有一根玻璃管 B,另一个竖直放置的玻璃管 D 内盛有着色水,着色水通过 D 管下端的细管引入 B 管。当打开阀门 C,水从 B 管流出。若水流的速度不大时,着色水在 B 管中形成一条清晰、与 B 管平行的细流,见图 (b),这种水流即为层流。当开大阀门 C,增加水流的速度到某一定值时,流动不再稳定,着色水的细流散开而与无色水混合起来,如图(c),这时的流动称为湍流。

由层流转变为湍流不仅与流速 v 的大小变化有关,而且还与流体的密度 ρ、管道的半径 r 和流体的黏度 η 有关。雷诺通过大量实验研究,确定了流体的流动形态是层流还是湍流的指标——**雷诺数** Re。它的定义是:

$$Re = \frac{\rho v r}{\eta} \qquad (3-12)$$

Re 是一个没有量纲的纯数,对于包括血液在内的许多流体,当 $Re < 1\,000$ 时,流体做层流;当 $Re > 1\,500$ 时,流体做湍流;而当 $1\,000 < Re < 1\,500$ 时,流体可做层流也可做湍流,称为过渡流。

3.4 泊肃叶定律

1) 泊肃叶定律的表述

不可压缩的牛顿流体在水平圆管中做稳定流动时,如果流速不大,流动的形态是层流。各流层为从轴线开始半径逐渐增大的圆筒形,中心流速最大,随着半径的增加,流速减小,管壁处流体附着于管壁内侧,流速为零。

法国医学家泊肃叶研究了血管内血液的流动,并对在两端压强差 $\Delta p = p_1 - p_2$ 的作用下,半径为 R、长度为 L 的水平圆管中流体的流动进行了研究,得出流体从管中流出的体积流量为

$$Q = \frac{\pi R^4 \Delta p}{8 \eta L} \qquad (3-13)$$

式（3-13）称为**泊肃叶定律**，式中 η 为流体的黏度。泊肃叶定律表明，不可压缩的牛顿流体在水平圆管中做稳定流动时，流量 Q 与管道半径 R 的四次方成正比，与管两端的压强梯度 $\Delta p/L$ 成正比，与流体的黏度 η 成反比。

定义**流阻** $Z = 8 \eta L / \pi R^4$，则式（3-13）可写成

$$Q = \frac{\Delta p}{Z} \qquad (3-14)$$

式（3-14）适用于任何流体在任何形状的流动。对于牛顿流体在圆管中流动，Z 可由 $8 \eta L / \pi R^4$ 计算；对于非牛顿流体或非圆管中流动的情形，Z 一般由实验测定。在生理学中，常把体循环中各血管的流阻之和称为**总外周阻力**，把小血管（主要是小动脉和微动脉）的流阻称为**外周阻力**。在整个体循环总外周阻力中，大动脉阻力约占 19%，小动脉及微动脉约占 47%，毛细血管约占 27%，静脉约占 7%（其中微静脉占 4%），可见小动脉及微动脉部位对总外周阻力的贡献最大，按泊肃叶定律，血压在小动脉及微动脉处下降最快。

由式（3-14）不难看出，黏滞流体在等截面的水平管中流动时，其流量、压强差和流阻之间的关系类似于电学中电流强度、电压和电阻之间的关系。当流体流经长度不等、半径不同的互相串联或并联的管道时，总流阻的计算方法与电路中电阻串并联的计算方法类似。

当流体流经几个长度不等、半径不同的相互串联的管道时，其总流阻等于流体流经各管道的分流阻之和，即

$$Z_总 = Z_1 + Z_2 + \cdots + Z_n \qquad (3-15)$$

当流体流经几个长度不等、半径不同的并联管道时，其总流阻的倒数等于流体流经各管道时分流阻的倒数之和，即

$$\frac{1}{Z_总} = \frac{1}{Z_1} + \frac{1}{Z_2} + \cdots + \frac{1}{Z_n} \qquad (3-16)$$

2）泊肃叶定律的推导

（1）速度分布　设不可压缩的牛顿流体在内半径为 R 的水平管内做稳定流动。在管中取半径为 r，长度为 L，与管共轴的圆柱形流体元，如图 3-16(a) 所示。该流体元左端所受的压力为 $p_1 \pi r^2$，右端所受压力为 $p_2 \pi r^2$，它所受的压力差为

$$F = (p_1 - p_2) \pi r^2$$

作用在流体元侧面上的黏滞阻力由牛顿黏滞性定律可知：

$$F' = -\eta 2 \pi r L \frac{\mathrm{d} v}{\mathrm{d} r}$$

式中，负号表示 v 随 r 的增大而减小。

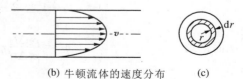

(a) 牛顿流体中的圆柱形流体元

(b) 牛顿流体的速度分布　　(c)

图 3-16　泊肃叶定律的推导

当管内流体做稳定流动时,以上两力大小相等,即

$$(p_1-p_2)\pi r^2=-\eta 2\pi r L\frac{\mathrm{d}v}{\mathrm{d}r}$$

整理后得出

$$-\frac{\mathrm{d}v}{\mathrm{d}r}=\frac{(p_1-p_2)r}{2\eta L}$$

将上式分离变量后取定积分,并注意到 $r=R$ 处 $v=0$,有

$$-\int_v^0\mathrm{d}v=\frac{p_1-p_2}{2\eta L}\int_r^R r\mathrm{d}r$$

积分后得

$$v=\frac{p_1-p_2}{4\eta L}(R^2-r^2) \tag{3-17}$$

此式给出了牛顿流体在水平圆管中流动时,流速随半径的变化关系。从此式可以看出,在管轴处($r=0$)流速有最大值$(p_1-p_2)R^2/4\eta L$,即速度的最大值与管子的内半径的平方成正比,也与压强梯度$(p_1-p_2)/L$成正比。图 3-16(b)为其速度分布的剖面图,从图中可以看出,v 随 r 变化的关系曲线为抛物线。

(2) 流量 如图 3-16(c),在管中取一与管共轴,半径为 r、厚度为 $\mathrm{d}r$ 的薄壁圆筒形流体元,单位时间内通过该流体元端面的流体的体积为

$$\mathrm{d}Q=v\,2\pi r\mathrm{d}r=\frac{p_1-p_2}{4\eta L}(R^2-r^2)2\pi r\mathrm{d}r$$

将上式积分,即得通过整个圆管的体积流量为

$$\begin{aligned}
Q&=\int\mathrm{d}Q\\
&=\frac{\pi(p_1-p_2)}{2\eta L}\int_0^R(R^2-r^2)\mathrm{d}r\\
&=\frac{\pi R^4(p_1-p_2)}{8\eta L}=\frac{\pi R^4}{8\eta L}\Delta p
\end{aligned}$$

如图 3-17 所示,奥氏管黏度计是一种常用的测量液体黏度的仪器,采用的是比较法。设已知标准液体的黏度为 η_1,密度为 ρ_1,液面从 m 点降至 n 点的时间为 Δt_1;而同体积的未知液体的黏度为 η_2,密度为 ρ_2,其液面从 m 点降至 n 点的时间为 Δt_2。这些量有如下关系:

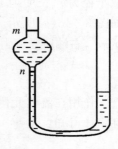

$$\frac{\rho_1\Delta t_1}{\eta_1}=\frac{\rho_2\Delta t_2}{\eta_2} \tag{3-18}$$

从而得到

$$\eta_2=\frac{\rho_2\Delta t_2}{\rho_1\Delta t_1}\eta_1 \tag{3-19}$$

图 3-17 奥氏管
黏度计

3.5 斯托克斯定律

固体在黏性流体中运动时,将受到黏滞阻力,这是由于固体表面附着一层流体,该层流体随固体一起运动,因而与周围流体间有内摩擦力,此力阻碍固体在流体中的运动。

通过对固体在黏性流体中运动的实验研究,可总结出如下规律:若物体的运动速度很小(雷诺数 $Re<1$),其受到的黏滞阻力 f 与固体的线度 r、运动的速度 v、流体的黏度 η 成正比,比例系数由物体的形状而定。对球形物体,用半径表示其线度,则由理论上可证明,比例关系为 6π,故黏滞阻力为

$$f = 6\pi\eta rv \qquad\qquad (3-20)$$

上式称为**斯托克斯定律**。

设半径为 r 的小球体在黏性液体中由静止状态下降。开始时球体受到方向向下的重力和方向向上的浮力的作用,重力大于浮力,球体将加速下降。随着下降速度的增加,黏性阻力增大,当速度达到一定值时,重力、浮力和黏性阻力这三个力平衡,球体将匀速下降,这时球体的速度称为**收尾速度**或**沉降速度**。

设 ρ 为球体的密度,ρ' 为流体的密度,则球体所受的重力为 $4\pi r^3\rho g/3$,所受的浮力为 $4\pi r^3\rho' g/3$,黏性阻力为 $6\pi\eta rv$。当达到收尾速度时,三力平衡,即

$$\frac{4}{3}\pi r^3\rho g = \frac{4}{3}\pi r^3\rho' g + 6\pi\eta rv$$

由上式可计算出收尾速度

$$v = \frac{2}{9}\frac{gr^2}{\eta}(\rho-\rho') \qquad\qquad (3-21)$$

上式常被用来测定流体的黏滞系数。若将已知半径 r 和密度 ρ 的小球放入密度为 ρ' 的液体中,测出小球的沉降速度 v,由上式即可计算出液体的黏滞系数 η。

当制造的药物剂型为混悬液时,由式(3-21)可知,通过加大流体介质密度 ρ' 和减小颗粒半径 r 来减小颗粒在流体中的沉降速度,可以提高混悬液剂型的稳定性。

式(3-21)表明,沉降速度与重力加速度 g 成正比。为了提高沉降速度,实验室中广泛使用离心沉降法。设 ω 为离心机的角速度,样品离轴心的距离为 r',则离心加速度为 $r'\omega^2$,相当于重力加速度 g。加快离心机的转速,可使 $r'\omega^2$ 的值比 g 大许多倍,从而提高沉降速度,可以迅速地把颗粒从液体中分离出来。现代超速离心机的转速可达每分钟 10 万转以上,被广泛应用于生物化学、分子生物学等学科的研究工作中,分离蛋白质、核酸等大分子物质。

本 章 小 结

1. 基本概念

(1) 理想流体:绝对不可压缩及完全没有黏滞性的流体称为理想流体。它是流体的可

压缩性及黏滞性都处于极为次要地位,因而可被忽略时的一种理想模型。

(2) 稳定流动:流体中各点的流速均不随时间变化的流动称为稳定流动,是实际流动的一种特殊情况。

(3) 流线与流管:为形象地描述流体流动而提出的一些假想曲线,曲线上每一点的切线方向均与该点的流速方向相同,而曲线的疏密程度表明该处流速的大小。由一束流线围成的封闭管状空间称为流管。

(4) (体积)流量:单位时间内通过流管中某一截面的流体体积。

(5) 黏滞系数(黏度):流体黏滞性大小的量度。

(6) 速度梯度:速度的空间变化率。

(7) 流阻:它是指流体各流层之间的相互作用及流体与固体之间相互作用的综合效果,表现为对流体流动的阻力。

2. 基本规律

(1) 连续性方程:不可压缩流体做稳定流动时,通过同一流管任一截面的流量都相等。

$$Q = Sv = 恒量$$

(2) 伯努利方程:理想流体做稳定流动时,在同一流管中任一截面处或同一流线上任一点处,单位体积流体的动能、势能和压强能之和是一恒量。

$$\frac{1}{2}\rho v^2 + \rho g h + p = 恒量$$

(3) 伯努利方程的修正式:考虑到实际流体的黏滞性及外加动力,伯努利方程被修正为

$$\frac{p_1}{r} + \frac{v_1^2}{2g} + h_1 + L_外 = \frac{p_2}{r} + \frac{v_2^2}{2g} + h_2 + L_损$$

(4) 牛顿黏滞性定律

$$f = \eta \frac{dv}{dx} S$$

在血液流变学中,牛顿黏滞性定律常被表示为

$$\tau = \eta \dot{\gamma}$$

(5) 泊肃叶定律:不可压缩的牛顿流体在水平圆管中做稳定层流时,流量

$$Q = \frac{\pi R^4 \Delta p}{8 \eta L}$$

泊肃叶定律的推广形式

$$Q = \frac{\Delta p}{Z}$$

对流体在其他几何形状的管道中做别的流动状态时也适用。

(6) 斯托克斯定律

$$f = 6\pi \eta r v$$

适用于小球在黏性较大的流体中做缓慢运动的情况。

习　题

3-1　在稳定流动中,在任一点处速度矢量是恒定不变的,那么流体质点能否有加速运动?

3-2　连续性方程和伯努利方程适用的条件是什么?

3-3　将内径为 2cm 的软管连接到草坪的洒水器上,洒水器装一个有 20 个小孔的莲蓬头,每个小孔的直径约为 0.5cm,如果水在软管中的流速为 $1\text{m}\cdot\text{s}^{-1}$,试求由各小孔喷出的水的速率是多少?

3-4　水在水平管中做稳定流动,出口处截面积为管最细处的 3 倍,若出口处的流速为 2.0m/s,问最细处的压强多大? 若在此处下壁开一小孔,水会不会流出来?

3-5　一圆桶底面积 $S＝0.06\text{m}^2$,盛有高 $H＝0.7\text{m}$ 的水,桶底有一面积 $S'＝1\text{cm}^2$ 的小孔。问当孔塞拔去后,桶内之水全部流尽需多长时间?

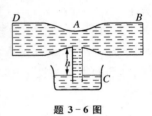

题 3-6 图

3-6　如题 3-6 图所示,液体在一水平流管中流动,流量为 Q,A、B 两处的横截面积分别为 S_A 和 S_B,B 管口与大气相通,压强为 p_0,若在 A 处用一细管与容器 C 相通。试证:当 A 处的压强低至刚好能将比管道低 h 处的同种液体吸上来时,h 应满足下式:

$$h=\frac{Q^2}{2g}\left(\frac{1}{S_A{}^2}-\frac{1}{S_B{}^2}\right)$$

3-7　设有两个桶,用号码 1 和 2 表示,每个桶顶都开有一个大口,两个桶中盛有不同的液体,在每个桶的侧面,在液面下相同深度 h 处都开有一个小孔,但桶 1 的小孔面积为桶 2 的小孔面积的一半,问:

(1) 如果由两个小孔流出的质量流量(即单位时间内通过截面的质量)相同,则两液体的密度比值 ρ_1/ρ_2 为多少?

(2) 从这两个桶流出的体积流量的比值是多少?

(3) 在第二个桶的孔以上要增加或排出多少高度的液体,才能使两桶的体积流量相等?

3-8　20℃的水,以 $0.5\text{m}\cdot\text{s}^{-1}$ 的速度,在直径为 3mm 的管内流动,水的黏度 $\eta＝1.009\times10^{-3}\text{Pa}\cdot\text{s}$。试求:

(1) 雷诺数是多少?

(2) 是哪一种类型的流动?

3-9　20℃的水,在半径为 1.0cm 的管内流动,如果管中心处的流速为 $10\text{cm}\cdot\text{s}^{-1}$,求由于黏滞性使得管长为 2m 的两个端面间的压强降落是多少?

3-10　使体积为 25cm^3 的水在均匀的水平管内从压强为 $1.3\times10^5\text{Pa}$ 的截面移动到压强为 $1.1\times10^5\text{Pa}$ 的截面时,克服摩擦力所做的功是多少?

3-11　一条半径为 3.0mm 的小动脉内出现一硬斑块,此处有效半径为 2.0 mm,平均

血流速度为 $5.0\text{cm}\cdot\text{s}^{-1}$。求：

(1) 未变窄处的平均血流速度。

(2) 狭窄处会不会发生湍流？（已知血液黏度 $\eta=3.0\times10^{-3}\text{Pa}\cdot\text{s}$，其密度 $\rho=1.05\times10^3\text{kg}\cdot\text{m}^{-3}$）

3-12 成年人主动脉的半径约为 $R=1.0\times10^{-2}\text{m}$，长约为 $L=0.20\text{m}$，求这段主动脉的流阻及其两端的压强差。设心脏的输出量为 $Q=1.0\times10^{-4}\text{m}^3\cdot\text{s}^{-1}$，血液黏度 $\eta=3.0\times10^{-3}\text{Pa}\cdot\text{s}$。

3-13 直径为 0.01mm 的水滴在速度为 $2\text{cm}\cdot\text{s}^{-1}$ 的上升气流中，是否可向地面落下？（设此时空气的黏度 $\eta=1.8\times10^{-5}\text{Pa}\cdot\text{s}$）

3-14 (1) 液体中有一空气泡，泡的直径为 1mm，液体的黏度为 $0.15\text{Pa}\cdot\text{s}$，密度为 $0.9\times10^3\text{kg}\cdot\text{m}^{-3}$。问：空气泡在该液体中上升时的收尾速度是多少？

(2) 如果这个空气泡在水中上升时，收尾速度是多少？（水的密度取 $10^3\text{kg}\cdot\text{m}^{-3}$，黏度为 $1\times10^{-3}\text{Pa}\cdot\text{s}$）

3-15 一个红细胞可近似地认为是一个半径为 $2.0\times10^{-6}\text{m}$ 的小球，它的密度为 $1.3\times10^3\text{kg}\cdot\text{m}^{-3}$，求红细胞在重力作用下，在 37℃ 的血液中均匀下降后沉降 1.0cm 所需的时间。（已知血液黏度 $\eta=3.0\times10^{-3}\text{Pa}\cdot\text{s}$，密度 $\rho=1.056\times10^3\text{kg}\cdot\text{m}^{-3}$）

4

液体的表面现象

通常液体与空气接触处有一个表面层，与固体接触处有一个附着层，因而表现出一系列所谓表面现象。

例如，人体中体液占体重的 $60\%\sim70\%$，因而在机体内部存在着各种表面现象；某些液体制剂、软膏、丸剂的生产及稳定性也与液体的表面现象有关。本章主要讨论液体表面层的形成，表面的基本性质及其应用。

4.1 液体的表面层现象

4.1.1 液体的表面层

液面下厚度约等于分子作用半径的一层液体（关于分子作用半径将在第 5 章第 5 节详述），称为液体的**表面层**。表面层内的分子，一方面受到液体内部分子的作用，另一方面受到外部气体分子的作用。由于气体的密度远小于液体的密度，一般可把气体分子的作用忽略不计。这样，表面层内的分子受到邻近各分子作用力的合力表现为一个垂直于液面、指向液体内部的引力，如图 4-1 所示的 A、B 分子。显然，引力 F_A 小于引力 F_B。图中的 h 为表面层厚度，它等于分子作用半径。而在表面层下方液体内部的分子就不同，它受到周围各分子的作用力各向对称，因此合力为零，如图 4-1 所示的 C 分子。

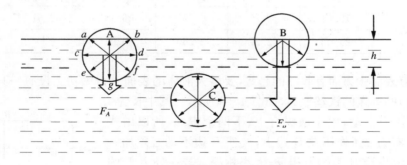

图 4-1 液体分子受力示意图

液体表面层内的所有分子均受到一个指向液体内部的力的作用，液体表面处于一种特殊的紧张状态，如同一张紧张的弹性膜，有收缩到最小面积的趋势。

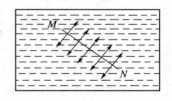

4.1.2 表面张力和表面能

如图 4-2 所示，设想在液体表面作一线段 MN。如上所

图 4-2 表面张力

述,则线段任一侧的液面都有一个沿着液面,且垂直于 MN 的力作用于另一侧液面,这个力称为**表面张力**。

实验表明,表面张力的大小与线段 MN 的长度 l 成正比,即

$$f = \alpha l \tag{4-1}$$

式中的比例常数 α 称为**表面张力系数**,它在数值上等于单位长度线段两侧液面的相互作用力。其单位为牛顿·米$^{-1}$(N·m^{-1})。

液体表面张力系数与液体自身的性质有关。不同的液体,分子之间的相互作用力不同。分子间的作用力越大,相应的表面张力系数也越大。

液体的表面张力系数还与和它接触的物质有关。这是因为与不同性质的物质接触时,表面层的分子受到的力均不同。表 4-1 给出了几种液体的表面张力系数值,表中除特别指明了与液面相接触的物质外,其余与液面相接触的均为空气。

表 4-1　几种液体的表面张力系数(20℃)

液　体	$\alpha(\times 10^{-3}\text{N/m})$	液　体	$\alpha(\times 10^{-3}\text{N/m})$
水	73	乙　醚	22
汞	513	酒　精	22
蓖麻油	36	甲　醇	23
肥皂液	40	甘　油	63

通常液体表面张力系数随温度而变化。一般温度越高,表面张力系数越小,如表 4-2 所示。这是因为,温度升高,分子间距离增大,分子间引力减小。

表 4-2　不同温度下液体的表面张力系数($\times 10^{-3}\text{N·m}^{-1}$)

液　体	0℃	20℃	40℃	60℃	80℃	100℃
水	75.64	72.75	69.56	66.18	62.61	58.85
酒　精	24.05	22.27	20.60	19.01	—	—

液面因有表面张力而有收缩的趋势,要增大液体的表面就得做功。设有一只沾有液膜(比如肥皂膜)的等宽的铁丝框 A,如图 4-3 所示。其中长为 l 的 B 边可以左右滑动,由于液膜有上、下两个表面,所以由式(4-1)可知,有力 $2\alpha l$ 作用在 B 边上,要使 B 边不动必须加一力 F,方向与液膜给 B 边的力相反,大小相等。若在外力 F 的作用下,B 边移动距离 Δx,在此过程中,力 F 所做的功为

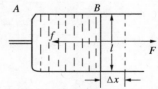

图 4-3　外力做功增加表面能

$$\Delta A = F\Delta x = 2\alpha l \Delta x = \alpha \Delta S$$

式中 $\Delta S = 2l\Delta x$ 是 B 边移动过程中所增加的液面面积。外力做功的结果,使液体表面面积增加,一些分子从液体内部进入表面层。按照前面的分析,所有进入表面层的分子都必须克服合力做功,并作为分子的势能贮存在分子内,因此,位于表面层分子的势能总是大于液体内部分子的势能。表面层内的所有分子的势能的和称为**表面能**。由于表面层的厚度不变,因而表面积越大,表面层的体积越大,表面层内的分子数越多,表面能也就越大。也就

是说,外力做功增加了表面能。若液膜增加的表面能用 ΔE 表示,则 $\Delta E = \Delta A = \alpha \Delta S$,因而

$$\alpha = \frac{\Delta A}{\Delta S} = \frac{\Delta E}{\Delta S} \qquad (4-2)$$

即表面张力系数在数值上等于增加单位表面积时外力所做的功或增加单位表面积时所增加的表面能。

4.1.3 表面活性物质

表面张力不仅存在于液—汽的交界面,也存在于两种不相混合的液体的交界面上,如图 4-4 所示。一种密度较小的液体Ⅰ浮在另一种密度较大的液体Ⅱ的表面上,液体Ⅰ和液体Ⅱ与空气接触的表面,其表面张力系数分别为 α_1 和 α_2,液体Ⅰ的下表面与液体Ⅱ接触,其表面张力系数为 α_{12}。液体Ⅰ、Ⅱ和空气三个界面的会合处是一段圆周,在圆周的任一小段 Δl 上作用着三个表面张力 f_1、f_2 和 f_{12},其中 f_1 和 f_{12} 使液体Ⅰ有紧缩趋势;f_2 使液体Ⅰ有伸展趋势。当液体Ⅰ平衡时,f_1、f_{12} 和 f_2 三力平衡,即合力为零。根据力的合成原则,只有当 $f_1 + f_{12} > f_2$,即 $\alpha_1 + \alpha_{12} > \alpha_2$ 时液体Ⅰ才能在

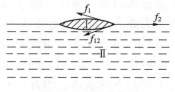

图 4-4 表面吸附

液体Ⅱ上保持液滴球状;如果 $\alpha_1 + \alpha_{12} < \alpha_2$ 时,液体Ⅰ将在液体Ⅱ上伸展成一薄膜。液体Ⅰ在液体Ⅱ表面上伸展成一薄膜的现象,称为液体Ⅱ对液体Ⅰ的**表面吸附**。此时,称液体Ⅰ为液体Ⅱ的**表面活性物质**,称液体Ⅱ为液体Ⅰ的**吸附剂**。某种物质是表面活性物质还是吸附剂,要看相对什么物质而言,例如水的表面活性物质有肥皂、酸、醇、胆盐等。表面活性物质是相对吸附剂而言,其表面张力系数较小,即单位面积的表面能较小,表面活性物质的主要特性是有降低吸附剂表面张力系数和表面能的作用。在吸附剂单位表面积上表面活性物质的分子数称为**表面浓度**。吸附剂的表面张力系数随表面活性物质的表面浓度的增加而减小。

表面活性物质在医药上的用途,除部分直接用于消毒、杀菌、防腐外,主要用于对药物的增滤,混悬液的分散、助悬,油的乳化以及有效成分的提取,增加药物的稳定性,促进药物的透皮吸收,促进片剂的崩解,增强药物疗效的作用等。

另有一类物质溶于溶剂后,可使其表面张力系数增加,这类物质称为**表面非活性物质**,例如水的表面非活性物质有食盐、糖类、淀粉等。

固体也能对气体、液体分子产生表面吸附,以减少其表面能。固体表面对被吸附的分子有很强的吸引力,例如要将被吸附在玻璃表面的水蒸气分子完全除掉,需在真空中加热到 400℃。固体表面积越大,吸附能力越强,被吸附在固体表面上的气体量与固体的表面积成正比。固体在单位表面积吸附的气体量称为**吸附度**。吸附度不但随温度的升高而降低,而且还与气体的压强、固体和气体的性质有关。多孔性物质的表面积大、吸附力强,例如活性炭的吸附度就很大,在低温时尤为显著,它吸附的气体体积可以达到本身体积的几百倍。在医疗中常用一种白色的黏土粉末——白陶土或活性炭给病人服用,以帮助病人吸附胃肠道中的细菌、色素和食物分解出来的毒素等有机物。在药物生产过程中,常采用活性炭等吸附剂精制葡萄糖、胰岛素等药品。

固体不但能吸附气体,而且会吸附溶解在液体中的各种物质。常用的净水器,就是让

水经过滤器中不同的多孔物质层滤出后,水中的有害物质就被多孔物质吸附,从而达到净化水的目的。

4.2 弯曲液面的附加压强

4.2.1 球形液面的附加压强

在液体表面取一小面积 AB,如图 4-5 所示。该块液体将在三个力的作用下保持平衡。这些力是液面外部的气体压强 p_0 所产生的压力,周围液体通过边线对它的表面张力 f 和由液体内部的液体压强 p 所产生的压力。如果液体表面为水平,如图 4-5(a)所示,则表面张力亦为水平,因此沿 AB 周界的表面张力恰好互相平衡。如果液面是凸面,如图 4-5(b)所示,则表面张力沿周界与液面相切,表面张力的合力指向液体内部,施一压力于凸面下的液体。如果液面是凹面,如图 4-5(c)所示,表面张力的合力将指向液体外部,施一拉力于凹面下的液体。因此与水平液面相比,由于液面弯曲,凸面下液体的压强大于液体外部气体的压强,凹面下液体的压强小于液体外部气体的压强。这种由于液面弯曲,因表面张力而产生的压强,即弯曲液面内外邻近两点的压强差叫做**附加压强**,以 p_S 表示。

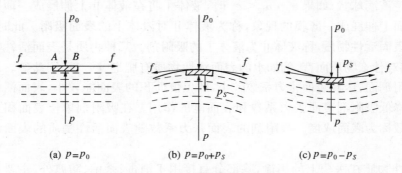

(a) $p=p_0$ (b) $p=p_0+p_S$ (c) $p=p_0-p_S$

图 4-5 弯曲液面的附加压强

附加压强的大小与曲面的曲率半径有关,下面我们主要研究曲率半径为 R 的球形液面下的附加压强。

如图 4-6 所示,设想在液面处切出一个球冠状的小液块。然后,将边线等分成若干段,每段的长度为 $\mathrm{d}l$,由式(4-1),通过边线上每一微小线段 $\mathrm{d}l$ 作用在液块上的表面张力 $\mathrm{d}f$ 为

$$\mathrm{d}f = \alpha\,\mathrm{d}l$$

式中 α 是表面张力系数。$\mathrm{d}f$ 可分解为 $\mathrm{d}f_1$ 和 $\mathrm{d}f_2$ 两个相互垂直的分量,$\mathrm{d}f_1$ 的方向指向液体内部,其值为

$$\mathrm{d}f_1 = \mathrm{d}f\sin\varphi = \alpha\,\mathrm{d}l\sin\varphi$$

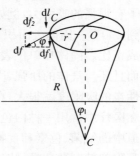

$\mathrm{d}f_2$ 与球半径 OC 垂直,由于对称性,其沿整个周界的合力为零。

而垂直于底面方向的各个分力 $\mathrm{d}f_1$ 方向都相同,合力为

$$f_1 = \int \mathrm{d}f_1 = \oint \alpha\,\mathrm{d}l\sin\varphi = 2\pi r\alpha\sin\varphi$$

将 $\sin\varphi = r/R$ 代入上式,得

图 4-6 附加压强

$$f_1 = \frac{2\pi r^2 \alpha}{R}$$

根据压强的定义,得附加压强

$$p_S = \frac{f_1}{\pi r^2} = \frac{2\alpha}{R} \tag{4-3}$$

由上式可见,弯曲液面的附加压强与表面张力系数成正比,而与弯曲液面的曲率半径成反比。公式(4-3)适用于凸液面,如果是凹液面,则液面内部压强小于液体外部压强,附加压强是负的,即

$$p_S = -\frac{2\alpha}{R} \tag{4-4}$$

如果规定曲面球心在液面下方时 $R>0$,而规定曲面球心落在液面上方时,$R<0$,那么,不论表面是凸面或凹面,附加压强均可用式(4-3)表示。如果是球形液膜(如肥皂泡),由于液膜有两个表面,而且膜很薄,因此,肥皂泡腔内与腔外的压强差为

$$p_S = \frac{4\alpha}{R} \tag{4-5}$$

4.2.2 肺泡中的压强

如图 4-7 所示为一连通管,装有开关 C_1、C_2 和 C_3。首先关闭装置的 C_3,打开装置的 C_1、C_2,在 A 端吹出一个大肥皂泡;再关闭装置的 C_2,打开装置的 C_1、C_3,在 B 端吹出一个小肥皂泡;最后关闭装置的 C_1,打开 C_2、C_3,这时我们会看到这样的现象:小肥皂泡不断缩小,大肥皂泡不断增大。此现象解释如下:对于两个肥皂泡,表面张力系数 α 相同,由式(4-3)知,由于大泡的半径较大,所以大泡内压强较小;小泡内的压强较大,内部相通后,空气要由压强大处向压强小处流动,即空气由小肥皂泡流入大肥皂泡,直到小泡收缩到在管口处仅剩一帽顶状的泡,其曲率半径与大泡相等时为止,这时两泡内的气压相等。

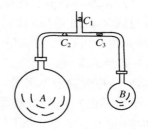

图 4-7 连通管内肥皂泡的实验

肺由气管和肺泡组成。肺泡内壁附有很薄一层肺液,根据上述实验,肺泡相当于一个个彼此相通的液泡,由于肺泡的大小不等,小的肺泡似乎会自然逐渐缩小,将气体挤入大的肺泡内,最终使肺成为单一的气囊。但是正常人的肺中大小不等的肺泡总处于稳定的状态中,小的肺泡并不萎缩,大的肺泡也不胀大,它们中的气压总相等。原来肺液中含有一种表面活性物质(主要成分为二棕榈酰卵磷脂,DPPC),每个肺泡上表面活性物质的量是一定的。当肺泡膨大时,肺泡表面积增大,表面活性物质的浓度减小,使得肺液的表面张力系数增大;相反地,肺泡收缩时,α 值减小,由式(4-3)可知,附加压强可保持不变,从而保证了大、小不等的肺泡内的气压相等,各自保持稳定。

某些新生儿,特别是早产儿的肺中,由于缺乏表面活性物质会导致肺不胀,引起呼吸窘迫综合征,严重者导致死亡。成人中也会由于缺乏表面活性物质,导致肺泡萎缩,造成肺部疾患。

【例 4-1】 试求恰在水面下的一个气泡内空气的压强。设气泡的半径 $R=8.0\times10^{-4}$ cm,并已知水的表面张力系数 $\alpha=7.3\times10^{-2}$ N/m。

【解】 包围气泡的水面是凹形面,故气泡内的压强大于液体内的压强,而气泡恰在水面下,液体的压强应等于大气压强 p_0,附加压强 p_S 的大小为

$$p_S = \frac{2\alpha}{R} = \frac{2 \times 7.3 \times 10^{-2}}{8.0 \times 10^{-6}} = 0.18 \times 10^5 \ \text{Pa}$$

气泡内的气压为

$$p_0 + p_S = (1.0 + 0.18) \times 10^5 = 1.18 \times 10^5 \ \text{Pa}$$

4.3 液体的附着层现象

4.3.1 润湿和不润湿现象

当液体和固体接触时,会出现两种不同的现象。如把水装入玻璃容器内,器壁附近水面向上弯曲,呈现凹弯月面,如图4-8(a)所示,我们称这种液体**润湿**该固体。若把水银装入玻璃容器,器壁附近水银表面向下弯曲,呈现凸弯月面,如图4-8(b)所示,我们称此液体**不润湿**该固体。

通常用**接触角**来描述这两种现象。接触角 θ 是指在固体和液面的接触处,液体表面的切线与固体表面切线间(切线须经过液体内部)的夹角。当 $\theta < \pi/2$ 时,液体润湿固体,$\theta = 0$ 称为**完全润湿**;而当 $\theta > \pi/2$ 时,液体不润湿固体,$\theta = \pi$ 称为**完全不润湿**。

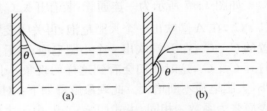

图4-8 液体与器壁间的接触角

下面讨论器壁附近液面弯曲的原因。和固体接触处、厚度等于分子作用半径的一薄层液体称为**附着层**。我们把固、液分子间的相互吸引力称为附着力,把液、液分子间的相互吸引力称为内聚力。如图4-9所示,在附着层中的任一分子 A 和附着层外液体中的分子不同,分子 A 的作用球有一部分在固体中,因而左、右方向受力不对称。如果附着力小于内聚力,那么,分子 A 受到的合力垂直于附着层面指向液体内部,如图4-9(a)所示。因此,要将一个分子从液体内部移到附着层,必须反抗合力 f 做功,结果使附着层中势能增大。因为一系统处于稳定平衡时,应有最小的势能,所以,附着层就有缩小的趋势,从而使液体不能润湿固体。反之,在附着力大于内聚力的情况下,如图4-9(b)所示,分子 A 所受的合力 f 垂直于附着层面而指向固体,这时,分子在附着层内比在液体内部具有较小的势能。根据稳定平衡时势能最小的原理,液体内部的分子就要尽量挤入附着层,结果使附着层有伸张倾向,从而液体润湿固体。

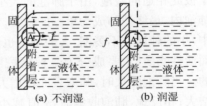

图4-9 附着层中分子所受的力

4.3.2 毛细现象

管径很细的管子称为**毛细管**。将毛细管插入液体中,润湿液体将在毛细管中上升,液

面呈凹弯月面;而不润湿液体将在毛细管中下降,液面呈凸弯月面,这种现象称为**毛细现象**,如图 4-10 所示。

　　首先讨论液体润湿器壁的情形,如图 4-10(a)。当毛细管插入液体内时,由于接触角为锐角,液面变为凹面,液面下方 B 点的压强小于大气压,而在管外平液面处与 B 点同高的 C 点的压强等于大气压,因此,液体要在管内上升,一直升到使 B、C 两点的压强相等时为止。

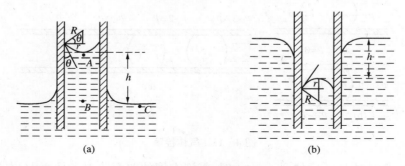

(a)　　　　　　　　　　　　　　　　(b)

图 4-10　毛细现象

　　若将毛细管的弯月面视为球面,曲率半径为 R,且液体的密度为 ρ,表面张力系数为 α,则根据流体静力学原理和附加压强公式,毛细管内液体上升的高度应满足下式:

$$p_B = p_A + \rho g h = p_0 - \frac{2\alpha}{R} + \rho g h$$

$$p_B = p_C, \quad p_C = p_0$$

由上式可得

$$h = \frac{2\alpha}{\rho g R}$$

　　从图 4-10(a)中可以看出弯月面的曲率半径 R 与毛细管的半径 r、接触角 θ 之间有如下关系:

$$R = \frac{r}{\cos\theta}$$

将此关系式代入上式,可得

$$h = \frac{2\alpha\cos\theta}{\rho g r} \tag{4-6}$$

即润湿液体在毛细管中上升的高度与液体的表面张力系数 α 成正比,与管半径 r 成反比,管子越细,液柱上升得越高。

　　当液体不润湿管壁时,如图 4-10(b)所示,管中液面为凸弯月面,液面下压强大于大气压强,附加压强方向向下,因此毛细管内液面将下降一段距离 h,同理可得出式(4-6)。因为此时接触角 $\theta > \pi/2$,$\cos\theta < 0$,所以 h 为负值,表示液面不是上升,而是下降。

　　毛细现象在生理过程中起着很大的作用。因为在动物和植物的组织中,有大量各种各样的微管,依靠这些微管的毛细作用,输送养料和水分。

4.3.3　气体栓塞

　　当润湿液体在细管中流动时,如果管中出现气泡,液体的流动就会受到阻碍,气泡多时就可能将管子堵塞,使液体不能流动,这种现象叫做**气体栓塞**。气体栓塞的产生是由于液体与气体间的曲面产生附加压强的缘故。

如图 4-11(a)所示,处于毛细管液柱中的一个气泡,当气泡两侧液体压强相等时,气泡两端凹弯月面的曲率半径相等,两曲面的附加压强的大小相等、方向相反,气泡不动。

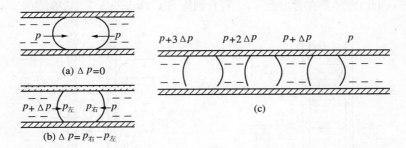

图 4-11　气体栓塞

当气泡左侧液体从 p 增加到 $p+\Delta p$ 时,气泡左端的曲面曲率半径变大,右端曲面的曲率半径变小,如图 4-11(b)所示。这样,两曲面的附加压强不等,其差值($p_右 - p_左$)方向向左。如果它们的差值等于 Δp,即 $\Delta p = p_右 - p_左$,系统仍处于平衡状态,液柱不会向右移动。只有当气泡两侧液体的压强差 Δp 大于某一临界值 δ 时,气泡才能移动。δ 与液体和管壁的性质及管的半径有关。

同理,当液柱中有 n 个气泡时,只有当 $\Delta p > n\delta$ 时,液体才能带着气泡一起移动。否则就不能推动这串液柱,从而形成栓塞。

微细血管中出现气泡很容易形成栓塞。因此,潜水员从深水处上升,人从高压氧舱中出来时都应有适当的缓冲过程,否则在高压时溶解于血液中的过量气体在正常压强下会迅速释放出来,在微血管中造成栓塞。在临床输液或静脉注射时,必须防止在输液管路或注射器中留有气泡,以免将气泡注入血管而引起气体栓塞。

【例 4-2】　如图 4-12 所示的 U 形玻璃管。右支较细,内半径 $r=2.0\times10^{-5}\,\mathrm{m}$;左支较粗,内半径为 $R=1.0\times10^{-4}\,\mathrm{m}$。今在管中注水,试求两支中水面高度差 h。已知水的表面张力系数 $\alpha = 7.3\times10^{-2}\,\mathrm{N/m}$,假设两接触角均为零。

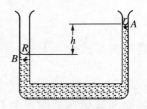

图 4-12　U 形玻璃管

【解】　设大气压为 p_0。由于弯曲液面的附加压强,A 点的压强为

$$p_A = p_0 - \frac{2\alpha}{r}$$

B 点的压强为

$$p_B = p_0 - \frac{2\alpha}{R}$$

根据流体静力学的原理有

$$p_B = p_A + \rho g h$$

以上三式联立,得

$$h = \frac{2\alpha\left(\frac{1}{r} - \frac{1}{R}\right)}{\rho g} = \frac{2\alpha(R - r)}{\rho g R r}$$

$$= \frac{2 \times 7.3 \times 10^{-2} \times (1.0 \times 10^{-4} - 2.0 \times 10^{-5})}{1.0 \times 10^3 \times 9.8 \times 1.0 \times 10^{-4} \times 2.0 \times 10^{-5}}$$

$$= 0.60 \text{ m}$$

本 章 小 结

1. 基本概念

(1) 表面层：它是指液面下厚度约等于分子作用半径的一层液体。

(2) 附着层：它是指和固体接触处的厚度等于分子作用半径的一层液体。

(3) 表面张力系数：它是指作用在单位长度分界线上的表面张力。其大小与液体的性质、液体接触物质及温度等因素有关。

(4) 接触角：它是指液面的切线经液体内部与器壁所夹的角。$\theta < 90°$，润湿；$\theta = 0$，完全润湿；$\theta > 90°$，不润湿；$\theta = 180°$，完全不润湿。

(5) 气体栓塞：它是指液体在细管中流动时，因混入气泡而使液体不能流动的现象。

(6) 表面活性物质：它是指可使液体的表面张力系数减小或使表面能减小的物质。

2. 有关公式

(1) 表面张力：$f = \alpha l$

(2) 表面能：$\Delta E = \Delta A = \alpha \Delta S$

(3) 弯曲液面的附加压强：$p_S = \dfrac{2\alpha}{R}$

(4) 毛细现象：

$$h = \frac{2\alpha \cos\theta}{\rho g r}$$

习 题

4-1 表面张力产生的原因是什么？如何确定表面张力的大小和方向？

4-2 何谓接触角？何谓润湿与不润湿？试从微观上加以说明。

4-3 写出弯曲液面下的凹面压强 $p_凹$、凸面压强 $p_凸$ 与附加压强 p_S 的关系。

4-4 潜水员从深水处上浮时，为何要控制上浮速度？

4-5 将一个体积为 V 的大油滴打碎为 N 个体积相同的小油滴需做多少功？设油的表面张力系数为 α。

4-6 在空气中有一半径为 1.0mm 的肥皂泡，设肥皂液的表面张力系数 $\alpha = 2.0 \times 10^{-2}$ N/m，求泡内的压强。

4-7 水沸腾时，在其表面附近形成半径为 1.00×10^{-3} m 的气泡，已知泡外压强为 p_0，水在 100℃ 时的表面张力系数为 5.89×10^{-2} N/m，求气泡内的压强。

4-8 半径为 0.15mm 的玻璃毛细管内，乙醇上升到 3.90cm 的高度。设乙醇能完全润湿玻璃管壁，试求乙醇的表面张力系数。设乙醇的密度为 791kg/m³。

4-9 $\alpha = 7.3 \times 10^{-2}$ N/m 的水，在竖直毛细管中上升 2.5cm，丙酮（$\rho = 792$kg/m³）在同

样的毛细管中上升 1.4cm,设二者均完全润湿毛细管,求丙酮的表面张力系数。

4-10 在内半径 $r=0.30$mm 的毛细管中注水,水的表面张力系数为 7.3×10^{-2}N/m,接触角为零度,一部分在管的下端形成半径 $R=3.0$mm 的水滴的一部分。求管中水柱的高度 h。

5

气 体 动 理 论

热学是研究物质分子热运动的有关性质和规律的科学。大量分子的无规则运动是产生物质热现象的基础。热学理论包括两个方面:一是宏观理论,即热力学,着重阐明热现象的宏观规律;二是微观理论,即气体动理论,着重阐明热现象的微观本质。气体动理论是建立在物质结构的分子学说基础上的。由于分子的数目十分巨大和运动情况十分混乱,分子热运动具有明显的无序性和统计性。就单个分子来说,由于它受到其他分子的复杂作用,其具体运动情况瞬息万变,显得杂乱无章,具有很大的偶然性,这就是无序性的表现。但就大量分子的集体表现来看,却存在一定的规律性。这种大量的偶然事件在宏观上所显示的规律性叫做统计规律性。正是由于这些特点,才使热运动成为有别于其他运动形式的一种基本运动形式。本章根据所假定的理想气体分子模型,运用统计方法,研究气体的宏观性质和规律,以及它们与分子微观量的平均值之间的关系,从而揭示这些性质和规律的本质。

5.1 理想气体的压强和温度

一切宏观物体都是由大量分子(或原子)所组成的;所有分子都处在不停的、无规则的运动之中;分子之间有相互作用力。这是分子动理论的三个基本观点。分子间相互作用力将使分子聚集一处,在空间形成有序排列,而分子无规则运动将破坏这种有序排列,使分子分散。物质三种不同聚集态的差异,就在于分子间相互作用力与分子运动在物质中所处的地位不同。气体分子间的距离很大,相互作用力弱,因此在气体中分子的无规则运动处于主导地位;固体分子间距离小,相互作用力大,所以在固体中处主导地位的是分子间的相互作用力;液体的情况介于两者之间表现出近程有序,远程无序的特点。以下仅对气体分子的运动做具体讨论。

5.1.1 理想气体的微观模型

与液体、固体的分子相比,气体分子间的平均距离要大得多。由实验得出,当气体凝结成液体时,体积大约要缩小到千分之一,由此可知分子间距要缩小到十分之一,而液体分子几乎是紧密排列的,因此气体分子间的平均距离约为分子线度的 10 倍。因此,可以把气体看成平均间距很大的分子的集合。众所周知,气体越稀薄就越接近于理想气体,可见理想气体分子间距比分子线度大得更多,因此提出以下几个基本假设作为理想气体的微观模型:

(1)气体分子的大小与气体分子间距相比,可以忽略不计。这个假设体现了气态的特性。

(2)气体分子的运动服从经典力学规律。在碰撞中,每个分子都可看做完全弹性的小球。这种假设的根据是在平衡态下气体的温度、压强都不随时间而变,因此可认为分子在碰撞时无动能损失,即碰撞是完全弹性的。

(3) 因气体分子间的平均距离相当大,所以除碰撞的瞬间外,分子间相互作用力可忽略不计;因为分子的动能平均说来远比它在重力场中的势能为大,所以这时分子所受重力也可忽略,除非研究气体分子在重力场中的分布情况。

总之,气体被看做是自由地、无规则地运动着的大量无相互引力作用的弹性质点的集合,这种模型称为**理想气体模型**。提出这种模型,是为了便于分析和讨论气体的基本现象。在具体运用时,鉴于分子热运动的统计性,还必须作出统计性假设。例如,根据气体处在平衡状态时,气体分子的频繁碰撞以及气体在容器中密度处处均匀的事实,可以假定:对大量气体分子来说,分子沿各个方向运动的机会是均等的,任何一个方向的运动并没有比其他方向更占优势。在具体运用这个统计性假设时,可以认为沿各个方向运动的分子数目相等,分子速度在各个方向的分量的各种平均值也相等,等等。

5.1.2 理想气体的压强公式

1) 气体压强的定性解释

大家都有在雨中打伞的经验,当稀疏的大雨点打到伞上时,感到伞上各处受力不均,且是断续的;但当密集的雨点打到伞上时,就会感到伞受到一个均匀、持续的压力。气体压强产生的原因与此相似,容器内存在着大量的做无规则运动的分子,这些分子经常不断地撞击器壁,气体压强这一可观测的宏观量就是由大量分子对器壁的不断碰撞的结果。单个分子碰撞器壁的冲力是断续的,而且不均匀。但由于在器壁某一面积上有大量分子对它不断地进行碰撞,从总效果看,就有一个持续的平均冲力作用在器壁上。根据压强定义,气体的压强就是做无规则运动的大量分子碰撞器壁时,作用于器壁单位面积上的平均冲力。

2) 理想气体压强公式的推导

选一个边长分别为 l_1、l_2、l_3 的长方形容器,如图 5-1 所示,并设容器中有 N 个同类气体的分子做不规则的热运动,每个分子的质量为 m。在平衡状态下,器壁各处的压强完全相同。现在我们计算器壁 A_1 面上所受的压强,该面积 $A_1 = l_2 l_3$。

(1) 考虑单个分子在一次碰撞中对器壁产生的作用。任选一分子 a,它的速度是 v,在 x、y、z 三个方向上的速度分量分别为 v_x、v_y、v_z。当分子 a 撞击器壁面 A_1 时,它将受到 A_1 面沿 $-x$ 方向所施的作用力。因为碰撞是弹性的,所以就 x 方向的运动来看,分子 a 以速度 v_x 撞击 A_1 面,然后以 $-v_x$ 的速度弹回。这样,每次与 A_1 面碰撞一次,分子动量的改变为 $-2mv_x$,按动量定理,这一动量的改变等于 A_1 面沿 $-x$ 方向作用在分子 a 上的冲量。根据牛顿第三运动定律,这时分子 a 对 A_1 面也必有一个沿 $+x$ 方向的同样大小的反作用冲量 $2mv_x$。

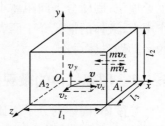

图 5-1 压强公式推导用图

(2) 考虑单个分子在单位时间内碰撞器壁产生的作用。分子 a 从 A_1 面弹回,飞向 A_2 面,碰撞 A_2 面后,再回到 A_1 面。在与 A_1 面做连续两次碰撞之间,由于分子 a 在 x 方向的速度分量 v_x 的大小不变,而在 x 方向上所经过的路程是 $2l_1$,因此所需时间为 $\dfrac{2l_1}{v_x}$,在单位时间内,分子 a 就要与 A_1 面做不连续的碰撞共 $\dfrac{v_x}{2l_1}$ 次。因为每碰撞一次,分子 a 作用在 A_1 面

上的冲量是 $2mv_x$，所以，在单位时间内，分子 a 作用在 A_1 面上的冲量总值也就是作用在 A_1 面上的力即为 $2mv_x\dfrac{v_x}{2l_1}$。

（3）考虑所有分子在单位时间内碰撞器壁产生的作用。从以上讨论可知，每一分子对器壁的碰撞以及作用在器壁上的力是间歇的、不连续的。但是，事实上容器内所有分子对 A_1 面都与器壁碰撞，使器壁受到一个连续而均匀的压强。这与密集的雨点打到雨伞上，使人感到一个均匀的作用力相似。A_1 面所受的平均力 $\overline{F}$ 的大小应该等于单位时间内所有分子与 A_1 面碰撞时所作用的冲量的总和，即

$$\overline{F} = \sum_{i=1}^{N}\left(2mv_{ix}\frac{v_{ix}}{2l_1}\right) = \sum_{i=1}^{N}\frac{mv_{ix}^2}{l_1} = \frac{m}{l_1}\sum_{i=1}^{N}v_{ix}^2 \tag{5-1}$$

式中，v_{ix} 是第 i 个分子在 x 方向上的速度分量。按压强定义得

$$p = \frac{\overline{F}}{A_1} = \frac{m}{l_1 l_2 l_3}\sum_{i=1}^{N}v_{ix}^2 = \frac{m}{l_1 l_2 l_3}(v_{1x}^2 + v_{2x}^2 + \cdots + v_{Nx}^2) = \frac{Nm}{l_1 l_2 l_3}\left(\frac{v_{1x}^2 + v_{2x}^2 + \cdots + v_{Nx}^2}{N}\right)$$

式中，括弧内的量是容器内 N 个分子沿 x 方向速度分量的平方的平均值，可写作 $\overline{v_x^2}$。又因气体的体积为 $l_1 l_2 l_3$，单位体积内的分子数 $n = \dfrac{N}{l_1 l_2 l_3}$，称为**分子数密度**。所以上式可写作

$$p = nm\overline{v_x^2} \tag{5-2}$$

因为

$$v_i^2 = v_{ix}^2 + v_{iy}^2 + v_{iz}^2$$

所以

$$\frac{\sum v_i^2}{N} = \frac{\sum v_{ix}^2}{N} + \frac{\sum v_{iy}^2}{N} + \frac{\sum v_{iz}^2}{N}$$

上式右边三项分别表示沿 x、y、z 三个轴的速度分量平方的平均值 $\overline{v_x^2}$、$\overline{v_y^2}$、$\overline{v_z^2}$，左边一项则表示所有分子速率的平方的平均值 $\overline{v^2}$。即

$$\overline{v^2} = \overline{v_x^2} + \overline{v_y^2} + \overline{v_z^2}$$

如前所述，当气体处于平衡状态时，分子沿各个方向运动的概率是均等的，没有任何一个方向气体分子的运动比其他方向更为显著。因此，有

$$\overline{v_x^2} = \overline{v_y^2} = \overline{v_z^2} = \frac{1}{3}\overline{v^2}$$

代入式(5-2)得

$$p = \frac{1}{3}nm\overline{v^2} \tag{5-3}$$

或

$$p = \frac{2}{3}n\left(\frac{1}{2}m\overline{v^2}\right) = \frac{2}{3}n\overline{\varepsilon} \tag{5-4}$$

式中，$\overline{\varepsilon} = \dfrac{1}{2}m\overline{v^2}$ 表示气体分子的平均平动动能，式(5-4)就是理想气体的压强公式。

3) 压强公式的物理意义

式(5-4)是气体分子动理论的压强公式。它将宏观量 p 与微观量分子动能的统计平均值 $\overline{\varepsilon}$ 联系起来，揭示了压强这一宏观量的微观本质。它说明，气体压强决定于分子数密

度 n 与分子平均平动动能 $\bar{\varepsilon}$。当分子的平均平动动能一定时,单位体积内分子数 n 愈多,则压强愈大,这是因为 n 愈多,单位时间内撞击器壁的分子数愈多;当 n 一定时,$\bar{\varepsilon}$ 愈大则 p 愈大,这是因为这时分子的速率平方的平均值 $\overline{v^2}$ 愈大,不仅单位时间内分子碰撞器壁的次数多,而且每次碰撞施于器壁的冲力也大,所以压强是与分子速率平方的平均值成正比,而不是与速率的平均值成正比。由于分子对器壁的碰撞是断断续续的,分子给予器壁的冲量是有起伏的,所以,压强是个统计平均量。在气体中,分子数密度 n 也有起伏,所以 n 也是个统计平均量。式(5-4)表示三个统计平均量 p、n 和 $\bar{\varepsilon}$ 之间的关系是统计规律,而不是力学规律。单个分子是没有压强的。

5.1.3 理想气体的温度公式

根据理想气体的压强公式和状态方程,可以导出气体的温度与分子的平均平动动能之间的关系,从而揭示宏观量温度的微观本质及其统计意义。

设每个分子的质量是 m,则气体的摩尔质量 M_{mol} 与 m 之间应有关系 $M_{mol} = N_A m$,而气体质量为 M 时的分子数为 N,所以 M 与 m 之间也有关系 $M = Nm$。把这两个关系代入理想气体状态方程 $pV = \dfrac{M}{M_{mol}} RT$,消去 m 而得

$$p = \frac{N}{V} \frac{R}{N_A} T$$

式中,$N/V = n$；R 与 N_A 都是常量；两者的比值常用 k 表示,k 叫做 **玻尔兹曼常量**,数值为

$$k = \frac{R}{N_A} = \frac{8.31}{6.022 \times 10^{23}} \text{J/K} = 1.38 \times 10^{-23} \text{J/K}$$

因此,理想气体状态方程可改写作

$$p = nkT \tag{5-5}$$

将上式和气体压强公式(5-4)比较,得

$$\bar{\varepsilon} = \frac{1}{2} m \overline{v^2} = \frac{3}{2} kT \tag{5-6}$$

上式是宏观量温度 T 与微观量 $\bar{\varepsilon}$ 的关系式,说明分子的平均平动动能仅与温度成正比。换句话说,该公式揭示了气体温度的统计意义,气体的温度是气体分子平均平动动能的量度。由此可见,温度是大量气体分子热运动的集体表现,具有统计的意义;对个别分子,说它有温度是没有意义的。

当两种气体有相同的温度时,这就意味着这两种气体分子的平均平动动能相等。若一种气体的温度高些,这意味着这一种气体分子的平均平动动能大些。按照这个观点,热力学温度零度将是理想气体分子热运动停止时的温度,然而实际上分子运动是永远不会停息的。热力学温度零度也是永远不可能达到的,而且近代理论指出,即使在热力学温度零度时,组成固体点阵的粒子也还保持着某种振动的能量,叫做零点能量。至于气体,则在温度未达到热力学温度零度以前,已变成液体或固体,式(5-6)也早就不能适用。

皮兰对布朗运动的研究进一步证实浮悬在温度均匀的液体中的不同微粒,不论其质量的大小如何,它们各自的平均平动动能都相等。气体分子的运动情况和浮悬在液体中的布朗微粒相似,所以皮兰的实验结果,也可作为在同一温度下各种气体分子的平均平动动能都相等的一个证明。

【例 5 - 1】 一容器内贮有氧气,其压强 $p = 1.013 \times 10^5$ Pa,温度 $t = 27℃$. 求:(1) 单位体积内的分子数;(2) 氧气的密度;(3) 氧分子的质量;(4) 分子间的平均距离;(5) 分子的平均平动动能.

【解】 (1) 根据 $p = nkT$ 可得单位体积内的分子数

$$n = \frac{p}{kT} = \frac{1.013 \times 10^5}{1.38 \times 10^{-23} \times (273 + 27)} \approx 2.45 \times 10^{25} \text{ m}^{-3}$$

(2) 由理想气体状态方程可得氧气密度为

$$\rho = \frac{M}{V} = \frac{pM_{\text{mol}}}{RT} = \frac{1.013 \times 10^5 \times 32 \times 10^{-3}}{8.31 \times (273 + 27)} \approx 1.30 \text{ kg/m}^3$$

(3) 每个氧分子的质量为

$$m = \frac{\rho}{n} = \frac{1.30}{2.45 \times 10^{25}} \approx 5.31 \times 10^{-26} \text{ kg}$$

(4) 分子间的平均距离

$$\bar{d} = \sqrt[3]{\frac{1}{n}} = \sqrt[3]{\frac{1}{2.45 \times 10^{25}}} \approx 3.44 \times 10^{-9} \text{ m}$$

(5) 分子的平均平动动能

$$\bar{\varepsilon} = \frac{3}{2}kT = \frac{3}{2} \times 1.38 \times 10^{-23} \times 300 \text{ J} \approx 6.21 \times 10^{-21} \text{ J}$$

5.2 能量按自由度均分定理

人们在研究大量气体分子的无规则运动时,只考虑了每个分子的平动。实际上,气体分子具有一定的大小和比较复杂的结构,不能看做质点。因此,分子的运动不仅有平动,还有转动以及还有分子内原子间的振动。分子热运动的能量应包括所有这些运动形式的能量。为了说明分子无规则运动的能量所遵从的统计规律,并在这个基础上计算理想气体的内能,需引入自由度的概念。

5.2.1 自由度数

所谓物体系统的自由度数,就是决定这个系统在空间的位置所需要的最少的独立坐标的数目。如果一个质点可在空间自由运动,那么,它的位置需要用三个独立坐标如 x、y、z 来决定,该质点就有 3 个自由度。如果质点被限制在平面或曲面上运动,它的位置只用两个独立坐标如 x、y 来决定,那么该质点就只有 2 个自由度。如果质点限制在一直线或曲线上运动,用 1 个独立坐标就足以决定它的位置,即这个质点只有 1 个自由度。如果把火车、轮船、飞机都看做质点,那么火车有 1 个自由度,轮船有 2 个自由度,飞机有 3 个自由度。

对刚体来说,平动和转动可兼而有之,如图 5 - 2 所示。刚体在空间的位置可决定如下:

(1) 要指出刚体上某定点(例如质心)的位置,需用 3 个独立坐标来决定,即 $C(x, y, z)$。

(2) 确定通过刚体内定点 C 的某直线 CA 的方位,需用 3 个方位角 α、β、γ,但只有 2 个是独立的,所以确定直线 AC 位置的独立坐标为 2 个。

(3) 因为刚体还可以绕直线 CA 转动,要表征刚体的这一转动,还需用一角度 θ。

所以,总的说来自由刚体共有 6 个自由度,它包括:3 个平动自由度和 3 个转动自由度。但当刚体的转动受到某种限制时,刚体也可以只有 1 个转动自由度,比如刚体绕固定轴的转动门的转动即属此类,或者只有 2 个转动自由度,如摇头电风扇的转动。

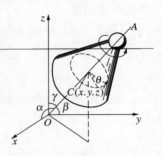

一个自由质点有 3 个自由度,而一般质点系统,由于质点数 N 很大,如果每个质点都能自由运动,那么 N 个质点将有 $3N$ 个自由度,所以不像刚体只有 6 个独立的自由度那样简单。

图 5-2 刚体的自由度

现在根据力学中的概念来讨论分子的自由度数。按分子的结构,气体分子可以是单原子的、双原子的、三原子的或多原子的。由于原子很小,可将组成分子的原子视为质点。单原子的分子可以看做一质点,又因气体分子不可能限制在一个固定轨道或固定曲面上运动,因此单原子气体分子有 3 个自由度。在双原子分子中,如果原子间的相对位置保持不变(刚性连接),那么,这个分子就可看做由保持一定距离的两个质点组成。由于质心的位置需要用 3 个独立坐标决定,连线的方位需用 2 个独立坐标决定,而两质点以连线为轴的转动又可不计,所以,刚性的双原子气体分子共有 5 个自由度,其中有 3 个平动自由度和 2 个转动自由度。在 3 个及 3 个以上原子的多原子分子中,如果这些原子之间的相对位置不变,则整个分子就是个自由刚体,它共有 6 个自由度,其中 3 个属于平动自由度,3 个属于转动自由度。事实上,双原子或多原子的气体分子一般不是完全刚性的,原子间的距离在原子间的相互作用下,要发生变化,分子内部要出现振动。因此,除平动自由度和转动自由度外,还有振动自由度。如果考虑原子的振动,则对双原子分子,其振动自由度数为 1,对 $N(N \geqslant 3)$ 个原子组成的分子,其振动自由度数为 $3N-6$。但在常温以下,振动自由度可以不予考虑。

5.2.2 能量按自由度均分定理

由上节得出理想气体的平均平动动能

$$\overline{\varepsilon} = \frac{1}{2}m\overline{v^2} = \frac{3}{2}kT$$

平动有 3 个自由度,与此相应,分子的平均平动动能可表示为

$$\frac{1}{2}m\overline{v^2} = \frac{1}{2}m(\overline{v_x^2} + \overline{v_y^2} + \overline{v_z^2}) = \frac{1}{2}m\overline{v_x^2} + \frac{1}{2}m\overline{v_y^2} + \frac{1}{2}m\overline{v_z^2}$$

据统计规律可得

$$\frac{1}{2}m\overline{v_x^2} = \frac{1}{2}m\overline{v_y^2} = \frac{1}{2}m\overline{v_z^2} = \frac{1}{2}kT$$

此结果说明,分子的每一平动自由度具有相同的平均动能,其数值为 $\frac{1}{2}kT$,这也就是说分子的平均平动动能均匀地分配于每个平动自由度上。

这一结论可推广到分子的转动和振动。根据经典统计力学,可导出一个普遍的定理——**能量按自由度均分定理**,即在温度 T 的平衡状态下,物质分子的每一个自由度都具有相同的平均动能,其大小都等于 $(1/2)kT$。因此,如果某气体分子有 t 个平动自由度,r 个

转动自由度,s 个振动自由度,则分子的平均平动动能为 $(t/2)kT$,平均转动动能为 $(r/2)kT$,平均振动动能为 $(s/2)kT$,而分子的平均总动能为 $(1/2)(t+r+s)kT$。由此看出,当温度 T 相同时,不同的分子其总动能是不相同的,自由度数大的其总能量也大;但由于结构不同的分子其平动自由度都是 3,故温度相同时其平均平动动能是相等的。因此说温度 T 是做无规则运动的大量分子的平均平动动能的量度。

为了计算分子的总能量,在分子内部原子之间的相互振动不可忽略的情况下,还必须计算振动的平均势能。把原子的微振动近似看成谐振动,而谐振动在一周内的平均动能和平均势能相等,所以对每一个振动自由度,分子还具有 $(1/2)kT$ 的平均势能。因此每个分子的平均总能量为

$$\bar{\varepsilon}_{总} = \frac{1}{2}(t+r+2s)kT = \frac{i}{2}kT \tag{5-7}$$

式中,$i = t + r + 2s$。

对单原子分子,$t=3,r=0,s=0,$ $\bar{\varepsilon}_{总} = \frac{3}{2}kT$。

对双原子分于,$t=3,r=2,s=1,$ $\bar{\varepsilon}_{总} = \frac{7}{2}kT$。

应该指出,能量按自由度均分定理是对大量分子的无规则运动动能进行统计平均的结果,也是一个统计规律。对于单个分子,它在任一时刻的、各种形式的动能以及总能量都不一定和按能量均分定理确定的平均值相等,甚至可相差很大,且总动能也不一定按自由度均分。所以,能量均分定理是指在某温度下针对大量分子整体平均而得到的每个分子的平均能量。要回答某个分子在某一时刻的能量是多少是不可能的,而且也没有必要。因为分子动理论所研究的对象是大量分子构成的宏观系统,而不是构成宏观系统的个别分子本身;它所研究的运动形态是宏观系统的热运动,而不是个别分子的机械运动。

5.2.3 理想气体的内能

气体分子除了自身具有平动、转动和振动性质以外,分子与分子之间还存在着一定的相互作用力且具有一定相互作用的势能。把所有气体分子的能量以及分子间相互作用的势能的总和称为**气体的内能**。因为理想气体不计分子间的相互作用力,所以分子间的势能也就忽略不计了。理想气体的内能只是所有分子各自能量的总和。应该注意,内能与力学中的机械能有着明显的区别。静止在地球表面上的物体的机械能(动能和重力势能)可以等于零,但物体内部的分子仍然在运动着和相互作用着,因此内能永远不会等于零。下面讨论理想气体的内能。

因为每一个分子总平均能量为 $\frac{i}{2}kT$(其中,$i = t + r + 2s$),而 1 mol 理想气体有 N_A 个分子,所以 1 mol 理想气体的内能是

$$E_0 = N_A\left(\frac{i}{2}kT\right) = \frac{i}{2}RT \tag{5-8}$$

而质量为 M(摩尔质量为 M_{mol})的理想气体的内能是

$$E = \frac{M}{M_{mol}}\frac{i}{2}RT \tag{5-9}$$

由此可知,一定量的理想气体的内能完全决定于分子运动的自由度数 t、r、s 和气体的热力学温度 T,而与气体的体积和压强无关。应该指出,这一结论与理想气体"不计气体分子之间的相互作用力"的假设是一致的,所以有时也把"理想气体的内能只是温度的单值函数"这一性质作为理想气体的定义之一。一定质量的理想气体在状态变化时,只要温度的变化量相等,那么它的内能的变化量就相同,而与过程无关。

【例 5 – 2】 标准状态下 22.4 L 氧气和 22.4 L 的氦气相混合。问:(1) 氦原子和氧原子的平均能量各是多少?(2) 氦气所具有的内能占总内能的百分比是多少?

【解】(1) 氦原子的自由度为 3,其平均能量为

$$\bar{\varepsilon}_{He} = \frac{3}{2}kT = \frac{3}{2} \times 1.38 \times 10^{-23} \times 273 \approx 5.65 \times 10^{-21} \text{ J}$$

氧分子在 273K 时不考虑振动自由度,其自由度为 5,平均能量为

$$\bar{\varepsilon}_{O_2} = \frac{5}{2}kT = \frac{5}{2} \times 1.38 \times 10^{-23} \times 273 \approx 9.42 \times 10^{-21} \text{ J}$$

(2) 按题意,氦气和氧气分别为 1 mol,分子数都为 N_A,所以氦气所具有的内能与系统总能量的比率为

$$\frac{E_{He}}{E} = \frac{N_A \dfrac{3}{2}kT}{N_A \dfrac{3}{2}kT + N_A \dfrac{5}{2}kT} \approx \frac{3}{8} \approx 37.5\%$$

5.3 麦克斯韦速率分布律

气体在平衡状态下,所有分子都以各种速度沿各个方向运动,而且由于相互碰撞,每一分子的速度都在不断地改变。因此,对某一特定分子来说,其某一时刻的速度的大小和方向,完全是偶然的。然而从大量分子的整体来看,在平衡状态下,它们的速率分布却遵从着一定的统计规律。有关规律早在 1859 年由麦克斯韦应用统计概念首先导出。因受技术条件的限制,气体分子速率分布的实验,直到 20 世纪 20 年代才实现。

5.3.1 分子速率的实验测定

如图 5 – 3 所示为测定分子速率装置的原理图。该装置工作过程为:小炉 O 中,金属银(铋或汞)熔化蒸发;银原子束通过炉孔逸出,再经过狭缝 S_1、S_2 射出。圆筒 C 可绕 A 轴旋转。整个装置放置于真空环境中。如果圆筒静止不动,分子束通过狭缝 S_3 进入圆筒投射到弯曲玻璃板 G 的 M 处,并黏附于玻璃板上。

圆筒以角速度 ω 旋转时,分子只能在狭缝 S_3 正对分子束的短时间内进入圆筒。若圆筒顺时针旋转,当分子沿直径穿过到达玻璃板 G 时,玻璃板

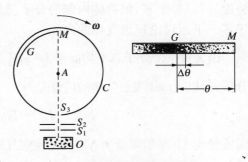

图 5 – 3 测定分子速率分布

G 已随圆筒转过角度 θ。设分子速率为 v，圆筒半径为 R，分子行进距离 $2R$ 的时间为 t，则

$$2R = vt$$

$$\theta = \omega t$$

从以上两式可得

$$v = \frac{2R\omega}{\theta}$$

上式表明，不同速率的分子黏附于玻璃板的不同位置上。速率为 $v \sim v+\Delta v$ 的分子，位于 $\theta \sim \theta+\Delta\theta$ 范围内。图 5-3 右侧画出已黏附有分子的玻璃板示意图，分子密集处，黑点较多，分子稀疏处，黑点较少。从而可以比较分布在不同间隔内分子数的相对比值。

5.3.2 速率分布函数

研究气体分子速率分布的情况，需要先把速率分成若干相等的区间，然后确定分布在各个速率区间内的分子数各占气体分子总数的比率。所取的区间越小，对速率分布的描述越精确。令 N 表示一定量气体的总分子数，dN 为速率分布在某一间隔 $v \sim v+dv$（例如 $500\sim510$ m/s 或 $600\sim610$m/s）内的分子数，它的大小与间隔的大小 dv 成正比，则 dN/N 就表示分布在这一间隔内的分子数占总分子数的比率。显然 dN/N 也与 dv 成正比。当在不同的速率（例如 500m/s 与 600m/s）附近取相等的间隔（如 $dv=10$m/s）时，不难发现，比率 dN/N 的数值一般是不相等的，所以，dN/N 还与速率 v 有关，两者关系可表示为

$$\frac{dN}{N} = f(v)dv \tag{5-10}$$

其中 $f(v) = \dfrac{dN}{Ndv}$，它表示速率分布在 v 附近单位速率间隔内的分子数占总分子数的比率。对于处在一定温度下的气体，$f(v)$ 只是速率 v 的函数，称为气体分子的**速率分布函数**。

如果确定了速率分布函数 $f(v)$，就可以用积分的方法求出分布于任一有限速率范围 $v_1 \sim v_2$ 内的分子数占总分子数的比率，即

$$\frac{\Delta N}{N} = \int_{v_1}^{v_2} f(v)dv$$

因为所有分子的速率都分布在 $0\sim\infty$ 整个范围内，所以在此范围内 $\dfrac{\Delta N}{N} = 1$，即

$$\int_0^\infty f(v)dv = 1 \tag{5-11}$$

这个关系式就是函数 $f(v)$ 所必须满足的条件，称速率分布函数的**归一化条件**。

5.3.3 麦克斯韦速率分布律

设气体分子总数为 N，速率在 $v \sim v+dv$ 间隔内的分子数为 dN，$f(v) = \dfrac{dN}{Ndv}$ 表示在速率 v 附近单位速率间隔内气体分子数占总分子数的百分比。对单个分子来说，$f(v)$ 也表示分子速率处于该速率附近单位速率间隔内的概率。麦克斯韦给出在平衡状态下气体分子速率分布函数的具体形式为

$$f(v) = 4\pi \left(\frac{m}{2\pi kT} \right)^{\frac{3}{2}} e^{-\frac{mv^2}{2kT}} v^2 \qquad\qquad (5-12)$$

式中的 $f(v)$ 叫做麦克斯韦速率分布函数，T 为系统平衡态的绝对温度，m、v 分别为分子的质量和速率，k 为玻尔兹曼常数。表示速率分布函数的曲线叫做**麦克斯韦速率分布曲线**，如图 5-4 所示。

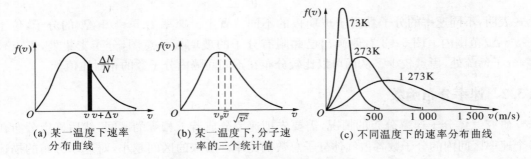

(a) 某一温度下速率　　　(b) 某一温度下，分子速　　　(c) 不同温度下的速率分布曲线
　分布曲线　　　　　　　　率的三个统计值

图 5-4　麦克斯韦速率分布曲线

从图 5-4(a) 中可以看出，深色的小长方形的面积为

$$f(v)dv = \frac{\Delta N}{N}$$

它表示某分子的速率在间隔 $v \sim v + \Delta v$ 内的概率，也表示在该间隔内的分子数占总分子数的比率。在不同的间隔内，有不同面积的小长方形，说明不同间隔内的分布比率不相同。面积较大，表示分子具有该间隔内的速率值的概率也愈大。当 Δv 足够微小时，无数矩形的面积总和将渐近于曲线下的面积，这个面积表示分子在整个速率区间($0 \sim \infty$)概率的总和，按归一化条件，应等于 1。

从速率分布曲线还可以知道，具有很大速率或很小速率的分子为数很少，其百分比较低；而具有中等速率的分子为数很多，百分比很高。值得注意的是曲线上有一个最大值，与这个最大值相应的速率叫做**最概然速率**（又称为**最可几速率**），常用 v_p 表示。它的物理意义是，在一定温度下速率与 v_p 相近的气体分子数量的百分比最大，或者说，气体分子速率处在 v_p 附近的概率最大。

不同温度下的分子速率分布曲线，如图 5-4(c) 所示。当温度升高时，气体分子的速率普遍增大，速率分布曲线上的峰位也向速率增大的方向迁移，但各曲线下的总面积均等于 1。因此，分布曲线在展宽增大的同时，高度降低，整个曲线将变得比较"平坦"。在相同温度下处于热平衡时，不同分子(m 不同)的分布曲线有何不同呢？请思考。

5.3.4　分子速率的三个统计值

由于麦克斯韦速率分布函数的具体数学表示式比较复杂，因而本节着重从速率分布函数曲线来形象地说明其物理意义。在理论研究中，有时还是要用到速率分布函数的表达式的。下面应用麦克斯韦速率分布函数计算分子速率的三个统计值。

(1) 算术平均速率 $\bar{v}$——大量分子无规则运动速率的算术平均值。

按定义　　　　　$$\bar{v} = \frac{\int_0^\infty v dN}{N} = \int_0^\infty v \frac{dN}{N} = \int_0^\infty v f(v) dv$$

得

$$\bar{v} = \int_0^\infty vf(v)\mathrm{d}v = \int_0^\infty 4\pi\left(\frac{m}{2\pi kT}\right)^{\frac{3}{2}}\mathrm{e}^{-\frac{mv^2}{2kT}}v^3\mathrm{d}v$$

令 $b = \dfrac{m}{2kT}$，上式变为

$$\bar{v} = 4\pi\left(\frac{b}{\pi}\right)^{\frac{3}{2}}\int_0^\infty v^3\mathrm{e}^{-bv^2}\mathrm{d}v = 2\sqrt{\frac{1}{b\pi}}$$

再将 b 值代入上式，得

$$\bar{v} = \sqrt{\frac{8kT}{\pi m}} = \sqrt{\frac{8RT}{\pi M_{\text{mol}}}} \approx 1.60\sqrt{\frac{RT}{M_{\text{mol}}}} \tag{5-13}$$

（2）方均根速率 $\sqrt{\overline{v^2}}$——大量分子无规则运动速率平方的平均值的平方根。

按定义

$$\overline{v^2} = \frac{\int_0^\infty v^2\mathrm{d}N}{N} = \int_0^\infty v^2\,\frac{\mathrm{d}N}{N}$$

得

$$\overline{v^2} = \int_0^\infty v^2 f(v)\mathrm{d}v = 4\pi\left(\frac{b}{\pi}\right)^{\frac{3}{2}}\int_0^\infty v^4\mathrm{e}^{-bv^2}\mathrm{d}v = \frac{3}{2b}$$

将 b 值代入，得

$$\sqrt{\overline{v^2}} = \sqrt{\frac{3kT}{m}} = \sqrt{\frac{3RT}{M_{\text{mol}}}} \approx 1.73\sqrt{\frac{RT}{M_{\text{mol}}}} \tag{5-14}$$

（3）最概然速率 v_p——指在任一温度 T 时，气体中分子最可能具有的速率。亦即在 $v = v_p$ 时，分布函数 $f(v)$ 应有极大值，所以可由极值条件 $\dfrac{\mathrm{d}f}{\mathrm{d}v}\Big|_{v=v_p} = 0$ 求得。

令

$$\frac{\mathrm{d}f}{\mathrm{d}v}\Big|_{v=v_p} = 4\pi\left(\frac{b}{\pi}\right)^{\frac{3}{2}}\left[2v\,\mathrm{e}^{-bv^2} - v^2 2bv\mathrm{e}^{-bv^2}\right]_{v=v_p}$$

$$= 8\pi\left(\frac{b}{\pi}\right)^{\frac{3}{2}}v_p\mathrm{e}^{-bv_p^2}\left[1 - bv_p^2\right] = 0$$

得

$$v_p = \sqrt{\frac{1}{b}} = \sqrt{\frac{2kT}{m}} = \sqrt{\frac{2RT}{M_{\text{mol}}}} \approx 1.41\sqrt{\frac{RT}{M_{\text{mol}}}} \tag{5-15}$$

可以看出，这三种速率大小顺序及比值为：$\sqrt{\overline{v^2}} : \bar{v} : v_p \approx 1.73 : 1.60 : 1.41$。

三种速率都与 $T^{1/2}$ 成正比，但用途各异。最概然速率反映大量气体分子的速率分布情况；分子的算术平均速率与分子的平均自由程的计算有关；分子的平动动能与分子的方均根速率密切相关。

【例 5-3】 设氮气的温度为 0℃，试求速率在 500 m/s 到 501 m/s 之间的分子数在总分子数中所占比率。

【解】 一般说来，速率在 $v_1 \sim v_2$ 之间的分子数比率为

$$\frac{\Delta N}{N} = \int_{v_1}^{v_2} f(v)\mathrm{d}v$$

式中 $f(v)$ 为麦克斯韦速率分布函数。但这种积分通常较复杂，而本例中 v_1 与 v_2 之差 Δv 很小，可认为在这个速率间隔内的分布函数值近似不变，故，

$$\frac{\Delta N}{N} \approx f(v)\Delta v = 4\pi\left(\frac{m}{2\pi kT}\right)^{\frac{3}{2}} e^{-\frac{mv^2}{2kT}} v^2 \Delta v$$

$$= 4\pi\left(\frac{M_{mol}}{2\pi RT}\right)^{\frac{3}{2}} e^{-\frac{M_{mol}v^2}{2RT}} v^2 \Delta v$$

代入 $\Delta v = 1\text{m/s}$ 和其他数据,并取 $v = 500\text{m/s}$,得

$$\frac{\Delta N}{N} = 4\pi\left(\frac{28\times10^{-3}}{2\pi\times8.31\times273}\right)^{\frac{3}{2}} e^{-\frac{28\times10^{-3}\times500^2}{2\times8.31\times273}} \times 500^2 \times 1$$

$$\approx 0.185\%$$

5.4 玻尔兹曼分布律

理想气体只考虑分子间以及分子和器壁间的碰撞,而不考虑分子之间以及分子与外场(如重力场、电场、磁场等)的作用。这样的气体分子只有动能而没有势能,并且在空间各处密度相同。上节所讲的麦克斯韦速率分布适用于描述这种气体。

5.4.1 玻尔兹曼分布律

玻尔兹曼把麦克斯韦速率分布律推广到气体分子在任意力场中运动的情形。在麦克斯韦分布律中,指数项只包含分子的动能 $E_K = mv^2/2$,这是考虑分子不受外力场影响的情形。当分子在保守力场中运动时,玻尔兹曼认为应以总能量 $E = E_K + E_P$ 代替式(5-12)中的 E_K,此处 E_P 是分子在力场中的势能。这样,由于势能一般随位置而定,因而分子在空间的分布将是不均匀的。这时应该考虑这样的一些分子,不仅其速度被限定在一定速度范围内,而且它们的位置也被限定在一定的空间范围内。气体处于平衡状态时,在速度分量间隔($v_x \sim v_x + \Delta v_x, v_y \sim v_y + \Delta v_y, v_z \sim v_z + \Delta v_z$)和坐标间隔($x \sim x + \Delta x, y \sim y + \Delta y, z \sim z + \Delta z$)内的分子数为

$$\Delta N' = n_0 \left(\frac{m}{2\pi kT}\right)^{\frac{3}{2}} e^{-E/kT} \Delta v_x \Delta v_y \Delta v_z \Delta x \Delta y \Delta z$$

$$= n_0 \left(\frac{m}{2\pi kT}\right)^{\frac{3}{2}} e^{-(E_K+E_P)/kT} \Delta v_x \Delta v_y \Delta v_z \Delta x \Delta y \Delta z \qquad (5-16)$$

式中 n_0 表示在 $E_P = 0$ 处单位体积内具有各种速度值的总分子数。这个公式称为**玻尔兹曼分布律**。式(5-16)表明,在上述间隔内的这些分子,总能量大致都是 E,其总数 $\Delta N'$ 正比于 $e^{-E/kT}$,也正比于 $\Delta v_x \Delta v_y \Delta v_z \Delta x \Delta y \Delta z$。因子 $e^{-E/kT}$ 叫做**概率因子**,是决定分布分子数 $\Delta N'$ 多少的重要因素。玻尔兹曼分布律表明:在平衡状态中,当 $\Delta v_x \Delta v_y \Delta v_z \Delta x \Delta y \Delta z$ 的不变时,$\Delta N'$ 决定于分子能量 E 的大小,分子能量 $E = E_K + E_P$ 愈小,分子数 $\Delta N'$ 就愈大。就统计意义而言,气体分子将更多地占据能量较低的状态。因此,当 T 一定时,气体分子的平均动能是一定的,分子将优先占据势能较低的状态。

如果把上式对速度积分,并考虑到分布函数应该满足归一化条件:

$$\iiint_{-\infty}^{\infty} \left(\frac{m}{2\pi kT}\right)^{\frac{3}{2}} e^{-\frac{mv^2}{2kT}} dv_x dv_y dv_z = \int_0^{\infty} \left(\frac{m}{2\pi kT}\right)^{\frac{3}{2}} e^{-\frac{mv^2}{2kT}} 4\pi v^2 dv = 1$$

那么,玻尔兹曼分布律也可写成如下常用形式:

$$\Delta N_{B} = n_{0} e^{-\frac{E_{P}}{kT}} \Delta x \Delta y \Delta z \qquad (5-17)$$

它表明分子数是如何按位置而分布的。与 $\Delta N'$ 不同,此处的 ΔN_{B} 是分布在坐标间隔 $(x \sim x + \Delta x, y \sim y + \Delta y, z \sim z + \Delta z)$ 内具有各种速率的分子数。显然,ΔN_{B} 比 $\Delta N'$ 比大得多。

玻尔兹曼分布律是个普遍的规律,它对实物微粒(气体、液体和固体分子、布朗粒子等)在任何保守力场中运动的情形都是成立的。

5.4.2 重力场中粒子按高度的分布

在重力场中,气体分子一方面做无规则的热运动,另一方面受重力作用作沉降运动向下部聚集使气体分子趋向有序。当这两种对立的作用达到平衡时,气体分子在空间形成一种非均匀的分布,分子数随高度而变化。

气体分子在重力场中按高度分布的规律可以这样确定。若取坐标轴 z 垂直向上,并设在 $z=0$ 处势能为零处的单位体积内的分子数为 n_{0},则分布在高度为 z 处的体积元 $\Delta V = \Delta x \Delta y \Delta z$ 内的分子数为

$$\Delta N_{B} = n_{0} e^{-\frac{mgz}{kT}} \Delta x \Delta y \Delta z \qquad (5-18)$$

式(5-18)两边同除以 $\Delta x \Delta y \Delta z$ 得而分布在高度为 z 处的分子数密度为

$$n = n_{0} e^{-\frac{mgz}{kT}} \qquad (5-19)$$

式(5-19)表明,在重力场中气体分子的密度 n 随高度 z 的增加按指数减小。分子的质量 m 越大,重力的作用越显著,n 减小的就越快;气体的温度越高,分子的无规则热运动越剧烈,n 减小的就越慢,如图 5-5 所示,为根据式(5-19)画出的 H_{2} 和 O_{2} 的分布曲线。

根据式(5-19)很容易确定在一定温度下气体压强随高度变化的关系。由压强 p 与分子的密度 n 的关系式

$$p = nkT$$

可得

$$p = nkT = n_{0}kT e^{-\frac{mgz}{kT}} = p_{0} e^{-\frac{mgz}{kT}} = p_{0} e^{-\frac{M_{mol}gz}{RT}} \qquad (5-20)$$

其中,$p_{0} = n_{0}kT$ 表示在 $z=0$ 处的压强;M_{mol} 为气体的摩尔质量。式(5-20)称为气压公式,这公式表示在温度均匀的情形下,大气压强随高度按指数减小,如图 5-5所示。但是大气的温度是随高度变化的,所以只有在高度相差不大的范围内计算结果才与实际情形符合。在爬山和航空过程中,常应用这公式来估算上升的高度 z。

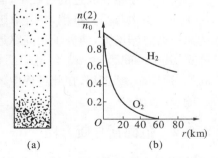

(a)   (b)

图 5-5　粒子数按高度递减曲线

将上式取对数,可得

$$z = \frac{RT}{gM_{mol}} \ln \frac{p_{0}}{p} \qquad (5-21)$$

因此,测定大气压强在相应高度的量值,即可判定上升的高度。式(5-20)不但适用于地面的大气,还适用于浮悬在液体中的胶体微粒按高度的分布。

5.5 范德瓦耳斯方程

真实气体只有在温度不太低和压强不太高的条件下(与常温常压比较),其状态参量才能较好地满足理想气体的状态方程。实验表明,真实气体的等温线与理想气体的等温线存在着偏离,尤其是在高压或低温下,其偏离的程度更大。因此,把理想气体的状态方程应用于真实气体时,必须考虑真实气体的特征而进行必要的修正。历史上,曾经有许多物理学家先后提出了各种各样的修正意见,建立了各种不同形式的状态方程,其中物理意义最清晰、形式较为简单的是范德瓦耳斯方程。

5.5.1 分子力

分子力的大小与分子中心间距的关系可近似地用下面的半经验公式表示:

$$f = \frac{\lambda}{r^s} - \frac{\mu}{r^t} \qquad (s > t > 1) \tag{5-22}$$

式中,r 为两分子中心间距,λ、μ、s、t 都是正值并由实验数据确定。式(5-22)中第一项代表斥力,第二项代表引力,由于 s、t 都比较大,因而分子力随着它们间距 r 的增大而急剧减小。因为 $s > t$,所以斥力比引力减小得更快。如图 5-6 所示,两条虚线分别表示引力和斥力随分子间距变化的情况,实线表示分子力(两力的合力)随分子间距变化的曲线。由右图可见,在一定距离 $r = r_0 = (\lambda/\mu)^{\frac{1}{s-t}}$ 处,斥力和引力相互抵消,合力为零,这个位置叫平衡位置。当 $r < r_0$ 时,分子力表现为很强的斥力;当 $r > r_0$ 时,分子力表现为引力。当分子间距 r 是 r_0 的几倍时,分子力实际上已趋近于零,所以分子力是短程力,它具有一定的有效作用距离,这个距离比 r_0 大几倍,数量级一般是 10^{-9} m,通常称这个有效作用距离为分子作用半径。

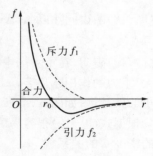

图 5-6 分子力示意图

两分子在相互靠近的过程中,当 $r > r_0$ 时,分子力表现为引力,相互靠近的速度增大,到 $r = r_0$ 时,引力与斥力抵消,相互靠近的速度达最大;当 $r < r_0$ 时,分子力表现为斥力,并随 r 的减小而急剧增大,使分子相互靠近的速度减小,最后减至为零,这时两分于有瞬间的相对静止,其中心间距 $r = d$。继此以后,两分子在强大的斥力作用下被分离开来。这就是分子间的"弹性碰撞"过程,在此过程中,取 d 的统计平均值,称该气体分子的有效直径,数量级一般 10^{-10} m。

5.5.2 范德瓦耳斯方程

理想气体只是一个近似的模型,它忽略分子本身的体积和分子力。克劳修斯和范德瓦耳斯把气体分子看做为有引力的刚性小球,对理想气体的压强公式进行修正,从而导出了范德瓦耳斯方程。

(1) 分子体积引起的修正　根据理想状态方程,1mol 理想气体的压强为

$$p = \frac{RT}{V_m} \qquad\qquad (5-23)$$

由于理想气体模型中把分子看成是没有大小的质点,所以 V_m 也就是每个分子可以自由活动的空间体积,即容器的容积 V。若把分子看成有一定体积的刚性球,则每个分子能自由活动的空间从 V_m 要减小到 $V_m - b$,此处 b 是与气体分子体积有关的修正量,则压强公式修正为

$$p = \frac{RT}{V_m - b} \qquad\qquad (5-24)$$

修正量 b 可由实验测定。

(2)分子引力引起的修正 前已指出,引力随分子间距的增大而很快减小,如图 5-7 所示。对于气体内部的任一分子 β,只有处在以它为中心,以引力的有效作用半径 R 为半径的球形范围内的分子对它才有吸引作用。由于这些分子相对于 β 呈对称分布,所以它们对 β 的引力互相抵消。而靠近器壁的分子 α,它所受气体分子的引力之和不等于零,其合力的方向垂直于器壁指向气体内部。靠近器壁面取一厚度为 R 的边界层,在这个边界层中的所有分子都和 α 一样,受到一个指向内部的分子引力作用。当分子经过边界层与器壁相碰撞时,向内的引力将削弱了器壁所受的压强。在不考虑分子引力作用时,气体对器壁压强为

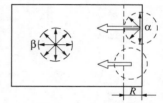

图 5-7 气体分子所受的力

$$p = \frac{RT}{V_m - b}$$

考虑分子的引力作用后,器壁所受压强应减小一个量值 Δp,此时器壁中 p 为

$$p = \frac{RT}{V_m - b} - \Delta p \qquad\qquad (5-25)$$

通常称 Δp 为内压强。

从分子运动论观点看,压强等于气体分子在单位时间内施于单位面积器壁的冲量的统计平均值,因此以 ΔI 表示一个分子在边界层中因受到向内的引力而被削弱的平均冲量,则

$$\Delta p = (单位时间内与单位面积器壁相碰撞的分子数的统计平均值) \times \Delta I$$

显然,括号内的这一项与分子数密度 n 成正比,而 ΔI 与向内的分子引力成正比,这引力又与 n 成正比,于是

$$\Delta p \propto n^2 \propto \frac{1}{V_m^2}$$

改写等式为

$$\Delta p = \frac{a}{V_m^2} \qquad\qquad (5-26)$$

式(5-26)中的比例系数 a 由气体性质决定。将这一结果代入式(5-25),得 1mol 范德瓦耳斯气体的压强为

$$p = \frac{RT}{V_m - b} - \frac{a}{V_m^2} \qquad\qquad (5-27)$$

由此可得出适用于 1mol 气体的范德瓦耳斯方程

$$\left(p + \frac{a}{V_m^2}\right)(V_m - b) = RT \tag{5-28}$$

若气体摩尔质量为 M_{mol},气体的总质量为 M,则气体的体积 $V = \frac{M}{M_{mol}}V_m$,从而 $V_m = \frac{M_{mol}}{M}V$。将 V_m 代入上式,得到适合于质量为 M 的气体的范德瓦耳斯方程

$$\left(p + \frac{M^2}{M_{mol}^2}\frac{a}{V^2}\right)\left(V - \frac{M}{M_{mol}}b\right) = \frac{M}{M_{mol}}RT \tag{5-29}$$

式中,a 和 b 为确定种类的气体都是常量。表 5-1 列出了几种气体的 a、b 的实验值。

表 5-1　几种气体的范得瓦耳斯常数(a、b 值)

气体	分子式	$a(\text{J} \cdot \text{m}^4 \cdot \text{mol}^{-2})$	$b \times 10^{-6}(\text{m}^3 \cdot \text{mol}^{-1})$
氢气	H_2	0.0247	27
氦气	He	0.034	24
氮气	N_2	0.140	39
氧气	O_2	0.136	32
氩气	Ar	0.134	32
水蒸气	H_2O	0.546	30
二氧化碳	CO_2	0.359	43
正辛烷	C_8H_{18}	3.73	237

【例 5-4】 已知温度为 273K 时 1 mol 氮气的密度为 50 kg/m³。求:(1) 计算氮的内压强 Δp;(2)用范德瓦耳斯方程计算氮气的压强,并将结果与用理想气体状态方程计算结果比较。

【解】 (1)查表得范德瓦耳斯常数 $a = 0.140$ J $\cdot$ m⁴/mol²,$b = 39 \times 10^{-6}$ m³/mol。氮气的摩尔体积

$$V_m = \frac{M_{mol}}{\rho} = \frac{28 \times 10^{-3}}{50} = 5.6 \times 10^{-4} \text{ m}^3$$

氮气的内压强

$$\Delta p = \frac{a}{V_m^2} = \frac{0.140}{(5.6 \times 10^{-4})^2} \approx 4.5 \times 10^5 \text{ Pa}$$

(2)根据范德瓦耳斯方程有

$$p = \frac{RT}{V_m - b} - \Delta p = \frac{8.31 \times 273}{5.6 \times 10^{-4} - 39 \times 10^{-6}} - 4.5 \times 10^5 \approx 3.9 \times 10^6 \text{ Pa}$$

如果将氮气视为理想气体,则

$$p' = \frac{RT}{V_m} = \frac{8.31 \times 273}{5.6 \times 10^{-4}} = 4.1 \times 10^6 \text{ Pa}$$

可见,$p < p'$,而 p 更接近实际情况。

5.6 化学反应动力学 催化剂与酶

5.6.1 化学反应动力学

化学反应动力学是研究化学反应速率的一门科学，也称为**化学动力学**。通过化学反应而达到平衡态的过程是不可逆过程，其情况都很复杂。利用分子动理论来研究化学反应的碰撞理论是该研究的一个重要领域。碰撞理论假定化学反应的发生是借助于分子之间的非弹性碰撞来实现的。例如：

$$2H_2 + O_2 \rightleftharpoons 2H_2O$$

该反应说明了在两个氢分子与一个氧分子三者同时碰撞在一起时这种反应才可能发生。当然其逆反应（即两个水蒸气分子碰在一起生成两个氢分子和一个氧分子）也同时存在。气体反应的速率除了与参加反应气体的本身性质及它们所处的温度、压强有关外，也还与这三种气体分子的相对比例有关。一开始，氢、氧分子多而水汽分子少，氢、氧分子碰撞机会较多些，而水蒸气分子间的碰撞机会较少些，因此正向反应速率较快。随着反应不断地进行，氢、氧分子的数量逐渐减少，而水蒸气分子的数量逐渐增加，因此正向反应速率逐步变慢。在温度、压强不变的情况下，最后必将达到动态平衡。

除了碰撞以外，化学反应还要求参与反应的相互碰撞的分子间的相对速率应大于某一最小数值。既使是放热反应，也只有其相对运动动能超过某一数值 E^*（称为**激活能或活化能**）时，相应的化学反应才能发生。如图 5-8 所示，为

$$A + B \longrightarrow C$$

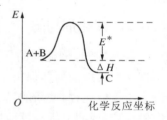

图 5-8　化学反应与激活能

的化合反应中能量变化的情况。由图可见，$A+B$ 的能量水平线要比 C 的能量水平线高 ΔH（ΔH 指反应前后系统的焓的变化，它等于反应热。参见第 6 章）。图中的 $\Delta H < 0$，说明是放热反应，但 A 和 B 碰撞并不一定能发生反应，只有 A 和 B 一起"越过"高为 E^* 的能量"小丘"后才能进入另一能量更低的"深谷"而成为 C。同样，C 需"越过"$E^* + \Delta H$ 的更高的能量"小丘"后才能分解为 A 和 B。气体化学反应中能"越过"该"小丘"的能量来源于相对运动的动能 $mv_{12}^2/2$，其中 v_{12} 为 A 与 B 相对运动的速率。只有当 $v_{12} > v_{min}$ 时，化学反应才能发生。v_{min} 应满足

$$E^* = \frac{1}{2}mv_{min}^2 \tag{5-30}$$

对于激活能为 E^* 的 $A + B \rightleftharpoons C$ 化学反应，在单位时间内，单位体积中发生的 $A + B \longrightarrow C$ 的正向反应的 A、B 分子对的数目（即正向反应速率）为

$$\frac{dn_{正}}{dt} = \frac{\pi}{4}(d_A + d_B)^2 n_A n_B \sqrt{\frac{8kT}{\pi\mu}} \exp\left(-\frac{E^*}{kT}\right) \tag{5-31}$$

式中，d_A、d_B、n_A、n_B 分别为 A、B 分子的有效直径与数密度；$\mu = \dfrac{m_A m_B}{m_A + m_B}$ 为 A、B 分子的折合质量。同样，逆反应速率为

$$\frac{dn_{逆}}{dt} = \pi d_c^2 \, n_c^2 \sqrt{\frac{8kT}{\pi\mu_c}} \, \exp\left(-\frac{E^* + \Delta H}{kT}\right) \qquad (5-32)$$

式中,d_c、n_c、μ_c 分别为 C 分子的有效直径、数密度、折合质量;$\mu_c = \dfrac{m_c}{2}$(因为碰撞的两个 C

分子完全一样;$\mu_c = \dfrac{m_c m_c}{m_c + m_c} = \dfrac{m_c}{2}$)。由式(5-31)和式(5-32)得反应的净速率为

$$\frac{dn_{净}}{dt} = \frac{dn_{正}}{dt} - \frac{dn_{逆}}{dt} \qquad (5-33)$$

因为 $E^* + \Delta H > E^*$,所以有 $dn_{净}/dt > 0$。又因为反应开始时 $n_A \gg n_c$,$n_B \gg n_c$,故 $dn_{净}/dt$ 较大。但随着时间的推移,n_A、n_B 逐步减少,n_c 却逐步增加,在温度、压强一定的情况下,定量的反应气体必将达到动态平衡,即有

$$\frac{dn_{正}}{dt} = \frac{dn_{逆}}{dt}, \qquad \frac{dn_{净}}{dt} = 0 \qquad (5-34)$$

另外,从式(5-31)可见,反应开始时增加 A、B 气体的分压 p_A、p_B,即增加 n_A、n_B,有利于反应速率的提高;升高温度或降低激活能 E^* 能更明显增加反应速率。

这里需要指出,以上的碰撞理论只适用于简单气体反应和溶液反应,对复杂反应来说,误差较大。其原因是碰撞理论把分子近似看做为小刚性球,把分子间复杂的相互作用简单地看做为机械碰撞。但是,碰撞理论仍是化学反应动力学的重要基础,它指出了控制反应速率的途径,至今仍然是化学中的一个前沿领域。

5.6.2 催化剂与酶

众所周知,催化剂的作用是在化学反应中能加快反应速度,其特点是本身的数量和化学性质在反应前后能保持不变。催化剂之所以能加快反应速度,主要是因为它参与反应,改变了反应途径,使新的反应途径所需的激活能 E^* 较小。因而可在较低温度、较低压强下发生反应,或明显提高反应速率。

酶是一类活细胞产生的具有催化活性和高度专一性的特殊蛋白质。不论是动植物,还是人体内的各种反应都是在各种酶的催化作用下进行的,没有酶就没有生命。酶和其他催化剂一样,也是通过降低激活能 E^* 来加速反应速度的。酶和一般催化剂不同之处在于:① 酶的催化作用都是在比较温和的条件下进行的(例如在室温下),但在体外,酶比一般的催化剂易于失去活性。② 酶的催化效率高于一般催化剂(它比无机催化剂高 $10^6 \sim 10^{13}$ 量级)。③ 酶具有高度专一性,它如同锁与钥匙一样要求严格契合才能发生反应。④ 酶的激活性质是受调节和控制的,从而保证生物机体能够有条不紊地新陈代谢。

本 章 小 结

主要方程、公式及定理

(1) 理想气体状态方程

$$pV = \frac{M}{M_{mol}}RT \qquad\qquad p = nkT$$

(2) 理想气体压强公式

$$p = \frac{2}{3}n\left(\frac{1}{2}m\overline{v^2}\right) = \frac{2}{3}n\bar{\varepsilon}$$

（3）温度的统计意义

$$\bar{\varepsilon} = \frac{3}{2}kT$$

（4）能量均分定理

能量均分定理：平均每个分子每个自由度的能量为 $\frac{1}{2}kT$。

每个分子的平均平动动能为 $\frac{3}{2}kT$。

每个分子的平均能量为 $\frac{i}{2}kT$。

1 mol 理想气体的内能为 $\frac{i}{2}RT$。

质量为 M 的理想气体的内能为 $\dfrac{M}{M_{mol}}\dfrac{i}{2}RT$。

上式中 $i = t + r + 2s$

（5）速率分布律

$$f(v) = \frac{dN}{Ndv}$$

$$\frac{dN}{N} = f(v)dv, \qquad \frac{\Delta N}{N} = \int_{v_1}^{v_2} f(v)dv$$

$$\Delta N = N\int_{v_1}^{v_2} f(v)dv$$

三种速率

算术平均速率：$\bar{v} = \sqrt{\dfrac{8kT}{\pi m}} = \sqrt{\dfrac{8RT}{\pi M_{mol}}} \approx 1.60\sqrt{\dfrac{RT}{M_{mol}}}$

方均根速率：$\sqrt{\overline{v^2}} = \sqrt{\dfrac{3kT}{m}} = \sqrt{\dfrac{3RT}{M_{mol}}} \approx 1.73\sqrt{\dfrac{RT}{M_{mol}}}$

最概然速率：$v_p = \sqrt{\dfrac{2kT}{m}} = \sqrt{\dfrac{2RT}{M_{mol}}} \approx 1.41\sqrt{\dfrac{RT}{M_{mol}}}$

（6）玻耳兹曼分布律

重力场中粒子（分子）按高度的分布　　$n = n_0 e^{-\frac{mgz}{kT}}$　　（n_0 是 $z = 0$ 处粒子数密度）

习　题

5-1　对一定质量的气体而言，温度不变时，气体的压强随体积的增大而减小；体积不变时，气体的压强随温度的升高而增大。试从微观角度加以解释。

5-2　下列系统各有多少个自由度：（1）在一平面上自由运动的粒子；（2）可以在平面上运动并可绕垂直于该平面的轴转动的硬币；（3）一个弯成三角形的金属棒在空间自由运动。

5-3 试述下列各式所表示的物理意义。

(1) $\frac{1}{2}kT$; (2) $\frac{3}{2}kT$; (3) $\frac{i}{2}kT$; (4) $\frac{i}{2}RT$; (5) $\frac{M}{M_{mol}}\frac{i}{2}RT(i=t+r+2s)$。

5-4 试说明下列各式的物理意义:

(1) $f(v)dv$; (2) $Nf(v)dv$; (3) $\int_{v_1}^{v_2}f(v)dv$; (4) $\int_{v_1}^{v_2}Nf(v)dv$; (5) $\int_{v_1}^{v_2}vf(v)dv$; (6) $\int_{v_1}^{v_2}Nvf(v)dv$。

5-5 将理想气体压缩,使其压强增加 1.01×10^4 Pa,温度保持为27℃。问分子数密度增加多少?

5-6 一容器内贮有气体,温度为27℃。问:(1)当压强为 1.013×10^5 Pa 时,在 $1m^3$ 中有多少个分子;(2)在高真空时,压强为 1.33×10^2 Pa,在 $1m^3$ 中有多少个分子?

5-7 一容器中贮有压强为 1.33Pa,温度为27℃的气体。问:(1)气体分子的平均平动动能是多少?(2)$1cm^3$ 中分子具有的总平动动能是多少?

5-8 求压强为 1.013×10^5 Pa、质量为 2×10^{-3} kg、容积为 1.54×10^{-3} m^3 的氧气的分子平均平动动能。

5-9 1mol 的氦气,其分子动能的总和为 $3.75 \cdot 10^3$ J,求氦气的温度。

5-10 20个质点的速率如下:2个具有速率 v_0,3个具有速率 $2v_0$,5个具有速率 $3v_0$,4个具有速率 $4v_0$,3个具有速率 $5v_0$,2个具有速率 $6v_0$,1个具有速率 $7v_0$。试计算:(1)平均速率;(2)方均根速率;(3)最概然速率。

5-11 已知氧气处于平衡状态,温度为 300K,试求分子的三种速率。

5-12 容器内贮有 1mol 的某种气体,今从外界输入 2.09×10^2 J 的热量,测得其温度升高 10K,求该气体分子的自由度。

5-13 求氢气在 300K 时分子的最可几速率;在 v_p 为 -1 m/s 与 v_p 为 $+1$ m/s 之间的分子数所占百分比。

5-14 求上升到什么高度时,大气压强减到地面的 75%。设空气的温度为 0℃,空气的摩尔质量为 0.0289kg/mol。

5-15 已知氮气的范德瓦耳斯常数 $a=0.138$ J·m^4·mol^{-2},$b=40\times10^{-6}$ m^3·mol^{-1}。现将 280g 的氮气不断压缩,求最后体积接近多大?这时的内压强是多少?

6

热力学基本定律

上一章所阐述了研究物质热现象的微观理论,得出了宏观物理量与微观量之间的关系,揭示了宏观现象的微观本质。热力学是一门研究物质热现象的宏观理论,它不考虑物质的微观结构和过程,而是从对热现象大量的直接观察和实验测量所总结出的普通的基本定律出发,应用数学方法,通过逻辑推理及演绎,得出有关物质各种宏观性质之间的关系、宏观物理过程进行的方向和限度等结论。

热力学第一定律和第二定律构成了热力学理论的基础。

本章主要讨论热力学第一定律、卡诺循环、热力学第二定律、卡诺定理,并简单介绍几个热力学函数。

6.1 热力学第一定律

6.1.1 状态的描述

1)系统和环境

通常把热力学研究的对象称为**热力学系统**,简称**系统**。而与系统存在密切联系的系统以外的部分称为**外界**或**环境**。把与外界存在物质和能量的交换的系统称为**开放系统**;把与外界只有能量交换而没有物质交换的系统称为**封闭系统**;把与外界既没有物质交换也没有能量交换的系统称为**孤立系统**。

2)状态、平衡态

系统的一系列热力学性质的全部称为系统的**状态**。描述系统所处状态的物理量为系统的**状态参量**。所谓平衡态是指在不受外界影响的条件下系统的宏观性质不随时间而改变的状态。若系统的状态参量随时间发生变化,称为该系统处于**非平衡状态**。实际上,系统都处于非平衡状态,平衡状态只是一个理想的状态。

3)过程、准静态过程

在实际问题中,系统的状态常常是不断变化的。过程就是状态随时间变化的途径。当热力学系统的状态随时间发生变化时,就说该系统经历着一个**热力学过程**,简称过程。

当过程进行得非常缓慢,经历的所有的中间状态都无限接近平衡态时,这样的过程就称为**准静态过程**,也称平衡过程。如果系统在状态变化过程中的任一瞬态或某一瞬态都处于非平衡状态中,这种过程称为**非静态过程**,或称为**非平衡过程**。平衡过程是一种理想过程。热力学理论以研究准确性静态过程为基础,通过这一研究,有助于对实际过程的讨论。

4)物态方程

在平衡状态下,热力学系统的状态参量之间的关系的等式称为**物态方程**。比如,1 mol的理想气体的物态方程为 $pV = RT$,其中,三个状态参量 p、V、T 中只有两个是独立的。所以给定任意两个参量的数值就确定了一个平衡状态。因此,平衡状态可用 p、V 或 p、T 或 V、T 的任一对数值表示,也可用 p-V(或 V-T,或 p-T)坐标系中的点表示,坐标系中的任何一点都对应一个平衡态。如图 6-1 所示,图上任何一条曲线都表示一个准静态过程,曲线上每一点都对应一个平衡态,如 A、B、C 分别表示三个不同的平衡态。

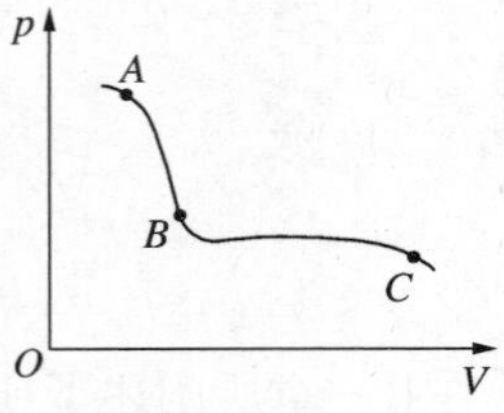

由于没有确定的状态参量,因而系统在非平衡态无法用 p-V 坐标系中的点表示出来。

图 6-1　p-V 图与平衡过程

5) 状态函数

状态函数指系统的性质随独立的状态参量而变化的关系,比如上一章所讲的理想气体的内能 E 就是一个状态函数,它是温度的单值函数,可表示为 $E=f(T)$。

6.1.2　功、热量和内能

一般来说,热力学系统经历一个过程时,与外界环境之间有着物质的和能量的交换。热力学系统与外界环境间交换能量总以做功和传递热量的方式进行。例如一杯水,可以通过加热使杯内水升温,也可对其搅拌使杯内的水升高同样的温度。

如图 6-2 所示,在图 6-2(a)中假设理想气体贮放在一圆筒里,圆筒装有活塞,可无摩擦地左右移动。设气体的体积为 V,压强为 p,活塞的面积为 S,当活塞缓慢地移动距离 $\mathrm{d}l$ 时,气体膨胀的体积为 $\mathrm{d}V$,这时系统对环境做的微功是

$$\mathrm{d}A = f\mathrm{d}l = pS\mathrm{d}l = p\mathrm{d}V \tag{6-1}$$

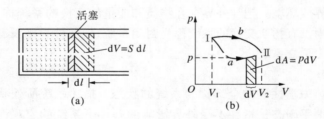

图 6-2　气体膨胀做功

由于 $\mathrm{d}A$ 与 $\mathrm{d}V$ 有关,所以常称此功为**"体积功"**。当气体体积由 V_1 膨胀到 V_2 时,整个过程中系统对环境做的功是

$$A = \int \mathrm{d}A = \int_{V_1}^{V_2} p\mathrm{d}V \tag{6-2}$$

气体体积变化时的功还可以用 p-V 图中曲线下面的面积来表示。如图 6-2(b)所示,画有斜线的面积元的大小等于 $p\mathrm{d}V$,即体积由 $V \sim V+\mathrm{d}V$ 过程中系统所做的元功。所以当系统由 Ⅰ 状态经 a 到达 Ⅱ 状态,系统所做的功 $A = \int_{V_1}^{V_2} p\mathrm{d}V$,在数值上等于曲线 Ⅰ$a$Ⅱ 与 V 轴所围的面积。可见,初、终态相同,过程不同,系统做的功也不同,即系统对环境所做的功与路径有关。所以,功不能反映系统的特征,它只能反映过程的特征,是过程量。

根据式(6-1),当系统膨胀时,$\mathrm{d}V>0$,则有 $\mathrm{d}A>0$,表示系统对环境做功;当系统被压

缩时,dV<0,则有 dA<0,表示系统对环境做负功,也就是环境对系统做正功。

再来研究气体膨胀时系统从环境所获得的热量。用量热学的方法进行测量的结果表明:系统从初状态 Ⅰ 到终状态 Ⅱ,经历的过程不同时,系统从环境所获得的热量也是不同的。一般规定系统从环境获得热量(即吸热)时,热量本身为正值;系统向环境散失热量(即放热)时,热量本身为负值。

大量实验事实均表明,系统在过程中从环境所获得的热量,不仅与系统的初、终状态有关,而且还与过程本身有关,即系统从环境所获得的热量与路径有关,也是一个过程量。

可见,功和热量都不是系统本身所具有的某种性质,它们不是由系统的状态所决定的,因而不是系统的状态函数。说"系统的功"和"系统的热量"是没有意义的。做功和传递热量总伴随着系统经历一定的具体过程,因此,只有说"过程中的功"和"过程中的热量"才有意义。

同时,大量的实验事实表明,尽管系统与环境间交换的功 A 和热量 Q 都与系统经历的过程有关,但它们的差值 Q-A 却只决定于系统的初态和终态,而和系统经历的过程无关。因此,Q-A 是一个只与系统本身性质有关的状态函数。我们称这个状态函数为系统的内能,用 E 表示。若用 ΔE 表示初、终状态的内能增量,则有

$$\Delta E = E_2 - E_1 = Q - A \qquad (6-3)$$

应该指出,系统在某一状态下所具有的内能的绝对值是无法直接测量的,而系统处于不同状态时,它的增量却可以用热量 Q 和功 A 的差值 Q-A 来量度。实际上有意义的也只是内能变化的大小。

6.1.3 热力学第一定律

由前面的讨论可见,在任何一个热力学过程中系统与外界都有能量交换,且满足式(6-3)。可将表达式(6-3)改写成

$$Q = \Delta E + A \qquad (6-4)$$

这就是**热力学第一定律**的数学表达式,它表明:一个热力学系统从外界吸收的热量等于系统内能的增加与系统对外界做功的和。热力学第一定律实质上就是包括热运动形式在内的能量转化和守恒定律。在应用关系式(6-4)时,应该记住热量 Q 及功 A 的符号规定。

如果系统只经历一个无限小的状态变化过程,即元过程,则热力学第一定律取以下微分形式

$$ðQ = dE + ðA \qquad (6-5)$$

应该指出,因为热量和功都不是状态函数,所以式(6-5)中用 ðQ 和 ðA 代表系统在元过程中热量 Q 和功 A 的微小值,不是全微分,而系统内能的微小增量 dE 是全微分。

若系统做功仅涉及体积的变化,系统经历一个平衡过程,体积从 V_1 到 V_2,那么热力学第一定律可用如下的积分形式表示:

$$Q = \Delta E + \int_{V_1}^{V_2} p dV \qquad (6-6)$$

历史上有许多人追求所谓"第一类永动机",企图使系统状态经历一系列变化后仍回到初始状态(即 $\Delta E=0$),而在这个过程中无需外界环境供给任何能量,又能不断地对外做功。但是,无数次的尝试,无一例外地都失败了。热力学第一定律告诉人们"第一类永动机"是不可能实现的。

热力学第一定律式(6-4)适用于自然界中在平衡态之间进行的任何一个过程,既可以是准静态过程,也可以是非静态过程,它对任何热力学系统(气体、液体和固体)都适用。

6.2 热力学第一定律对理想气体的应用

本节应用热力学第一定律讨论理想气体在几种特殊过程中能量转换的情况。

6.2.1 等容过程、定容摩尔热容

等容过程就是指系统的体积始终保持不变的过程。

理想气体的准静态等容过程满足查理定律,$p/T=$恒量,在 $p-V$ 图中对应一条与 p 轴平行的线段,如图 6-3 所示,其中线段 I II 表示等容过程。在此过程中,系统的体积始终不变,$A = \int_{V_1}^{V_2} p\mathrm{d}V = 0$,所以等容过程中系统对环境不做功。由第 5 章的叙述可知,质量为 m 的理想气体,系统内能 $E = \dfrac{m}{M}\dfrac{i}{2}RT$,则由式(6-6)可得

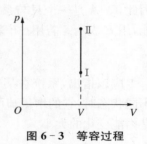

图 6-3 等容过程

$$Q = E_2 - E_1 = \frac{m}{M}\frac{i}{2}R(T_2 - T_1) \qquad (6-7)$$

计算系统从外界环境获得的热量还可以表示为

$$Q = c\,m(T_2 - T_1) = C(T_2 - T_1) \qquad (6-8)$$

式中,m 为系统的质量;c 为比热容,其单位为 J/(kg·K);T_1、T_2 为分别为初态和终态的绝对温度;C 为热容,即 $C=cm$,其单位为 J/K。

对于 1 mol 的理想气体,在等容过程中且无化学反应和相变的条件下,温度增加或减少 1 K 所吸收或放出的热量,称为**定容摩尔热容**,用 C_V 表示,单位是焦/(摩·开),用符号表示为 J/(mol·K)。引入 C_V 后,在等容过程中,系统从环境吸收的热量可写为

$$Q = \frac{m}{M}C_V(T_2 - T_1) \qquad (6-9)$$

比较式(6-7)和式(6-9),得出理想气体定容摩尔热容为

$$C_V = \frac{i}{2}R \qquad (6-10)$$

所以有
$$\Delta E = E_2 - E_1 = \frac{m}{M}C_V(T_2 - T_1) \qquad (6-11)$$

由于内能是状态函数,因此式(6-11)适用于任何过程理想气体内能增量的计算。

6.2.2 等压过程　定压摩尔热容

等压过程就是指系统的压强始终保持不变的过程。理想气体准静态的等压过程满足盖·吕萨克定律，$V/T=$ 恒量，在 p-V 图上是一条平行于 V 轴的线段，如图 6-4 所示，图中线段 Ⅰ Ⅱ 就表示等压过程。

设系统的压强为 p，则系统对环境做的功为

$$A = \int_{V_1}^{V_2} p\mathrm{d}V = p(V_2 - V_1) \tag{6-12}$$

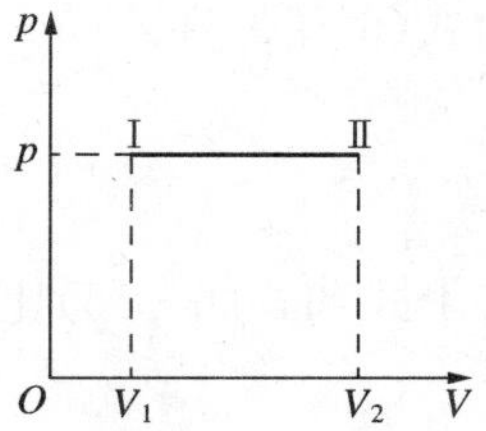

式中，V_1、V_2 分别表示系统初态、终态的体积。系统内能的增量

$$\Delta E = E_2 - E_1 = \frac{m}{M}\frac{i}{2}R(T_2 - T_1)$$

图 6-4　等压过程

式中，T_1、T_2 分别表示系统初态、终态的绝对温度。由热力学第一定律得

$$Q = E_2 - E_1 + A = \frac{m}{M}C_V(T_2 - T_1) + p(V_2 - V_1)$$

应用理想气体状态方程 $pV = \frac{m}{M}RT$，将上式写为

$$Q = \frac{m}{M}C_V(T_2 - T_1) + \frac{m}{M}R(T_2 - T_1)$$

$$= \frac{m}{M}(C_V + R)(T_2 - T_1) = \frac{m}{M}C_p(T_2 - T_1) \tag{6-13}$$

式中 C_p 称为**定压摩尔热容**，它表示 1 mol 理想气体在等压过程中且在没有化学反应和相变的条件下，温度改变 1 K 所吸收或放出的热量。它的单位是焦/(摩·开)，用符号表示为 J/(mol·K)。

对理想气体而言，C_p 与 C_V 存在关系

$$C_p = C_V + R \tag{6-14}$$

上式称为**迈耶公式**。

由式(6-14)可知，在等容过程和等压过程中，即使系统温度的改变量相等，但是理想气体从环境获得的热量不相等。因此，热容量是一个描述不同过程中系统与外界交换热量大小的物理量，是一个过程常数。在等压过程中，伴随温度的改变必有体积的变化。即理想气体在内能改变的同时还要对环境做功；而等容过程中系统对环境不做功，它从环境吸收的热量都完全用于增加内能。所以，系统升高相同温度时，系统从环境吸收的热量在等压过程中要大于等容过程。

应该指出，摩尔热容的一般定义式为

$$C = \left(\frac{\mathrm{d}Q}{\mathrm{d}T}\right)_{过程} = \frac{\mathrm{d}E}{\mathrm{d}T} + \left(\frac{\mathrm{d}A}{\mathrm{d}T}\right)_{过程}$$

定容摩尔热容和定压摩尔热容，不仅限于理想气体，对真实气体、液体和固体亦有同样概念。而内能增量公式 $\Delta E = \frac{m}{M}C_V\Delta T$ 和迈耶公式，仅适用于理想气体。

在实际应用中,常用到 C_p 与 C_V 的比值,称为气体**摩尔热容比**,或称气体**比热比**,用希腊字母 γ 表示:

$$\gamma = \frac{C_p}{C_V} \qquad (6-15)$$

由式(6-10)和式(6-14)得到

$$C_p = \frac{i}{2}R + R = \frac{i+2}{2}R$$

将上式和式(6-15)比较,可得出

$$\gamma = \frac{C_p}{C_V} = \frac{i+2}{i} \qquad (6-16)$$

式(6-16)表明理想气体的摩尔热容比只与气体分子的自由度有关。在室温以下,对于单原子分子,$i=3$,$\gamma=1.67$;对刚性键双原子分子气体 $i=5$,$\gamma=1.40$;对刚性键的多原子分子气体 $i=6$,$\gamma=1.33$。表6-1给出几种气体的摩尔热容实验数据。从表中可看出:对各种气体来说,C_p-C_V 都接近 R,对单原子及双原子分子气体来说,C_p、C_V 和 γ 的理论值与实验值相接近。这也间接证明了能量均分定理的合理性和正确性。对多原子分子的气体,理论值与实验值显然不符,这说明气体分子模型以及理想气体模型的局限性。

表6-1 几种气体摩尔热容的实验数据

分子内原子数	气体	C_p [J/(mol·K)]	C_V [J/(mol·K)]	$C_p - C_V$ [J/(mol·K)]	$\gamma = C_p/C_V$
单原子	氦	20.9	12.5	8.4	1.67
	氩	21.2	12.5	8.7	1.65
双原子	氢	28.8	20.4	8.4	1.41
	氮	28.6	20.4	8.2	1.41
	一氧化碳	29.3	21.2	8.1	1.40
	氧	28.9	21.0	7.9	1.40
多原子	水蒸气	36.2	27.8	8.4	1.31
	甲烷	35.6	27.2	8.4	1.30
	氯仿	72.0	63.7	8.3	1.13
	乙醇	87.5	79.2	8.3	1.11

6.2.3 等温过程

等温过程就是系统的温度始终保持不变的过程,理想气体的准静态等温过程满足玻意耳-马略特定律,$pV=$恒量,在 p-V 图上可用一条双曲线来表示,如图6-5所示。在等温过程中理想气体的内能不变,即 $\Delta E=0$。根据热力学第一定律并应用理想气体的状态方程,有

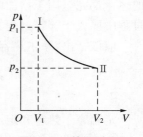

图6-5 等温过程

$$Q = A = \int_{V_1}^{V_2} p \mathrm{d}V = \int_{V_1}^{V_2} \frac{m}{M} RT \frac{\mathrm{d}V}{V} = \frac{m}{M} RT \ln \frac{V_2}{V_1} \tag{6-17}$$

式中 T 为系统的热力学温度。V_1、V_2、p_1、p_2 分别为系统初、终两态的体积和压强。

【例 6-1】 2.0×10^{-2} kg 的氦气,温度从 17℃ 升到 27℃。如图 6-6 所示,若系统分别经过:(1) 等容过程;(2) 等压过程。分别求出在两过程中气体内能的增量、吸收的热量和对环境做的功。

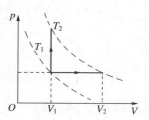

图 6-6 等温、等压两个过程

【解】 (1) 等容过程:$A = 0$

$$\Delta E = E_2 - E_1 = \frac{m}{M} C_V (T_2 - T_1)$$

$$= \frac{2.0 \times 10^{-2}}{4.0 \times 10^{-3}} \times \frac{3}{2} \times 8.31 \times \left[(273 + 27) - (273 + 17)\right] \approx 623 \text{ J}$$

$$Q = \Delta E + A \approx 623 \text{ J}$$

(2) 等压过程:

$$\Delta E = 623 \text{ J}$$

$$A = \int_{V_1}^{V_2} p \mathrm{d}V = p(V_2 - V_1) = \frac{m}{M} R(T_2 - T_1)$$

$$= \frac{2.0 \times 10^{-2}}{4.0 \times 10^{-3}} \times 8.31 \times \left[(273 + 27) - (273 + 17)\right] \approx 416 \text{ J}$$

$$Q = \Delta E + A = 623 + 416 = 1039 \text{ J}$$

将两种情况下的计算结果进行比较,可以看出:气体升高同样的温度,在等压过程中系统从环境吸收的热量确实比等容过程的多,其原因是等压过程除有内能增量外,系统还对环境做了功。

【例 6-2】 如图 6-7 所示为 1 mol 理想气体的某一变化过程,当气体由状态Ⅰ变化到状态Ⅱ时,求气体在这一过程中的摩尔热容。

【解】 设理想气体在这一过程中的摩尔热容为 C,则 1 mol 的理想气体由Ⅰ态(p_1、V_1、T_1)到Ⅱ态(p_2、V_2、T_2),如图 6-7 所示,所吸收的热量为

$$Q = C(T_2 - T_1) \tag{1}$$

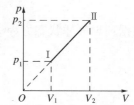

图 6-7 p、V 正比过程

根据热力学第一定律,Q 又可写成

$$Q = (E_2 - E_1) + \int_{V_1}^{V_2} p \mathrm{d}V \tag{2}$$

其中 $E_2 - E_1 = C_V(T_2 - T_1)$,依题意 $p = KV$(K 为恒量),且 $pV = RT$,式(2)可写为

$$Q = C_V(T_2 - T_1) + \int_{V_1}^{V_2} p \mathrm{d}V = C_V(T_2 - T_1) + \frac{K}{2}(V_2^2 - V_1^2)$$

$$= C_V(T_2 - T_1) + \frac{1}{2}(p_2 V_2 - p_1 V_1)$$

$$= C_V(T_2 - T_1) + \frac{R}{2}(T_2 - T_1) = \left(C_V + \frac{1}{2}R\right)(T_2 - T_1) \tag{3}$$

比较(1)、(3)两式得到

$$C = C_V + \frac{1}{2}R$$

可见,由于热量是与过程有关的量,因而不同过程中气体对应的摩尔热容也不同。

6.2.4 绝热过程

1) 绝热过程及其热力学特征

系统与外界环境没有热量交换的过程称为**绝热过程**。实际上绝热过程是很难实现的,但可把某些过程近似看做绝热过程。有两种情况可以近似当做绝热过程来处理:一是系统在被良好的隔热材料(如绒毡、厚石棉板等)所包围的空间进行的过程;二是系统的过程进行得很快,以致来不及与外界环境进行显著的热交换,例如内燃机的做功(对气体压缩)过程很短仅需 0.02 s。

绝热过程的热力学特征是 $Q=0$。根据热力学第一定律有 $A=-\Delta E$,表明系统对外做功完全来源于其内能的减少。在绝热膨胀过程中,$A>0$,$\Delta E<0$,系统的温度降低;系统的体积增大的同时,气体的分子数密度 n 必然减小,根据 $p=nkT$ 可知,系统的压强也减小。同理,在气体绝热压缩过程中,$A<0$,$\Delta E>0$,系统的体积变小,温度升高,压强增大。就是说,在绝热过程中描述系统的 p、V、T 三个状态参量同时变化,那么,其中任何两个参量在过程中的关系如何呢?

2) 绝热方程的推导

根据热力学第一定律的微分表达式(6-5)并考虑 $\text{d}Q = 0$,得到

$$\text{d}A = -\,\text{d}E$$

即

$$p\text{d}V = -\frac{m}{M}C_V\text{d}T \tag{1}$$

根据理想气体状态方程 $pV = \frac{m}{M}RT$,并对两边微分得

$$p\text{d}V + V\text{d}p = \frac{m}{M}R\text{d}T \tag{2}$$

由式(2)和式(1)消去 $\text{d}T$ 项,再整理,得到

$$C_V p\text{d}V + C_V V\text{d}p + Rp\text{d}V = 0$$

用 $C_V pV$ 去除上式得到

$$\frac{\text{d}p}{p} + \left(1 + \frac{R}{C_V}\right)\frac{\text{d}V}{V} = 0$$

利用迈耶公式 $C_p = C_V + R$ 和摩尔热容比 $\gamma = \dfrac{C_p}{C_V}$,上式简化成

$$\frac{\mathrm{d}p}{P} + \gamma \frac{\mathrm{d}V}{V} = 0 \tag{3}$$

对式(3)进行积分并整理得

$$pV^{\gamma} = 常量 \tag{6-18}$$

应用式(6-18)和 $pV = \frac{m}{M}RT$，消去 p 或 V，可得

$$TV^{\gamma-1} = 常量 \tag{6-19}$$

$$p^{\gamma-1}T^{-\gamma} = 常量 \tag{6-20}$$

式(6-18)、(6-19)、(6-20)都称为**绝热过程方程**。式(6-18)又称为**泊松公式**。应当注意上述三式中的常量是各不相同的。

3）绝热线

系统经历一个准静态绝热过程时，在 p-V 图上所对应的一条曲线，称为**绝热线**，如图6-8中 AB 粗线所示。细线 AC 表示同一系统的等温线，A 点是两条曲线的交点。绝热线在 A 点的斜率是

$$\left(\frac{\mathrm{d}p}{\mathrm{d}V}\right)_Q = -\gamma \frac{p_A}{V_A}$$

等温线在 A 点的斜率是

$$\left(\frac{\mathrm{d}p}{\mathrm{d}V}\right)_T = -\frac{p_A}{V_A}$$

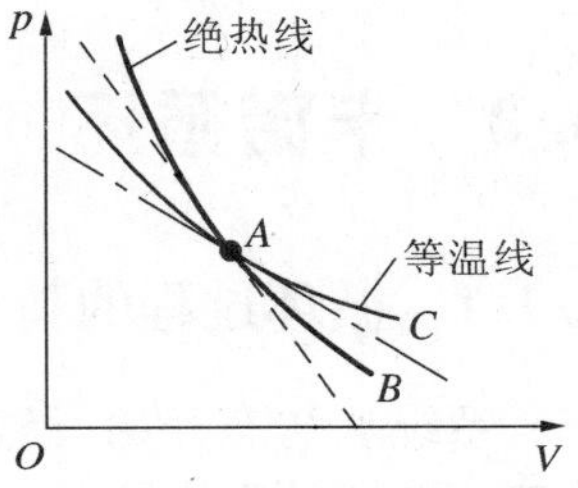

图6-8 绝热线与等温线比较

由于 $\gamma > 1$，因此绝热线在 A 点的斜率的绝对值大于等温线在 A 点斜率的绝对值。这表明将同一气体从同一初态出发压缩相同的体积时，在绝热过程中压强的增加要比等温过程中大。这是因为在等温压缩过程中，气体的温度不变，气体的压强增大仅仅是气体的体积减小，分子数密度增大的缘故；而在绝热压缩过程中，不但气体的体积减小分子数密度增大，而且气体的温度也升高，从而导致压强增加得较大。

4）绝热过程中的功

设质量为 M，摩尔质量为 M_{mol} 的理想气体，由初态(p_1、V_1)经绝热过程至终态(p_2、V_2)，因此，在绝热过程中，(p_1、V_1)和(p_2、V_2)两状态中 P、V 满足式(6-18)，即

$$p_1 V_1^{\gamma} = pV^{\gamma} = p_2 V_2^{\gamma}$$

$$A = \int_{V_1}^{V_2} p\,\mathrm{d}V = \int_{V_1}^{V_2} \frac{p_1 V_1^{\gamma}}{V^{\gamma}}\,\mathrm{d}V = p_1 V_1^{\gamma} \int_{V_1}^{V_2} \frac{1}{V^{\gamma}}\,\mathrm{d}V = p_1 V_1^{\gamma} \frac{V_2^{1-\gamma} - V_1^{1-\gamma}}{1-\gamma}$$

$$= \frac{1}{1-\gamma}(p_1 V_1^{\gamma} V_2^{1-\gamma} - p_1 V_1) = \frac{1}{1-\gamma}(p_2 V_2^{\gamma} V_2^{1-\gamma} - p_1 V_1)$$

$$= \frac{1}{\gamma-1}(p_1 V_1 - p_2 V_2) \tag{6-21}$$

此结果适用于初、终态可视为平衡态的一切可逆与不可逆的理想气体的绝热过程。

【**例6-3**】 在标准状况下把 $1.4 \times 10^{-2}\,\mathrm{kg}$ 的氮气绝热压缩到原来体积的一半，试求环境对系统所做的功和气体内能的变化。

【解】 根据题意可知，$T_0 = 273$ K，$\gamma = 1.4$，$V = V_0/2$。对于绝热过程

$$A = -\Delta E = \frac{m}{M} C_V (T_0 - T) = \frac{m}{M} C_V T_0 \left(1 - \frac{T}{T_0}\right)$$

根据绝热过程方程 $T_0 V_0^{\gamma-1} = T V^{\gamma-1}$ 得到

$$A = \frac{m}{M} C_V T_0 \left[1 - \left(\frac{V_0}{V}\right)^{\gamma-1}\right]$$

因此
$$A = \frac{1.4 \times 10^{-2}}{2.8 \times 10^{-2}} \times \frac{5}{2} \times 8.31 \times 273 \times (1 - 2^{1.4-1}) \approx -906 \text{ J}$$

即环境对系统做功　　$A' = 906$ J

系统内能增加　　$\Delta E = 906$ J

6.3　卡诺循环　热机效率

6.3.1　循环过程的特征和分类

系统从初态开始，经过一系列过程以后又回到原来的状态的过程叫做**循环过程**，简称**循环**。循环过程的最大特征是 $\Delta E = 0$，根据热力学第一定律可得

$$Q = A \tag{6-22}$$

即系统经过一个循环，它从外界吸收的净热量等于它对外界所做的净功。如果系统经历的是准静态过程，则此循环称为可逆循环，可逆循环在 p-V 图中用一条封闭曲线表示。而不可逆循环，不能在 p-V 图中表示。如图 6-9 所示，系统经历的循环为 $a1b2a$，可以证明，系统对外界做的净功等于这条封闭曲线所围的面积。

按循环过程进行的方向，可以把循环分成两大类：① 在 p-V 图中按顺时针方向进行的循环过程，称为正循环，系统做功为正值。这种循环的机器称为热机（如蒸汽机、内燃机）。② 在 p-V 图中按逆时针方向进行循环的过程称为逆循环系统对外界做的功为负值。系统做逆循环的机器称为致冷机，它是利用外界的功来获得低温。

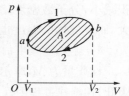

图 6-9　准静态循环过程（箭头表示过程进行的方向）

6.3.2　卡诺循环

热力学第一定律解决了热功相互转换的数量关系，但却不能够说明热功转换过程中的条件和方向，也没有解决系统做功的效率问题。自从蒸汽机发明以后，如何更有效地把热量转换为功，成为生产技术上迫切要求解决的问题。许多事实证明：由机械功转换为热量是可以百分之百地完成，但利用循环过程将热量转换为功的效率却不是百分之百。1824 年法国工程师卡诺在对蒸汽机所做的热力学研究中采用了与众不同的方法，对蒸汽机所做的简化和抽象更为彻底，提出了一种理想的循环过程——**卡诺循环**，指出了提高热机效率的途径。

卡诺循环包括四个平衡过程：两个等温过程和两个绝热过程。做卡诺循环的热机称为**卡诺热机**。工作物质是理想气体，在运行过程中没有漏气、散热、摩擦等因素存在，所以卡

诺热机又称理想热机。如图 6-10 所示,曲线 1-2 是温度为 T_1 的等温线,曲线 3-4 是温度为 T_2 的等温线,曲线 2-3 和 4-1 是两条绝热线,此循环是正循环。

下面计算四个平衡过程中的 Q 和 A。

1-2 为等温膨胀过程,$\Delta E = 0$,吸收热量,

$$Q_1 = A_1 = \frac{m}{M} R T_1 \ln \frac{V_2}{V_1} \qquad (6-23)$$

2-3 为绝热膨胀过程,$Q = 0$,系统对外界做功

$$A_2 = -\Delta E = \frac{m}{M} \frac{i}{2} R (T_1 - T_2) \qquad (6-24)$$

因为 $T_1 > T_2$,所以 $A_2 > 0$。

3-4 为等温压缩过程,$\Delta E = 0$,放出热量,则有

$$Q_2 = A_3 = \frac{m}{M} R T_2 \ln \frac{V_4}{V_3} \qquad (6-25)$$

4-1 为绝热压缩过程,$Q = 0$,系统对外界做功

$$A_4 = -\Delta E = \frac{m}{M} \frac{i}{2} R (T_2 - T_1) \qquad (6-26)$$

因为 $T_2 < T_1$,所以 $A_4 < 0$ 表示系统对外界做负功,即外界对系统做正功。

整个循环过程中系统对环境所做的净功为

$$A = A_1 + A_2 + A_3 + A_4$$
$$= \frac{m}{M} R T_1 \ln \frac{V_2}{V_1} + \frac{m}{M} \frac{1}{2} R (T_1 - T_2) + \frac{m}{M} R T_2 \ln \frac{V_4}{V_3} + \frac{m}{M} \frac{1}{2} R (T_2 - T_1)$$
$$= \frac{m}{M} R T_1 \ln \frac{V_2}{V_1} - \frac{m}{M} R T_2 \ln \frac{V_3}{V_4} = Q_1 - |Q_2| = Q$$

上式表明,系统在经历一次正循环时从高温热源吸收的热量 Q_1,一部分用于对环境做功 A,另一部分则向低温热源放出热量 Q_2,这里 $Q = Q_1 - |Q_2|$ 是系统吸收的净热量。Q_1、Q_2、A 三者的能量关系如图 6-11 所示。

6.3.3 热机的效率

热机总是经历一个正循环过程,如图 6-11 所示。热机的工作性能是用热机的工作物质从高温热源中吸收的热量有多少转变为有用功来衡量的。把循环过程中工作物质对外界环境所做的功与它从高温热源所吸收的热量之比,称为**热机的效率**,常用 η 表示,则

$$\eta = \frac{A}{Q_1} = \frac{Q_1 - |Q_2|}{Q_1} = 1 - \frac{|Q_2|}{Q_1} \qquad (6-27)$$

图 6-10 卡诺循环

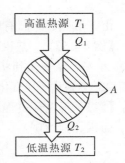

图 6-11 卡诺循环能量关系

η 通常以百分数表示,比如,若 $\eta=0.352$ 通常写成 $\eta=35.2\%$。根据式(6-27)与式(6-23)及式(6-25),计算出卡诺热机的效率为

$$\eta_卡 = \frac{Q_1 - |Q_2|}{Q_1} = \frac{\frac{m}{M}RT_1\ln\frac{V_2}{V_1} - \frac{m}{M}RT_2\ln\frac{V_3}{V_4}}{\frac{m}{M}RT_1\ln\frac{V_2}{V_1}}$$

$$= \frac{T_1\ln\frac{V_2}{V_1} - T_2\ln\frac{V_3}{V_4}}{T_1\ln\frac{V_2}{V_1}}$$

2-3为绝热膨胀过程有 $T_1V_2^{\gamma-1}=T_2V_3^{\gamma-1}$,4-1为绝热压缩过程有 $T_1V_1^{\gamma-1}=T_2V_4^{\gamma-1}$,比较两式得到 $V_2/V_1=V_3/V_4$,最后得到卡诺循环的效率为

$$\eta_卡 = \frac{T_1-T_2}{T_1} = 1 - \frac{T_2}{T_1} \tag{6-28}$$

从式(6-28)可得到以下几点结论:① 卡诺热机的效率 $\eta_卡$ 只决定于两个热源的温度,与工质无关,高温热源的温度 T_1 越高,低温热源的温度 T_2 越低,卡诺热机的效率就越高,从而指出了提高热机效率的方向和途径。② 卡诺热机是理想热机,它的效率 $\eta_卡<1$,可以肯定实际热机的效率 $\eta<\eta_卡<1$。③ 热机要完成一个正循环,必须有高、低温度的两个热源,由于 T_1 不可能趋于 ∞,T_2 也不可能等于绝对零度,所以 $\eta_卡<100\%$,说明工作物质从高温热源吸收的热量,决不可能全部转换为功,而必须在低温热源处放出一部分热量。

【例6-4】 蒸汽锅炉的温度为230℃,冷却器的温度为30℃,视蒸汽为理想气体经历准静态的卡诺循环,试求其效率。

【解】 依题意
$$T_1 = 273+230 = 503K$$
$$T_2 = 273+30 = 303K$$

则由式(6-28)得
$$\eta = 1 - \frac{T_2}{T_1} = 1 - \frac{303}{503} = 40\%$$

由于散热、摩擦,有时还有漏气,实际热机的效率远低于40%,一般只有12%~15%。

【例6-5】 一热机以理想气体为工作物质,经历如图6-12所示的循环,从状态 $a(p_1、V_1)$ 开始,首先等容变化到状态 $b(2p_1、V_1)$,再等压变化到状态 $c(2p_1、2V_1)$,再等容变化到状态 $d(p_1、2V_1)$,最后等压变化回到状态 a。设该气体定容摩尔热容为 C_V,试求该热机效率。

【解】 正循环过程系统对外界做的功就等于 $p-V$ 图阴影部面的面积,因此有

$$A = 线段_{ab} \times 线段_{bc} = p_1V_1$$

在整个循环过程中,系统只在 ab、bc 两过程中吸收热量,所以系统从高温热源吸收的总热量为

$$Q_1 = Q_{ab} + Q_{bc} = \frac{m}{M}C_V(T_b-T_a) + \frac{m}{M}C_p(T_c-T_b) \tag{1}$$

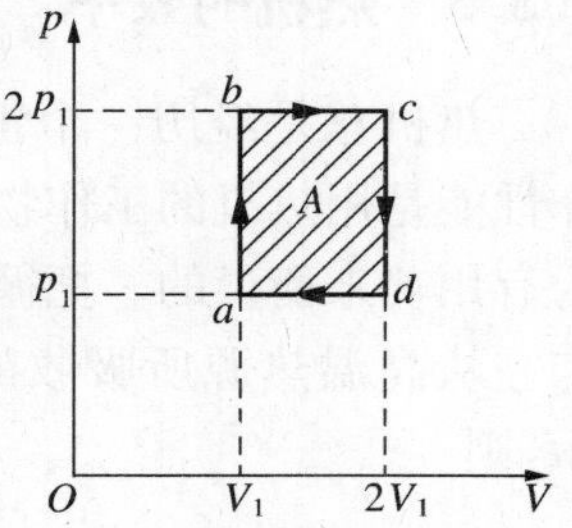

图6-12 某等温、等压组成的循环过程

将理想气体状态方程 $pV = \dfrac{m}{M}RT$ 应用于分过程 ab 和 bc，可得

$$(2p_1 - p_1)V_1 = \frac{m}{M}R(T_b - T_a), \qquad 2p_1(2V_1 - V_1) = \frac{m}{M}R(T_c - T_b)$$

所以
$$T_b - T_a = \frac{M}{mR}p_1V_1, \qquad T_c - T_b = \frac{M}{mR}2p_1V_1 \qquad (2)$$

比较式(1)和式(2)并应用 $C_p = C_V + R$，得

$$Q_1 = \frac{C_V}{R}p_1V_1 + \frac{C_p}{R}2p_1V_1 = (3C_V + 2R)\frac{p_1V_1}{R} \qquad (3)$$

根据热机效率定义，有

$$\eta = \frac{A}{Q_1} = \frac{p_1V_1}{(3C_V + 2R)\dfrac{p_1V_1}{R}} = \frac{R}{3C_V + 2R} \qquad (4)$$

6.3.4 致冷系数

为了对致冷机的性能做出比较，需对致冷机效率做出定义。在致冷机中，所关心的是在外界对系统做功 A 后，系统从低温热源处吸收了多少热量 $|Q_2|$，此时在高温热源处放出热量 $|Q_1| = A + |Q_2|$。因此，定义**致冷系数**

$$\varepsilon = \frac{|Q_2|}{A} = \frac{|Q_2|}{|Q_1| - |Q_2|} \qquad (6-29)$$

对可逆卡诺致冷机，其循环过程与可逆卡诺热机相反，因此可以求出其致冷系数($T_1 > T_2$)：

$$\varepsilon_卡 = \frac{T_2}{T_1 - T_2} \qquad (6-30)$$

由式(6-30)可以看到，致冷温度(T_2)越低，致冷系数越小。若 $T_2 \to 0\mathrm{K}$，则 $\varepsilon_卡 \to 0$；若温差 $T_1 - T_2$ 越大，则 $\varepsilon_卡$ 越低。

6.4 热力学第二定律

在任何过程中能量总是守恒的，必须满足热力学第一定律。但是，并非一切能量守恒的过程都能实现。例如，当两个温度不同的物体相接触时，热量总是从高温物体自动地传给低温物体，使得低温物体的温度逐渐升高，同时高温物体的温度逐渐降低，在无外界影响的情况下，最后两物体具有相同的温度，达到热平衡。相反地，热量不会自动地从低温物体传给高温物体，从而使高温物体的温度越来越高。再比如，二物体相互摩擦所做的功，可以全部转化为热量，而从前面讨论的热机效率可知，热量转化为功是有限的，热量不可能全部转化为功。这些现象表明，自然界自发过程的方向有一定的规律性，这个规律就表述为**热力学第二定律**。

6.4.1 热力学第二定律的两种表述

热力学第二定律有许多表述方式，下面给出两种最著名的表述。

开尔文表述：不可能实现这样一种循环，其最后结果仅仅是从单一热源取得热量并将它完全转变为功而不产生其他影响。应该指出：表述中的"单一热源"是指各处温度均匀且

恒定不变的热源;表述中强调"而不产生其他影响"是指除了从单一热源吸收热量并将它完全转变为功之外,系统和环境没有任何其他变化。

克劳修斯表述:热量不能自动地从低温物体传向高温物体而不产生其他影响。注意表述中"不产生其他影响"和"自动地"的含意。

历史上,人们曾幻想制造一种不需要任何动力或燃料而能不断对外做功的机器,即所谓第一类永动机。热力学第一定律指出,第一类永动机是不可能造成的。历史上,人们也曾幻想制造一种效率为百分之百的热机,它只需要从单一热源吸取热量并将它全部转变为有用功而不产生其他变化,这种机器称为**第二类永动机**。热力学第二定律开尔文表述指出,第二类永动机也是不可能实现的,这也可以当做热力学第二定律的另一种表述方式。

热力学第一定律和热力学第二定律共同构成了热力学的理论基础。

6.4.2 可逆过程和不可逆过程

如图 6-13(a)所示,设一装有无重量活塞的气缸中充有理想气体,气缸的侧面完全绝热,底面完全导热,并与一恒温箱相接触。理想气体从状态 I(p_1、V_1、T)完全无摩擦地做等温膨胀,经过一系列的平衡态,到达状态 II(p_2、V_2、T),如图 6-13(b)所示。在此过程中,系统内能变化 $\Delta E=0$,系统从环境中吸收的热量和系统对环境做的功相等,即 $Q=A=(m/M)RT\ln(V_2/V_1)$。如果系统由状态 II 沿原途径等温压缩回到状态 I,则在此过程中,系统的内能变化 $\Delta E'=0$,系统向环境放出的热量与环境对系统所做的功相等,即 $Q'=A'=(m/M)RT\ln V_1/V_2$。这就是说,在 I→II 过程中系统对环境所做的功等于在 II→I 过程中环境对系统所做的功;在 I→II 过程中,系统从环境吸收的热量等于在 II→I 过程中,系统向环境放出的热量,即 $A+A'=0$,$Q+Q'=0$。

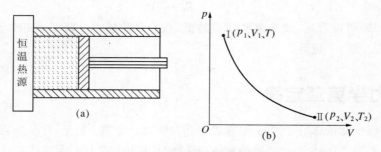

图 6-13 理想气体等温膨胀

要实现上述过程,必须使过程进行得无限缓慢,而过程进行的每一瞬间,必须使系统与环境都接近于平衡状态。

一个系统由某一状态出发,经过某一过程达到另一状态,如果存在另一过程,它能使系统和环境都完全复原(即系统回到原来的状态,同时消除了原来过程对外界引起的一切影响,也就是没有功和热量的损失),则原来的过程称为**可逆过程**;反之,如果用任何方法都不可能使系统和环境完全复原,则原来的过程称为**不可逆过程**。可见热力学第二定律的开尔文表述指出了功热转换过程的不可逆性,克劳修斯表述指出了热传导过程的不可逆性。

由于自然界中所有不可逆过程的本质相同,它们之间是相互关联的,互相可以推断,因而指出某一个不可逆过程的不可逆性,就可认为是热力学第二定律的一种表述。例如:

① 各部分浓度不同的溶液,内部发生的自动扩散过程是不可逆的。② 正电荷从高电势处自动地向低电势处运动的过程是不可逆的。③ 铁自发生锈的过程是不可逆的。总之,自然界一切自发的过程都是不可逆过程。

当然,不可逆过程并不是指不能向相反方向进行的过程,而是指在向相反方向进行时,原过程所产生的影响不能完全消除。也就是要使过程逆向进行,使系统回到原始状态,必须借助于外来因素,从而引起外界环境的改变。

无摩擦的准静态过程是可逆过程,实际上可逆过程是一种理想过程,它只是实际过程的一种近似。

6.4.3 热力学第二定律的统计意义

热力学第二定律指出,一切与热现象有关的宏观过程都是不可逆的。热现象是与大量分子无规则运动相联系的,宏观过程不可逆性与分子的微观运动密切相关。下面通过具体事例来阐明热力学第二定律的统计意义。

如图 6-14 所示,用隔板将容器分成容积相等的左、右两部分,使左边充满气体。为简单起见,仅考虑四个分子,分别标记为 a、b、c、d,右边保持真空。现将隔板抽掉,气体作自由膨胀并充满整个容器。对于分子 a,在隔板抽掉前,它只能在左边运动;把隔板抽掉后,它就在整个容器中运动,而且由于碰撞,它可能一会儿在左边,一会儿又运动到右边。因此,单个分子出现在左、右两边的概率是均等的,都等于 1/2。当将隔板抽掉后,四个分子在容器中分布有 16 种可能,将每一种分布称为一个微观状态,如表 6-2 所示。

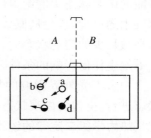

图 6-14 理想气体绝热自由膨胀模型

表 6-2 4个分子在容器中的分布情况

微 观 状 态	数 目	宏 观 状 态	概 率
	1		1/16
	4		4/16
	6		6/16
	4		4/16
	1		1/16

一个分子回到左边的概率是1/2,四个分子全部退回左边的概率是:

$$\frac{1}{2} \times \frac{1}{2} \times \frac{1}{2} \times \frac{1}{2} = \frac{1}{2^4} = \frac{1}{16}$$

如果有 N 个分子,若以分子处在左、右两边来分类,可以证明共有 2^N 可能的分布,即 2^N 个微观状态,全部分子退回左边的概率是 $1/2^N$。宏观系统包含大量分子,$1/2^N$ 这个概率小到难以想象的程度。实际上全部分子退回到左边的现象是不会出现的。回到四个分子情况。由于分子 a、b、c、d 并不可区分,因而宏观上并不区分哪些分子在左边,而只计及在左边的分子数有多少。从表 6-2 可见,在左边的分子数有 0,1,2,3,4,共 5 种可能情况,对应的概率分别是 $\frac{1}{16},\frac{4}{16},\frac{6}{16},\frac{4}{16},\frac{1}{16}$。因此,宏观观察时,左边有两个分子的这种均匀分布的可能性大于左边有三个分子的可能性,更大于有四个分子都回到左边的可能性。实际上 N 个分子在容器中的分布也是趋于均匀(即左、右两边的分子数相等或相差不多),包含了 2^N 个可能的微观状态中的绝大部分。所以气体自由膨胀的不可逆性,实质上反映了这个系统内部发生的过程,总是从概率小的宏观状态向概率大的宏观状态进行,也就是说由包含微观状态数目少的宏观状态向包含微观状态数目多的宏观状态进行。但是,相反的过程,在外界不发生任何影响的条件下是不可能实现的。

一个不受外界影响的封闭系统,其内部发生的过程,总是由概率小的状态向概率大的状态进行,由包含微观状态数目少的宏观状态向包含微观状态数目多的宏观状态进行。这就是**热力学第二定律的统计意义**。统计规律只对"大数量"事件才有意义,因此热力学第二定律只对大数量分子组成的系统适用。自然界的热现象都满足大数量的条件。自然界中一切与热现象有关的实际过程都不违背热力学第二定律。

6.4.4 卡诺定理

根据热力学第二定律,可以得到一个在理论上和实际上都有重要意义的定理——**卡诺定理**。其内容是:① 工作于两个恒温热源 T_1、T_2($T_1 > T_2$)之间的一切可逆热机,其效率都等于 $1 - T_2/T_1$,与工作物质无关。② 工作于两个恒温热源 T_1、T_2($T_1 > T_2$)之间的一切不可逆热机的效率小于工作于同样条件(相同的循环过程和循环条件)下的可逆热机的效率。

定理中的可逆热机指的是卡诺热机。卡诺定理的重要意义在于它指出了提高热机效率的途径,首先是尽量扩大热机高低温热源的温度差,一般采取提高高温热源的温度;或者是尽量使实际热机的循环过程接近卡诺循环过程。

6.5 熵

热力学第二定律有许多表述方式。尽管所有这些表述方式都是等价的,但是,应用它们来判断任意一个过程能否自发地进行常常很不方便,需要寻求一种明确而又普遍的表述方式,使它能够很方便地判断任何一个实际过程自发进行的方向。这个问题最后归结到确立一个像内能那样的状态函数,并用该函数定量地描述热力学第二定律,用它的改变情况判断过程进行的方向。

6.5.1 熵

考虑系统经过卡诺循环,其效率为

$$\eta = 1 - \frac{|Q_2|}{Q_1} = 1 - \frac{T_2}{T_1}$$

所以

$$\frac{Q_1}{T_1} = \frac{|Q_2|}{T_2}$$

即

$$\frac{Q_1}{T_1} + \frac{Q_2}{T_2} = 0 \tag{6-31}$$

上式表明,在卡诺循环过程中系统从环境所获得的热量与获得热量时温度的比值的代数和为零。

对于任意的可逆循环,可以近似看成由许多窄长的卡诺循环组成,如图 6-15 所示。图中第 i 个微卡诺循环 $abcda$ 的 ab、cd 为等温线,ad、bc 为绝热线。对于所有这些窄长的卡诺循环,应用式(6-31)可以得到

$$\sum_i \frac{\Delta Q_i}{T_i} = 0 \tag{6-32}$$

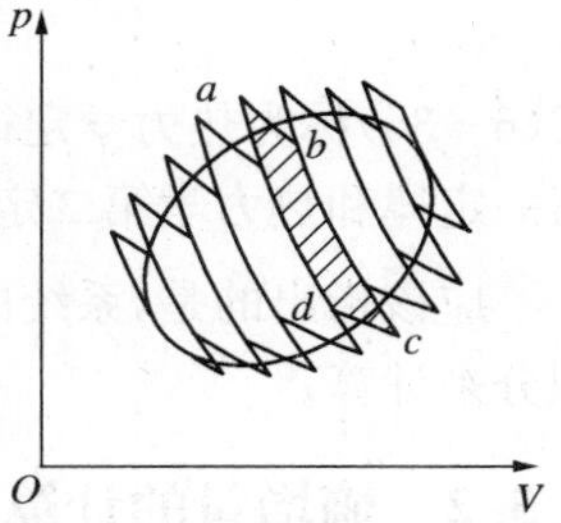

图 6-15 可逆循环按若干卡诺循环组合

当卡诺循环的数目趋于无穷多,各等温线趋于无限短的情况下,对所有卡诺循环过程中的物理量 $\Delta Q_i / T_i$ 求和,就成了沿任意可逆循环过程的路径对物理量 đQ/T 的积分。于是有

$$\oint \frac{đQ}{T} = 0 \tag{6-33}$$

式中 đQ 表示在无限短的等温过程中,系统从环境所获得的微小热量,T 为相应的温度。上式表明,对任意可逆循环过程,物理量 đQ/T 的总和等于零。

若在任意可逆循环过程中,取两个状态 a 和 b,整个循环由两个分过程 $a(1)b$ 和 $b(2)a$ 组成,如图 6-16 所示。于是

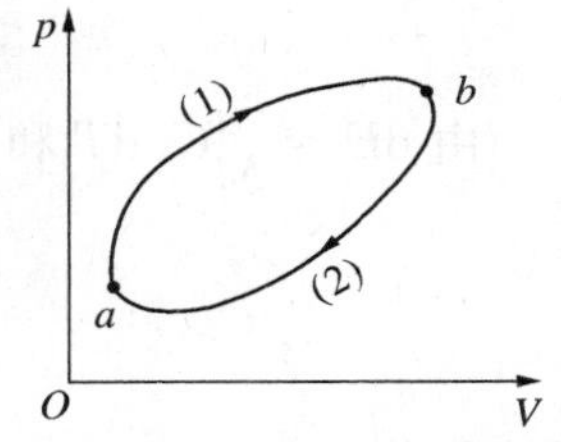

$$\oint \frac{đQ}{T} = \int_{a(1)b} \frac{đQ}{T} + \int_{b(2)a} \frac{đQ}{T} = 0$$

图 6-16 任意可逆循环过程

有

$$\int_{a(1)b} \frac{đQ}{T} = \int_{a(2)b} \frac{đQ}{T}$$

上式表明 $\int_a^b \frac{đQ}{T}$ 对平衡态 a、b 间的任何可逆过程都是相等的,它只决定于初态和终态,与过程或途径无关,这一点与系统内能变化只决定于初、终两态的性质相似。于是对一个热力学系统,存在一个状态函数,这个状态函数在初、终态的增量等于物理量 đQ/T 沿连接初、终态之间任意可逆过程的积分。这个状态函数称为系统的**熵**,常用 S 表示。据此,初、终两状态的熵增量为

$$S_b - S_a = \int_a^b \frac{\mathrm{d}Q}{T} \tag{6-34}$$

对于无限小的可逆过程,熵增量的微分形式为

$$\mathrm{d}S = \frac{\mathrm{d}Q}{T} \tag{6-35}$$

式(6-35)可用来定义熵:熵的微小增量,等于可逆的元过程中所吸收的热量与温度的比。熵的单位是焦/开(J/K)。

对于无限小的可逆过程,由式(6-35)可将式(6-5)写成

$$T\mathrm{d}S = \mathrm{d}E + p\mathrm{d}V \tag{6-36}$$

式(6-35)称为热力学定律的基本微分方程。它实质上概括了只含体积功($p\mathrm{d}V$)的热力学第一定律和热力学第二定律。

应该指出的是,系统的熵增量只能用连接初、终状态的可逆过程中的物理量 $\mathrm{d}Q/T$ 的积分来计算。

6.5.2 熵增量的计算

1) 理想气体的熵增量

设有质量为 m,摩尔质量为 M 的理想气体,从状态 $a(p_0 、 V_0 、 T_0)$ 到状态 $b(p 、 V 、 T)$ 分别选 $T 、 V$ 和 $T 、 p$ 为状态参量表示出熵增量 $S_b - S_a$。

(1) 用体积 V 和温度 T 来表示熵变

由式(6-35)有

$$\mathrm{d}S = \frac{\mathrm{d}Q}{T} = \frac{1}{T}(\mathrm{d}E + p\mathrm{d}V) \tag{6-37}$$

由 $\mathrm{d}E = \dfrac{m}{M}C_V \mathrm{d}T$ 和 $pV = \dfrac{m}{M}RT$ 将上式改写成

$$\mathrm{d}S = \frac{m}{M}C_V \frac{\mathrm{d}T}{T} + \frac{m}{M}R \frac{\mathrm{d}V}{V}$$

两边积分

$$\int_a^b \mathrm{d}S = \int_{T_0}^T \frac{m}{M}C_V \frac{\mathrm{d}T}{T} + \int_{V_0}^V \frac{m}{M}R \frac{\mathrm{d}V}{V}$$

得

$$S_b - S_a = \frac{m}{M}C_V \ln \frac{T}{T_0} + \frac{m}{M}R\ln \frac{V}{V_0} \tag{6-38}$$

(2) 用压强 p 和温度 T 表示熵变

将 $pV = \dfrac{m}{M}RT$ 两边微分

$$p\mathrm{d}V + V\mathrm{d}p = \frac{m}{M}R\mathrm{d}T$$

即
$$p\mathrm{d}V = \frac{m}{M}R\mathrm{d}T - V\mathrm{d}p$$

将上式和 $\mathrm{d}E = \frac{m}{M}C_V\mathrm{d}T$ 代入式（6-37）并考虑到 $C_p = C_V + R$，则得到

$$\mathrm{d}S = \frac{m}{M}C_p\,\frac{\mathrm{d}T}{T} - \frac{m}{M}R\,\frac{\mathrm{d}p}{p}$$

两边积分

$$\int_a^b \mathrm{d}S = \int_{T_0}^T \frac{m}{M}C_p\,\frac{\mathrm{d}T}{T} - \int_{p_0}^p \frac{m}{M}R\,\frac{\mathrm{d}p}{p}$$

得
$$S_b - S_a = \frac{m}{M}C_p\ln\frac{T}{T_0} - \frac{m}{M}R\ln\frac{p}{p_0} \qquad (6-39)$$

（3）绝热过程　由于 $ðQ = 0$，因而 $\mathrm{d}S = 0$，说明可逆绝热过程是等熵过程。类似于 $p\text{-}V$ 图，可建立 $T\text{-}S$ 图，称为**温-熵图**。在 $T\text{-}S$ 图中，可逆绝热线又称等熵线，它是一条平行于 T 轴的直线；等温线是条平行于 S 轴的直线，等温线下面阴影部分面积 $T(S_2 - S_1)$ 的大小等于过程中系统与环境交换的热量，封闭曲线围成的面积为系统对外界做的功，如图 6-17 所示。

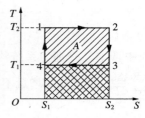

图 6-17　温-熵图

2）物体相变时的熵变

质量为 m 的物体在一定的温度下发生相变。假设物体与一大热源接触，大热源的温度略微高于物体的温度，则相变过程可认为是一等温的可逆过程，于是该物体的熵变为

$$S_b - S_a = \int \frac{ðQ}{T} = \frac{m\lambda}{T}$$

式中，T 为相变时的温度；λ 为相变热，即单位质量物体在相变过程中所吸收的热量，单位为焦/千克（J/kg）。

【例 6-6】　2.0kg 的水由 10℃ 加热到 100℃，并在此温度下转变为水蒸气，求其熵变。（已知水的定压热容 $C_p = 4.18 \times 10^3$ J/K，汽化热 $\lambda = 2.25 \times 10^6$ J/kg）。

【解】　$\Delta S = \Delta S_{升温} + \Delta S_{相变}$

$$= \int_{T_1}^{T_2} \frac{ðQ}{T} + \frac{m\lambda}{T_2} = \int_{T_1}^{T_2} \frac{mC_p\mathrm{d}T}{T} + \frac{m\lambda}{T_2}$$

$$= mC_p\ln\frac{T_2}{T_1} + \frac{m\lambda}{T_2}$$

$$= 2.0 \times 4.18 \times 10^3 \times \ln\frac{373}{283} + \frac{2.0 \times 2.25 \times 10^6}{373}$$

$$= 1.44 \times 10^4 \text{ J/K}$$

6.5.3　熵增加原理

如前所述，引入状态函数熵的目的是建立热力学第二定律的数学表达式。对于可逆过

程有 $S_b - S_a = \int_a^b \dfrac{\text{d}Q}{T}$，对于不可逆过程这一等式是否成立？

理想气体绝热自由膨胀是个不可逆过程，当过程进行得非常迅速时，系统与环境来不及进行热交换，因此

$$\sum \frac{\Delta Q'}{T'} = 0$$

上式中物理量加一撇是为了与可逆过程相区别。气体由状态 a 自由膨胀到状态 b 的过程中，系统不受外界环境的阻力，系统与环境间也没有功的交换。根据热力学第一定律，系统的内能也无改变。设系统为理想气体，因而系统初、终两态的温度相等，均为 T，即为等温膨胀过程。为计算系统熵的增量 $S_a - S_b$，选取一可逆过程——理想气体的等温膨胀过程，它的初、终态与前面的相同，则由式（6-38）得

$$S_b - S_a = \frac{m}{M} R \ln \frac{V}{V_0} > 0$$

式中，V、V_0 分别为系统终态 b、初态 a 的体积。上式说明，在理想气体自由膨胀过程中，$\sum \dfrac{\Delta Q'}{T'}$ 的值与熵增量不相等，并且

$$\Delta S = S_b - S_a > \sum \frac{\Delta Q'}{T'} = 0 \qquad (6-40)$$

再讨论热传导过程。设高温物体 T_1 与低温物体 T_2 相接触，最终达到热平衡。这是个不可逆过程，设此过程与环境是绝热的，所以

$$\sum \frac{\Delta Q'}{T'} = 0$$

为计算熵增量，设计这样一个可逆过程：物体 1 准静态地向一个大热源放热，而物体 2 准静态地从这个大热源吸热，大热源的状态认为是不变的，并不断地将热量从物体 1 传递给物体 2，物体 1 和物体 2 通过大热源联系起来，从而实现一个可逆过程，对于这一过程中的任何一个元过程，有

物体 1 在放热的元过程中，其熵增量 $\qquad \text{d}S_1 = \dfrac{\text{d}Q_1}{T_1} < 0$

物体 2 在吸热的元过程中，其熵增量 $\qquad \text{d}S_2 = \dfrac{\text{d}Q_2}{T_2} > 0$

又 $|\text{d}Q_1| = \text{d}Q_2$，且 $T_1 > T_2$，因此在一元过程中有

$$\text{d}S = \text{d}S_1 + \text{d}S_2 > 0$$

在全过程中，系统的熵变

$$S_b - S_a = \int \frac{\text{d}Q}{T} > 0 \qquad (6-41)$$

即 $\qquad\qquad\qquad\qquad\qquad S_b - S_a > \sum \dfrac{\Delta Q'}{T'} \qquad\qquad\qquad (6-42)$

通过以上两个实例和对大量的不可逆过程的研究和分析,可以得到下面的结论:不可逆过程中系统的熵增量必大于系统在此过程中的物理量 $\sum \dfrac{\Delta Q'}{T}$。

对于可逆绝热过程 $\qquad\qquad S_b - S_a = 0 \qquad\qquad\qquad (6-43)$

对于不可逆绝热过程 $\qquad\qquad S_b - S_a > 0 \qquad\qquad\qquad (6-44)$

热力学系统从一个平衡状态经绝热过程到达另一个平衡状态,它的熵绝不减少。若绝热过程是可逆的,则系统的熵值不变;若绝热过程是不可逆,则系统的熵值会增加。这就是**熵增加原理**。

式(6-43)、(6-44)是热力学第二定律的数学表达式。它指出,自然界一切自发过程(不可逆过程)总是沿着熵增加的方向进行,这个熵包括系统和环境的熵。对绝热系统,自发过程只有沿着使系统的熵增加的方向才能进行;对可逆绝热过程系统的熵保持不变。

6.6 热力学函数简介

6.6.1 内能

如前所述,热力学系统的内能的增量与吸收热量和功的关系可写成

积分形式 $\qquad\qquad \Delta E = Q - A \qquad\qquad\qquad\qquad (6-45)$

微分形式 $\qquad\qquad dE = đQ - dA = TdS - pdV \qquad\qquad (6-46)$

E 是状态函数,可写成 $E = E(S, V)$。关于内能的性质在前面已详细地讲述过,在此不再重复。

6.6.2 焓

焓定义为 $\qquad\qquad\qquad H = E + pV \qquad\qquad\qquad (6-47)$

微分形式

$$dH = dE + pdV + Vdp = TdS - pdV + pdV + Vdp$$
$$= TdS + Vdp \qquad\qquad\qquad\qquad (6-48)$$

式中,E 是状态函数;p、V 是状态参量,所以 H 也是状态函数,可表示为 $H = H(S, P)$。当 $p =$ 常数时,$dp = 0$,则 $dH = đQ(= TdS)$。其物理意义是,当热力学系统经过准静态等压过程从状态 1 变化到状态 2 时,系统吸收的热量 $đQ$ 等于系统的焓的增加。

$$C_p = \left(\frac{đQ}{dT}\right)_p = \left(\frac{dH}{dT}\right)_p \qquad\qquad (6-49)$$

化学中的反应热、生成焓以及赫斯定律都与焓的变化有密切关系。

1)反应热、反应焓

在等温条件下进行的化学反应所吸放的热量称为**反应热**(放热为负、吸热为正)。若化学反应是在密闭容器中等温进行的,其吸放热量以 Q_V 表示,则由第一定律知:

$$Q_V = \Delta E = E_2 - E_1 \qquad\qquad\qquad (6-50)$$

式中,E_1 与 E_2 分别为参加反应物质与生成物质的内能。但很多化学反应往往是在等压条件下(例如在大气中)进行的,其吸放的热量 Q_p 等于焓的增量 ΔH,故

$$\Delta H = Q_p = H_2 - H_1 \tag{6-51}$$

式中,H_1、H_2 分别为参加反应物质与生成物质的焓。在没有特别声明的情况下,其"反应热"均指定压情况下的反应热,并称为**反应焓**。

2)生成焓、标准生成焓

研究化学反应中吸放热量的规律的学科称为**热化学**。在热化学中把计算反应焓的参考点定为 $p_0 = 0.1013\ \text{MPa}$,$T_0 = 298.15\ \text{K}$ 的纯元素物质状态(即规定在此状态下物质的焓为零)。热化学中常使用生成焓与标准生成焓这类名词。定义由纯元素合成某化合物的摩尔反应焓为该物质的**生成焓**。而在 0.1013 MPa 下的生成焓称为**标准生成焓**。同样,在 0.1013 MPa 下的反应热称为**标准反应热**。

3)赫斯定律

一般的化学反应可表示为

$$\lambda_1 A_1 + \lambda_2 A_2 \longrightarrow \lambda_3 A_3 + \lambda_4 A_4$$

式中,A_1、A_2 是参加化学反应的物质;A_3、A_4 为化学反应生成物;λ_1、λ_2、λ_3、λ_4 分别为满足化学反应平衡条件所必需的系数。上述反应方程可改写为

$$\lambda_3 A_3 + \lambda_4 A_4 - \lambda_1 A_1 - \lambda_2 A_2 = 0 \tag{6-52}$$

式中考虑到生成物的各元素质量是增加的,故前面系数为正;反之,反应物各元素质量是减少的,故系数为负。对于一般的化学反应,反应物及生成物并非两种,则有

$$\sum_{i=1}^{n} \lambda_i A_i = 0 \tag{6-53}$$

式(6-52)及式(6-53)都称为化学反应平衡方程,例如,"水-煤气"反应有

$$CO + H_2O \longrightarrow CO_2 + H_2$$

反应中,A_1、A_2、A_3、A_4 分别为 CO、H_2O、CO_2、H_2;而 λ_1、λ_2、λ_3、λ_4 分别为 -1、-1、$+1$、$+1$。于是反应平衡方程为

$$CO_2 + H_2 - CO - H_2O = 0$$

设式中各物质在一定温度、压强下的摩尔焓分别为 $H_{1,m}$、$H_{2,m}$、$\cdots$,则在该温度和压强下的反应热为

$$\Delta H = \sum_{i=1}^{n} \lambda_i H_{i,m} \tag{6-54}$$

赫斯定律认为,化学反应的热效应只与反应物的初态和末态有关,与反应的中间过程无关。赫斯定律是热化学的基本定律,它可以作为各种结论的基础,这些结论有助于简化发生在等压及等容过程中化学反应的计算。值得注意的是,虽然反应热、生成焓及赫斯定律是针对化学反应而定义的。但它可推广应用于非化学反应的情况,例如核反应、粒子反应、溶解、吸附等情况。

【例 6 - 7】 已知下列气体在 $p \to 0, t = 25℃$ 时的焓值：$H_{1,m}$（氢气）$= 8.468 \times 10^3$ J·mol^{-1}，$H_{2,m}$（氧气）$= 8.661 \times 10^3$ J·mol^{-1}，$H_{3,m}$（水蒸气）$= -2.2903 \times 10^5$ J·mol^{-1}；试求在定压条件下，下列化学反应的反应热。

$$H_2 + \frac{1}{2}O_2 \longrightarrow H_2O$$

设反应前各物质均处于气态。

【解】 在本题中的反应热

$$\Delta H = H_{3,m} - H_{1,m} - \frac{1}{2}H_{2,m/2} = -2.418 \times 10^3 \text{ J·mol}^{-1}$$

这是生成 1 mol 水蒸气的总焓变，在等压过程中的焓变就是吸放的热量，而负值表示放热，说明生成 1 mol 水蒸气要放热 2.418×10^3 J。

事实上，上述等压、等温下的化学反应可以按两种不同的方式完成。除了上面的这种燃烧形式之外，还可以采用将氧气和氢气组成一个可逆燃料电池的方法，反应时除在等压膨胀过程中做了体积功之外，还做了电功。尽管在这两种不同方式过程中吸放的热量和所作的功各不相同，但其差值 ΔE 却是相等的。这两种反应方式的主要区别：前者将化学能主要转化为热能释放给环境，而后者将化学能大部分转化为电能传递给外界。

6.6.3 亥姆霍兹自由能（简称自由能）

自由能的定义为 $\qquad F = E - TS \qquad\qquad$ (6 - 55)

其微分形式 $\qquad dF = dE - TdS - SdT$

$$= -SdT - pdV \qquad\qquad (6 - 56)$$

显然 F 也是状态函数，可表示为 $F = F(T, V)$。当 $T =$ 常数时，$dT = 0$，则 $dF = -pdV = -dA$。其物理意义是，在准静态过程中，系统的自由能的减少等于在等温过程中系统对外界所做的功。

注意：系统的能量只是指它的内能 E，自由能不可理解为热力学的能量，只能理解为系统的状态函数。如果系统的过程不可逆，等温过程中系统做的功必然小于 F 的减少。例如，理想气体真空绝热膨胀时，$A = 0$，$\Delta T = 0$

$$dF = -pdV = -\frac{RT}{V}dV$$

$$\Delta F = F_2 - F_1 = -RT\ln\frac{V_2}{V_1} < 0$$

即 $\qquad\qquad \Delta F < A$

6.6.4 吉布斯自由能（简称热力势）

热力势定义为 $\qquad G = H - TS \qquad\qquad$ (6 - 57)

微分形式

$$dG = dH - TdS - SdT$$

$$= TdS + Vdp - TdS - SdT$$

$$=-SdT+Vdp \tag{6-58}$$

显然,G 也是一个状态函数,可表示为 $G=G(T,p)$。其物理意义是,当系统的状态完全决定于 T、p 时,在等温、等压状态下,系统的热力势不变。

注意:有些情况下,系统的状态不完全由 T、p 决定,比如电磁铁、电介质等。它们的功除了含有体积功 dA 以外还有其他形式的功 dA'。

因而热力学第一定律应写成

$$dE = TdS - dA - dA' = TdS - pdV - dA'$$

则
$$dG = -SdT + Vdp + dA' \tag{6-59}$$

可见,当 $dp=0$,$dT=0$ 时,$dG=-dA'$。其物理意义是,在可逆等温、等压过程中,系统热力势的减少等于其对外界做的非体积功。

本 章 小 结

1. 基本概念

(1)系统　环境　平衡态

(2)平衡过程　非平衡过程　可逆过程　不可逆过程　绝热过程　循环过程

(3)功　热量　内能　熵　焓　自由能　热力势

(4)热机效率

2. 基本定律

(1)热力学第一定律

① 热力学第一定律表述:它是指系统从环境吸收的热量,一部分使系统内能增加,另一部分用于系统对环境做功。

② 热力学第一定律数学表达式

$$普遍表达式 \quad Q = \Delta E + A$$

$$微分式(体积功) \quad dQ = dE + pdV$$

$$积分式(体积功) \quad Q = (E_2 - E_1) + \int_{V_1}^{V_2} pdV$$

注意:ΔE、Q、A 正负的物理意义。

③ 热力学第一定律适用范围:它适用于气体、液体和固体,是自然界中的一条普遍规律。

④ 热力学第一定律对理想气体的应用,见下表。

热力学第一定律对理想气体等值过程的应用

过程名称	过程特征	ΔE	A	Q	ΔS	摩尔热容
等温过程	$T=$恒量	0	$\frac{m}{M}RT\ln\frac{V_2}{V_1}$	A	$\frac{m}{M}RT\ln\frac{V_2}{V_1}$	$C_T\rightarrow\infty$
等容过程	$V=$恒量	$\frac{m}{M}C_V(T_2-T_1)$	0	ΔE	$\frac{m}{M}C_V\ln\frac{T_2}{T_1}$	$C_V=\frac{i}{2}R$

（续表）

过程名称	过程特征	ΔE	A	Q	ΔS	摩尔热容
等压过程	$p=$ 恒量	$\dfrac{m}{M}C_V(T_2-T_1)$	$p(V_2-V_1)$	$\dfrac{m}{M}C_p(T_2-T_1)$	$\dfrac{m}{M}C_p\ln\dfrac{T_2}{T_1}$	$C_p=C_V+R$
绝热过程	$Q=0$	$\dfrac{m}{M}C_V(T_2-T_1)$	$\dfrac{1}{\gamma-1}(p_1V_1-p_2V_2)$	0	0	$C_Q=0$

（2）热力学第二定律

① 定律表述

开尔文表述：不可能实现这样一种循环过程，其最后结果仅仅是从单一热源取得热量，并将它完全转变为功而不产生任何其他影响。

克劳修斯表述：热量不可能自动地从一个低温物体传移到另一高温物体而不产生其他的影响。

② 数学表达式——熵的增加原理：

对于绝热的可逆过程　　$dS=0$

对于绝热的不可逆过程　　$dS>0$

③ 热力学第二定律的统计意义。

④ 适用范围：自然界一切与热现象有关的实际过程都服从热力学第二定律。

习　　题

6-1　$Q=\Delta E+A$ 式中 Q、ΔE 和 A 的正负的物理意义是什么？热力学第一定律是否可用 $\Delta E=Q+A$ 式来表述？若可以的话，ΔE，Q 和 A 的正负的物理意义又是什么？

6-2　一定量的理想气体，下列过程是否可能实现：（1）恒温下绝热膨胀；（2）恒压下绝热膨胀；（3）体积不变，温度上升的绝热过程；（4）吸热而温度不变；（5）对外做功时放热；（6）吸热同时气体的体积减小。

6-3　分别应用热力学第一定律和热力学第二定律证明：理想气体的等温线和绝热线不能如图所示相交于两点。如图所示，图中 A 表示等温线，B 表示绝热线。

6-4　理想气体经历图中所示的各过程，CD 线是温度为 T_1 的等温线，AB 线是温度为 T_2 的等温线。Ⅰ→Ⅱ是绝热过程。试讨论在下述过程中气体摩尔热容的正负：（1）过程Ⅰ→Ⅱ；（2）过程Ⅰ′→Ⅱ；（3）过程Ⅰ″→Ⅱ。

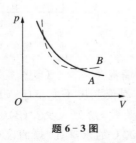

题 6-3 图

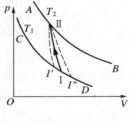

题 6-4 图

6-5　摩尔数相同的两种理想气体，一种是单原子气体，另一种是双原子气体，都从相同的状态开始，以等温膨胀到原来的数倍，问：（1）系统对外做功是否相等？（2）由外界环境吸收的热量是否相等?

6-6 一系统由图所示的状态 a 沿 acb 到达状态 b,从环境获取热量 335J,系统做功 126J。(1)系统若沿 adb 时做功 42 J,问有多少热量转入系统?(2)当系统由状态 b 沿曲线 ba 返回状态 a 时,环境对系统做功为 84 J,问系统在该过程中是吸热还是放热?热量传递为多少?(3)若 $E_d - E_a = 176.44$ J,试求系统沿 ad 及 db 各吸收热量多少?

6-7 8.0×10^{-3} kg 的氧气,原来的温度为 27℃,体积为 0.41×10^{-3} m³。若(1)经绝热膨胀体积增大到 4.1×10^{-3} m³;(2)先经等温过程再经等体过程到达与(1)相同的状态。试分别计算上述两种过程中系统做的功。(氧气视为理想气体)

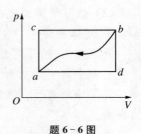

题 6-6 图

6-8 当气体从体积 V_1 膨胀到 V_2,该气体的压强与体积之间的关系为

$$\left(p + \frac{a}{V^2} \right)(V - b) = K$$

式中 a、b 和 K 均为常数,计算气体所做的功。

6-9 用绝热壁做一圆柱形容器,在容器中间放置一无摩擦、绝热的可动活塞。活塞的两侧各有 2.0 mol 的理想气体。左、右两侧的始态均为 p_0、V_0、T_0,设气体定体摩尔热容为 C_V,$\gamma = 1.5$。将一通电线圈放在左侧,对气体缓缓地加热,左侧气体膨胀,同时通过活塞压缩右侧气体,最后使右侧气体压强为 $\frac{27}{8} p_0$。求:(1)活塞左侧的气体对右侧气体做了多少功?(2)右侧气体的最终温度?(3)左侧气体的最终温度?(4)左侧气体吸收多少热量?

6-10 质量 $m_1 = 2.0$ g 的二氧化碳气体和 $m_2 = 3.0$ g 的氮气的混合物,均视为理想气体。求混合气体的定容摩尔热容和定压摩尔热容。

6-11 一卡诺机高温热源的温度是 400 K,每一循环从此热源中吸热 420 J,并向低温热源放热 320 J 时。求:(1)低温热源的温度;(2)该机效率。

6-12 一卡诺热机低温热源的 7.0℃,效率为 40%。今将该机的效率提高到 50%,问:(1)若低温热源的温度不变,高温热源的温度要提高多少?(2)若高温热源的温度不变,低温热源的温度要降低多少?

6-13 图为 1.0 mol 的理想气体所经历的循环过程,其中 ab 为等温线,bc 为等压线,ca 为等容线。$V_a = V_c = 3$ dm³,$V_b = 6$ dm³,取 $C_V = 3R/2$。求该循环过程的效率。

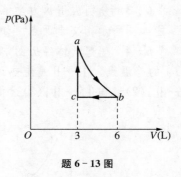

题 6-13 图

6-14 100 g 的水由温度 $t_1 = 15$℃ 冷却到 $t_2 = 0$℃,熵变为多少?

6-15 280 g 的氮气做等温膨胀,体积增大 5 倍,熵变为多少?(氮气视为理想气体)。

6-16 设 1.0 kg 的水在在标准状况下熵为零。假设气压不变。问:(1)100℃质量为 1.0kg 的水,熵为多少?(2)100℃质量为 1.0 kg 的水蒸气,熵为多少?(3)0℃质量为 1.0 kg 的冰,熵为多少?(4)0℃质量为 1.0 kg 的冰变为 100℃的水蒸气,熵的改变为多少?(设水的定压比热容 $C_p = 4.18 \times 10^3$ J/(kg·K),熔解热 $\lambda = 334 \times 10^3$ J/kg;汽化热 $\rho = 2.25 \times 10^3$ J/kg)。

7

静 电 场

电磁现象在自然界中普遍存在,如今电磁技术的应用已十分广泛。要深入了解生命现象,有效地使用现代的医疗仪器、化学和药物分析测试仪器,掌握一定的电磁学知识是十分必要的。

本章将讨论静电场的物理性质,其中包括描述电场性质的两个基本物理量——电场强度和电势及其相互关系;反映静电场基本规律的场的叠加原理、高斯定理以及场强的环路定理等。鉴于电偶极矩的概念对理解分子极化现象和心电图的原理是必不可少的,因此也讨论与电偶极子有关的内容;还将以心电图为例介绍生物电的发生与记录原理;最后对静电场与电介质的相互作用规律、静电场的能量等内容亦做简单介绍。

7.1 电场 电场强度

7.1.1 电场 电场强度

1) 电 场

任何电荷都在它周围空间产生电场。电场是一种物质形态,它有质量和能量。电荷之间的相互作用正是通过电场实现的,库仑力即是电场力。相对于观察者所在的惯性系为静止的电荷所产生的电场称为**静电场**,它是不随时间而变化的稳定电场。

电场具有两种重要性质:① 力的性质,即放入电场的任何电荷都受到电场力的作用。② 能的性质,即当电荷在电场中移动时,电场力对电荷要做功,表明电场具有能量。

2) 电场强度

为了对电场的性质进行描述,引入试验电荷的概念。所带电量足够少、引入后不会影响原来电场性质的点电荷称为**试验电荷**。

由库仑定律可知,在静电场中作用在某点的试验电荷 q_0 上的力 F 与 q_0 成正比。因此,F/q_0 这一比值应与 q_0 的大小无关,它的大小和方向,只由电场源电荷的分布与多少来决定。显然,这个比值可以用来代表电场在该点的特性,称为**电场强度**,或简称**场强**,用符号 E 表示,即

$$E = \frac{F}{q_0}$$

$(7-1)$

由此可见,电场中某点的电场强度在数值上等于单位正电荷在该点所受到的电场力的大小,其方向与正电荷在该点所受到的电场力的方向一致。

E 是矢量,是空间坐标的单值函数。E 是表征电场性质的客观存在,它仅决定于场源电荷量的大小及分布,与试验电荷无关,试验电荷仅用于显示电场的存在。空间各点的 E 都相同的电场称为均匀电场或匀强电场。在国际单位制中,场强的单位是 N/C 或 V/m,两者

是一致的。

7.1.2 场强叠加原理

实验表明,电场力也满足力的独立作用原理。由 n 个点电荷所组成的带电体系在空间某点的总场强应为

$$E = \frac{F}{q_0}$$

这里 F 是电荷 q_0 所受到总的电场力为 $F = \sum_{i=1}^{n} F_i$,F_i 是第 i 个电荷对 q_0 的作用力,则

$$E = \frac{F}{q_0} = \sum_{i=1}^{n} \frac{F_i}{q_0} = \sum_{i=1}^{n} E_i$$

即

$$E = \sum_{i=1}^{n} E_i \qquad (7-2)$$

由上分析可知,$E_i = \dfrac{F_i}{q_0}$ 为第 i 个电荷产生的场强。式 7-2 称为**场强叠加原理**。它表明,电场中任一点的总场强等于组成场源的各个点电荷在该点各自独立产生的场强的矢量和。因此,只要知道点电荷的场强和场源系统的电荷分布情况,便可计算出总场强,据此原则上可求得任何带电体系的场强。

7.1.3 电场强度的计算

1) 点电荷电场中的场强

设在真空中有一个点电荷 q,在距其 r 处 P 点的场强可计算如下:设想在 P 点处放一试验电荷 q_0,根据库仑定律,q_0 所受的电场力为

$$F = \frac{qq_0}{4\pi\varepsilon_0 r^3} r = \frac{qq_0}{4\pi\varepsilon_0 r^2} r_0 \qquad (7-3)$$

式中,r 表示电荷 q 到 P 点的矢径;$r_0 = \dfrac{r}{r}$ 表示沿 r 方向的单位矢量;ε_0 称为真空中的介电常数,$\varepsilon_0 = 8.85 \times 10^{-12} C \cdot N^{-1} \cdot m^{-2}$。由式(7-1)与(7-3)可得到

$$E = \frac{F}{q_0} = \frac{1}{4\pi\varepsilon_0} \frac{qq_0}{q_0 r^2} r_0 = \frac{1}{4\pi\varepsilon_0} \frac{q}{r^2} r_0 = \frac{1}{4\pi\varepsilon_0} \frac{q}{r^2} r_0 \qquad (7-4)$$

当场源电荷 q 为正时,E 与单位矢量 r_0 同方向,如图 7-1 所示;当 q 为负时,E 与 r_0 反方向。显然,点电荷的场强是以其为中心呈球形对称分布的。

2) 点电荷系电场中的场强

若干个点电荷 q_1, q_2, …, q_n,组成一个点电荷系。由场强叠加原理可知,点电荷系产生的电场在空间某点的场强应为

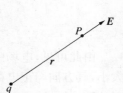

图 7-1 点电荷电场中场强

$$E = E_1 + E_2 + \cdots + E_n = \sum_{i=1}^{n} E_i = \frac{1}{4\pi\varepsilon_0} \sum_{i=1}^{n} \frac{q_i}{r_i^2} r_{0_i} \tag{7-5}$$

式中，q_i 为第 i 个点电荷所带的电量，单位为库仑(C)；r_i 为该点电荷离 P 点的距离；r_{0_i} 为该点电荷到电场中 P 点的单位矢量。

3）任意带电体电场中的场强

如果产生电场的电荷不是点电荷系，而是具有一定大小和形状的带电体，欲求其场强，可以把这个带电体分成许多极小的电荷元 $\mathrm{d}q$，以至每一个电荷元都可当做点电荷来处理。在电场中任一点 P 处，电荷元 $\mathrm{d}q$ 在 P 点产生的场强为

$$\mathrm{d}E = \frac{1}{4\pi\varepsilon_0} \frac{\mathrm{d}q}{r^2} r_0$$

式中，r_0 是从电荷元 $\mathrm{d}q$ 到 P 点的单位矢量。根据场强叠加原理，所有电荷元在 P 点处所产生的场强 E 等于每一个电荷元单独产生场强 $\mathrm{d}E$ 的矢量和，即

$$E = \int \mathrm{d}E = \frac{1}{4\pi\varepsilon_0} \int \frac{\mathrm{d}q}{r^2} r_0 \tag{7-6}$$

式(7-6)是矢量积分形式，在实际运算时，必须把 $\mathrm{d}E$ 分解成 x、y、z 三个坐标方向上的三个分量，然后积分，最后再求合矢量 E。

由上可知，利用场强叠加原理，不仅可以计算点电荷系的场强，还可以计算任意形状带电体所产生的场强，在计算中，当电荷是连续分布在某一体积中时，这样分布的电荷称为**体电荷**。一般说来，电荷分布是不均匀的，为了描述某一点附近电荷分布的情况，我们引入电荷体密度这一概念。设在带电体中任一点 O 的附近取一体积 ΔV，如图 7-2 所示，其中所含的电量为 Δq，则比值 $\Delta q/\Delta V$，当 $\Delta V \to 0$ 时，所取极限即为该点的**电荷体密度**，用 ρ 表示，则

$$\rho = \lim_{\Delta V \to 0} \frac{\Delta q}{\Delta V}$$

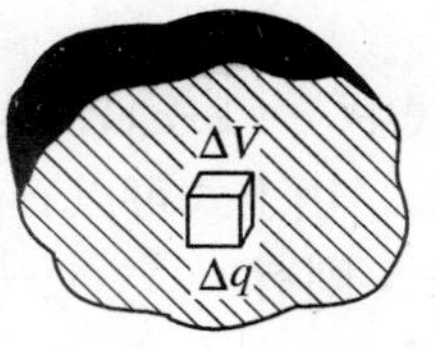

同理，若电荷连续分布在某一表面上或一根线上时，引入**电荷面密度** σ 或**电荷线密度** λ 这个概念。其 σ 与 λ 的定义如下：

图 7-2 体电荷分布

$$\sigma = \lim_{\Delta S \to 0} \frac{\Delta q}{\Delta V} = \frac{\mathrm{d}q}{\mathrm{d}S}$$

$$\lambda = \lim_{\Delta L \to 0} \frac{\Delta q}{\Delta L} = \frac{\mathrm{d}q}{\mathrm{d}L}$$

式中，$\mathrm{d}q$ 为面积元 $\mathrm{d}S$、或体积元 $\mathrm{d}V$ 或线元 $\mathrm{d}L$ 上的电量。如果电场是体电荷、面电荷及线电荷产生的，则计算场强的公式分别为

$$E = \frac{1}{4\pi\varepsilon_0} \iiint \frac{\rho\mathrm{d}V}{r^2} r_0 \tag{7-7a}$$

$$E = \frac{1}{4\pi\varepsilon_0} \iint \frac{\sigma\mathrm{d}S}{r^2} r_0 \tag{7-7b}$$

$$E = \frac{1}{4\pi\varepsilon_0} \int \frac{\lambda\mathrm{d}L}{r^2} r_0 \tag{7-7c}$$

【例7-1】 一半径为 a 的圆环,均匀带电,设电荷线密度为 λ,求轴上离环心距离为 x 的 P 点的场强。

【解】 设在环上取一段线之 $\mathrm{d}l$,如图7-3所示,则 $\mathrm{d}l$ 上的电荷为

$$\mathrm{d}q = \lambda \mathrm{d}l$$

由 $\mathrm{d}q$ 在 P 点所产生的场强的大小为

$$\mathrm{d}E_{\parallel} = \frac{1}{4\pi\varepsilon_0} \frac{\lambda \mathrm{d}l}{x^2 + a^2}$$

$\mathrm{d}E$ 的方向如图7-3所示。由于各电荷元在 P 点产生的场强 $\mathrm{d}E$ 的方向各不相同,但根据对称性,各电荷元的场强 $\mathrm{d}E$ 垂直于 x 轴方向上的分矢量 $\mathrm{d}E_{\perp}$ 相互抵消。所以 P 点的场强 E 是平行于 x 轴的分矢量 $\mathrm{d}E_{\parallel}$ 的总和,故有

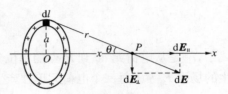

图7-3 均匀带电圆环轴线上一点的场强

$$
\begin{aligned}
E &= \int \mathrm{d}E = \int \mathrm{d}E\cos\theta \\
&= \frac{1}{4\pi\varepsilon_0} \int \frac{\lambda \mathrm{d}l}{(x^2 + a^2)} \frac{x}{\sqrt{x^2 + a^2}} \\
&= \frac{1}{4\pi\varepsilon_0} \frac{\lambda x}{(x^2 + a^2)^{3/2}} \int_0^{2\pi a} \mathrm{d}l \\
&= \frac{2\pi a \lambda x}{4\pi\varepsilon_0 (x^2 + a^2)^{3/2}} \\
&= \frac{1}{4\pi\varepsilon_0} \frac{qx}{(x^2 + a^2)^{3/2}}
\end{aligned}
\tag{7-8}
$$

式中,$q = 2\pi a\lambda$,即为圆环所带的总电量。

由上式可以看出:当 $x = 0$ 时,$E = 0$,即环心处的场强为零;当 $x \gg a$ 时,$(x^2 + a^2)^{3/2} \approx x^3$,则有

$$E \approx \frac{1}{4\pi\varepsilon_0} \frac{q}{x^2}$$

即远离环心的地方,环上的电荷可视为全部集中在环心处的一个点电荷,这个结果与点电荷的场强公式一样。

【例7-2】 试计算均匀带电圆盘线上的任意给定点 P 处的场强。P 点在圆盘轴线上,与盘心 O 相距为 x,设盘的半径为 R,电荷面密度为 $+\sigma$。

【解】 如图7-4所示,把圆盘分成许多同心的细圆环,考虑圆盘上任一半径为 ρ,宽度为 $\mathrm{d}\rho$ 的细圆环,这细圆环所带的电量为

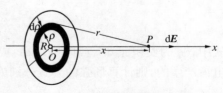

图7-4 均匀带电圆盘轴线上任一点处的场强

$$\mathrm{d}q = \sigma 2\pi\rho \mathrm{d}\rho$$

利用上例的结果,可以得到此带电细圆环在 P 点产生的场强。即

$$dE = \frac{1}{4\pi\varepsilon_0}\frac{x\,dq}{(x^2+\rho^2)^{3/2}}$$

$$= \frac{1}{4\pi\varepsilon_0}\frac{x}{(x^2+\rho^2)^{3/2}}\sigma 2\pi\rho\,d\rho$$

由于各带电圆环在 P 点产生的场强的方向都是指向 x 轴的正方向,而带电圆盘的场强 E 又是这些带电细圆环所产生的场强的矢量和,所以

$$E = \int dE = \frac{1}{4\pi\varepsilon_0}\sigma 2\pi x\int_0^R \frac{\rho\,d\rho}{(x^2+\rho^2)^{3/2}}$$

$$= \frac{\sigma}{2\varepsilon_0}\left[1 - \frac{1}{\sqrt{1+R^2/x^2}}\right]$$

$$= \frac{\sigma}{2\varepsilon_0}\left[1 - \frac{x}{\sqrt{R^2+x^2}}\right]$$

场强 E 的方向与圆盘相垂直并沿着 x 的正方向。

由上述结果可知,当 $R \gg x$ 时,即对于 P 点可以认为均匀带电圆盘为"无限大",则 P 点的场强等于

$$E = \frac{\sigma}{2\varepsilon_0} \tag{7-9}$$

可见 P 点的场强与该点到无限大平面的距离 x 无关。这表明在"无限大"均匀带电平面的电场中,各点场强相等,方向与平面垂直,这种电场称为**均匀电场**。

实际上"无限大"带电平面是不存在的。但当我们所观察的点离开带电平面的距离比平面本身的线度要小得多的情况下,就可以近似地将平面看成是"无限大",这样将使问题大大简化。

7.1.4 电力线

在电场中描绘一系列曲线,使其上每一点的切线方向都与该点场强的方向一致,且通过垂直于场强的单位面积的曲线数目等于该点场强的大小,这些曲线称为**电力线**。电力线的方向表征场强 E 的方向,电力线的密度表征场强 E 的大小

$$E = \frac{\Delta N}{\Delta S_\perp} \tag{7-10}$$

式(7-10)中 ΔN 是通过垂直于场强的面积元 $\Delta S_\perp$ 的电力线数目,如图 7-5 所示。这样,电力线就形象地全面描绘出电场中 E 的分布状况。图 7-6 是几种典型的电力线图,从中可以看到对于静电场的电力线有两个特点:

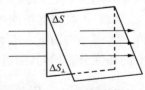

图 7-5 电力线的密度

(1)电力线总是从正电荷出发,而终止在负电荷;在无电荷处不中断,也不构成闭合曲线。

(2)任何两条电力线不能相交,因为在电场中任何一点的场强都只有一个确定的方向。

必须指出的是,电力线是按照一定规则人为画出来的一系列假想曲线,它是对电场的一种形象直观的描述,而不是真实存在的线。

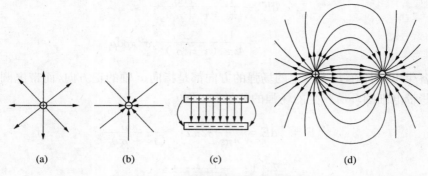

(a)　　　　　(b)　　　　　(c)　　　　　　　　(d)

图 7 – 6　几种典型静电场的电力线

7.2　高斯定理

高斯定理是描述静电场的基本定律之一,也是描述电磁场的基本方程之一。这个定理是通过电通量这个概念来描述静电场的物理性质的。它给出了电通量和电荷之间的关系。

7.2.1　电通量

通过电场中某一面积的电力线总数叫做通过该面积的**电通量**或称 E 通量,以 Φ_E 表示。下面分几种情况来讨论 Φ_E 的计算方法。

(1)匀强电场　由电通量定义和式(7–10),通过与场强 E 垂直的平面 S 的电通量应为

图 7 – 7　通过匀强电场中平面 S 的电通量

$$\Phi_E = ES_\perp \tag{7-11}$$

若平面 S 的法线 n 与场强 E 的夹角为 θ,如图 7 – 7 所示,则通过该平面的电通量

$$\Phi_E = ES\cos\theta = \boldsymbol{E} \cdot \boldsymbol{S} \tag{7-12}$$

可见,通过平面 S 的电通量的正负决定于这个面的法线 n 和场强 E 之间的夹角 θ。

(2)非均匀电场如图 7 – 8 所示,可以将该曲面分割为许多无限小的面元 $d\boldsymbol{S}$,将 $d\boldsymbol{S}$ 可视其为一小平面,且视 $d\boldsymbol{S}$ 上的场强分布均匀,则通过该面积元的电通量为

$$d\Phi_E = EdS\cos\theta = \boldsymbol{E} \cdot d\boldsymbol{S} \tag{7-13}$$

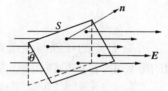

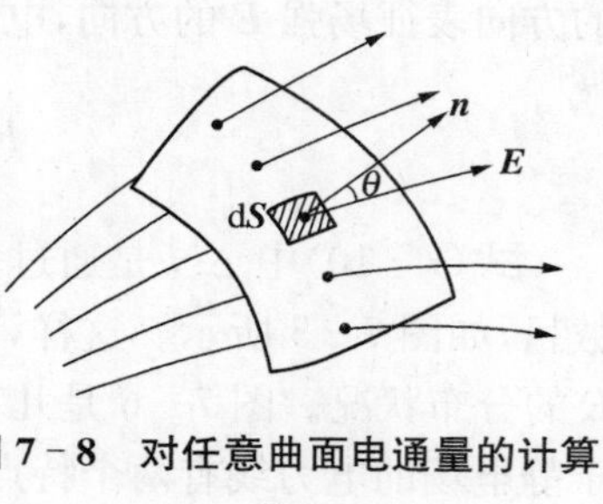

图 7 – 8　对任意曲面电通量的计算

对于整个曲面,其电通量可以表示为

$$\Phi_E = \int d\Phi_E = \iint\limits_{(S)} EdS\cos\theta = \iint\limits_{(S)} \boldsymbol{E} \cdot d\boldsymbol{S} \tag{7-14}$$

通过任意闭合曲面的电通量可由下式计算

$$\Phi_E = \oiint\limits_{(S)} E\mathrm{d}S\cos\theta = \oiint\limits_{(S)} \boldsymbol{E} \cdot \mathrm{d}\boldsymbol{S} \tag{7-15}$$

通常,规定闭合曲面的法线方向是由里向外为正。若曲面上任一面积元处的 $\theta < \pi/2$,则有该处的电通量为正,即穿出多于穿入该面的电力线数或只有穿出该面的电力线;若 $\theta > \pi/2$,则有该处的电通量为负,即穿出少于穿入的电力线数或只有穿入该面的电力线。对于通过整个闭合曲面的总电通量 Φ_E 值的正与负,其含义也如此。电通量的单位是牛顿·米^2·库仑$^{-1}$(符号 $\mathrm{N} \cdot \mathrm{m}^2 \cdot \mathrm{C}^{-1}$)。

7.2.2 高斯定理

高斯定理给出了在静电场中任一闭合曲面上所通过的电通量与这一闭合曲面所包围的场源电荷之间的量值关系。下面我们就真空中的情况推导这一定理。

首先,考虑场源是点电荷的情形。设一个正的点电荷 q,以 q 为中心,r 为半径做一球面包围该电荷,如图7-9所示。由于点电荷 q 的电场具有球面对称性,所以球面上各点的场强 $\boldsymbol{E}$ 的大小均为

$$E = \frac{1}{4\pi\varepsilon_0} \frac{q}{r^2}$$

方向沿 r 指向外,且与球面法线 $\boldsymbol{n}$ 的方向一致,其夹角 $\theta = 0°$。于是,通过球面上任一面积元 $\mathrm{d}S$ 的电通量为

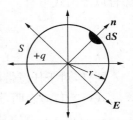

图7-9 通过球面 S 的电通量

$$\mathrm{d}\Phi_E = \boldsymbol{E} \cdot \mathrm{d}\boldsymbol{S} = E\mathrm{d}S = \frac{1}{4\pi\varepsilon_0} \frac{q}{r^2}\mathrm{d}S$$

通过整个球面的电通量为

$$\Phi_E = \oiint\limits_{(S)} \mathrm{d}\Phi_E = \oiint\limits_{(S)} E\mathrm{d}S\cos\theta = E\oiint\limits_{(S)} \mathrm{d}S = E4\pi r^2$$

$$= \frac{q}{4\pi\varepsilon_0} \frac{1}{r^2} 4\pi r^2 = \frac{q}{\varepsilon_0} \tag{7-16}$$

上式表明,通过整个球面的电通量 Φ_E 与球半径 r 无关,只与球面内的电量 q 有关。可以证明对于任意大的球面,式(7-12)均成立。

如果包围点电荷的是任意形状的闭合曲面,可证明通过闭合曲面的电通量仍为

$$\Phi_E = \frac{q}{\varepsilon_0}$$

为此,做一个任意闭合曲面 S 包围一正电荷 q,如图7-10所示。因为由 $+q$ 发出 q/ε_0 条电力线或者穿过 S 面一次,如 A 和 B 线;或者穿过 S 面奇数次,如 C 线,但 C 线有两次从 S 面出来,一次进入 S 面。根据电通量符号规定,C 线出来的地方产生正通量,进入的地方产生负通量,其结果相当于 C 线穿出 S 面只有一次。对于其他电力线计算方法相同。所以通过任意形状的闭合曲面的电通量仍等于 q/ε_0。显然,当 q 为正电荷,则电通量为正,表示电力线从闭合曲面内穿出;当 q 为负电荷,则电通量为负,表示电力线从外面进入闭合曲面。

如果任意闭合曲面 S 不包围点电荷,则进入这个闭合曲面内电力线数等于穿出来的电

力线数,结果通过该闭合面 S 的总电通量等于零。

现在,再考虑场源是任意点电荷系的情形。今在场中做一任意闭合曲面,第 1 至 n 个点电荷在其面内,自第 $n+1$ 至 N 个点电荷在其面外。由于上述分析适用于任意一个点电荷。那么,总电通量为

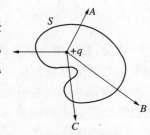

图 7 - 10 通过任意形状闭合曲面的电通量

$$\Phi_E = \sum_{i=1}^{N} \Phi_{E_i} = \sum_{i=1}^{n} \Phi_{E_i} + \sum_{i=n+1}^{N} \Phi_{E_i} = \sum_{i=1}^{n} \frac{q_i}{\varepsilon_0} + 0$$

由场强叠加原理又知

$$\Phi_E = \oiint_{(S)} \boldsymbol{E} \cdot \mathrm{d}\boldsymbol{S}$$

综合以上两式可有

$$\Phi_E = \oiint_{(S)} E\cos\theta \mathrm{d}S = \frac{1}{\varepsilon_0} \sum_{i=1}^{n} q_i \qquad (7-17\mathrm{a})$$

同样,对于任意带电体系的场源,上式也成立。

式(7-17a)表明,通过真空静电场中任意一闭合曲面 S 的总电通量 Φ_E 等于该曲面所包围的电荷的代数和 $\sum_{i=1}^{n} q_i$ 除以 ε_0,这就是真空中的**高斯定理**,是静电场的基本方程之一。高斯定理说明了静电场的一个重要特征,即它是**有源场**。

高斯定理是库仑定律与场强叠加原理的重要推理,它不仅适用于点电荷的情况,同样适用于连续分布的带电体的情况。例如,如果电场是由体电荷产生的,则上式可写为

$$\Phi_E = \oiint_{(S)} \boldsymbol{E} \cdot \mathrm{d}\boldsymbol{S} = \frac{1}{\varepsilon_0} \iiint_V \rho \mathrm{d}V \qquad (7-17\mathrm{b})$$

式中,ρ 是电荷体密度;V 是闭合曲面 S 所包围的体积。由式(7-17a)和式(7-17b)可以看出,当电荷分布给定时,只能求出通过某一闭合面的电通量,还不能确定场强的分布。如果场强分布具有一定的对称性,利用高斯定理可以简便地将场强计算出来。

关于高斯定理,需做如下说明:

(1)高斯定理是由库仑定律与场强叠加原理推导出来的;反之可由高斯定理及点电荷场的对称性推导出库仑定律,即它是库仑定律的逆定理。

(2)高斯定理揭示了场与场源之间的定量关系,即以积分形式给出了静电场中场强的分布规律。这一规律显然与闭合曲面的形状、大小无关。

(3)高斯定理揭示了静电场是有源场。

(4)高斯面是一假想的任意曲面,并非一定客观存在。

在运用式(7-17)时还应注意三点:

(1)式中的 $\boldsymbol{E}$ 在高斯面上,是面内、面外全体场源电荷的总场强。面外的电荷对总场强是有贡献的,虽然对高斯面的总通量贡献为零。

(2)式中的 q_i 在高斯面内,而不在面外,也不在面上(这是无意义的)。式中右端只需计算面内电荷的代数和而与具体分布如何无关。

(3) $\sum\limits_{i=1}^{n} q_i = 0$ 表示高斯面上的总电通量为零,并不一定说明面内没有电荷。

7.2.3 高斯定理的应用

应用高斯定理可以求出一些具有对称性分布的均匀带电体周围的电场,比如均匀带电球壳内、外电场强度,无限大带电线周围电场强度,无限长带电太平面两侧电场强度等。现以均匀带电球内、外电场作为例子,简述其应用方法。

1) 均匀带电球体的场强

设有一半径为 R 的均匀带电球体,电荷为 q,电荷体密度为 ρ,求球体内部的和外部的各点场强。

由于电荷分布是球对称的,所以场强分布也一定是球对称的,即场强的方向总是沿着球的半径方向,且在同一球面上各点的场强大小相等。根据这一判断,可应用高斯定理分别计算球内和球外部各点的场强。

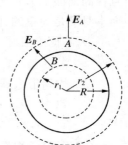

图 7 - 11　均匀带电球体内外的场强

先求球外某一点 A 的场强 E_A。如图 $7-11$ 所示,过 A 点做一半径为 $r_2(r_2 > R)$ 的同心球面,此球面称为高斯面。此高斯面内所包围的电荷为 $\rho 4\pi R^3/3 = q$。在球面上任一点 E 的方向和球面的法线一致,$\cos\theta = 1$。同时在球面上各点的 E 大小相等,都等于 E_A,通过该面的电通量为

$$\Phi_E = \oiint\limits_{(S)} \boldsymbol{E} \cdot \mathrm{d}\boldsymbol{S} = E_A \oiint\limits_{(S)} \mathrm{d}S = E_A 4\pi r_2^2$$

根据高斯定理可得

$$E_A\, 4\pi r_2^2 = \frac{q}{\varepsilon_0}$$

即

$$E_A = \frac{1}{4\pi\varepsilon_0} \frac{q}{r_2^2}$$

这个结果与点电荷的场强公式一样,所以在计算均匀带电体外一点的场强时,可以把均匀带电体所带的电量看成集中在球心上。

下面再求球内某一点 B 的场强 E_B。和上面一样,过 B 点做一半径为 $r_1(r_1 < R)$ 的同心球面,如图 $7-11$ 所示。此高斯面所包围的电荷为 $\dfrac{4}{3}\pi r_1^3 \rho$,则通过它的电通量为

$$\Phi_E = \oiint\limits_{(S)} \boldsymbol{E} \cdot \mathrm{d}\boldsymbol{S} = \oiint\limits_{(S)} E_B \mathrm{d}S = E_B \oiint\limits_{(S)} \mathrm{d}S = E_B 4\pi r_1^2$$

根据高斯定理可得

$$E_B\, 4\pi r_1^2 = \frac{4}{3}\pi r_1^3 \rho \frac{1}{\varepsilon_0}$$

所以

$$E_B = \frac{\rho}{3\varepsilon_0} r_1$$

这结果说明均匀带电球体内 B 点的场强与 B 点到球心的距离成正比。球心处 $r_1 = 0$，$E_B = 0$。均匀带电球体在空间任一点的场强与该点距球心距离的关系，如图 7－12 所示。

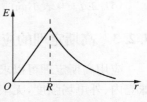

图 7－12　场强与距球心距离的关系

至此，我们可以看出，欲利用高斯定理求场强，首先要根据已知的场强电荷分布分析判断出该电场的分布具有一定的对称性；其次要正确地做出高斯面，使拟求场强的点应在高斯面上，且在高斯面上 E 的分布为：E 不变处 $\theta = 0$，E 变处 $\theta = \pi/2$；高斯面本身应是简单的、面积可求的几何面。

2）其他一些对称分布的电场

（1）均匀带电球电场强度：

$$E = \begin{cases} \dfrac{q}{4\pi\varepsilon_0 R^3} r & (r \leqslant R) \\[3mm] \dfrac{1}{4\pi\varepsilon_0} \dfrac{q}{r^2} & (r \geqslant R) \end{cases} \quad (q \text{ 为总电量})$$

（2）无限长均匀带电长棒电场强度：$E = \dfrac{1}{2\pi\varepsilon_0} \dfrac{\lambda}{r}$　（λ 为线电荷密度）

（3）无限大均匀带电平面电场强度：$E = \dfrac{\sigma}{2\varepsilon_0}$　（σ 为面电荷密度）

7.3　静电场中的电势

7.3.1　静电场力所做的功

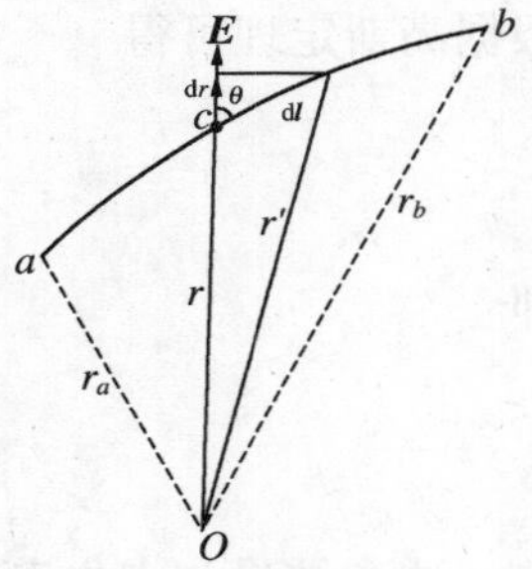

1）点电荷的静电场力对试验电荷做的功

取一试验电荷 q_0 在点电荷 q 的静电场中由 a 至 b 移动，如图 7－13 所示。由于在移动过程中 q_0 受到的力是变力，故为求此电场力对 q_0 所做的功，可先计算在一段微小位移 dl 中电场力所做的元功 dA。在此段位移中电场可视为均匀的，于是有

$$\mathrm{d}A = \boldsymbol{F} \cdot \mathrm{d}\boldsymbol{l} = q_0 \boldsymbol{E} \cdot \mathrm{d}\boldsymbol{l}$$

图 7－13　点电荷 q 的电场力对试验电荷 q_0 做的功

将 q_0 从 a 至 b 移动的全过程中，电场力做的总功

$$A_{ab} = \int_a^b \mathrm{d}A = \int_a^b q_0 \boldsymbol{E} \cdot \mathrm{d}\boldsymbol{l} = \int_a^b qE\cos\theta \mathrm{d}l \quad (7-18)$$

因为 $\cos\theta \mathrm{d}l = \mathrm{d}r$，场强 $E = \dfrac{1}{4\pi\varepsilon_0} \dfrac{q}{r^2}$，所以有

$$A_{ab} = \frac{1}{4\pi\varepsilon_0} q_0 q \int_{r_a}^{r_b} \frac{1}{r^2} \mathrm{d}r = \frac{1}{4\pi\varepsilon_0} q_0 q \left(\frac{1}{r_a} - \frac{1}{r_b} \right)$$

$$= \frac{q_0 q}{4\pi\varepsilon_0} \left(\frac{1}{r_a} - \frac{1}{r_b} \right) \quad\quad (7-19)$$

可见，当 A_{ab} 为正时，表明电场力对 q_0 做正功；当 A_{ab} 为负时，表明电场力对 q_0 做负功

（或外力反抗电场力而对 q_0 做功）。上式中的 r_a 和 r_b 分别表示点电荷 q 到路径起点 a 与终点 b 的距离。

2）任意带电体系的静电场力对试验电荷所做的功

对于任意带电体系的静电场，可以看做是许多点电荷的场强叠加的结果。根据场强叠加原理及式（7-17）和式（7-18），可得该场对试验电荷 q_0 所做的功为

$$A_{ab} = \sum_{i=1}^{n} \int_a^b q_0 \boldsymbol{E}_i \cdot \mathrm{d}\boldsymbol{l} = \sum_{i=1}^{n} A_{abi} \tag{7-20}$$

或

$$A_{ab} = \sum_{i=1}^{n} \frac{1}{4\pi\varepsilon_0} q_0 q \left(\frac{1}{r_{ai}} - \frac{1}{r_{bi}} \right) = \sum_{i=1}^{n} \frac{q_0 q}{4\pi\varepsilon_0} \left(\frac{1}{r_{ai}} - \frac{1}{r_{bi}} \right) \tag{7-21}$$

由于功有正、负之分，显然式（7-20）与式（7-21）中的求和均是代数和。

3）静电场是保守力场

从式（7-19）与式（7-21）可以得出一个结论：试验电荷在任意静电场中移动时，电场力对它所做的功只与它的量值以及它移动的始末位置有关，而与所移动的具体路径无关。这是静电场的一个重要特性，表明静电力是保守力，静电场是**保守力场**或**有势场**。

7.3.2 场强环路定理

从前面的分析不难看出，在静电场中将试验电荷 q_0 从 a 点出发经任意闭合路径又回到 a 点，静电场力对 q_0 所做的功

$$A_{aa} = \oint_L q_0 \boldsymbol{E} \cdot \mathrm{d}\boldsymbol{l} = 0$$

由于 $q_0 \neq 0$，因此有

$$\oint_L \boldsymbol{E} \cdot \mathrm{d}\boldsymbol{l} = 0 \tag{7-22}$$

上式表明，在静电场中，场强沿任意闭合路径的线积分总等于零。这一重要结论称为静电场强的**环路定理**，它和静电场力做功与路径无关的说法是等效的。场强的环路定理是与高斯定理并列的静电场的基本方程之一。高斯定理说明静电场是有源场，环路定理说明静电场是有势场。环路定理还表明静电场的电力线不能闭合的。

7.3.3 电 势

1）电势能

静电场与重力场同是保守力场，与物体在重力场中具有重力势能一样，电荷在静电场中也具有**电势能**，以 W 表示。电势能的改变是通过电场力对电荷所做之功来量度的：

$$W_a - W_b = A_{ab} = \int_a^b q_0 \boldsymbol{E} \cdot \mathrm{d}\boldsymbol{l} \tag{7-23}$$

式中，W_a、W_b 分别表示试验电荷 q_0 在起点 a，终点 b 的电势能。显然，电势能是相对量。为说明其大小，必须先假定一个参考位置处的电势能为零。对于分布在有限区域的场源电

荷,通常规定 $W_\infty = 0$,于是试验电荷 q_0 在场中 a 点所具有的电势能为

$$W_a = \int_a^\infty q_0 \boldsymbol{E} \cdot \mathrm{d}\boldsymbol{l} \qquad (7-24)$$

即试验电荷 q_0 在静电场中某一点 a 处所具有的电势能在量值上等于 q_0 从 a 点移至无穷远处时电场力所做的功。若势能 W_a 为正,表明在 q_0 从 a 点移至无穷远的过程中电场力做正功;反之,表明电场力在此过程中做负功。电场力的做功使电势能减少。

式(7-24)表明电势能是由 q_0 与 E 共同决定的,它是试验电荷与静电场的相互作用能,为双方所共有。电势能的单位是 J。

2) 电　势

在上述基础上,可以引入电势来描述电场的性质,并定义比值 W_a/q_0 为 a 点的**电势**,用 U_a 表示。它仅由电场的性质(场的分布及场中 a 点的位置)所决定,故表达式为

$$U_a = \frac{W_a}{q_0} = \int_a^\infty \boldsymbol{E} \cdot \mathrm{d}\boldsymbol{l} = \int_a^\infty E\cos\theta \mathrm{d}l \qquad (7-25)$$

上式表明,静电场中某一点的电势,在量值上等于单位试验正电荷在该点的电势能。还可表述为:静电场中某一点的电势在量值上等于电场力移动单位正试验电荷从该点沿任意路径到参考点(比如,无穷远点)所做的功。电势的单位是 V,1 V = 1 J/C。

电势有如下特点:

(1) 电势是由电场源电荷决定的,与试验电荷是否存在无关。这一点与电势能不同。

(2) 电势是标量,是场所占据的空间位置的单值函数。但电场中有若干具有相同电势的点,构成所谓的等位面。

(3) 电势是一个相对量,它的量值的大小与参考点的选择有关,而参考点的选择本身是任意的。为了方便,我们一般选 $U_\infty = 0$ 或大地的电势为零。

3) 电势差

电场中两点电势之差称**电势差**。可表示为

$$U_{ab} = U_a - U_b = \int_a^\infty \boldsymbol{E} \cdot \mathrm{d}\boldsymbol{l} - \int_b^\infty \boldsymbol{E} \cdot \mathrm{d}\boldsymbol{l} = \int_a^\infty \boldsymbol{E} \cdot \mathrm{d}\boldsymbol{l} + \int_\infty^b \boldsymbol{E} \cdot \mathrm{d}\boldsymbol{l}$$

$$= \int_a^b \boldsymbol{E} \cdot \mathrm{d}\boldsymbol{l} \qquad (7-26)$$

上式表明 a、b 两点间的电势差就是场强从 a 点到 b 点的线积分,在量值上等于将单位正试验电荷由 a 移到 b 时,电场力所做的功。由此可见,一条电力线上没有电势相同的点,电力线的方向就是电势降低的方向。而且,电力线总是垂直于过该点的等位面。

由式(7-18)与式(7-26)得电场力的功与电势差的关系为

$$A_{ab} = q_0(U_a - U_b) \qquad (7-27)$$

7.3.4　电势叠加原理

对于任意带电体系,其电场在空间某点 a 的电势,由式(7-25)和式(7-2)得

$$U_a = \int_a^\infty \left(\sum_{i=1}^n \boldsymbol{E}_i \right) \cdot \mathrm{d}\boldsymbol{l} = \sum_{i=1}^n \int_a^\infty \boldsymbol{E}_i \cdot \mathrm{d}\boldsymbol{l} = \sum_{i=1}^n U_{ai} \qquad (7-28)$$

即任意带电体系在空间某点的总电势等于各个电荷元单独存在时的电场在该点电势的代数和,这就是**电势叠加原理**。

式(7-28)给出了求解任意带电体系的电场中电势的方法。注意等式右端是代数和。

7.3.5 电势的计算

1) 点电荷电场的电势

利用点电荷场强的公式(7-4)和式(7-25)可以求得距点电荷 q 为 r 处的电势为

$$U = \frac{1}{4\pi\varepsilon_0} \frac{q}{r} \qquad (7-29)$$

显然,当场源电荷 q 为正时,其周围空间的电势为正;当场源电荷 q 为负时,其周围空间的电势为负。点电荷电场中的电势是以点电荷为中心呈球形对称分布的,即在以 q 为中心的同一球面上各点电势相等。此与式(7-4)分析的结论是一致的,它们从不同的角度揭示了点电荷电场的特征。

2) 点电荷系电场的电势

对于任意一个点电荷系在空间某点的电势,可由电势叠加原理及式(7-29)得到

$$U_a = \frac{1}{4\pi\varepsilon_0} \sum_{i=1}^n \frac{q_i}{r_i} \qquad (7-30)$$

式中 r_i 是点电荷系中之 q_i 到该点的距离。

3) 带电体电场的电势

若带电体的电荷是连续分布的,则把它分成许多个电荷元 $\mathrm{d}q$,每一个电荷元在电场中某点 P 处产生的电势为

$$\mathrm{d}U = \frac{1}{4\pi\varepsilon_0} \frac{\mathrm{d}q}{r}$$

根据电势的叠加原理,该点的电势为这些电荷元的电势的代数和,即

$$U = \frac{1}{4\pi\varepsilon_0} \int \frac{\mathrm{d}q}{r} \qquad (7-31)$$

式中 r 是电荷元 $\mathrm{d}q$ 到 P 点的距离。若场源电荷作体、面或线的连续分布,则相应电场的电势的公式分别为

$$U = \frac{1}{4\pi\varepsilon_0} \iiint \frac{\rho\mathrm{d}V}{r} \qquad (7-32a)$$

$$U = \frac{1}{4\pi\varepsilon_0} \iint \frac{\sigma\mathrm{d}S}{r} \qquad (7-32b)$$

$$U = \frac{1}{4\pi\varepsilon_0} \int \frac{\lambda\mathrm{d}l}{r} \qquad (7-32c)$$

把式(7-6)和式(7-31)相比较,可以看出,求电势的积分是一个标量积分,而求场强的

积分是一个矢量积分,所以一般说来,求电势要比求电场强度简便。

【例 7-3】 求均匀带电圆环轴线上任一点 P 的电势。已知圆环半径为 a,带电量为 Q,如图 7-14 所示。

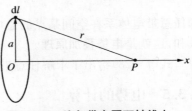

图 7-14 均匀带电圆环轴线上任一点的电势

【解】 可以用两种方法求得。第一种由式(7-31)解之。将圆环等分为许多小元段 dl,带电量 dq,则电荷元 dq 在 P 点的电势为

$$dU_P = \frac{1}{4\pi\varepsilon_0} \frac{dq}{r}$$

整个圆环在 P 点的电势为

$$U_P = \int dU_P = \int_0^Q \frac{1}{4\pi\varepsilon_0} \frac{dq}{r} = \frac{1}{4\pi\varepsilon_0} \frac{Q}{r}$$
$$= \frac{1}{4\pi\varepsilon_0} \frac{Q}{(a^2+x^2)^{1/2}}$$

读者也可尝试由定义式(7-25)计算 U_P,将会得到相同的结果。

由此结果可知,在 $x=0$ 处,可得圆环中心处的电势为

$$U = \frac{1}{4\pi\varepsilon_0} \frac{Q}{a}$$

在 $x \gg a$ 处,$(a^2+x^2)^{1/2} \approx x$,可得电势

$$U = \frac{1}{4\pi\varepsilon_0} \frac{Q}{x}$$

结果表明求远离圆环的某点的电势,可把圆环视为电荷集中于环心的点电荷,这与例 7-1 的结论是一致的。

7.3.6 等势面

静电场中由电势相等的点所联成的曲面称为**等势面**。用等势面可以形象地描绘了静电场中电势的分布状况。

图 7-15 画出了几种典型静电场的等势面,它们有以下两个特点:

(1) 在静电场中,沿等势面移动电荷,电场力不做功。在等势面上任选 a、b 两点,两点间的电势差 $U_{ab}=0$,故 $A_{ab}=q_0U_{ab}=0$。

(2) 等势面与电力线互相垂直。由式(7-25)得

$$U_{ab} = dU = E\cos\theta dl = 0$$

由于 $E \neq 0$、$dl \neq 0$,因而 $\theta = \pi/2$,即等势面必与

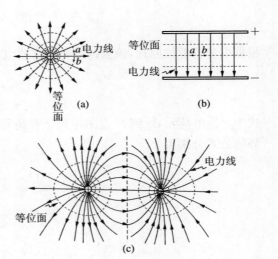

图 7-15 电力线与等位面

电力线垂直。

等势面对于研究电场是极为有用的。许多实际电场都是先用实验方法测出其等势面分布,然后根据等势面与电力线正交的特点再画出电力线的。这样为形象地分析电场的分布提供了方便。

当然,与电力线一样,等势面也是一系列假想的曲面非真实存在。

7.3.7　电场强度与电势的关系

场强与电势是从不同角度描述电场性质的两个重要物理量,两者有密切的关系。

1)　场强与电势的积分关系

电势的定义,见式(7-25)

$$U_a = \int_a^\infty \boldsymbol{E} \cdot \mathrm{d}\boldsymbol{l}$$

式中给出了场强与电势之间的积分关系。在已知场强分布规律的条件下,由此关系可得电势的分布规律,但还需注意几点:

(1) 式(7-25)只适用场源电荷分布在有限区域内的情况,否则积分上限就为所选择的零电势参考点。

(2) 在场强分布规律(即函数关系)不同的区间,积分要分段进行。

(3) 由于积分路线的选择是任意的,故可根据场强的分布规律选取使 $\theta=0$ 或 π 的最佳路线积分。

2)　场强与电势的微分关系

设有一试验电荷 q_0 在静电场中由 a 点移至 b 点,位移为 $\mathrm{d}\boldsymbol{l}$,在此范围内可以认为场强 $\boldsymbol{E}$ 是不变的,如图 7-16 所示。那么,在移动 q_0 的过程中,电场力对其做功可分别写成

$$\mathrm{d}A = q_0 \boldsymbol{E} \cdot \mathrm{d}\boldsymbol{l} = q_0 E\cos\theta \mathrm{d}l = q_0 E_l \mathrm{d}l$$
$$\mathrm{d}A = q_0(U_a - U_b) = -q_0(U_b - U_a) = -q_0 \mathrm{d}U$$

比较以上两式,可有

$$E_l = E\cos\theta = -\frac{\mathrm{d}U}{\mathrm{d}l} \qquad (7-33)$$

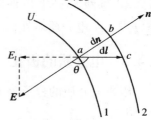

图 7-16　场强与电势关系

式中 E_l 为场强 $\boldsymbol{E}$ 在位移 $\mathrm{d}\boldsymbol{l}$ 方向上的分量。上式表明,静电场中某一点的场强在任意方向上的分量等于电势在这一点沿该方向的空间变化率的负值。上式还表明,在诸多方向中,沿场强方向电势的空间变化率有最大值($\theta=0$),我们称其为该点的**电势梯度**。它可表示为

$$\boldsymbol{E} = -\frac{\mathrm{d}U}{\mathrm{d}n}\boldsymbol{n}_0 \qquad (7-34)$$

上式表明,在静电场中任一点的场强 $\boldsymbol{E}$ 等于该点电势梯度的负值,这就是场强与电势间的微分关系。式(7-34)中 $\boldsymbol{n}_0$ 为法向单位矢量。式(7-34)包括如下含义:

(1) 电势梯度的大小表示电势沿电场(电力线)方向变化的快慢程度。

（2）式中的负号表示场强 E 与电势增长的方向相反,即场强是沿等势面的法线指向电势降落的方向。

（3）在场强大的地方,电势变化得快,等势面密集。这表明等势面的疏密程度反映了电场的强弱。

（4）在均匀电场中,如图 7-17 所示的均匀带电平行板之间的电场,由式（7-34）可知场强的大小为 $E=U_{ab}/d$。

根据式（7-34）,场强 E 也可用 V/m 作单位,且 $1V/m=1N/C$。

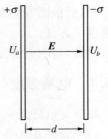

图 7-17　平行均匀带电板

场强与电势间的微分关系在实际应用中是很广泛的。在已知电势分布规律的条件下,由此可较方便地求得场强的分布规律。因为在算出电势后再经一次求导运算即得场强,从而避免了复杂的矢量运算。读者可由例 7-2 中所得出的均匀圆环轴线上任一点的电势求在同样情况下的场强。

7.4　静电场中的电介质

7.4.1　电介质及其结构

电介质就是绝缘体。这类物质在原子结构上的特点是原子核对绕核运动的电子的引力大、束缚紧,以致电介质内部几乎没有可以自由移动的电荷,因此几乎不能导电。这类物质的分子电矩虽然不为零,由于所有分子都作无规则的热运动中,分子电矩的方向也是杂乱无章、排列无序的,因而电介质整体或任一宏观小体积内部分子电矩的矢量和为零,即 $\sum p_i = 0$,电介质对外显中性,没有电作用。

7.4.2　电介质的极化　极化强度

组成电介质的分子分为无极分子（电矩为零）和有极分子（电矩不为零）两种类型,如图 7-18 所示。

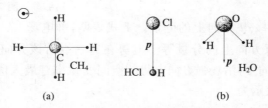

图 7-18　电介质的极化及极化强度

无极分子在无外场作用时各个分子的电荷中心重合,电矩矢量为零;在外电场的作用下,正、负电荷中心将发生相对位移,如图 7-19 所示,这种变化称为分子的极化。这时,每个分子都成为电偶极子,具有一定的电矩 $p=ql$（有关电偶极子和电矩的概念,请参见本章 7.6 节）。对于由无极分子组成的电介质来说,每个分子在外电场中都形成电偶极子,其方向都沿着外电场方向,如图 7-18 所示。均匀电介质内部不产生净电荷,但在垂直于电场方向的两个表面上分别出现正电荷和负电荷。这些电荷不能离开电介质而自由移动,称为**束缚电荷**。在外电场作用下,电介质出现束缚电荷的现象称为电介质的极化。

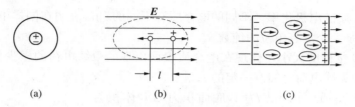

图 7-19　无极分子的极化

由于电子质量比原子核的小得多,因而无极分子在外电场作用下产生的电矩主要是靠电子位移,所以上面讲的无极分子的极化常称为**位移极化**。

对于有极分子所组成的电介质,在无外电场作用时,由于分子的热运动,因而各个分子的电矩矢量取向无规无序,如图 7-20 所示。因此,整个电介质对外不显电性。当有外电场作用时,每个分子都要受到力矩的作用,使分子电矩转向外电场方向。由于分子的热运动的缘故,这种转向并不完全,即不能使所有分子的电矩都很整齐地沿外电场的方向排列。当然,外电场愈强,分子电矩取向愈趋同、排列愈整齐。因而,在垂直电场方向的两个面上出现束缚电荷,这就是有极分子的极化现象,这种极化称为**取向极化**。必须指出,有极分子在取向极化的同时,也会产生位移极化,但主要是取向极化。

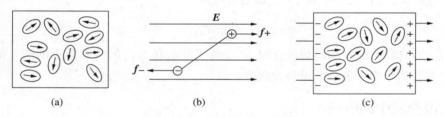

图 7-20　有极分子的极化

从以上分析可知,两类电介质极化的机制虽然不同,但宏观的结果是一样的,都是产生束缚电荷。实验表明外电场愈强产生的束缚电荷愈多,在撤去外电场后,电介质又恢复原来状态。因此,从宏观方面来观察电介质的极化程度,无需区别是哪一类电介质。以上讨论的是均匀电介质的极化,如果电介质不均匀,则在外电场作用下,除了出现表面束缚电荷外,还出现体内束缚电荷。

为了定量地描述电介质的极化程度,引入电极化强度 P 这个物理量。在电介质内,任取一体积元 ΔV,当无外电场时,这个体积元中所有分子的电矩的矢量和 $\sum p$ 等于零。当有外电场时,由于电介质的极化,$\sum p$ 将不等于零。外电场愈强,极化的程度愈大,$\sum p$ 的值 也愈大。把单位体积内的分子电矩的矢量和称为**电极化强度**,表达式为

$$P = \frac{\sum p}{\Delta V} \tag{7-35}$$

它是矢量,其单位是库仑·米$^{-3}$(C·m^{-3})。

实验证明,对于各向同性的电介质,电极化强度 P 不仅和外电场有关,而且还和束缚电荷所产生的电场有关。它和电介质内该点处的总场强 E 成正比,即

$$P = \chi \varepsilon_0 E \qquad (7-36)$$

式中,χ 称为电介质的**电极化率**。不同的电介质有不同的 χ 值,表明在同样电场的作用下,极化程度不同。χ 是一个没有单位的纯数。

电介质的极化程度大小还体现在电介质表面出现的束缚电荷的多少上,因此,电介质的电极化强度和束缚电荷之间有一定的关系。

设在均匀电介质中切出长为 l,底面积为 ΔS,体积为 ΔV 的一个小圆柱体,轴线与电极化强度 P 的方向平行,如图 7-21 所示。假设 ΔV 很小,柱体内极化是均匀的。设两个底面上出现的束缚电荷面密度分别为 $+\sigma'$ 和 $-\sigma'$,则整个圆柱体相当于一个电偶极子,其电矩为 $ql = \sigma' \Delta S l$,应等于 ΔV 体积内所有分子电矩的矢量和,即

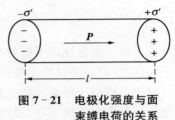

图 7-21 电极化强度与面束缚电荷的关系

$$\sum p = \sigma' \Delta S l$$

根据电极化强度 P 的定义式(7-35)得

$$\sigma' \Delta S l = P \Delta V$$

因 l 与 P 同向,且 $\Delta S l = \Delta V$,上式最后可写成

$$\sigma' = P \qquad (7-37)$$

式(7-37)说明,电介质均匀极化时,在垂直于外电场方向的两表面上的产生的束缚电荷面密度在数值上等于该处的电极化强度。

7.4.3 电介质中的电场

电介质在外加电场 E_0 中极化后,表面会出现束缚电荷,该电荷也要产生电场,用 E' 表示,如图 7-22 所示。根据电场的叠加原理,电介质内的总场强 E 应等于 E_0 与 E' 的矢量和,即

$$E = E_0 + E' \qquad (7-38)$$

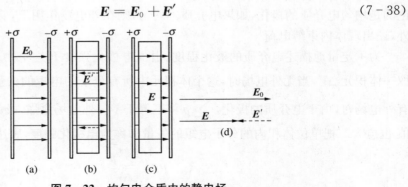

图 7-22 均匀电介质中的静电场

实验表明,在均匀电场中,各向同性的电介质内总电场与极化电场有比例关系:

$$E' = -\chi E \tag{7-39}$$

又由于E_0、E、E'互相平行,将式(7-39)代入式(7-38)得

$$E = E_0 - \chi E \tag{7-40}$$

经整理

$$E = \frac{1}{1+\chi}E_0 \tag{7-41}$$

令

$$\varepsilon_r = 1 + \chi$$

则式(7-41)写成

$$E = \frac{1}{\varepsilon_r}E_0 \tag{7-42}$$

上式表明,同样的场源电荷在各向同性的均匀电介质中产生的场强减弱为在真空中产生的场强的$1/\varepsilon_r$。ε_r称为介质的**相对介电常数**,是一个纯数。这一结果正是电介质极化后对原电场产生影响所造成的。需要指出的是式(7-42)虽然仅适用于各向同性的均匀电介质内的电场情形,但电介质减弱电场的趋势对于各种电介质却是普遍存在的。

7.4.4　介电常数

上述公式中出现的两个比例常数χ与ε_r分别称为**电极化率**和**相对介电常数**,它们之间的关系是

$$\varepsilon_r = 1 + \chi \tag{7-43}$$

显然,它们具有相同的物理意义,都是表征电介质在外电场中极化性质,是反映电介质对外部静电场影响程度的物理量。其值越大,表明电介质极化越强,对原电场削弱得越厉害。

表7-1　某些电介质的相对介电常数

电　介　质		ε_r	电　介　质	ε_r
空气(1.013×10^5 Pa,20℃)		1.000 59	脂肪(37℃)	5
纯水	(25℃)	78	骨(37℃)	6~10
	(80℃)	61	皮肤(37℃)	40~50
塑料(20℃)		3~20	血液(37℃)	50~60
纸(20℃)		3.5	肌肉(37℃)	80~85
二氧化钛(20℃)		100	神经膜(37℃)	7~8

真空的$\varepsilon_r = 1$。由于气体密度小,因而它的极化对外电场产生的影响很小,其ε_r值接近于1。对于固体和液体,它们极化后产生的束缚电荷多,对外电场影响大,其ε_r值比1大很多。表7-1给出了一部分电介质的相对介电常数值。

对于无极分子构成的电介质,由于其极化不受温度影响,因此这一类电介质的ε_r值几

乎与温度无关。对于有极分子构成的电介质,由于其取向极化与分子热运动有关,所以这一类电介质的 ε_r 值随温度的升高而减小。

除 ε_r 外,实际常用的还有绝对介电常数。在均匀电介质中各处的 ε_r 值都相同。

令 $$\varepsilon = \varepsilon_0 \varepsilon_r \qquad (7-44)$$

式中,ε 称为**绝对介电常数**。ε 也是表征电介极化性质的物理量。ε 的单位与 ε_0 相同。式 (7-43) 与式 (7-44) 所表达的关系是普遍成立的。

【例 7-4】 神经细胞膜内、外侧的液体都是导电的电解液,细胞膜本身是很好的绝缘体,相对介电常数约等于 7。在静息状态下膜外层分布着一层正离子,膜内侧分布着一层负离子。今测得膜内、外两侧的电势差为 $-70\ \text{mV}$,膜的厚度为 $6\ \text{nm}$。求:(1) 细胞内的场强;(2) 膜内侧的电荷密度。

【解】 细胞膜内、外侧分别带有等量异号的电荷,这可等效为两个"无限大"均匀带电的平行带电板。所谓求膜内的场强,就是求这两平行带电板之间电场的强度。故有

$$E = \frac{U_{ab}}{d} = \frac{70 \times 10^{-3}}{6 \times 10^{-9}} \approx 1.2 \times 10^7\ \text{V/m}$$

又由平行带电板间的场强公式

$$E = 2 \times \frac{\sigma}{2\varepsilon}$$

所以膜两侧的电荷密度

$$\begin{aligned}
\sigma &= \varepsilon E = \varepsilon_0 \varepsilon_r E = 8.9 \times 10^{-12} \times 7 \times 1.2 \times 10^7 \\
&= 7.5 \times 10^{-4}\ \text{C/m}^2
\end{aligned}$$

7.5 静电场的能量

7.5.1 电场的能量

由于库仑力的作用,任何带电体系的建立过程,都必然是外力克服电荷之间相互作用力而做功的过程。根据能量转换和守恒定律,外力做功的能量必然转换为带电物体的电能。相反地,当带电物体的电荷减少时,电能又转换为其他形式的能量。

现以电容器充电为例,讨论电容器所储存的电能。电容器的充电过程是:由外力把正电荷从负极板移到正极板上去,从而使正、负电荷分离,使电容器两板上分别带有等量而异号的电荷。在这个过程中,外力克服静电力做功转换成电容器的电能。假设在充电过程中某一时刻电容器极板上所带的电量为 q,这时两极板间的电势差为 $U = q/C$。如果再将电量 $\mathrm{d}q$ 从负极板搬到正极板,则外力所做的功为

$$\mathrm{d}A = U \mathrm{d}q = \frac{q}{C} \mathrm{d}q$$

所以,电容器上的电量由 0 增加到 Q 时外力所做的总功为

$$A = \int_0^Q \frac{q}{C} dq = \frac{1}{2} \frac{Q^2}{C}$$

这个功应等于带电电容器的能量,即

$$W = \frac{1}{2} \frac{Q^2}{C} \qquad (7-45)$$

因为 $Q = CU$,所以上式也可写成

$$W = \frac{1}{2} CU^2 = \frac{1}{2} QU \qquad (7-46)$$

可见,一个带电体或电容器的带电过程,实际上也就是带电体或带电系统的电场建立的过程。从电场的观点来看,带电体或带电系统的电能也就是电场的能量,而且是分布在整个电场中。下面将进一步来说明这一点。式(7-46)对所有电容器都适用。

7.5.2 电场的能量密度

平行板电容器的电容 $C = \varepsilon_0 S/d$,式中 S 为板的面积,d 为两极板间的距离,ε_0 为真空介电常数。因此,当电容器充电至电势差为 U 时,此电容器总的电场能为

$$W = \frac{1}{2} CU^2 = \frac{\varepsilon_0 S}{2d} U^2 = \frac{1}{2} \varepsilon_0 Sd \left(\frac{U}{d}\right)^2$$
$$= \frac{1}{2} \varepsilon_0 VE^2 \qquad (7-47)$$

式中 $V = Sd$ 为两极板间的空间的体积,也就是电场分布的空间的体积,且 W 与 V 成正比。因此,可以相信能量是储存在电场中的。电场中每单位体积的能量称为电场的**能量密度**,以 w 表示,所以

$$w = \frac{W}{V} = \frac{1}{2} \varepsilon_0 E^2 \qquad (7-48)$$

式(7-48)说明电场的能量密度与场强的平方成正比。场强越大,电场的能量也越大。式(7-48),仅适用于真空的情况。如果电场内存在电介质,电场的能量密度为

$$w = \frac{1}{2} \varepsilon_0 \varepsilon_r E^2 = \frac{1}{2} \varepsilon E^2 \qquad (7-49)$$

式中,ε_r 和 ε 分别为电介质的相对介电常数和绝对介电常数。

上述结果,虽然是从平行板电容器中的均匀电场推导出来的,实际上它是一个普遍结论,对任何电场都成立。当电场不均匀时,总电场能量 W 应是电场能量密度 w 的体积分,即

$$W = \iiint w dV = \iiint \varepsilon \frac{E^2}{2} dV \qquad (7-50)$$

式中积分区域遍及整个电场分布的空间。

可见,电场是具有能量的。能量是物质的固有属性之一,它不能与物质概念分割开来。因此,电场是一种物质,电场具有能量正是电场物质属性的一个表现。以后的学习将会知道,电场还具有质量、动量等,这些都揭示电场的物质属性。

【例 7 - 5】 一平行板空气电容器的极板面积为 S,间距为 d,用电源充电后,两板上分别带电量 $+Q$ 与 $-Q$。断开电源后,再将两板的距离匀速地拉开到 $2d$。求:(1) 外力克服两极板相互引力所做的功;(2) 两极板间的相互吸引力。

【解】 (1) 外力匀速地拉动极板,任一极板上所受到的合力应为零,故外力仅仅用于克服两极板间引力而做功。根据功能原理,此功应等于电容器能量的增加。

电容器的极板在被拉开前后,电容器能量分别是

$$W_1 = \frac{1}{2}\frac{Q^2}{C_1}, \qquad W_2 = \frac{1}{2}\frac{Q^2}{C_2}$$

又 $C_1 = \varepsilon_0\frac{S}{d}$,$C_2 = \varepsilon_0\frac{S}{2d}$,代入上式,则

$$W_1 = \frac{1}{2}\frac{d}{\varepsilon_0}\frac{Q^2}{S}, \qquad W_2 = \frac{1}{2}\frac{2d}{\varepsilon_0}\frac{Q^2}{S}$$

外力所做的功

$$A_{外} = \Delta W = W_2 - W_1 = \frac{1}{2}\frac{d}{\varepsilon_0}\frac{Q^2}{S}$$

(2) 由于电容器两极板间是匀强电场,故两极板间的相互吸引力 $F_{电}$ 是常力,且大小应与外力相等。今有:$A_{外} = F_{外}\, d$

故

$$F_{电} = F_{外} = \frac{A_{外}}{d} = \frac{1}{2}\frac{Q^2}{\varepsilon_0 S} = \frac{1}{2}\frac{\sigma Q}{\varepsilon_0}$$

这里 σ 为平行板的面电荷密度。为求解此问题,还可有另一种方法。两极板的相互作用力也就是一个极板在另一个极板的电场中所受到的力,根据场强的定义式可得

$$F_{电} = QE = Q\frac{\sigma}{2\varepsilon_0}$$

此力的方向显然表现为引力。可以看出,以上两种方法的结果是一致的。

【例 7 - 6】 球形电容器两极分别充电至 $\pm Q$,内、外半径为 R_1、R_2,两球间充满绝对介电常数为 ε 的电介质。试计算此球形电容器电场所贮存的总能量。如图 7 - 23 所示。

【解】 球形电容器的电场只集中在两极板之间,且不是均匀电场,但具有球对称性。利用高斯定理要求得其场强:

$$E = \frac{1}{4\pi\varepsilon}\frac{Q}{r^2} \quad (R_1 < R < R_2)$$

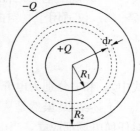

图 7 - 23 球形电容器

在半径为 r 处的球面上能量密度相同:

$$w = \frac{1}{2}\varepsilon E^2 = \frac{\varepsilon}{2}\left(\frac{1}{4\pi\varepsilon}\frac{Q}{r^2}\right)^2 \quad (R_1 < r < R_2)$$

故处在半径为 r 与 $r + \mathrm{d}r$ 两球之间电场的能量为

$$\mathrm{d}W = w\mathrm{d}V = w4\pi r^2\,\mathrm{d}r = \frac{Q^2}{8\pi\varepsilon r^2}\mathrm{d}r$$

由此得该电容器电场的总能量

$$W = \int dW = \int_{R_1}^{R_2} \frac{Q^2}{8\pi\varepsilon r^2} dr = \frac{Q^2}{8\pi\varepsilon} \int_{R_1}^{R_2} \frac{1}{r^2} dr$$

$$= \frac{Q^2}{8\pi\varepsilon}\left(\frac{1}{R_1} - \frac{1}{R_2}\right) = \frac{1}{2}\frac{Q^2}{4\pi\varepsilon \frac{R_1 R_2}{R_2 - R_1}}$$

7.6 静电场在医药学上的应用

7.6.1 电偶极子电场的电势

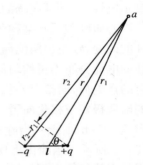

图 7-24 电偶极子电场的电势

电偶极子是等量异号的两个点电荷相距 l 组成的电荷系统,如图 7-24 所示。设电场中任一点 a 到 $+q$ 与 $-q$ 的距离分别是 r_1 与 r_2,则两电荷在 a 点产生的电势分别是:

$$U_1 = \frac{1}{4\pi\varepsilon_0}\frac{q}{r_1}, \qquad U_2 = \frac{1}{4\pi\varepsilon_0}\frac{q}{r_2}$$

根据电势叠加原理,a 点的总电势应是

$$U = U_1 + U_2$$

$$= \frac{q}{4\pi\varepsilon_0}\left(\frac{1}{r_1} - \frac{1}{r_2}\right) = \frac{q}{4\pi\varepsilon_0}\frac{r_2 - r_1}{r_1 r_2}$$

设 r 为电偶极子轴线中心到 a 点的距离,由于 $r_1 \gg l$, $r_2 \gg l$,故可认为 $r_1 r_2 \approx r^2$, $r_2 - r_1 \approx l\cos\theta$,因而

$$U = \frac{q}{4\pi\varepsilon_0}\frac{l\cos\theta}{r^2} = \frac{1}{4\pi\varepsilon_0}\frac{p\cos\theta}{r^2} = \frac{1}{4\pi\varepsilon}\frac{\boldsymbol{p} \cdot \boldsymbol{r}}{r^3}$$

式中,$\boldsymbol{p} = q\boldsymbol{l}$ 称为电偶极矩,它是矢量,方向从 $-q$ 指向 $+q$。若令 $\boldsymbol{r}$ 为从电偶极子中心指向场点的单位矢量,则

$$U = \frac{1}{4\pi\varepsilon_0}\frac{\boldsymbol{p} \cdot \boldsymbol{r}_0}{r^2} \qquad\qquad (7-51)$$

式中,$\boldsymbol{r}_0$ 是 a 点矢径 $\boldsymbol{r}$ 的单位矢量。显然,图 7-24 中的 θ 角是矢量 $\boldsymbol{p}$ 与 $\boldsymbol{r}$ 的夹角,上式表明:

(1)电偶极子电场中的电势与电矩成正比。尽管偶极子中的 q 或 l 发生变化,只要它们的乘积 $\boldsymbol{p}$ 不变,电场中电势的分布即不变。说明电矩是表征作为场源的电偶极子整体电性质的物理量,它决定着电偶极子电场的性质。

(2)电偶极子电场中的电势与偶极子距场点距离的平方成反比。这说明电偶极子的电场比起点电荷的电场,其电势随 r 的变化来得快。

(3)电偶极子电场中电势的分布与方位有关。在 r 相同的球面上,轴线延长线上正电荷一侧的电势最高,$U = \frac{1}{4\pi\varepsilon_0}\frac{p}{r^2}$;而负电荷一侧的电势最低,$U = -\frac{1}{4\pi\varepsilon_0}\frac{p}{r^2}$;轴线中垂面与球面的交线上电势为零。显然,以偶极子轴线的中垂面为零势面而将整个电场分为正、负两个对称的区域,正电荷所在一侧为正电势区,负电荷所在一侧为负电势区。这种分布特点在分析具体问题时很有意义。

7.6.2 心肌细胞的电偶极矩 心电图

心脏的跳动是由心肌有规律收缩和舒张产生的,而这种有规律的收缩又是电信号在心肌纤维传播的结果。心肌纤维是由大量心肌细胞组成的,因此讨论心脏的电学性质就必然要从心肌细胞入手。心肌细胞处于静息状态时,在其膜的内外两则分别均匀聚集着负正离子,而且这两种离子的数量相等。因此,在无刺激时心肌细胞是一个中性的带电体系,对外不显示电性,即外部电场的电势为零。这一状态在医学上称为**极化**,见图7-25(a)。

当心肌细胞受到某种刺激(可以是电的、化学的、机械的等等)时,由于细胞膜对离子通透性的改变,致使膜两侧局部电荷的电性改变了符号,膜外带负电,膜内带正电,于是细胞整体的电荷分布不再均匀而对外显示出电性。此时,正负离子的电性可等效为两个位置不重合的点电荷,而整个心肌细胞类似一个电偶极子,形成一个电偶极矩,我们称之为**心肌细胞的电偶极矩**或**极化向量**。刺激在细胞中传播时,这个电矩是变化的,这个过程称为**除极**,如图7-25(b)所示。当除极结束时,整个细胞的电荷分布是均匀的,对外不显电性,如图7-25(c)所示。当除极出现后,细胞膜对离子的通透性几乎立即恢复原状,即紧随着除极将出现一个使细胞恢复到极化状态的过程,这一过程称**复极**。显然,在这一过程中心肌细胞对外也显示出电性,形成一个与除极时方向相反的变化电矩,如图7-25(d)所示。当复极结束时,整个细胞恢复到极化状态,又可以接受另一个刺激,见图7-25(e)。从上述可看到,在心肌细胞受到刺激以及其后恢复原状的过程中,将形成一个变化的电偶极矩,在其周围产生电场,并引起空间电势的变化。

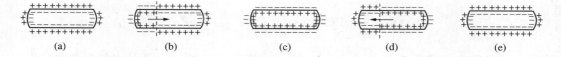

(a) 极化状态,电矩为零 (b) 除极过程,有一向右的变化电矩 (c) 除极结束,电矩为零
(d) 复极过程,有一向左的变化电矩 (e) 复极结束,电矩为零

图7-25 心肌细胞的电学模型

在某种刺激下,一个心肌细胞会出现除极与复极,同样,对于由大量心肌细胞组成的心肌,乃至整个心脏也出现除极与复极。因此,我们在研究心脏的电性质时,可将其等效为一个大电偶极子,它在某一时刻的电偶极矩就是由所有心肌细胞在该时刻的极化向量的矢量合成所得到的总电矩,称为**瞬时心电向量**,如图7-26所示。

瞬时心电向量是一个方向、大小都随时间周期性变化的矢量。我们将相继各瞬间的瞬时心电向量经过平移,使箭尾收拢在一点上,对箭头的坐标按时间、空间的顺序加以描记,连接成轨迹,则此轨迹称为**空间心电向量环**,它是瞬时心电向量箭头随时、空变动的三维空间曲线(箭尾所在的点),它描述了瞬时心电向量随时、空变化而出现的相变的变化规律,如图7-27所示。空间心电向量环在某一平面(比如x-y平面)上的投影称为**平面心电向量环**。

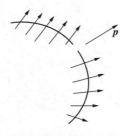

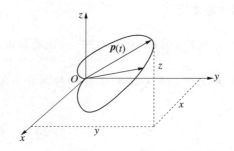

图 7-26　瞬时心电向量　　　　图 7-27　空间心电向量环

由空间心电向量环可以看到，心脏在空间所建立的电场是随时间做周期性变化的。任一瞬间，在空间两点（例如人体表面不同的两点左臂与右臂）的电势差是确定且可测量的。显然，这一测量值是随时间周期性变化的，可以描绘出一条曲线，这种曲线就叫做**心电图**，如图 7-28 所示。心电图的波形反映心肌传导机能是否正常，广泛用于心脏疾病的诊断。例如，心电图中可能存在着心肌阻滞的异常信号。若正常的窦房结信号没有传递到心室中，那么，来自房室结的冲动将以 30～50 次/秒的频率控制心跳，其值比正常的心跳频率（70～80 次/秒）低得多。由于这类心脏阻滞可能使病人半残废，埋入一个心脏起搏器就能使病人维持适当的正常生活。心电图通常是由医师来解释，现在也可用计算机分析心电图，还可以从示波器荧光屏上连续地显示和监视心电图。

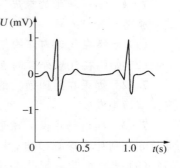

图 7-28　心电图

本 章 小 结

1. 基本规律和基本概念

(1) 场的叠加原理：① 场强叠加原理。② 电位叠加原理。

(2) 束缚电荷面密度 σ'。

(3) 电偶极子，电偶极矩矢量 $\boldsymbol{p}$。

(4) 电极化强度矢量 $\boldsymbol{P}$。

(5) 介电常数 ε：$\varepsilon = \varepsilon_0 \varepsilon_r$，$\varepsilon_r = 1 + \chi$，$\varepsilon_r$ 为相对介电常数，χ 为电极化率。

(6) 电场的能量密度　$w = \dfrac{1}{2}\varepsilon E^2$。

2. 两个重要的物理量

(1) 电场强度矢量 $\boldsymbol{E} = \dfrac{\boldsymbol{F}}{q_0}$。求场强的方法：① 直接积分法。② 由高斯定理求解。③ 已知电位分布 U，由 $\boldsymbol{E} = -\dfrac{\mathrm{d}U}{\mathrm{d}n}\boldsymbol{n}_0$ 关系求解。④ 由叠加原理求解。

(2) 电位 U，定义为 $U_P = \displaystyle\int_P^C \boldsymbol{E} \cdot \mathrm{d}\boldsymbol{l}$，$C$ 为选定为零电位的参考点。

3. 两个基本定理

(1) 高斯定理：$\oint_S \boldsymbol{E} \cdot \mathrm{d}\boldsymbol{S} = \dfrac{\sum q_i}{\varepsilon_0}$，说明静电场是有源场。

(2) 环路定理：$\oint_L \boldsymbol{E} \cdot \mathrm{d}\boldsymbol{l} = 0$，说明静电场是保守场。

习　题

7-1　有一球形的橡皮气球，电荷均匀分布在表面上。此气球在吹大过程中，下列各点的场强怎样变化？

(1) 始终在气球内部的点；

(2) 始终在气球外部的点。

7-2　如果在封闭面上的场强 $\boldsymbol{E}$ 处处为零，能否肯定此封闭面内一定没有净电荷？

7-3　在电场中做一球形的封闭面，如题 7-3 图所示，问：(1) 当电荷 q 分别处在球心 O 点，球内 B 点时，问通过此球面的电通量是否相同？(2) 当这电荷分别处在球面外的 P 点和 Q 点时，问通过球面的电通量是否相同？

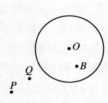

题 7-3 图

7-4　应用高斯定理求场强时，高斯面应该怎样选取才适合？

7-5　半径为 R 的无限长直薄壁金属管，表面上每单位长度带有电荷 λ。求离轴为 r 处的场强，并画 E-r 曲线。

7-6　如题 7-6 图所示，在直角三角形 $\triangle ABC$ 的 A 点上有电荷 $q_1 = 1.8 \times 10^{-9}$ C，B 点上有电荷 $q_2 = -4.8 \times 10^{-9}$ C，试求 C 点场强的大小和方向（$BC = 0.040$ m，$AC = 0.030$ m）。

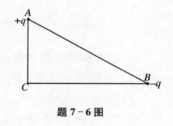

题 7-6 图

7-7　如题 7-7 图所示，长 $l = 15$ cm 的直导线 AB 上，均匀地分布有正电荷，电荷的线密度为 $\lambda = 5.0 \times 10^{-7}$ C·m^{-1}。求：(1) 在导线的延长线上与导线一端 B 相距 $R = 5.0$ cm 处 P 点的场强；(2) 在导线的垂直平行线上与导线中点相距 $R = 5.0$ cm 处 Q 点的场强。

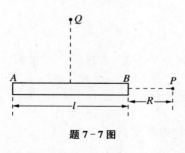

题 7-7 图

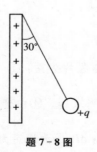

题 7-8 图

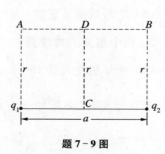

题 7-9 图

7-8　如题 7-8 图所示，一质量为 1.0×10^{-6} kg 的小球，带有电量为 1.0×10^{-11} C，悬

于一丝线下端,线与一块很大的带电平板成30°角。试求带电平板的电荷面密度。

7-9 如题7-9图所示。已知:$r=8$ cm,$a=12$ cm,$q_1=q_2=\frac{1}{3}\times10^{-8}$C,电荷 $q_0=10^{-9}$C,求:(1)q_0 从 A 移到 B 时电场力所做功;(2)q_0 从 C 移到 D 时电场力所做功。

7-10 均匀带电球面,半径为 R,电荷面密度为 σ,求距离球心 r 处的 P 点的电势,设:(1)P 点在球面内;(2)P 点在球面上;(3)P 点在球面外。

7-11 有直径为 16 cm 及 10 cm 的非常薄的两个铜制球壳,同心放置时内球的电势为2700 V,外球带有电量为 8.0×10^{-9}C,现把内球和外球接触,二球的电势各变化多少?

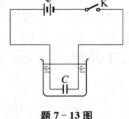

7-12 三平行金属板 A、B、C 面积均为 200 cm^2,A、B 两板相距 4 mm,A、C 间相距 2 mm,B 和 C 两板都接地。如果使 A 板带正电荷 3.0×10^{-7}C,求:(1)B、C 板上的感应电荷;(2)A 板的电势。

题 7-13 图

7-13 如题7-13图所示,一平行板电容器放在一玻璃杯中,并与电池 $\mathscr{E}$、开关 K 连接,电池 $\mathscr{E}=12$ V,电容器的电容 $C=10$ μF。将开关接通,使电容器带电。求在下述情况下,电容器板上的电量以及两板间的电场变化:(1)断开开关,然后将相对带电常数为2的油注满杯中;(2)先注入油,然后断开开关。

8

稳 恒 直 流 电

电荷在电场的作用下定向移动形成**电流**。电流既是物质运动的表现形式,又是输送能量和传递信息的载体,它不仅同工农业生产和日常生活有关,而且在生命活动的过程中起着十分重要的作用。本章将要讨论产生电流的条件、稳恒电流的性质、一段含源电路欧姆定律和基尔霍夫定律及生物电发生的原理。

8.1 稳 恒 电 流

8.1.1 电流密度

1) 产生电流的条件

根据电流的定义可知,形成电流必须同时具备两个条件:①导体内有可以自由移动的电荷。② 导体内必须要维持一个电场。

通常将定向运动的电荷称为**载流子**。导体种类不同,载流子可以不同。在金属导体中载流子是电子,在电解质溶液中是正、负离子,生物体中的导体主要是各种电解质与离子。电流的方向定义为正电荷定向移动的方向。

2) 电流强度

为了定量地描述导体中电流的强弱,引入了**电流强度**的概念。电流强度定义为:单位时间内通过导体任一横截面的电量,用 I 表示。设在一段时间 Δt 内,通过导体任一横截面的电量为 Δq,则电流强度 I 为

$$I = \frac{\Delta q}{\Delta t} \tag{8-1}$$

在国际单位制中,电流强度的单位是安培,用符号 A 表示。此外,电流强度的单位还有毫安、微安,分别用符号 mA、μA 表示。它们与安培的关系是:$1\text{mA} = 10^{-3}\text{A}, 1\mu\text{A} = 10^{-6}\text{A}$。

电流强度是标量,它只能描述导体中通过某一截面的电流的整体的特性。

3) 电流密度

当电流沿一粗细均匀、密度均匀的导体流动时,电流在同一截面上各点分布是均匀的,而且在不同截面上,电流的分布也一样。在粗细不均匀导体中,如容器中的电解质溶液、人体的躯干、半球形接地电极等大块导体,在不同的截面上,电流分布是不均匀的,还必须引入能够描述电流分布的物理量,即电流密度。**垂直通过导体中某处的单位面积内的电流强度称为电流密度**。如果在通有电流的导体内任一点 A 处,取一与电流方向垂直的小面元 $\text{d}S$,设通过 $\text{d}S$ 的电流强度为 $\text{d}I$,则通过该点的电流密度的大小为

$$j = \frac{\mathrm{d}I}{\mathrm{d}S} \qquad\qquad (8-2)$$

电流密度是矢量,用 j 表示,它的方向与电流方向一致,也与各点场强 E 的方向相同,如图 8-1 所示。电流密度的单位是安培/米^2,符号为A/m^2。一般情况下,导体中各处 j 的大小和方向都可能不同,它们构成一矢量场,称为**电流场**。与用电力线描绘的电场分布相类似,也可以用电流线来形象地描绘电流场。这样,在电流线密的地方,电流密度就大,反之则小。j 与 E 之间的关系可表示为

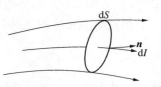

图 8-1 电流密度矢量

$$j = \sigma E \qquad\qquad (8-3)$$

这就是欧姆定律的微分形式。它表明,导体任一点的电流密度的大小与该点的电场强度成正比,而且两者有相同的方向。欧姆定律的微分形式更加细致地描绘了导体的导电规律。因为任一点附近的电流密度只与导体中该点附近的电场强度及该点处的导体材料的导电性能 σ 有关,而与物体形状、大小无关。上式中的 σ 是材料的**电导率**。电导率的倒数是**电阻率**用 ρ 表示,ρ 与 σ 互为倒数,即

$$\rho = \frac{1}{\sigma} \qquad\qquad (8-4)$$

电流密度 j 与 E 直接有关,而 E 对电荷的作用是使自由电荷做定向移动,速度为 u,此速度又称为漂移速度,那么 j 与 u 必然有关。在导体内部,与 j 垂直的方向上取一个面元 ΔS。平均来说,可以认为自由电子都以同一速度 u 漂移运动,在 Δt 时间内,电子移动了 $u\Delta t$ 的距离。以 ΔS 为底,以 $u\Delta t$ 为高做一柱体,如图 8-2 所示,则此柱体内的全部自由电子将在 Δt 时间内通过 ΔS,柱体的体积为 $u\Delta t\Delta S$,设导体内单位体积的自由电子数为 n,则柱体内共有 $nu\Delta t\Delta S$ 个自由电子。每个电子的

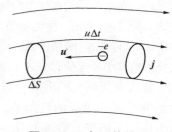

图 8-2 j 与 u 的关系

电量为 e,所以在 Δt 时间内通过 ΔS 面积的电量为 $\Delta q = neu\Delta t\Delta S$,从而导出通过小面积元 ΔS 的电流强度 ΔI 为

$$\Delta I = \frac{\Delta q}{\Delta t} = uen\Delta S$$

通过该处的电流密度大小为

$$j = \frac{\Delta I}{\Delta S} = neu \qquad\qquad (8-5)$$

电流密度 j 的方向是正电荷的定向运动方向,而电子带负电。因此 j 的方向与 u 的方向相反,写成

$$j = -neu \qquad\qquad (8-6)$$

若导体中有多种载流子同时参与导电,则总的电流密度矢量

$$J = \sum_{i=1}^{n} j_i \qquad (8-7)$$

式中,j_i 为第 i 种载流子的电流密度。

根据电流密度的定义,可以求出任意截面处的电流强度,即

$$I = \iint_S \boldsymbol{J} \cdot \mathrm{d}\boldsymbol{S} = \iint_S J\cos\theta\mathrm{d}S \qquad (8-8)$$

式中,$\mathrm{d}\boldsymbol{S}$ 为任一面元;θ 为面元法线与 $\boldsymbol{J}$ 的夹角。

电阻率 ρ 是描述材料电学性质的一个物理量。$\rho \to \infty$ 的材料称为**绝缘体**(又称电介质),$\rho \to 0$ 的材料叫做**超导体**。由于任何导体都有一定的电阻率,因而造成了输电时的能量自耗,限制了生产技术上需要的强磁场。在达到一定温度后,对某些材料(如金属化合物),电阻率的减小与温度的降低有非线性关系,使 $\rho = 0$ 的温度叫临界温度或转变温度。1986 年以前,对某些材料,也只有处在液氢的低温下才能获得超导性,代价是极其昂贵的。最近包括我国在内的一些国家都加速了关于超导技术的研究,并不断有所突破,获得了近常温超导体。如果获得相对廉价的超导体,对技术的进步将产生不可估量的影响。

8.1.2 电解质导电理论

生物体的体液、各种药液都是电解质溶液。因此,了解电解质溶液即盐、酸和碱的水溶液是很重要的。在这样的溶液中,活动的电荷载流子是带正负电荷的离子。当对溶液施加一电场时,离子就会在热运动的基础上叠加一沿电场方向的漂移运动。**电解质**溶液就是靠这种迁移速度导电的。反过来,测定一种电解质溶液的导电性能,就可以得到有关离子的大小,其所载电荷及迁移率,以及母盐、母酸和母碱的离解度等有用信息。电泳技术是生物化学家经常利用迁移速度与大分子的大小和电荷有关这个事实,作为分析和分离蛋白质的一种物理方法。

假设在所研究的溶液中只含有两种类型的离子:一种是带有 $Z_+ e$ 电荷的正离子;另一种是带有 $Z_- e$ 电荷的负离子。Z 是离子的离子价数,e 是电子的电量。在有外电场时,可以认为作用在离子上有两个力,一个是静电力 ZeE;另一个是媒质的阻力。在离子所具有的速度下,可以认为摩擦力与速度成正比,摩擦力的方向与离子速度方向相反。因此,作用在正离子上的摩擦力可以认为等于 $-K_+ u_+$(K_+ 是摩擦系数)。以 m_+ 表示正离子的质量,a_+ 表示它的加速度,则正离子的定向迁移运动方程为

$$m_+ a_+ = Z_+ eE - K_+ u_+ \qquad (8-9)$$

在速度很小的情况下,静电力起主要作用,使离子加速;但当迁移速度增加时,阻力也增加,直到使离子所受合力为零。因此,离子的迁移速度的大小可由下式得到

$$Z_+ eE - K_+ u_+ = 0$$

$$u_+ = \frac{Z_+ e}{K_+}E$$

令 $\mu_+ = \dfrac{Z_+ e}{K_+}$,则有

$$u_+ = \mu_+ E \qquad (8-10)$$

可见离子的迁移速度与电场强度 E 成正比。比例系数 μ_+ 在数值上等于单位电场强度的离子迁移速度,被称为离子的**迁移率**。对负离子也可以写出相似的等式

$$u_- = \frac{Z_- e}{K_-} E$$

令 $\mu_- = \dfrac{Z_- e}{K_-}$,则有

$$u_- = \mu_- E \qquad\qquad (8-11)$$

设单位体积中的正负离子数均为 n,则总的电流密度等于沿电场方向迁移的正离子和沿反方向迁移的负离子所产生的电流密度的和。即

$$j = j_+ + j_- = Z_+ e n u_+ + Z_- e n u_-$$
$$j = Z e n (u_+ + u_-) \qquad\qquad (8-12)$$

把 u_+ 和 u_- 代入上式得

$$j = Z e n (\mu_+ + \mu_-) E \qquad\qquad (8-13)$$

式中 $Z e n(\mu_+ + \mu_-)$ 是和电解质溶液有关的物理量,与式(8-3)比较可知,它是电解质溶液的电导率 σ,即

$$\sigma = Z e n (\mu_+ + \mu_-) \qquad\qquad (8-14)$$

式(8-14)说明,电解质的电导率与单位体积中的离子数、离子所带的电量及正负离子的迁移率之和成正比。这对研究人体电解质导电性质是很重要的。

8.2 电源电动势

8.2.1 电源电动势

要产生稳恒电流,必须使导体两端保持不变的电势差。如何才能保持电势差不变呢? 现在考察一个带电的电容器放电时产生的电流。当用导线把充过电的电容器的正负极板连接以后,正电荷在静电力的作用下从正极板通过导线向负极板流动而形成电流。而这种电流只能是瞬时电流,因为两极板上的正负电荷逐渐中和而减少,使两极板间的电势差也逐渐减少而趋于零,导体中的电流也逐渐减弱而直到停止。由此可见,仅有静电力的作用,是不能形成稳恒电流的。要维持稳恒电流,必须依靠某种与静电力本质不同的非静电力,这种提供非静电力的装置称为**电源**。

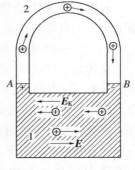

图8-3 电源原理图
1-电源;2-外电路

图8-3是电源的一般原理图。电源有正负两个极,非静电力是由负极指向正极。当电路接通后,在静电力的作用下正电荷由正极经负载流向负极,然后在非静电力的作用下,克服静电力的阻力作用,又从负极经电源内部回到正极,而形成稳恒电流。

电源的种类很多,在不同类型的电源中,形成非静电力的原因不同。在干电池、蓄电池等化学电池中,非静电力是与离子的溶解和沉积过程相联系的作

用;在温差电池中,非静电力是与温差和电子浓度相联系的扩散作用;一般发电机中,非静电力是电磁感应作用。尽管非静电力的作用不同,但是,在电源内部,非静电力在移送正电荷的过程中,都要克服静电力做功,以致不断消耗电源本身的能量(如化学能、热能、机械能等)。这些能量大部分转化为提高正电荷的电势所需的电能。因此,电源中非静电力做功的过程实质上就是把其他形式的能转化为电能的过程。设电源提供的非静电力为 F_K,在其作用下正电荷 q 从电源的负极经电源内部移向正极,该作用相当于电源内部存在一非静电场 E_K 其定义为

$$E_K = \frac{F_K}{q} \qquad (8-15)$$

式中,E_K 称为非静电场强,它表示作用在单位正电荷上的非静电力。故电源**电动势**可定义为:非静电力把单位正电荷从负极通过电源内部移到正极所做的功,用 $\mathscr{E}$ 表示,即

$$\mathscr{E} = \int_{-\atop 电源内}^{+} E_K \cdot dl \qquad (8-16a)$$

电动势虽然是标量,但为了标明在电路中电源供电的方向,规定电源电动势的方向为:自电源负极经过电源内部指向电源正极。

一个电源的电动势与外电路的性质以及是否接通无关,仅反映电源内部非静电力移动电荷做功的本领。从电动势的定义式可以看出,电动势的单位和电势的单位相同,也是伏特(V)。

以后我们会遇到在整个闭合回路上都存在非静电力的情况(如本章中将要讲的温差电动势和第 9 章中讲的感生电动势)。这时是无法区分"电源内部"和"电源外部"的,这时就规定整个闭合回路的电动势为

$$\mathscr{E} = \oint_{闭合回路} E \cdot dl \qquad (8-16b)$$

式(8-16b)是电动势的普遍定义式。其中,式(a)只是式(b)在电源外部 $E_K = 0$ 的一个特殊情况。

8.2.2 温差电动势

前面讨论了电动势的概念,下面将进一步讨论带电粒子输运过程中电动势的产生,它是了解生物电动势产生的物理基础。

1) 电子的脱出功

在常温下,金属中的自由电子虽然在做热运动,但是,几乎没有自由电子能从金属的表面挣脱出来。这表明,在金属表面附近运动着的电子,要受到某种阻止它们脱出金属表面的阻力。这种阻力可以这样来理解:开始有少数热运动速度较大的自由电子从金属表面挣脱出来,在金属表面附近形成一电子层。这样,一方面金属中缺少电子,另一方面,这些脱出的电子对金属产生静电感应,从而在金属表面内层形成一个正电荷层。于是在金属表面就出现了一个电子-正电荷层,这个电子-正电荷层通常叫**偶电层**,如图 8-4 所示。它的厚度大约是 10^{-10} m。偶电层所产生的电场方向指向金属外面,它阻碍其他自由电子由金属中脱出。金属内的自

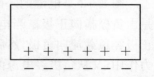

图 8-4 金属表面的偶电层

由电子必须克服这个电场力以及金属正离子的吸引力所做的功,才能脱出金属表面,这种功被称为**脱出功**,以 W 表示。它常用的单位是电子伏特(eV)。

电子从金属中脱出的难易程度,除了用脱出功的大小来量度外,还常用脱出电势来量度,因为偶电层的存在,金属表面层内的电势高于表面层外的电势。如果设表面层外的电势为零,表面层内的电势为 U,则电子脱出金属时因克服电场力所要做的功为脱出功,即

$$W = eU$$

式中,e 是电子电量的绝对值。电势 U(即金属表面层内外的电势差)定义为**脱出电势**。脱出电势大的金属,电子就难脱出金属表面。不同的金属的脱出电势是不同的,对多数金属来说,U 的值在 $3\sim4.5$ V 之间。

2) 接触电势差

早在 1797 年,伏打发现,当两种不同的金属接触时,其表面各出现异号电荷,在它们之间形成电势差,这种电势差称为**接触电势差**。接触电势差的大小随两相接触的金属种类而异,一般只有十分之几伏到几伏。经过实验,伏打指出:所有的金属可以排成一个序列,在这序列中,每一种金属同它后面的某一种金属接触时,前面的一种金属带正电,后面的金属带负电。这个序列为:

⊕铝、锌、锡、镉、铅、锑、铋、水银、铁、铜、银、金、铂、钯⊖

后来伏打又发现,如果把几种不同的金属串联起来,其两端各产生的接触电势差的大小只与两端的金属性质有关,而与中间的金属性质无关。

接触电势差的产生有两个原因:一是金属中的自由电子逸出功不同;二是互相接触的两端金属内部的自由电子密度不同。

首先,讨论第一种情况。设有温度相同,自由电子密度相同,而逸出功不同的情况。

设两种金属 A、B 具有相同的电子密度,而脱出功不同,且分别为 W_A、W_B,并设 $W_A < W_B$,电子从 B 中脱出将比从 A 中脱出要困难些,所以通过界面由 B 进入 A 的电子要比由 A 进入 B 的电子数少。结果,金属 B 由于出现过多的电子而带负电,于是其电势降低,而金属 A 中则由于缺少电子而带正电,其电势升高。因此,在两金属的接触处产生电势差,如图 8-5 所示。在接触处就有从 A 指向 B 附加电场 E,它阻碍电子由 A 向 B 转移,促进电子由 B 向 A 转移,直到附加电场达到某一定值时,这时从 B 转到 A 和由 A 转到 B 的电子数相等,达到动态平衡。设此时的电势差为 U'_{AB},则电子在电场力

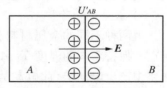

图 8-5 接触电势差

作用下从 B 进入 A 时,电势能下降了 eU'_{AB}(电子从负电势的 B 进入正电势的 A);而另一方面,当电子从 B 的内部逸出并进入 A 的内部时,其电势能增加了 W_B-W_A(电子从脱出功大的 B 到脱出功小的 A)。显然,在动态平衡时,两者相等,即

$$eU'_{AB} = W_B - W_A \qquad (8-17)$$

若设 U_B 为 B 的脱出电势,U_A 为 A 的脱出电势,则有 $W_B = eU_B$,$W_A = eU_A$,故

$$U'_{AB} = U_B - U_A \qquad (8-18)$$

产生接触电势差的第二个原因是由于两种金属的电子密度不同所引起的。先假设 A、

B 的温度相同,接触后两边电子互相渗入,设 n_A、n_B 分别为两种金属中自由电子的密度,并且 $n_A > n_B$。根据经典电子理论,两种金属中"电子气"的压强分别为 $p_A = n_A kT$、$p_B = n_B kT$。可见金属 A 中"电子气"的压强在大于金属 B 中"电子气"的压强。由于"电子气"的扩散作用所引起的由 A 到 B 的电子数将大于由 B 到 A 的电子数,结果使 B 带负电,A 带正电,形成一个电场,电场的方向是由 A 指向 B。此电场将减弱电子由 A 向 B 的扩散,促进电子由 B 向 A 的扩散。当电场达到某一定值,"电子气"的扩散作用和电场的阻止作用平衡时,在 A、B 之间形成一个电势差。它说明在两种不同金属的接触面上,存在着一种非静电力,正是这种非静电力移动电荷做功,形成在两种金属接触界面附近的电动势。此电动势称为**珀耳帖电动势**。理论证明,两金属界面的电势差 U'_{AB} 为

$$U'_{AB} = \frac{kT}{e} \ln \frac{n_A}{n_B} \tag{8-19}$$

式中,k 为玻尔兹曼常数,T 为接触处的绝对温度(K),e 为电子电量(C)。

由此得出,两种不同金属间的接触电势差为

$$\begin{aligned}
U_{AB} &= U'_{AB} + U''_{AB} \\
&= U_B - U_A + \frac{kT}{e} \ln \frac{n_A}{n_B} \\
&= -(U_A - U_B) + \frac{kT}{e} \ln \frac{n_A}{n_B} \tag{8-20}
\end{aligned}$$

U'_{AB} 是由脱出功不同引起的接触电势差,约为几伏数量级;U''_{AB} 是由电子密度不同引起的接触电势差,在 $10^{-2} \sim 10^{-3}$ 伏的数量级。可见 U''_{AB} 远小于 U'_{AB}。因此,金属间的接触电势差实际上就等于 U'_{AB},即

$$U_{AB} = -(U_A - U_B) \tag{8-21}$$

式中负号表示脱出功大的金属的电势低于脱出功小的金属的电势。

3)温差电动势

由两种不同的金属材料构成的一个闭合回路,在两个接触点处保持不同的温度 T_1 和 T_2,闭合回路中有电流通过,即回路中产生电动势,此电动势叫**温差电动势**。下面对产生温差电动势做简要的说明。

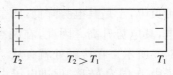

图 8-6 温差电动势

如图 8-6 所示,当一根金属棒两端的温度不同时,金属棒两端就会形成一个电势差。从经典电子理论来看,金属中温度不均匀时,温度高处,电子具有较大的动能;温度低处,电子具有较小的动能。因此,自由电子会从高温端向低温端扩散,于是在金属两端形成电荷的堆积,形成一电场,当电场力对电子的作用与电子的热扩散相平衡时,在金属两端便形成一个电势差。在这个过程中的非静电力就是自由电子的热扩散。由这种非电力做功形成的电动势称为**汤姆逊电动势**。

由前面讨论可知,当 A、B 两种金属接触,如图 8-7 所示,并且两端温度相同时,总的接触电势差为零。当两端温度不同时,且 $T_2 > T_1$,则两端的接触电势差就不同了。闭合回路中的电动势为两端接触电势差之和。如果假设这两种金属的电子密度、脱出电势都不随温度变化,由式(8-20)可以得到珀耳帖电动势为

$$\mathscr{E} = \frac{k}{e}(T_2 - T_1)\ln\frac{n_A}{n_B} \qquad (8-22)$$

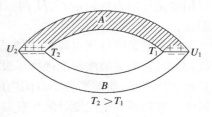

图 8-7　温差电偶

这就是由于电子密度不同而产生的温差电动势。电动势的方向由电子密度小的金属指向电子密度大的金属。实验表明,当两种金属接触点的温差不很大时,$\mathscr{E}$ 与两接触点的温度差成正比。两种金属温差电动势的大小约每度十万分之几伏。

如果用同种金属组成一个闭合回路,并维持在不同的温度,尽管导体中有汤姆逊电动势存在,但两部分的电动势大小相等方向相反,因而互相抵消,回路中也无温差电流。只有当两部分用不同的材料组成闭合回路,回路中才会有温差电流。由于汤姆逊电动势互相削弱,所以它对整个温差电动势的影响是很小的。也就是说,对于两种金属的总温差电动势只由珀耳帖电动势所决定。

对于 P 型 N 型半导体材料接触时,如图 8-8 所示。这时由于温度对载流子的密度影响很大,加之两种半导体中的汤姆逊电动势的方向都是逆时针(因为 N 型半导体中扩散的是电子,P 型半导体中扩散的是空穴),是相互加强的,所以它对温差电动势影响也就很显著。所以半导体温差电偶的电动势比金属温差电偶的电动势要高 2～3 个数量级。因此,不能简单地用式(8-22)来表示。实验表明,在温差不大时,仍可以近似地认为温差电动势与温度差成正比,大约在毫伏的数量级。

在两种导体或半导体组成的闭合电路中,接入电源通以电流,可使两个接触面的温度不等。就是说,当电流流过两种导体或半导体的接触面时,除放出与电流方向无关的焦耳热外,还在接触处发生与电流方向有关的热量吸收或释放,这种现象正好与温差电现象相反,称为**珀耳帖效应**。对于由半导体材料组成的电偶,珀耳帖效应特别显著。

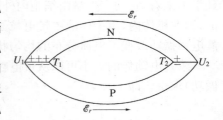

图 8-8　半导体电偶的温差电动势

利用上述效应可制造成半导体致冷器。现在有所谓温差电冰箱,是由一系列 N 型接一系列 P 型半导体所组成的温差电堆而制成。通常在制造冰箱的工艺上,把温差电堆所有致冷接点放在冰箱内,热接点放在外面,并通以电流,则内部诸点吸收热量,外部诸点放出热量,从而达到较好致冷效果。在制造致冷机时选取适当的半导体材料,可以获高达 105℃ 的温度差别,且用电极省。

如果把电流反向,则结果也相反,利用这个原理可以制成致热器。所以,利用半导体致冷器来做暖气设备,冬天可以致热,夏天可以致冷,十分经济,但半导体材料制作困难,目前尚不能普遍应用。

下面对利用温差电现象的实际应用作一简介。

(1) 温差电温度计　温差电温度计的原理如图 8-9 所示。如果使温差电偶的低温端 C 保持温度不变,那么流过电流计中的电流将只与接头 H 处的温度有关。电偶两端的温度差越大,电偶的温差电动势就越大,流过电流计的电流也就越大。所以,可

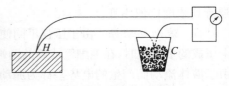

图 8-9　温差电温度计

以用电流计的指针指示 C、H 两点间的温度差。如果 C 端温度已知,就不难算出 H 端的温度。

温差电温度计优点较多,首先是它测量温度范围很广,可以测量从 -200 ～ $2000℃$ 的温度;其次,它的灵敏度和准确度都很高,可以准确到 $10^{-3}℃$ 以下。此外,电偶的受热面积小,热容量也很小,能够测量小范围内的温度,如测量小孔温度,昆虫体温及植物叶子的温度,医学上常用温差电温度计测皮肤温度,连续自动记录体温,测量血液温度及肌肉温度等。

(2) 温差发电器　有时为了增强温差电现象,可以将多个温差电偶互相串联成温差电堆,如图 8-10 所示。某些半导体的温差电效应较强,能量转换效率也较高,这种半导体温差电堆常用来做电源。

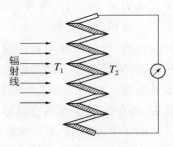

图 8-10　温差电堆

(3) 温差电致冷器　利用珀耳帖效应,在温差电堆的电路中通入直流电后在温差电堆一端得到致冷效应,这种致冷器在医学上的应用越来越广。一个典型的例子是显微切片冷冻台,这种冷冻切片台通电 2 min 后,台面温度可低达 $-20℃$,台重仅 340 g,便于携带,使用方便。有关其他方面的应用,就不一一列举了。

(4) 浓差电动势　有些动物细胞内、外之间存在着电势差,如在静息状态下,神经细胞内的电势要比细胞外的电势低大约 70 mV,这个电势差在生理学上称之为**静息电位**。从物理学上来看,它的产生是由细胞内外离子浓度不同和细胞壁对离子的通透性的差别所引起的,即在机体内,由于体液中带电粒子的浓度不同,而出现电荷的不均匀分布。此种是由非静电力做功改变了电荷分布的均匀状态而产生的电势差,就称为**浓差电动势**。

浓差电动势的大小可以从带电粒子由高浓度处扩散到低浓度处所做的功(即非静电力做功)求得。即

$$\mathscr{E} = \frac{RT}{ZF} \ln \frac{c_1}{c_2} \tag{8-23}$$

式中,Z 为溶液离子的离子价,F 为法拉第常数,$F = 9.648 \times 10^4$ 库仑/摩尔($C \cdot mol^{-1}$),c_1、c_2 分别为两侧溶液的浓度。

对于人体体温在 $37℃$ 的情况下,上式可写为

$$\mathscr{E} = \frac{61.4}{Z} \lg \frac{c_1}{c_2} \quad mV \tag{8-24}$$

应该说明的是,这种浓差电动势是短暂的,随着浓度差的减少(因扩散),浓差电动势的值也减小,到浓度差等于零时,浓差电动势也为零。除非因某种原因(如动态平衡)能维持其浓度比值不变。

(5) 流动电动势　由于压强不同使液体流过毛细管或粉末压成的多孔膜时,在毛细管或膜的两端将产生电势差,这种由于液体流动而产生的电势差称为**流动电动势**,如图 8-11 所示。当一玻璃毛细管中有水存在时,毛细管壁由于吸附作用,

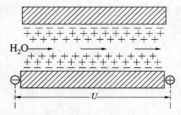

图 8-11　流动电动势(U 为电势差,阴影部分为玻璃壁)

从水中吸附 OH^- 离子而带负电,而剩余的 H^+ 离子使水带正电。这些带正电的水是可以流动的,若由于压强差的作用,迫使水通过毛细管由左向右流动时,过多的正电荷就聚集在右端,使左端具有过多的负电荷,这就使毛细管两端之间产生一个电势差,称为**流动电动势**。流动电动势随液体和毛细管的性质而改变,因为不同的结构使毛细管壁和液体之间带有不同的电荷。流动电动势大致与毛细管两端的压强差成正比。例如直径为 0.001 m 毛细管内的 KCl 溶液在 61.2 cm 汞柱($61.2×1.333×10^3$ Pa)压强差下流过毛细管时,流动电动势为 0.271 V,当压强增加到 70.8 cm 汞柱($70.8×1.333×10^3$ Pa)则升高到 0.315 V。

生物体内的组织膜及药物过滤膜等是多孔物质,当液体流过时,也会产生流动电动势,而使这种膜的两侧产生电势差。当溶液通过细孔的过滤器时,也由于在膜孔之间产生了强大的流动电动势而使过滤极为困难。细菌及其他微生物(一般带负电)不能通过某些过滤器的原因,也是由于这些过滤器的微孔表面带电的缘故。

除了上述的几种电动势之外,还有各种原因产生的电动势:如膜电动势、相界电动势、沉降电动势,在此不做详细讨论了。

8.2.3 含源电路的欧姆定律

在电路的计算中,常会遇到整个电路中一段有源电路的两端电势差的计算。如图 8-12 所示是一闭合电路中的一部分电路,这种两端之间含有电源的电路称为**有源电路**。若要计算 A、E 两点间的电势差 U_{AB},利用电势升降的观点来处理是很方便的。在直流电路中,各点的电势都有一个确定的值,并且

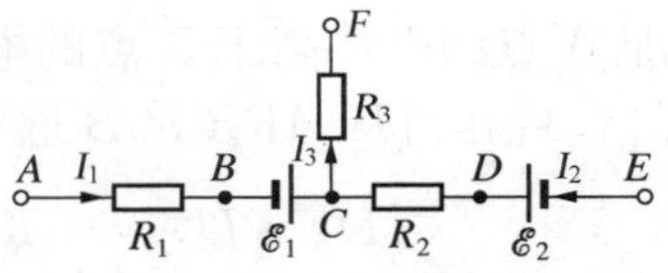

图 8-12 一段有源电路

不随时间改变。因此,电路两端的电势差 U_{AB} 应等于所有各相邻两点电势差的代数和,即

$$U_A - U_E = (U_A - U_B) + (U_B - U_C) + (U_C - U_D) + (U_D - U_E) \tag{8-25}$$

在含源电路中,规定电流方向为正电荷运动的方向,所以顺着电流方向电势降低。图中从 A 到 B,C 到 D,都是顺着电流方向,电势降低,所以有

$$U_A - U_B = I_1 R_1 \qquad U_C - U_D = -I_2 R_2$$

而电动势方向规定为由电源负极到正极,因此顺着电动势的方向为电势升高。图中由 B 到 C 电势升高 $\mathscr{E}_1$;由 D 到 E 电势降低 $\mathscr{E}_2$,所以有

$$U_B - U_C = -\mathscr{E}_1 \qquad U_D - U_E = \mathscr{E}_2$$

将以上各式代入式(8-25)可得

$$U_A - U_E = IR_1 + (-\mathscr{E}_1) + (-I_2 R_2) + \mathscr{E}_2 = [I_1 R_1 + (-I_2 R_2)] - (\mathscr{E}_1 - \mathscr{E}_2)$$

在含有若干个电源和电阻(包括电源内阻)的电路中,我们对电流和电动势的符号做如下规定:任取一个绕行方向,当电流及电动势的方向与绕行方向一致时取正值,反之取负值。这样,沿绕行方向电势增高为 $\sum \mathscr{E}$,而电势降落为 $\sum IR$。整个电路中的电势降落为

$$U_A - U_E = \sum IR - \sum \mathscr{E} \tag{8-26}$$

式中,U_A、U_E 分别表示这段电路始、末两点之间的电势。上式表明,在一段有源电路中,始、

末两点之间的电势差等于所有电阻上电势降落的代数和($\sum IR$)减去所有电动势的代数和($\sum \mathscr{E}$),这就是一段**有源电路的欧姆定律**。

【例 8 - 1】　在图 8 - 13 所示的电路中,电源电动势 $\mathscr{E}_1 = 2$ V,$\mathscr{E}_2 = 4$ V,电阻 $R_1 = 2$ Ω,$R_2 = 2$ Ω,$R_3 = 6$ Ω。求:(1)电路中的电流 I 是多少?(2)A、B、C 相邻两点间的电势差是多少?

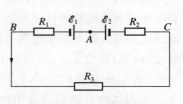

图 8 - 13　含源电路图

【解】　(1) $\mathscr{E}_1$ 与 $\mathscr{E}_2$ 的方向相反,且 $\mathscr{E}_2 > \mathscr{E}_1$。设电路中电流方向如图中所示的逆时针方向。根据闭合电路的姆定律,得

$$I = \frac{\sum \mathscr{E}}{\sum R} = \frac{\mathscr{E}_2 - \mathscr{E}_1}{R_1 + R_2 + R_3} = \frac{4-2}{2+2+6} = 0.2 \text{ A}$$

(2) 根据一段有源电路的欧姆定律,A 与 B 两点之间的电势差为

$$U_A - U_B = IR_1 + \mathscr{E}_1 = 0.2 \times 2 + 2 = 2.4 \text{ V}$$

即 A 点的电势高于 B 点的电势。

现在再从 AR_2CR_3B 这一段电路来计算 A、B 两点的电势差,则有

$$U_A - U_B = -IR_2 - IR_3 + \mathscr{E}_2 = -0.2 \times 2 - 0.2 \times 6 + 4 = 2.4 \text{ V}$$

所得结果与前相同。

同理可求 A 与 C 两点之间的电势差为

$$U_A - U_C = IR_1 + IR_3 + \mathscr{E}_1 = 0.2 \times 2 + 0.2 \times 6 + 2 = 3.6 \text{ V}$$

即 A 点的电势高于 C 点的电势。

C 与 B 两点的电势差为

$$U_C - U_B = -IR_3 = -0.2 \times 6 = -1.2 \text{ V}$$

即 B 点的电势高于 C 点的电势。

8.3　基尔霍夫定律及其应用

在电气工程技术中,经常需要解决一些比较复杂的电路问题,如图 8 - 14 所示。该电路是复杂电路的一部分,对每一段电路的电压均可应用前面所讲的一段有源电路的欧姆定律来计算,但必须知道通过各电阻的电流强度。基尔霍夫定律可用来分析各种电路。

8.3.1　基尔霍夫第一定律

由电阻、电源或两者串联而成的一条电路称为**支路**。由三条或三条以上的支路会合的一点,称为**分支点**或**节点**。如图 8 - 14 所示,AB,BC,CA 为支路,A、B、C 三点都为节点。

基尔霍夫第一定律阐明的是电路中任一节点各电流之间的关系。

根据电流的连续性原理,在直流电路中,流入节点的电流的总和等于由节点流出电流

的总和。如果规定流入节点的电流为正,从节点流出的电流为负(当然作相反的规定也可以),那么会合在任意节点处电流的代数和等于零,这就是**基尔霍夫第一定律**,也称为**节点电流定律**。写成数学表示式为

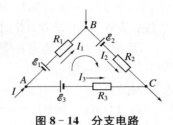

图 8 - 14 分支电路

$$\sum_{k=1}^{n} I_k = 0 \qquad (8-27)$$

式中,n 为会合于节点处的电流数。

假定电流的方向如图 8 - 14 所示,则对于节点 A 可列出方程

$$I - I_1 - I_3 = 0$$

对于其他节点仍可应用基尔霍夫第一定律,列出一个方程,这些方程称基尔霍夫第一定律方程组。可以证明,若全电路有几个节点,则可列出 $n-1$ 个独立的节点电流方程。

8.3.2 基尔霍夫第二定律

该定律阐明的是电路中任一回路上各部分电势差的关系。由图 8 - 14 的 $ABCA$ 回路可以看出,回路中各部分的电流是不相同的,因此可用一段含源电路欧姆定律求出回路中任意两点电压。如图 8 - 14 所示的回路中,如果从 A 点出发,沿 $ABCA$ 绕行一周又回到 A 点,即始、末两点为同一点 A,则有

$$\sum IR - \sum \mathscr{E} = 0$$

即

$$\sum IR = \sum \mathscr{E} \qquad (8-28)$$

上式表示,回路中各电阻上电势降落的代数和等于电动势的代数和,这就是**基尔霍夫第二定律**,也称为**回路电压定律**。

应用基尔霍夫定律可以解决任意复杂电路的问题,但应注意下列几点:①电路中的电流方向往往难以判别,因此,在列方程时可以任意假定电流 I 的正方向。当计算结果 $I>0$,表示电流方向与假定的正方向一致,反之,电流 $I<0$ 时,则表示电流的方向与假定的正方向相反。②在列回路方程时,回路的绕行方向也可任意选定,如果回路中电流或电动势方向与绕行方向一致时,电流或电动势取正,反之取负。③注意方程的独立性,如果全电路中共有 n 个节点,那么,可任意选 $(n-1)$ 个节点,根据基尔霍夫第一定律,列出 $(n-1)$ 个独立方程;如果未知电流的总数为 m,那么根据基尔霍夫第二定律,任意选取 $[m-(n-1)]$ 个回路,列出彼此独立的方程,比如,网孔的回路电压方程相互独立。解方程组可得各电流值。

8.3.3 基尔霍夫第一、第二定律的应用

1)惠斯通电桥

如图 8 - 15 所示的电路就是惠斯通电桥电路。R_1、R_2、R_3、R_4 称为电桥的臂,R_5 就称为做桥。

(1)用基尔霍夫定律分析电桥电路问题。假定图 8 - 15 中 R_1、R_2、R_3、R_4、R_5、r 及 $\mathscr{E}$ 已知,求 I_1、I_2、I_3、I_4、I_5 及 I。

① 由图 8-15 可知,该电路有 6 条支路($m=6$),即最多有 6 个独立方程,待求量有 6 个,因而该问题可解。

② 如图 8-15 选定各支路电流方向。由图可知,该电路有 4 个节点($n=4$),故可列出 3 个独立节点电流方程:

对节点 a: $I-I_1-I_3=0$ (1)

对节点 d: $I_1+I_5-I_2=0$ (2)

对节点 c: $I_3-I_5-I_4=0$ (3)

③ 由 $m-(n-1)=6-(4-1)=3$ 可知,只有 3 个独立回路电压方程:

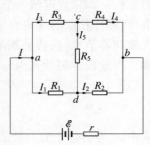

图 8-15 惠斯通电桥

对回路 $acda$: $-I_3R_3+I_1R_1-I_5R_5=0$ (4)

对回路 $cbdc$: $-I_4R_4+I_5R_5+I_2R_2=0$ (5)

对于第三个回路方程,不应选回路 $acbda$,因为该回路电压方程不独立(可由上面两个回路电压方程相加而得)。选 $acb\mathscr{E}a$ 回路,$\varepsilon-r$ 支路是以上回路不包括的,其回路方程为

$$\mathscr{E}-Ir-I_4R_4-I_3R_3=0 \qquad (6)$$

可以验证上述 6 个方程是相互独立的,也可以验证再列出的其他方程皆不是独立的。联立解上述 6 个方程,就可求出 6 个未知量 I_1、I_2、I_3、I_4、I_5 及 I。

(2) 惠斯通电桥的平衡应用。在惠斯通电桥的平衡应用中,用检流计 G 代替图 8-15 中的电阻 R_5,如图 8-16 所示。由图 8-16 可知,R_x 代替了图 8-15 中的 R_3,R_0 代替了图 8-15 中的 R_4,实际应用中,R_0 由数个(一般 4 个)可调电阻串联而成,调节 d 点的位置并改变 R_0 的值可使**电桥平衡**。所谓电桥平衡,即 $U_{cd}=0$ 或 $U_c=U_d$,实验观察的平衡条件为 $I_G=0$。由式(2)、(3)可知,当 I_G(即 I_5)$=0$ 时,问题变得十分简单:$I_1=I_2$,$I_3=I_4$。再由(4)、(5)式即可解出:

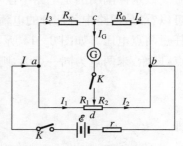

图 8-16 惠斯通电桥原理图

$$\frac{R_x}{R_0}=\frac{R_1}{R_2} \qquad (8-29)$$

所以有
$$R_x=\frac{R_1}{R_2}R_0 \qquad (8-30)$$

在箱式惠斯通电桥上,R_1/R_2 由仪器上的"比"值或倍"乘"旋钮指示的值给出。

(3) 非平衡惠斯通电桥的应用。这类应用中,用电压表代替图 8-16 中的检流计 G,如图 8-17 所示。测量参量是电桥失去平衡时 c、d 两点的电压 U_{cd}。该量与 R_2 的关系可由类似方程(1)~(6)的方程联立解出。可以证明电桥在静态理想平衡条件下,被测元件的阻值改变万分之一,尚可测得输出电压

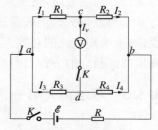

图 8-17 非平衡惠斯通电桥原理图

的变化,而且该输出电压与电源电动势成正比,随被测元件阻值减少而增大。凡可引起电阻变化的物理量,都可借惠斯通电桥用非平衡法进行间接测量。热敏电阻、湿敏电阻、

压敏电阻、容变电阻（各种人体阻抗）等都可视为把其他物理量的变化变成电阻变化的换能器，常用它作为传感器的探头。通过适当的数学模型，就可以将对电阻变化的测量转换成对温度、湿度、压强、体积变化等参量的测量。用实验方法对电压表进行适当分度，就可制成相应的温度计、湿度计、压强计及容积仪。

2）电位差计

电位差计是用来精密测量电势差或电源电动势的仪器。一般实验室用的电位差计为滑线式或箱式电位差计，此外尚有电子电位差计及自动电位差计等。如图8－18所示是电位差计的原理图。要精确测量电路中某两点的电势差或电源电动势，须使测量仪器不扰动被测电路（不从被测电路吸收电流），一般电压表是不能达到这个要求的，电位差计就是按这种要求设计的仪器，关键是采用**补偿法**。在一闭合电路中接入两个电动势大小相等指向相反的电源时，由基尔霍夫第二定律可知，该闭合电路中电流为零。这种情况下可以认为电源的输出是电流（放电）等于输入电流（充电），这就叫补偿。将电源之一换成输出电压可调的电位差计，就构成了图8－18所示的电路。图中 $\mathscr{E}_0$ 代表标准电源电动势，$\mathscr{E}_x$ 代表被测电源电动势，R' 为可变电阻，AB 为滑变阻器，C 是其触头。$AB\mathscr{E}A$ 回路叫辅助回路，加上检流计 G 组成电位差计。$Aa\mathscr{E}_0CA$ 或 $Aa\mathscr{E}_xGCA$ 叫补偿回路。检流计 G 用来指示补偿条件。从测量角度来说，

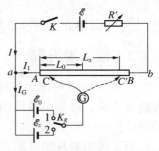

图 8－18　电位差计原理图

当 $I_G=0$ 时，就说被测电路达到了补偿（注意，这里不是"平衡"）。该电路有 2 个节点，一个是固定节点 a，一个是可动节点 C（或 C'）。测量时，先闭合开关 K，再将开关 K_g 置位置 1，滑动触头可在线性均匀电阻 AB 上找到一点 C 使 $I_G=0$。这时由基尔霍夫第一定律知：

$$I_1 = I = \frac{\mathscr{E}}{(R' + R_{AB})}$$

由基尔霍夫第二定律知：

$$\mathscr{E}_0 = U_{AC} = \frac{\mathscr{E}R_{AC}}{(R' + R_{AB})}$$

再将开关 K_g 置于位置 2，滑动触头可在均匀线性电阻 AB 上找到一点 C' 使 $I_G=0$。由基尔霍夫定律求得

$$\mathscr{E}_x = U_{AC}{}' = \frac{\mathscr{E}R_{AC}{}'}{(R' + R_{AB})}$$

最后可得

$$\frac{\mathscr{E}_x}{\mathscr{E}_0} = \frac{U_{AC}{}'}{U_{AC}} = \frac{R_{AC}{}'}{R_{AC}}$$

由于 R_{AB} 是均匀线性电阻，由 $R = \rho L/S$ 可得

$$\frac{\mathscr{E}_x}{\mathscr{E}_0} = \frac{L_{AC}{}'}{L_{AC}}$$

即
$$\mathscr{E}_x = \frac{L_{AC'}}{L_{AC}}\mathscr{E}_0 \tag{8-31}$$

由两次测量中触头位置的数据 L_{AC}、$L_{AC'}$ 及标准电源电动势 $\mathscr{E}_0$，就可由式（8-31）算出待测电源电动势 $\mathscr{E}_x$。

8.4 膜电位和神经传导

"生物的生命状态"由许多复杂的化学和物理过程来表征，电现象在保持这些过程的正常活动中具有非常重要的意义。事实上，活细胞的电现象是同许多重要的生物化学过程相联系的。前面讨论过的一些电学基本概念，也同样可以应用到生物体上来解释一些生命过程，本节将简单介绍神经传导的电原理。

8.4.1 能斯脱方程

大多数动物的神经细胞在不受外界干扰时，细胞内外之间存在着电位差，此电位差称为**静息电位**。静息电位是由于细胞内外液体中离子浓度不同以及细胞膜对不同种类的离子通透性不一样引起的。

为了说明静息电位的产生，现在考虑一种简单模型。在图 8-19 中的容器内，有浓度分别为 c_1、c_2 且 $c_1 > c_2$ 的 KCl 溶液，由半透膜隔开。若半透膜只能让 K^+ 通过而不让 Cl^- 通过。因浓度不同，K^+ 从浓度大的左侧向浓度小的右侧扩散，使得右侧的正离子逐渐增加，同时左侧出现过剩的负离子，这就产生一个阻碍离子继续扩散的电场。最后达到平衡时，膜的两侧具有一定的电势差。对于稀溶液，电势差的值可以利用玻尔兹曼分布定律来计算。这一定律指出，在温度相同的条件下，势能为 E_P 的粒子的平均密度 n 与粒子的势能 E_P 有如下关系：

$$n = n_0 \exp\left(\frac{-E_P}{kT}\right)$$

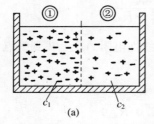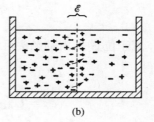

图 8-19 能斯脱电位的产生（"＋"表示 K^+，"－"表示 Cl^-）

设在平衡态下，半透膜左右两侧的离子密度分别为 n_1 和 n_2，电势为 U_1 和 U_2，离子价数为 Z，电子电量为 e，则两侧离子的电势能分别为 ZeU_1 和 ZeU_2，代入上式得

$$n_1 = n_0 \exp\left(\frac{-ZeU_1}{kT}\right)$$

$$n_2 = n_0 \exp\left(\frac{-ZeU_2}{kT}\right)$$

两式相除得

$$\frac{n_1}{n_2} = e^{\frac{Ze(U_1-U_2)}{kT}}$$

取对数得

$$\ln\frac{n_1}{n_2} = -\frac{Ze}{kT}(U_1-U_2) \qquad (8-32)$$

因为有

$$\frac{n_1}{n_2} = \frac{c_1}{c_2}$$

上式可以改写为

$$U_1 - U_2 = -\frac{kT}{Ze}\ln\frac{c_1}{c_2} = \mathscr{E}$$

改用常用对数得

$$\mathscr{E} = -2.3\frac{kT}{Ze}\lg\frac{c_1}{c_2} \qquad (8-33)$$

这个关系称为**能斯脱方程**。它给出了在半透膜扩散达到平衡时的跨膜电势差,这里的 $\mathscr{E}$ 又称为**能斯脱电位**。

8.4.2 静息电位

细胞膜也是一个半透膜,在细胞膜内外存在着一些离子。其中比较重要的是 Na^+、K^+、Cl^- 离子,它们都可以在不同程度上透过细胞膜扩散,此外还有一些其他负离子,如磷酸根、碳酸根及一些较大的有机离子,但它们不能透过细胞膜,因此可以不加考虑。这些离子浓度的代表值如表 8-1 所示。

表 8-1 细胞内外离子的浓度(mmol/L)

离子	细胞内浓度 c_1	细胞外浓度 c_2	c_1/c_2	$\mathscr{E}$(mV)
Na^+	10 ⎫ 151	145 ⎫ 147	0.07	+71
K^+	141 ⎭	5 ⎭	28.2	-89
Cl^-	4 ⎫ 151	100 ⎫ 147	0.04	-85
其他	147 ⎭	47 ⎭		

现在根据上表所列的离子浓度来计算一下在平衡状态下的跨膜电位。

因人体的温度 $T=273+37=310K$,玻尔兹曼常数 $k=1.38\times10^{-23}J/K$, $e=1.6\times10^{-19}C$,K^+、Na^+ 和 Cl^- 的价数 Z 分别为 +1 和 -1,代入式(8-25)得

$$\mathscr{E} = U_1 - U_2 = -\frac{2.3\times1.38\times10^{-23}\times310}{1.6\times10^{-19}}\lg\frac{c_1}{c_2} \approx -61.51\lg\frac{c_1}{c_2}\ mV$$

上式适用于正离子,对于负离子,式中的"-"号,应改为"+"号。

把表 8-1 的数值代入上式得

$$Na^+: \quad \mathscr{E}_{Na^+} = -61.51\lg 0.07 \approx +71\ mV$$

$$K^+: \quad \mathscr{E}_{K^+} = -61.51\lg 28.2 \approx -89 \text{ mV}$$

$$Cl^-: \quad \mathscr{E}_{Cl^-} = 61.51\lg 0.04 \approx -86 \text{ mV}$$

计算所得值与测量的跨膜电位 -86 mV 比较,Cl^- 正好处于平衡状态,即通过细胞膜扩散出入的数目保持平衡。$\mathscr{E}$ 的值稍低于实测值,说明仍有小量 K^+ 由膜内向膜外扩散。$\mathscr{E}_{Na^+}$ 的值虽然和 -86 mV 相差很远,但是,因为在静息状态下细胞对 Na^+ 的通透性很小,所以仅有小量 Na^+ 离子可以由浓度高的膜外扩散到膜内。为了说明在静息状态下,离子的浓度保持不变,必须认为存在着某种机制把走到膜外的 K^+ 和进入细胞的 Na^+ 送回原处,我们把这种机制称为**钾泵和纳泵**,简称 Na^+-K^+ 泵。它是一种 Na^+-K^+ ATP 酶,广泛存在于细胞膜上。通过磷酸化和去磷酸化过程,这种酶发生构象变化,导致它与 Na^+ 和 K^+ 的亲和力发生变化,催化其水解,实现离子输运。Na^+-K^+ 泵的作用主要包括两方面:一是维持细胞的渗透性,保持细胞的体积;二是维持低 Na^+ 高 K^+ 的细胞内环境,维持细胞的静息电位。如图 8-20 所示,说明细胞内外的离子浓度是如何保持平衡的。

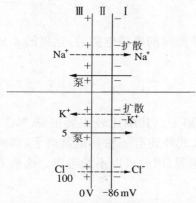

图 8-20 细胞内外离子浓度的平衡
Ⅰ-细胞内液;Ⅱ-细胞膜;
Ⅲ-细胞外液

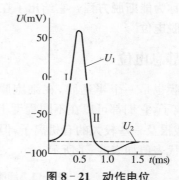

图 8-21 动作电位
Ⅰ-除极;Ⅱ-复极;U_1 为动作电位;U_2 为静息电位

8.4.3 动作电位

当处于静息状态时,神经或肌肉细胞膜外侧带正电,内侧带负电,这种状态称为**极化**。但是当它受到外来的刺激达到一定强度时,受到刺激处的细胞对 Na^+ 离子的通透性就会突然变大(比原来的通透性要大 1 000 倍以上)。大量 Na^+ 离子在电场和浓度梯度的双重影响下涌入细胞内部,使膜的电位迅速提高,膜电位由原来的 -86 mV 突然增加到 $+60$ mV 左右。此时,膜内外的局部电荷也改变了符号,即膜外带负电,膜内带正电,这一过程叫**除极**。

在除极出现后,细胞膜对 Na^+ 离子的通透性几乎立即就恢复原状,同时 K^+ 离子由细胞膜内向膜外扩散,使膜电位又由正值迅速下降到负值,并达到稍低于静息电位的值才停止,如图 8-21 所示。这一过程称为**复极**。紧接着由于钠泵和钾泵的作用,膜电位又逐渐恢复到原来的静息电位值。整个电位波动过程大约只需要 10 ms 左右。这样的电位波动称为**动作电位**。在细胞恢复到静息状态以后,它又可以接受另一次刺激,产生另一次动作电位。在不断的强刺激下,1 s 内可以产生几百个动作电位。

8.4.4 神经传导

对于诸如具有很长的轴突的神经细胞这样的大细胞,动作电位可以在其某一部分产生,然后传播到另一部分。在肌肉组织中,动作电位也可以由一个细胞传到另一个细胞。下面以神经细胞为例,说明动作电位的传播。

如图 8 - 22 所示,图 8 - 22(a)表示一根处于极化状态的神经轴突。如果对 A 端进行刺激,使它发生局部除极图(b),则在膜外的正电荷将被吸引到这个带负电的区域来,使邻近区域的电位降低。在膜内的负电荷也流入正电区,使邻近区域的电位上升,结果是邻近地区的膜电位发生变化,引起该处对 Na^+ 离子通透性的突然增加,从而触发了动作电位的出现。这样,动作电位就由近及远地沿轴突向外传播,传播的速度与神经纤维的结构和大小有关。慢的约 0.5 m/s,快的可以达到 130 m/s。图 8 - 22(c)表示整个区域处于除极状态,图 8 - 22(d)表示被刺激部分开始复极。

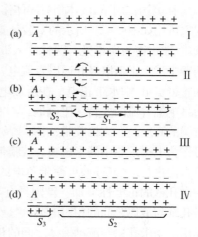

图 8 - 22　神经冲动沿轴突传播

动作电位沿神经纤维扩布就是神经冲动的传播。神经冲动就是以这种方式把来自感受器官的信息传至大脑,再把大脑的指令传至运动器官的。

8.5　电泳和电渗

8.5.1　电泳

在外电场的作用下,液体导电介质中的带电微粒作定向迁移的现象称为**电泳**。电泳的物理基础是液体导电理论。按照该理论,带电粒子的迁移率 u 为

$$u = \frac{Ze}{K} = \frac{\mu}{E} \tag{8 - 34}$$

式中,K 为与介质特性有关的比例系数;Z 为带电粒子所带电量的电荷数;e 为基元电量;μ 为定向迁移速率;E 为导电介质中的电场强度值。

式(8 - 34)可以作为测量载流子迁移率的基本公式。带不同电荷的粒子有不同的迁移率。由测定迁移率来确定微粒的不同带电特性,从而推断其另外的特性(生物学的、化学的等)的技术称为**分析电泳术**。由于带电不同的微粒有不同的迁移率,因而可以用该特性将不同的带电微粒分开,基于这种目的而开发的技术称为**制备电泳术**。电泳技术已在生物医学中获得了广泛的应用,从常规医疗诊断到生物医学研究都在使用各种类型电泳技术。按照研究对象的物理限度的不同,有细胞电泳术(细胞水平)和大分子电泳术(分子水平)之别。按支持介质的不同,又分为自由电泳、纸上电泳、凝胶电泳等不同类。电泳技术还与同位素技术、免疫学技术、酶学技术相结合,形成了各种各样的分支。电泳技术还可以与计算机技术、激光技术相结合,形成自动化程度高、灵敏度高、速度快的自动化激光外差电泳术。

8.5.2 电　渗

在电场作用下,液体相对固体作相对运动的现象称为**电渗**。电渗现象可用如图8-23所示的实验装置观察。在U形管底部置入多孔物质(图中箭头所指处),两臂注入液面高度相等的水柱,然后分别在两臂中加入正负电极并通以直流电。多孔物质可形成毛细管,若该毛细管带负电,则水带正电。在所加电场作用下,右臂中带正电的水将通过毛细管流向左臂。平衡时,左、右两臂的水面将形成与外加电压有关的高度差。火棉胶膜、组织膜及羊皮纸等都因含大量微孔结构而可作为电渗现象中的半透膜。若膜带正电而水带负电,测电渗将按相反方向进行。酸(H^+)可使带负电的微孔壁的负电性减弱,使带正电的微孔壁的正电性增加。碱则具有与酸相反的效应。盐类也能改变微孔壁与液体之间的相对电荷,这是因为微孔壁对盐离子有选择吸收作用。当微孔壁与流动液体之间的相对电荷改变时,电渗的方向也随之而改变。

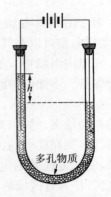

多孔物质

图8-23　观察电渗现象

本　章　小　结

基本概念、定理及公式

(1) 电源电动势,在电源内部非静电力所做的功:$\mathscr{E} = \int_-^+ \boldsymbol{E}_K \cdot \mathrm{d}\boldsymbol{l}$。

(2) 欧姆定律的微分形式为:$\boldsymbol{j} = \sigma \boldsymbol{E}$。

(3) 一段有源线路欧姆定律:$U_A - U_B = \sum IR - \sum \mathscr{E}$,在一段有源线路中,始、末两点之间的电势差等于所有电势降落的代数和 $\sum IR$ 减去所有电动势的代数和 $\sum \mathscr{E}$。

(4) 基尔霍夫定律及应用小结:

第一定律:$\sum I = 0$,在任意节点处电流的代数和等于零。符号规定:流入为正,流出为负。第二定律:$\sum IR = \sum \mathscr{E}$,回路中所有电阻上电势降落的代数和等于电源电动势的代数和。

应用基尔霍夫一、二定律步骤:① 电路中有n个节点,选$(n-1)$个节点列出方程;② 电路中有m个未知电流,列$[m-(n-1)]$个回路方程;③ 解联立方程,未知电流数与方程数相等,有唯一解。

(5) 电子逸出功、接触电势差和温差电动势。电子逸出金属表面克服阻力所须要做的功称为电子逸出功。两种不同金属接触时,在接触面处形成电势差,称为接触电势差。两种不同金属材料构成一个闭合回路,在两个接触点处保持不同的温度T_1和T_2,闭合回路产生的电动势称为温差电动势。

8-1　如果通过导体中各处的电流密度并不相同,那么电流能否是稳恒电流? 为什么?

8-2 在金属导体中取两个截面 A 和 B。

(1) A 的面积和 B 的面积相同,在 1s 内通过 A 和 B 的自由电子数相同。但对 A 是垂直通过,对 B 是斜通过。问电流强度是否相同?

(2) A 的面积大于 B 的面积,在 1s 内垂直地通过 A 和 B 的自由电子数相同,问通过这两个截面的电流密度是否相同?

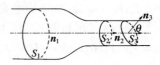

题 8-3 图

8-3 如题 8-3 图所示的导体中,沿轴线均匀地流过 10 A 的电流,已知横截面 $S_1 = 1.0 \text{ cm}^2$,$S_2 = 0.5 \text{ cm}^2$,S_3 的法线 $\boldsymbol{n}_3$ 与轴线夹角为 $60°$,试求通过三个面的电流密度。

8-4 设铜导线中的电流密度为 2.4 A/mm^2,铜的自由电子数密度 $n = 8.4 \times 10^{23} /\text{m}^3$,求自由电子的漂移速度。

8-5 在氢原子内电子围绕原子核沿半径为 r 的圆形轨道运动。试求电子运动所产生的电流?

8-6 电动势为 12 V 的汽车,其电源内阻为 $0.05 \ \Omega$,求:(1)它的短路电流为多大?(2)若启动电流为 100 A,则启动马达的内阻是多少?

8-7 当冷热接头的温度分别为 0 ℃ 和 t ℃ 时铜与康铜所构成的温差电偶的温差电势可用下式表示 $\mathscr{E} = 35.3t + 0.039t^2 (\mu\text{V})$。今将温差电偶的一接头插入炉中,另一头的温度保持 0 ℃,此时获得的温差电动势为 28.75(mV),求此炉的温度。

8-8 电动势 $\mathscr{E}_1 = 1.8 \text{ V}$、$\mathscr{E}_2 = 1.4 \text{ V}$ 的两个电池与外电阻 R 连接如图所示。该电路题 8-8(a)图中,伏特计读数为 $U_1 = 0.6 \text{ V}$,若将两电池与外电阻 R 按图示样连接,问伏特计的读数将为多少(伏特计的零刻度在中央)?

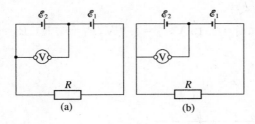

题 8-8 图

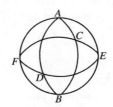

题 8-9 图

8-9 三个半径为 r 的铜环,如题 8-9 图所示连接,节点 A、B、C、D、E、F 把三铜环分为四等份。如果铜线直径为 d,电阻率为 ρ,以 A 和 B 两点供电,此回路电阻为多少?

8-10 如题 8-10 图所示的电路,设电流强度 $I = 10 \text{ A}$,$R_1 = R_2 = R_7 = R_8 = 2 \ \Omega$,$R_3 = R_4 = R_5 = R_6 = 1 \ \Omega$。求 U_{ab}。

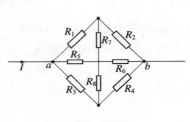

题 8-10 图

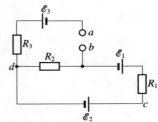

题 8-11 图

8-11 如题8-11图所示的电路中,已知$\mathscr{E}_1=12$ V,$\mathscr{E}_2=\mathscr{E}_3=6$ V,$R_1=R_2=R_3=3\ \Omega$,电源内阻不计,求U_{ab}、U_{ac}、U_{bc}。

8-12 如题8-12图所示的电路中,$\mathscr{E}_1=24$ V,$r_1=2\ \Omega$,$\mathscr{E}_2=6$ V,$r_2=1\ \Omega$,$R_1=2\ \Omega$,$R_2=1\ \Omega$,$R_3=3\ \Omega$,求:(1)电路中的电流;(2)a、b、c和d点的电势;(3)U_{ab},U_{dc}。

8-13 在如题8-13图所示的电路中,已知$\mathscr{E}_1=12$ V,$\mathscr{E}_2=9.0$ V,$\mathscr{E}_3=8.0$ V,$r_1=r_2=r_3=1.0\ \Omega$,$R_1=R_2=R_3=R_4=2.0\ \Omega$,$R_5=3.0\ \Omega$。求:(1)$U_{ab}$、$U_{cd}$;(2)$c$、$d$两点短路后,通过$R_5$中的电流。

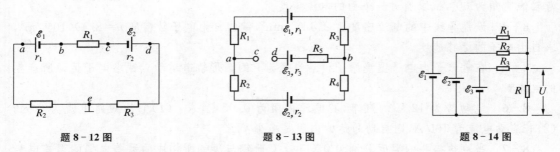

题8-12图　　　　　　题8-13图　　　　　　题8-14图

8-14 如题8-14图所示是加法器的原理图,试证明:

(1) $R_i=R$时　$U=\dfrac{1}{4}(\mathscr{E}_1+\mathscr{E}_2+\mathscr{E}_3)$;(2) $R_i\ll R$时　$U=\dfrac{1}{3}(\mathscr{E}_1+\mathscr{E}_2+\mathscr{E}_3)$。

8-15 为了检查电缆中的一根导线由于损坏而接地的位置,可以用题8-15图所示的电路。AB是一根长为100 cm粗细均匀的电阻丝,接触点S可在它上面滑动。当S滑到$SB=41$ cm处时,通过检流计的电流为零。求电缆损坏处距检查处的距离x。已知电缆长$l=7.8$ km,其中AC、BD、EF的电阻略去不计。

8-16 如题8-16图所示电路中,$\mathscr{E}_1=2.15$ V,$\mathscr{E}_2=1.9$ V,$R_1=0.1\Omega$,$R_2=0.2\ \Omega$,$R_3=2\ \Omega$,求I_1、I_2、I_3。

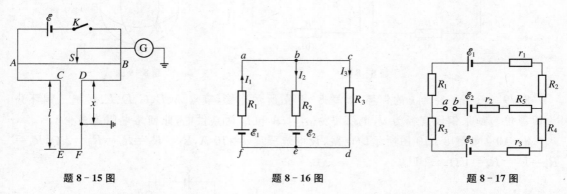

题8-15图　　　　　　题8-16图　　　　　　题8-17图

8-17 在题8-17图中,$r_1=r_2=r_3=1\ \Omega$,$R_1=R_3=R_4=2\ \Omega$,$R_2=1\ \Omega$,$\mathscr{E}_1=12$ V,$\mathscr{E}_2=10$ V,$\mathscr{E}_3=8$ V,$R_5=3\ \Omega$,求:(1)$U_{ab}=?$ (2)当a、b联通后,各支路电流为多少? (3)若使$R_2=2\ \Omega$,U_{ab}为多少?

9

电 磁 现 象

在静止电荷的周围,存在着电场。如果电荷在运动,那么,在它的周围不仅有电场,而且还有磁场,这种磁场又会对其他的运动电荷有作用力。本章首先从运动电荷产生磁场的"主动"方面和运动电荷在磁场中受力的"被动"方面来进行研究,并研究各种不同形状的载流导线所产生的磁场及在磁场中受力的问题;其次,研究放入磁介质以后的磁场;最后再探讨电磁感应现象及其基本规律。

9.1 磁场 磁感应强度

9.1.1 磁场

任何运动电荷或电流周围空间除了和静止电荷一样地存在电场之外,还同时存在另一种特殊物质——**磁场**。运动电荷之间的相互作用是通过磁场进行的。磁场对其中的运动电荷有磁场力的作用。因此,运动电荷与运动电荷之间、电流与电流之间、电流与磁铁之间以及运动电荷与磁铁之间的相互作用都可以看成是它们中任意一个所激发的磁场对另一个施加作用力的结果。磁场不仅对位于其中的运动电荷有磁力作用,而且电荷在磁场中运动时,磁力还要对它做功。这些重要表现表明:① 磁场对运动电荷或载流导体有力的作用。② 磁场力将对载流导体做功则说明磁场蕴含着能量。

9.1.2 磁感应强度

磁场作用在运动电荷上的力不仅与运动电荷所带的电量有关,而且还与电荷运动的速度及方向有关。大量的实验表明:① 作用在运动电荷上的磁力 F 的大小正比于运动电荷的电量 q 和速率 v,磁力的方向,总是与电荷的运动方向垂直。② 磁力随电荷的运动方向与磁场方向之间的夹角的改变而改变,当电荷的运动方向与磁场方向一致时,如图 9-1(a)所示,它不受磁力的作用;而当电荷的运动方向与磁场方向垂直时,如图9-1(b)所示,它所受的磁力为最大。

用 F_{max} 表示运动电荷在磁场中某点所受的最大磁力,故

$$F_{max} \propto qv$$

在磁场中某点,F_{max} 与 qv 的比值与 q 和 v 无关,为一恒量,并唯一决定于磁场的性质。可见比值F_{max}/qv的大小反映着磁场中各处磁场的强弱,称之为**磁感应强度**,用 B 表示,即

$$B \propto \frac{F_{max}}{qv} \quad \text{或} \quad B = k\frac{F_{max}}{qv}$$

如果选择适当的单位可令 $k=1$，则

$$B = \frac{F_{max}}{qv} \qquad (9-1)$$

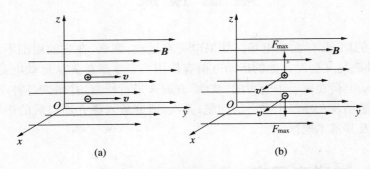

图 9-1 运动电荷在磁场中受的磁场力

磁感应强是矢量，磁场中各点处 $\boldsymbol{B}$ 的大小由式(9-1)决定，方向就是放在该点处小磁针 N 极所指的方向。各点磁感应强度均相同的磁场称为**匀强磁场**。在求解磁感应强度 B 的大小时，它的单位，取决于 F、q 和 v 的单位。在国际单位制中，B 的单位为**特斯拉**，用符号 T 表示。T 是一个比较大的单位，但在实际工作中常用的单位是**高斯**，符号为 G，它与特斯拉的关系为

$$1G = 10^{-4}T$$

比如，地球表面地磁的 B 值约为 $0.5 \times 10^{-4}T$，一般磁电式电表中永久磁铁产生的磁场 B 值约为 $10^{-2}T$，而大型电磁铁(例如回旋加速器的磁铁)能产生 130 T 的磁场，人体中的生物磁场 B 值约为 $10^{-10} \sim 10^{-9}T$。

与电场中的电力线相类似，可以用假想的**磁感应线**来形象地描述空间各点的磁场强弱和方向。在磁场内画出一些假想的曲线，使曲线上每一点的切线方向与该点 $\boldsymbol{B}$ 的方向一致，这样绘出的曲线就是磁感应线。几种不同形状通电线中的电流所产生磁场的磁感应线，如图9-2所示。

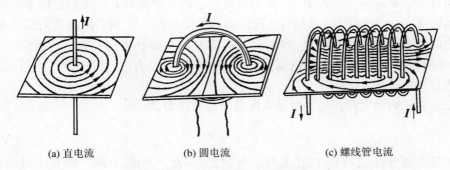

(a) 直电流   (b) 圆电流   (c) 螺线管电流

图 9-2 电流磁场中的磁感应线

磁感应线的方向与电流的方向密切相关，对图 9-2 中电流与磁感应线回转方向间的关系，都可用**右手螺旋法则**加以判定。对长直载流导线，用右手握住导线，使大拇指伸直并指

向电流方向,四指弯曲的方向,就是磁感应线的回转方向;对圆形电流和长直通电螺线管,则要用右手握住螺线管或圆形线圈,使四指的弯曲方向指向电流方向,则伸直的大拇指的指向就是螺线管中或圆形线圈电流中心处的磁感应线的方向。

9.2　磁场对运动电荷的作用

9.2.1　洛仑兹力

由式(9-1)可以看出,电量为 q 的正电荷,在均匀磁场中以速度 v 垂直于磁感应强度 B 运动时,它所受到的最大磁力为

$$F_{max} = Bqv$$

磁场对运动电荷的作用力,称为**洛仑兹力**,常用 f 表示。如图 9-3 所示,当 v 与 B 成一定的夹角 θ 时,速度 v 在 xy 平面内,B 沿 y 轴的正方向。于是,可把速度 v 分解为两个分量:沿磁场方向的分量 $v_y = v\cos\theta$ 和垂直于磁场方向的分量 $v_x = v\sin\theta$。由于电荷的运动方向与 B 的方向一致时电荷所受的磁力为零,因而只需考虑速度 v 垂直于磁场的分量 $v\sin\theta$,这时,运动电荷所受的磁力大小为

$$f = Bqv\sin\theta \qquad (9-2)$$

写成矢量式为

$$\boldsymbol{f} = q\boldsymbol{v} \times \boldsymbol{B} \qquad (9-3)$$

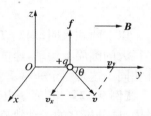

图 9-3　洛仑兹力

洛仑兹力的方向垂直于运动电荷的速度 v 和磁感应强度 B 所决定的平面,具体来说可由**右手定则**判定,即:右手四指并拢与大拇指垂直且在同一平面,让四指由 v 经小于 $180°$ 的角度转向 B,这时大拇指的指向就是运动正电荷所受洛仑兹力 f 的方向;若为负电荷,则所受力的方向与之相反,如图 9-4 所示。

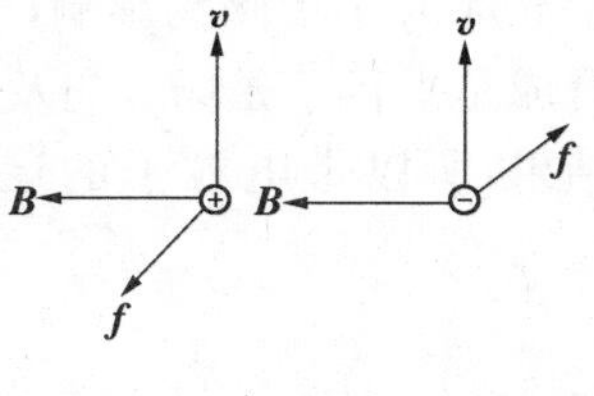

由式(9-3)知,$v=0$ 时,$f=0$;$v\neq0$ 时,f 才有可能不等于零。这表示磁场只对运动电荷有作用,而对静止电荷没有磁力的作用。由于磁力 f 总是垂直于速度 v,故洛仑兹力只能使运

图 9-4　运动电荷在磁场中所受力的方向

动电荷的速度改变方向,使路径弯曲而不改变速度的大小,故洛仑兹力对电荷不做功。

【例 9-1】　若有一电量为 q,质量为 m 的带电粒子以速度 v 沿着垂直于磁场方向进入磁感应强度为 B 的均匀磁场中,问它的运动轨迹如何(图中"×"代表垂直于纸面向里的磁场)?

【解】　如图 9-5 所示,作用在粒子上的洛仑兹力的大小为 $f = qvB$,力的方向垂直于 v 和 B 所组成的平面。由于 f 与 v 垂直,带电粒子在运动过程中的速度大小不变,仅改变方向,因此带电粒子进入均匀磁场后将做匀速圆周运动,洛仑兹力提供向心力。即有

$$qvB = m\frac{v^2}{R}$$

所以

$$R = \frac{mv}{qB} \qquad (9-4)$$

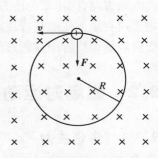

图 9-5 运动电荷在均匀磁场中的运动

式中 R 是圆形轨道半径,称为**回旋半径**。从式(9-4)可知回旋半径与带电粒子的运动速度成正比,而与磁感应强度成反比。即速度愈小,或磁感应强度愈大,轨道弯曲得愈厉害。

带电粒子回旋一周所需的时间,即**回旋周期**为

$$T = \frac{2\pi R}{v} = \frac{2\pi m}{qB} \qquad (9-5)$$

单位时间内带电粒子回旋的周数,即**回旋频率**为

$$\nu = \frac{1}{T} = \frac{qB}{2\pi m} \qquad (9-6)$$

以上两式表明,周期 T 或频率 ν 与粒子的速度 v 及回旋半径 R 无关。速度大的粒子在半径大的圆周上运动,速度小的粒子在半径小的圆周上运动,但各自回旋一周所需的时间都相同。这是一个非常重要的性质,且广泛应用于质谱仪,回旋加速器和磁聚焦中。

【例 9-2】 若有一电量为 q,质量为 m 的带电粒子,以速度 v 与 B 成 θ 角进入均匀磁场中,试分析它的运动轨迹。

【解】 如图 9-6 所示,v 与 B 成任意夹角 θ,把 v 分成两个分量:平行于 B 的分量 $v_{/\!/} = v\cos\theta$ 和垂直于 B 的分量 $v_\perp = v\sin\theta$。在洛仑兹力作用下,带电粒子应在垂直于磁场的平面内做匀速圆周运动。由于同时有平行于 B 的速度分量 $v_{/\!/}$($v_{/\!/}$ 不受磁场影响,保持不变),因而可将粒子的运动看成是平行于磁场方向及垂直于磁场方向上的运动的合成结果,所以带电粒子的运动轨迹是一螺旋线。螺旋线半径为

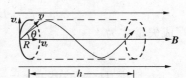

图 9-6 运动电荷在磁场中运动(初速 v 与 B 斜交)

$$R = \frac{mv_\perp}{qB}$$

螺距 h(即粒子每回转一周时前进的距离)为

$$h = v_{/\!/} T = \frac{2\pi m v_{/\!/}}{qB} \qquad (9-7)$$

所以,粒子沿螺旋线每转一周,在 B 的方向前进的路程正比于 $v_{/\!/}$ 而与 $v_\perp$ 无关。

带电粒子在磁场中做螺旋运动被广泛应用于"磁聚焦"技术中。如图 9-7 所示,磁聚焦主要部分为一电子枪以及产生磁场的螺线管。K 为发射电子的阴极,G 为控制极,A 为加速阳极,它们组成电子枪,CC' 是产生均匀磁场的螺线管。在控制极和阳极电压的作用下,由阴极 K 发射出来的电子将汇聚于 P 点,因而可将 P 点视为相当于光学成像系统中的物点。

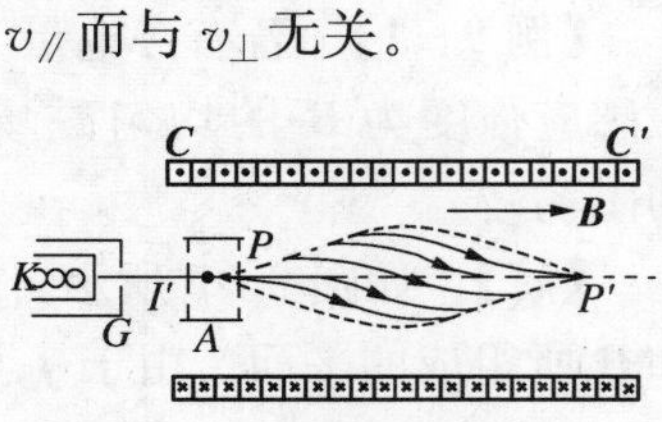

图 9-7 磁聚焦示意图

电子以速度 v 并与 B 成很小的 θ 角进入磁场中,故

$$v_{/\!/} = v\cos\theta \approx v$$

$$v_{\perp} = v\sin\theta \approx v\theta$$

由于速度的垂直分量 $v_{\perp}$ 不同,在磁场的作用下,各粒子将沿不同半径的螺旋线前进。但由于它们的水平速度分量 $v_{/\!/}$ 近似相等,所有粒子从 P 点经过一个螺距 $h = 2\pi m v_{/\!/}/qB \approx 2\pi m v/qB$ 后又重新汇聚在 P' 点。这与透镜将光束聚焦成像的作用类似,称之为**磁聚焦**。

实际上用得更多的是短线圈产生非均匀强磁场的聚焦,这些线圈的磁场对带电粒子的作用,类似透镜对光的作用,故称为**磁透镜**。磁透镜在许多真空系统(如电子显微镜)中得到广泛应用。

9.2.2 质谱仪

质谱仪是研究物质同位素的一种仪器。所谓同位素是指原子序数相同而原子质量不相同的原子。由于它们的化学性质相同,因而不能用化学方法而需要用物理方法加以区别。

质谱仪的工作原理如图 9-8 所示。从离子源中产生的正离子,经狭缝 S_1 和 S_2 之间的加速电场后直线地进入由 P_1 与 P_2 两极组成的**速度选择器**。使用速度选择器的目的是使具有一定速度的离子被选出来。因为原子性或分子性的离子,一般总是在放电的气体内产生的,而放电管内不同区域产

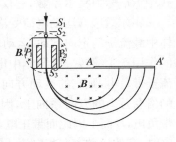

图 9-8 质谱仪工作原理图

生的离子可以有不同的速度,它们通过加速电场后的速度也就不同,所以必须用选择器使具有一定速度的离子被选出来。其原理如下:因为 P_1、P_2 间有电势差(P_2 电势高于 P_1 电势),所以有垂直于极板方向的电场,其场强为 E。若离子所带的电量为 $+q$,则离子所受的电场力 $f_e = qE$,方向垂直极板面向左,同时在 P_1、P_2 两板之间,另加一个垂直于图面向内的磁场,磁感应强度为 B_0,若离子运动速度为 v,则离子所受的磁场力 $f_m = q(v \times B_0)$,方向垂直极板面向右,某些离子的速度恰好使电场力和磁场力等值而反向,即满足下式

$$qE = qvB_0 \quad \text{或} \quad v = \frac{E}{B_0} \qquad (9-8)$$

由此可见,速度大于或小于 E/B_0 的离子都射向 P_1 或 P_2 板面而不能从 S_3 射出。速度满足式(9-8)(即挑选过)的离子由 S_3 射出后,进入另一个磁感应强度为 B 的均匀磁场,这里 $E = 0$,因而正离子做匀速圆周运动,根据式(9-4)可知圆的半径为

$$R = \frac{mv}{qB} \qquad (9-9)$$

式(9-9)中,q、v、B 均为定值,所以 R 与离子质量 m 成正比。质量大的则半径大,反之半径小,于是它们因质量不同而分别射到底片 AA' 的不同位置上,形成了细状条纹,称为**质谱**。从条纹的位置,就可知道圆运动的半径 R,因而根据式(9-9)可算出与该半径对应的同位素的质量。图 9-9 表示锗的质谱,条纹表示质量数为 $70, 72, \cdots$ 的锗的同位素 ^{70}Ge、^{72}Ge、$\cdots$。

图 9-9 锗的质谱

9.2.3 霍尔效应

在均匀磁场中放入一半导体板,使半导体板面与磁感应强度 B 的方向垂直,当在半导体板中沿着与 B 垂直的方向通以电流 I 时,在半导体板的上、下两表面 A、B 之间就会产生横向电势差 U_{AB},这种现象称为**霍尔效应**。其电势差 U_{AB} 称为**霍尔电势差**。电势差的大小与磁感应强度 B 的大小及电流强度 I 成正比与板的厚度 d 成反比,即

$$U_{AB} \propto \frac{IB}{d}$$

$$U_{AB} = R_H \frac{IB}{d} \tag{9-10}$$

式中 R_H 称为**霍尔系数**,它仅与半导体板的材料有关。

霍尔效应与运动电荷受洛仑兹力作用有关,导体中的电流是导体中载流子的定向运动,运动着的载流子在磁场中要受到洛仑兹力的作用产生偏转。设导体中电流方向自左向右。如果导体中的载流子带负电,则它的运动方向和电流 I 的方向相反,作用在它上面的洛仑兹力的方向系向上,因此导体的 A 面上积累过多的电子而带负电,B 面上因此而带正电,如图 9-10(a)所示;如果载流子带正电时,它的运动方向与电流 I 同方向,所受洛仑兹力仍向上,则 A 面带正电,B 面带负电,如图 9-10(b)所示。以上两种情况的结果都使 A、B 两表面上带等量异号电荷,从而在 A、B 间建立横向电场 E,直到该电场对载流子的电场力与洛仑兹力相等时达到平衡状态为止,此时在 A、B 两表面间建立了一个稳定的电势差 U_{AB}。

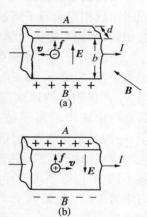

图 9-10 霍尔效应示意图

设载流子的运动速度为 v,电量为 q,则作用在它上面的洛仑兹力的大小为

$$f = qvB$$

当 A、B 两表面之间形成电势差后,载流子受到一个反向的电场力

$$f_e = qE = q\frac{U_{AB}}{b}$$

式中 b 为板的宽度。平衡时 $f = f_e$,即

$$qvB = q\frac{U_{AB}}{b}$$

设载流子浓度为 n,由第 8 章的相关公式得电流强度 I 与电荷运动速度 v 之间的关系为

$$v = \frac{I}{nqbd}$$

并代入上式得

$$U_{AB} = \frac{1}{nq}\frac{IB}{d} \qquad\qquad (9-11)$$

将此式与(9-9)式比较,即可知**霍尔系数**为

$$R_H = \frac{1}{nq} \qquad\qquad (9-12)$$

式(9-12)表明,霍尔系数 R_H 的正负由载流子所带电量 q 的正负决定,且 R_H 与载流子的浓度 n 成反比。

霍尔效应在生产和科学研究中获得广泛的应用。它可以用来制作传感器的探头。例如用实验测定霍尔系数的正负,就可以确定一种半导体材料是电子型(N 型-多数载流子为电子)还是空穴型(P 型-多数载流子为空穴);根据霍尔系数的大小就可知载流子的浓度。又例如,利用半导体制成的霍尔元件可用来测量磁场、电流以及非电学量(如压力、转速等),它具有结果简单、动作迅速、测量准确、方便使用等优点。

高斯计是用来测量磁感应强度的仪器。它的探头就是一只霍尔元件,如图 9-11 所示。在保护套内装有一块半导体薄片,四边接四根引线,其中两根用来通电流,另外两根用来引出霍尔电势差。当通以一定的电流 I 后,由于 n、q、d 都不改变,根据式(9-10),则半导体薄片的霍尔电势差 U_{AB} 与探头所在处的磁感应强度 B 成正比,于是通过测量 U_{AB} 就可知道 B 的值。我国生产的 CT-2 型、CT-3 型高斯计就是根据这个原理制成的。用此方法可测量高达 7~8 万高斯的超导线圈内的强磁场。

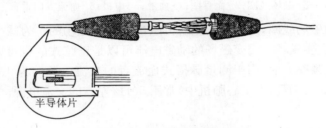

半导体片

图 9-11 高斯计探头

9.2.4 电磁流速计

电磁流速计是一种测量血流速度的仪器,它主要用于测量心脏和动脉手术时动脉血管内的血流速度。使用时,只需将剥离的血管嵌入测量头内,血流速度的大小可从已换算好的灵敏电压表刻度盘上直接读出。这种仪器的原理图如图 9-12 所示。

电磁流速计的原理是基于磁场对运动电荷的作用,这时在磁场中的运动电荷是血流中的带电粒子。设电流的平均速度为 v,它的流向与外加磁场 B 互相垂直。血流中电量为 q 的正负电荷离子,在外加磁场中分别受到一个大小相等、方向相反的洛仑兹力的作用。这样,正负带电粒子将分别积聚到血管两侧的管壁上,形成霍尔电压 U 和电场 E。假设正负电荷均匀分布在直径为 D 的血管相对应的两侧,则所形成的场可近似地看做是均匀电场。当达到平衡时带电粒子所受的洛仑兹力和受到的电场力相等。于是 $qvB=qE$,由 $E=U/D$,得

$$qvB = \frac{qU}{D}$$

于是有
$$v=\frac{U}{BD}$$
(9-13)

因此,通过对霍尔电压的测定就可确定血流速度的大小。

电磁流速计的测量有两大类型,一类是适用于血管外测量用的,另一类是适用于血管内测量用的。图9-12是电磁流速计原理图,该仪器是一种适用于血管外测量用的仪器。测量时应将血管周围其他组织剥离开3cm,将血管壁上的脂肪等其他物质清除干净,使测量头同血管外壁吻合良好。由于血管壁的厚度以及血球比容大等原因,使用这种仪器测血流速度时有较大的误差。

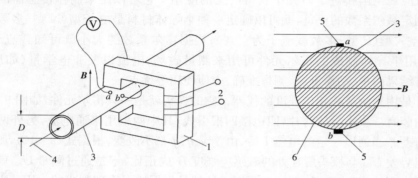

图9-12 电磁流速计原理
1-铁心;2-磁场线圈;3-血管壁;4-血液;5-电极;6-血流方向垂直于纸面

电磁血流计的磁场线圈,是用来产生稳恒磁场或交变磁场的。为减少由于极化作用造成的误差,常采用交变磁场。交变磁场的励磁电流可以是正弦式的也可以是矩形式的。常用矩形脉冲波。在频率方面,用于测量脉搏式血流者的交流电源约为400Hz左右,用于测量较稳定的血流(如人工肾、人工心肺机中)常用50Hz左右的交流电源。

9.2.5 电磁泵

电磁泵是一种利用磁场作用在导电液体上的磁力来运送导电液体的装置。

由于血液中含有大量的带电粒子(电解质离子等),这就使它成为一种导电液体,因此电磁泵在医药技术上常用来抽送血液或其他电解质溶液。如图9-13所示的是电磁泵的示意图。

电磁泵的原理也是基于磁场对运动电荷的作用。当导电液体中通过的电流方向与所加的磁感应强度B的方向垂直时,则导电液体将受到一个沿管子方向的推力,使它不断地沿着管子向前流动。整个系统是完全密封的,只有导电液体本身在其中流动,其余的部件全是固定不动的。因此,电磁泵比带有可动部件的普通机械泵更为优越,它不会使血液中的细胞受到损害。此外,由于它是全部密封的,减少了污染的机会。现在,电磁泵还用在某些人工心肺机和人工肾机中。

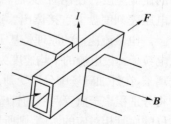

图9-13 电磁泵原理

9.3 磁场对电流的作用

9.3.1 磁场对载流导线的作用

由实验知道,载流直导线在磁场中要受到磁场力的作用。这个力的微观本质就是由于导体中做定向运动的自由电子受到洛仑兹力的作用而侧向漂移时,不断地与晶格上的正离子相互碰撞,把力传给导体,因而在宏观上表现为载流直导线在磁场中受到磁场力的作用。

设在载流直导线上沿电流方向取一线元 dl,其中的电流强度为 I,把 Idl 称为**电流元**,其方向为该线元内正电荷定向移动的方向。则电流元所受到有磁场力为

$$dF = Idl \times B \qquad (9-14)$$

其大小为

$$dF = IdlB\sin\theta \qquad (9-15)$$

式中 θ 是 Idl 与磁感应强度 B 的夹角。式(9-14)称为**安培定律**。磁场对电流元的作用力,通常称为**安培力**。安培力 dF 的方向总是垂直 Idl 与 B 所在的平面,方向可用右手螺旋法则判定:即右手四指由 Idl 经小于 $180°$ 角转向 B,这时大拇指的指向就是安培力的方向,如图 9-14 所示。除右手螺旋法则外,也可用左手定则来确定 dF 的方向。

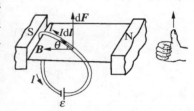

图 9-14 电流元在磁场中所受的力

对有限长载流直导线所受的安培力,等于各电流元所受安培力的叠加,即

$$F = \int dF = \int Idl \times B \qquad (9-16)$$

如一段长为 l,通以电流 I 的直导线,放在磁感应强度为 B 的均匀磁场中,导线与 B 的夹角为 θ,如图 9-15 所示。在这种情况下,作用在各个电流元上的安培力 dF 的方向都是垂直图面向里,所以作用在长直导线上的合力等于各电流元 Idl 上各个分力的代数和,即

$$F = \int_l dF = \int_0^l IdlB\sin\theta = IB\sin\theta\int_0^l dl = IBl\sin\theta \qquad (9-17)$$

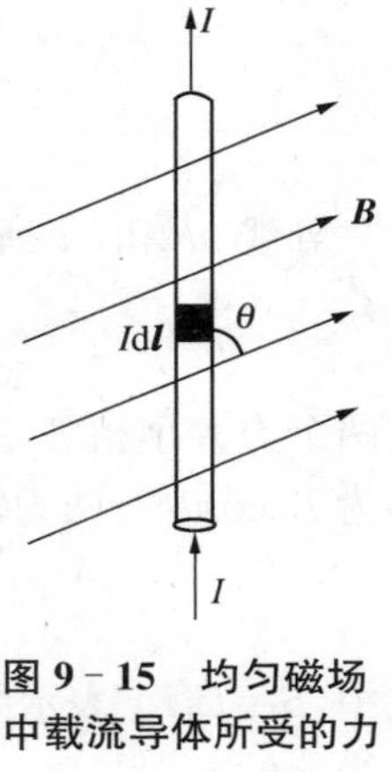

合力作用在长直导线中点,方向垂直图面向里。

如果各电流元所受的力,方向不一致,就必须把各电流元受到的力作正交分解,再对整个导线取积分。

图 9-15 均匀磁场中载流导体所受的力

【**例 9-3**】 试分析均匀磁场中半圆形载流导线的受力情况。

【**解**】 如图 9-16 所示,它表示一段半圆形导线,半径为 R,通以电流 I,磁场与导线平面垂直,并取坐标系 xOy。将各个电流元所受力 dF 分解为 x 和 y 两个方向上的分力 dF_x 和 dF_y。考虑到对称性,沿 x 方向的分力的代数和为零,在 y 方向上电流元的分力为

$$\mathrm{d}F_y = \mathrm{d}F\sin\theta = BI\,\mathrm{d}l\sin\theta$$

因为所有分力方向均向上,所以合力 F 在 y 方向上的大小为

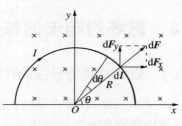

$$F = \int_l \mathrm{d}F = \int_l BI\,\mathrm{d}l\sin\theta = \int_0^\pi BI\sin\theta R\,\mathrm{d}\theta$$

$$= BIR\int_0^\pi \sin\theta\,\mathrm{d}\theta = 2BIR = BI(2R)$$

图 9-16 均匀磁场中的一段半圆形导线

显然,合力 F 作用在半圆弧中点,方向向上,且其大小等效于长度为 $2R$ 的通电直导线所受的力。这一结论对处理不规则导线受力的问题很重要。

9.3.2 磁场对载流线圈的作用

设在磁感应强度为 B 的匀强磁场中,有一矩形线圈 $abcd$,如图 9-17 所示。线圈的边长分别为 L_1 和 L_2,通以电流 I,可绕轴 OO' 转动。设线圈的平面与磁场方向间的夹角为 θ,并且 ab 及 cd 边均与磁场垂直。导线 bc 和 ad 所受的磁场作用力大小分别为 F_1、F_1',这两个力在同一直线 OO' 轴上,大小相等而方向相反,相互抵消。

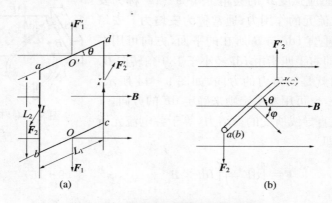

图 9-17 磁场对矩形载流线圈的作用

导线 ab 和 cd 所受的磁场作用力分别为 F_2 和 F_2',其大小为

$$F_2 = F_2' = BIL_2$$

这两个力大小相等,方向相反,但不在同一直线上,因此,相对于 OO' 轴产生两个力矩,力臂均为 $L_1\cos\theta/2$,两力矩方向相同,均竖直向上。所以磁场作用在线圈上的总的力矩为

$$M = F_2 L_1\cos\theta = BIL_1 L_2\cos\theta = BIS\cos\theta \qquad (9-18)$$

式中,$S = L_1 L_2$ 表示线圈的面积,θ 为线圈平面与磁感应强度 B 的夹角。常用线圈平面的正法线 n 的方向与磁场方向的夹角 φ 来代替 θ,由于 $\theta + \varphi = \pi/2$,所以上式应为

$$M = BIS\sin\varphi$$

如果线圈有 N 匝,那么线圈所受的力矩为

$$M = NBIS\sin\varphi = mB\sin\varphi \qquad (9-19)$$

式中 $m=NIS$ 就是线圈**磁矩**的大小。磁矩是矢量,磁矩的方向为载流线圈平面正法线 **n** 的方向,则可用 **m** 表示,即

$$m = NISn \qquad (9-20)$$

正法线 **n** 与线圈中电流的流向满足右手螺旋法则。磁力矩的矢量式可表示为

$$M = m \times B \qquad (9-21)$$

式(9-19)和式(9-21),不仅对矩形线圈成立,它对于在均匀磁场中,任意形状的平面线圈也同样成立,而且也适用于带电粒子自旋磁矩在磁场中所受的磁力矩作用,其力矩的大小方向也都可用上式来描述。

式(9-19)表明,当 $\varphi=0$ 时,$M=0$,即磁力矩为零,线圈处于平衡状态。当 $\varphi=\pi/2$ 时,$M=NBIS$,磁力矩最大,这一磁力矩使 φ 有减小的趋势。当 $\varphi=\pi$ 时,$M=0$,这时线圈没有磁力矩作用,但不稳定,稍有偏转,线圈就会离开这个位置,所以,常把 $\varphi=\pi$ 时线圈的状态称为**不稳定平衡状态**,而把 $\varphi=0$ 时线圈的状态称为**稳定平衡状态**。总之,磁场对载流线圈(即磁矩)作用的磁力矩,总是要使线圈转到它的磁矩方向与磁场方向一致的稳定平衡位置。

磁场对载流线圈的磁力矩使线圈绕 OO' 轴旋转而对线圈做功,即

$$W = \int_{\pi/2}^{\varphi} M\mathrm{d}\theta = -\int_{\pi/2}^{\varphi} NISB\sin\varphi\mathrm{d}\varphi = -mB\int_{\pi/2}^{\varphi} \sin\varphi\mathrm{d}\varphi = -mB\cos\varphi$$

这一功并没有耗散掉,而是转变成了磁矩在磁场中的能量,即

$$W = -mB\cos\varphi = -m \cdot B \qquad (9-22)$$

9.4 电流的磁场

9.4.1 高斯定理

通过一给定曲面的磁感应线总数,称为该曲面的**磁通量**,用 Φ 表示。在一均匀磁场中,面积为 S 的平面,其法线 **n** 与磁感应强度 **B** 的夹角为 θ,则通过该面积的磁通量为

$$\Phi = BS\cos\theta \qquad (9-23a)$$

式中,磁通量的单位是韦伯(Wb)。

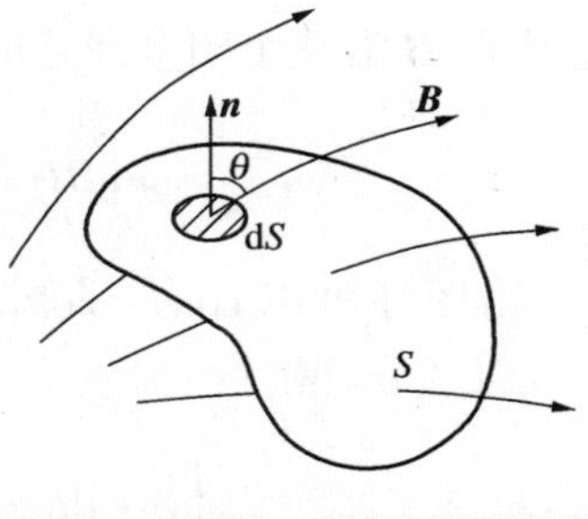

对于非均匀磁场,在计算通过任意曲面上的磁通量时,可在曲面上取面积元 $\mathrm{d}S$,且认为该面元上的磁场是均匀的。如图 9-18 所示,通过面积元 $\mathrm{d}S$ 的磁通量为

图 9-18 通过一定曲面的磁通量

$$\mathrm{d}\Phi = B\cos\theta\mathrm{d}S \qquad (9-23b)$$

所以通过有限曲面的磁通量为

$$\Phi = \iint_S B\cos\theta\mathrm{d}S \qquad (9-24)$$

矢量式为

$$\Phi = \iint_S \boldsymbol{B} \cdot d\boldsymbol{S} \tag{9-25}$$

如图 9-19 所示，对于封闭曲面来说，考虑到磁力线的封闭性和不间断性可得

$$\oiint_S \boldsymbol{B} \cdot d\boldsymbol{S} = 0 \tag{9-26}$$

即，通过任何封闭曲面的磁通量必等于零。所以，**磁场是无源场**。
式(9-26)称为磁场中的**高斯定理**。

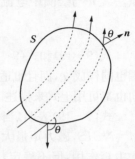

图 9-19　通过封闭曲面的磁通量

9.4.2　安培环路定律

理论与实验均表明，通电的长直导线在其附近空间某点产生的磁感应强度 $\boldsymbol{B}$ 的大小与导线中的电流 I 成正比，而与该点到导线的垂直距离 r 成反比，写成等式为

$$B = K \frac{I}{r} = \frac{\mu_0}{2\pi} \frac{I}{r} \tag{9-27}$$

式中比例系数 K 的值与单位选择有关，在国际单位制中，K 习惯上写成 $\mu_0/2\pi$ 形式，其中 μ_0 称为**真空磁导率**，它的数值为

$$\mu_0 = 4\pi \times 10^{-7} \text{ T} \cdot \text{M} \cdot \text{A}^{-1}（特斯拉·米·安培^{-1}）$$
$$= 4\pi \times 10^{-7} \text{ H} \cdot \text{M}^{-1}（亨利·米^{-1}）$$

式(9-27)可看做为"无限长"通电直导线周围产生的磁感应强度的公式，方向由右手螺旋法则确定。

在垂直于"无限长"载流直导线的平面内环绕导线作一任意形状的闭合回路 L，如图 9-20 所示，在回路 L 上任取一线元 dl，线元所在处的磁感应强度 $\boldsymbol{B}$ 与 dl 之间的夹角为 θ，dl 到导线的距离为 r。因此 $\boldsymbol{B}$ 沿整个闭合回路的线积分为

$$\oint \boldsymbol{B} \cdot d\boldsymbol{l} = \oint B dl \cos\theta$$

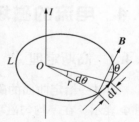

图 9-20　安培环路定律

由图可知 $dl\cos\theta = rd\theta$，$d\theta$ 表示 dl 对 O 点的圆心角。再代入 $B = \mu_0 I/2\pi r$，得

$$\oint \boldsymbol{B} \cdot d\boldsymbol{l} = \oint B\cos\theta dl = \int_0^{2\pi} \frac{\mu_0 I}{2\pi r} r d\theta = \frac{\mu_0 I}{2\pi} \int_0^{2\pi} d\theta = \mu_0 I$$

如果包含在闭合曲线内的电流不止一个，而有 n 个，可以证明

$$\oint \boldsymbol{B} \cdot d\boldsymbol{l} = \mu_0 \sum_{k=1}^{n} I_k \tag{9-28}$$

式(9-28)表明：磁感应强度 $\boldsymbol{B}$ 沿任何闭合回路的线积分等于穿过该回路的所有电流代数和的 μ_0 倍，称为**安培环路定律**，它为磁场的基本定律之一，适用于任意电流的磁场。

电流的正、负方向与积分时在闭合回路上所取的回转方向的关系是由右手螺旋法则决

定的。取螺旋的旋转方向为积分的回转方向,那么与螺旋前进的方向相同的电流为正,相反的电流为负,如图 9-21 所示,即图 9-21(a)中 I 为正,图 9-21(b)中 I 为负。

若闭合回路内有两个方向相反的电流 I_1 和 I_2,如图 9-22 中(a),则 $\boldsymbol{B}$ 沿闭合回路的线积分为

$$\oint \boldsymbol{B} \cdot \mathrm{d}\boldsymbol{l} = \mu_0 (I_1 - I_2)$$

若闭合回路中没有电流或有等值而反向电流通过,如图 9-21(b)、9-21(c)所示,则

$$\oint \boldsymbol{B} \cdot \mathrm{d}\boldsymbol{l} = 0$$

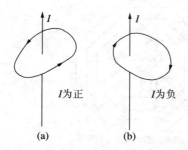

图 9-21 安培环路定律中 I 的正、负号确定规定

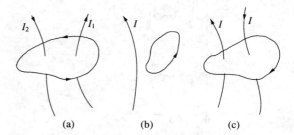

图 9-22 安培环路定律应用在几种不同情况

作为安培环路定律的应用,现计算通电螺线管内的磁场。

【例 9-4】 设有一密绕的均匀长螺线管,通有电流 I,若螺线管相当长,试求管内磁场的磁感应强度。忽略管外侧的磁场。

【解】 为了计算螺线管内中间某点 P 的磁感应强度,可以通过 P 点做一矩形闭合回路 $abcd$,如图 9-23 所示。在线段 cd、bc 和 da 的一部分位于管的外部,所以 $B=0$,在 bc 和 da 位于管内的另一部分,显然 $B \neq 0$,但 $\mathrm{d}\boldsymbol{l}$ 与 $\boldsymbol{B}$ 垂直,即

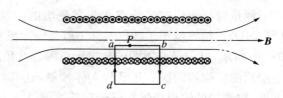

图 9-23 长螺线管内的磁场

$$\cos(\boldsymbol{B}, \mathrm{d}\boldsymbol{l}) = 0$$

在管内,$\boldsymbol{B}$ 方向与 ab 一致,所以 $\boldsymbol{B}$ 沿闭合回路 $abcd$ 的线积分为

$$\oint \boldsymbol{B} \cdot \mathrm{d}\boldsymbol{l} = \int_{ab} \boldsymbol{B} \cdot \mathrm{d}\boldsymbol{l} + \int_{bc} \boldsymbol{B} \cdot \mathrm{d}\boldsymbol{l} + \int_{cd} \boldsymbol{B} \cdot \mathrm{d}\boldsymbol{l} + \int_{da} \boldsymbol{B} \cdot \mathrm{d}\boldsymbol{l} = \int_{ab} \boldsymbol{B} \cdot \mathrm{d}\boldsymbol{l} = B\overline{ab}$$

设螺线管单位长度上有 n 匝线圈,线圈的电流为 I。闭合回路 $abcd$ 内所包围的总电流为 $\overline{ab}nI$。根据安培环路定律得

$$\oint \boldsymbol{B} \cdot \mathrm{d}\boldsymbol{l} = \int_{ab} \boldsymbol{B} \cdot \mathrm{d}\boldsymbol{l} = B\overline{ab} = \mu_0 \overline{ab}nI$$

所以

$$B = \mu_0 nI \tag{9-29}$$

必须指出,只有在电流分布具有一定的对称性的情况下,用安培环路定律计算磁场的方法才是方便。

9.4.3 心磁图

心磁图是近十多年发展起来的一种新技术。众所周知,运动电荷周围有磁场,心脏在除极与复极的过程中产生的心电流周围也有磁场。**心磁图**就是心电流产生的磁场随时间而变化的关系曲线。图9-24表示直接取自正常人心脏外的心磁图和一个典型的心电图。

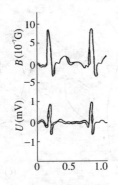

图 9-24 心电图和
心磁图的比较

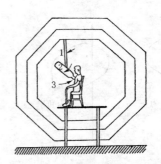

图 9-25 记录心磁图的装置示意图
1-固定系统磁;2-杜瓦瓶;3-检测探头

从图中可以看出,在每一个心动周期中,心磁图也有像心电图中的P、QRS、T和u波,但幅度不同。由于心电流产生的磁场,在胸部周围的数量级为10^{-6}G,是地磁的百万分之一。测量时必须用磁屏蔽室和非常灵敏的磁场强度检测仪,其中之一是超导量子干涉仪(SCQID)。超导量子干涉仪实际上就是一个磁检测器,它对磁通量的变化非常灵敏。如图9-25所示,是记录心磁图的装置示意图。八角形的房屋有五层磁屏蔽墙壁(图中只画出了三层),磁检测器的探头几乎与人体接触,让其在胸前移动,就可测出各个不同点的磁感应强度,检测器的输出信号在屏蔽层外被记录下来。

心磁图可提供从心电图无法得到的信息。一些心电图正常的患者,都可在心磁图中发现有异常的特征。如心肌缺血时,心磁图会出现深度的S-T段下降,而心电图的S-T段并没有改变。因此可利用心磁图对早期心肌梗死和小范围的梗死做出及时诊断。另外,在心脏病发作之前,可能已存在肌肉和神经组织的损伤,于是有磁场产生。记录下这时的心磁图,对心脏病的诊断将起到有益的作用。

9.4.4 脑磁图

由神经元组成的大脑皮层是人类进行思维活动的物质基础,是中枢神经系统的最高级部分。大脑皮层的电活动主要来自神经元有节律的交变放电——**脑电流**。分布于头颅各处的脑电流周围,存在着磁场——**脑磁场**。磁场中某点的磁场强度也随着脑电流的变化而变化。**脑磁图**就是头颅的磁场随时间而变化的关系曲线。

脑电流在头部周围产生磁场,其数量级为10^{-8}G,是地球磁场的亿分之一。测量这样微弱的脑磁场时也必须使用超导量子干涉仪和良好的磁屏蔽室。利用脑磁图可以得到脑电图难以探测到的一些信息。比如当脑内电活动在头皮上记录不到时,可用磁检测器测出磁讯号。此外,在头皮表面做磁探测时,检测器无需与头皮接触,而可做远距离探测,这就提供了在一个相当短的时间内描绘中枢系统活动的可能性。

9.5 电磁感应定律

9.5.1 电磁感应定律

法拉第从实验总结了感应电动势与磁通量变化之间的关系,指出：当通过闭合回路所包围面积的磁通量发生变化时,该回路中产生感应电动势 $\mathscr{E}_i$,$\mathscr{E}_i$ 的大小与磁通量对时间的变化率 $\mathrm{d}\Phi/\mathrm{d}t$ 成正比。这一关系称为**法拉第电磁感应定律**,可表达为

$$\mathscr{E}_i = -K\frac{\mathrm{d}\Phi}{\mathrm{d}t} \qquad (9-30)$$

式中 K 为比例系数。在国际单位制中,$\mathscr{E}_i$ 的单位为 V,$\dfrac{\mathrm{d}\Phi}{\mathrm{d}t}$ 为 Wb·s^{-1},则 $K=1$,于是得

$$\mathscr{E}_i = -\frac{\mathrm{d}\Phi}{\mathrm{d}t} \qquad (9-31)$$

式中负号表示感应电动势的方向。关于感应电动势的方向也可用**楞次定律**来判定,其表述为：闭合回路中感应电流的磁通量总是力图阻碍引起感应电流的磁通量的变化。感应电流的方向与感应电动势方向一致。

在具体计算时,首先要选定回路绕行方向与磁感应强度方向满足右手螺旋法则,然后计算出磁通量,再代入式(9-31)求 $\mathscr{E}_i$,若 $\mathscr{E}_i>0$,则说明 $\mathscr{E}_i$ 的方向与绕行方向一致；若 $\mathscr{E}_i<0$,则说明 $\mathscr{E}_i$ 的方向与绕行方向相反。如图 9-26 所示。

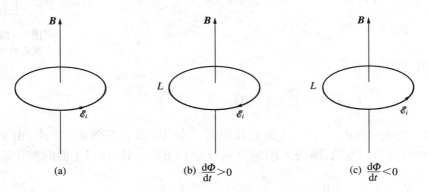

(a) (b) $\dfrac{\mathrm{d}\Phi}{\mathrm{d}t}>0$ (c) $\dfrac{\mathrm{d}\Phi}{\mathrm{d}t}<0$

图 9-26 磁通量方向与感应电动势方向间的关系

【**例 9-5**】 如图 9-27 所示,一根可移动的金属杆 AA' 的长度 $l=0.1$ m,与一固定的金属框相接触,位于 $B=1$ Wb·m^{-2} 的均匀磁场中,方向如图所示。当金属杆 AA' 以速度 $v=0.1$ m·s^{-1} 向右运动时,求此杆的感应电动势的大小和方向?

【**解**】 取回路绕行方向为顺时针方向。当杆 AA' 以速度 v 向右运动时,设在 $\mathrm{d}t$ 时间内,AA' 所移动的距离为 $\mathrm{d}s$,则闭合回路面积的变化为 $l\mathrm{d}s$,因而回路中磁通量的变化为

$$d\Phi = \boldsymbol{B} \cdot d\boldsymbol{s} = Bl\,ds$$

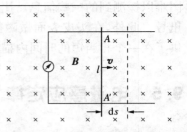

根据法拉第电磁感应定律,金属杆 AA' 中的感应电动势的大小为

$$\mathscr{E}_i = -\frac{d\Phi}{dt} = -Bl\,\frac{ds}{dt} = -Bvl$$

将 $B = 1\ \text{Wb} \cdot \text{m}^{-2}, l = 0.1\ \text{m}, v = 0.1\ \text{m} \cdot \text{s}^{-1}$,代入上式得

$$\mathscr{E}_i = -1 \times 0.1 \times 0.1 = -0.01\ (\text{V})$$

图 9-27 导线在均匀磁场中做切割磁力线运动

其中,负号表示感应电动势方向沿回路的逆时针方向,即 $\mathscr{E}_i$ 的指向是由 A' 指向 A。

9.5.2 电磁感应的本质

法拉第电磁感应定律表明,只要闭合回路中的磁通量发生变化就有感应电动势产生,不论这种变化起源于什么原因。为了对电磁感应现象的本质有更深刻的理解,下面按照磁通量变化的原因的不同,分两种情况来讨论。

例 9-5 中所述的情况是磁场不变,仅仅是金属杆 AA' 作切割磁力线运动引起回路中磁通量的变化,而在杆 AA' 中产生感应电动势,称为**动生电动势**。这种电动势的产生原因可由洛仑兹力来说明。如图 9-28 所示,当导体 AA' 以速度 v 向右运动时,导体中的自由电子也以速度 v 跟随导体一起向右运动。因此导体中每一个自由电子在洛仑兹力 $\boldsymbol{f} = -e(\boldsymbol{v} \times \boldsymbol{B})$ 的作用下向 A' 聚集,结果使 A' 端带负电,而 A 端带正电,若把运动的这一段导体看成电源时,则 A' 端为负极,A 端为正极。现在电源中的非静电力就是作用在单位正电荷上的洛仑兹力,即

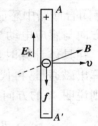

$$\boldsymbol{E}_K = \frac{\boldsymbol{f}}{-e} = (\boldsymbol{v} \times \boldsymbol{B})$$

图 9-28 电磁感应的电子理论

因此电动势等于

$$\mathscr{E} = \int_{-}^{+} \boldsymbol{E}_K \cdot d\boldsymbol{l} = \int_{A'}^{A} (\boldsymbol{v} \times \boldsymbol{B}) \cdot d\boldsymbol{l} \qquad (9-32)$$

式中 $d\boldsymbol{l}$ 表示将正电荷由 A' 移到 A 的过程中的一小段位移。在图 9-27 中,由于 $\boldsymbol{v} \perp \boldsymbol{B}$,而且单位正电荷受力的方向,即 $(\boldsymbol{v} \times \boldsymbol{B})$ 的方向与 $d\boldsymbol{l}$ 的方向一致,所以上面的积分等于

$$\mathscr{E} = \int_{A'}^{A} (\boldsymbol{v} \times \boldsymbol{B}) \cdot d\boldsymbol{l} = \int_{A'}^{A} vB\,dl = Bvl \qquad (9-33)$$

这一结果与例 9-5 通过回路的磁通量的变化率计算出的结果相同。

以上讨论只是特殊情况(直导线、均匀磁场、导线垂直于磁场平移),对于普遍情况,即对任意形状的导线 L(可以是闭合线圈,也可以是一段导线),当它在任意磁场中运动或变形时,也要引起动生电动势。这时可将导线 L 分成许多无限小的线元 $d\boldsymbol{l}$,任一线元 $d\boldsymbol{l}$ 所产生的动生电动势为

$$d\mathscr{E} = (\boldsymbol{v} \times \boldsymbol{B}) \cdot d\boldsymbol{l} \tag{9-34}$$

式中，$\boldsymbol{v}$ 表示线元 $d\boldsymbol{l}$ 的运动速度，$\boldsymbol{B}$ 为 $d\boldsymbol{l}$ 所在处的磁感应强度，则整个导线中产生的动生电动势为

$$\mathscr{E} = \int_L d\mathscr{E} = \int_L (\boldsymbol{v} \times \boldsymbol{B}) \cdot d\boldsymbol{l} \tag{9-35}$$

动生电动势的方向就是 $\boldsymbol{v} \times \boldsymbol{B}$ 的方向。通常动生电动势是根据矢量积的右手螺旋法则来决定，如图 9-29 所示。所以，图 9-28 中的动生电动势的方向是由 A' 到 A（也可以用右手定则确定）。

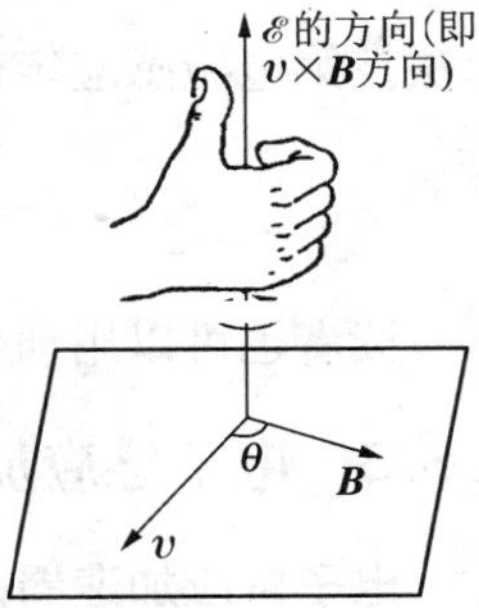

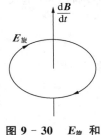

图 9-29　确定动生电动势方向的右手螺旋法则

当线圈保持不动，回路中磁通量发生变化所引起的感应电动势，称为**感生电动势**。实验表明，导体不动而磁场变化时，回路中产生的感生电动势是由变化的磁场本身引起的。麦克斯韦分析了电磁感应这个性质之后，提出如下的观点：变化的磁场在其周围空间产生涡旋状的电场，称为**涡旋电场**或**感应电场**。感生电动势就是这种电场作用的结果。

涡旋电场与静电场有一个共同的性质，即它们对电荷有作用力。但也有区别，一方面涡旋电场不是由电荷激发，而是由变化的磁场所激发；另一方面描述涡旋电场的电力线是闭合的，于是将单位正电荷在涡旋场中沿闭合路径移动一周时，电场力所做的功不等于零。

$$\oint \boldsymbol{E}_{旋} \cdot d\boldsymbol{l} \neq 0 \tag{9-36}$$

因此涡旋电场是一种**非有势场**。在 $\boldsymbol{E}_{旋}$ 的作用下，单位正电荷沿任意闭合回路移动一周，涡旋电场所做的功等于该回路中的感生电动势，即

$$\mathscr{E}_i = \oint \boldsymbol{E}_{旋} \cdot d\boldsymbol{l} \tag{9-37}$$

按法接弟电磁感应定律可写成如下形式

$$\oint \boldsymbol{E}_{旋} \cdot d\boldsymbol{l} = -\frac{d\Phi}{dt} \tag{9-38}$$

图 9-30　$\boldsymbol{E}_{旋}$ 和 $\dfrac{d\boldsymbol{B}}{dt}$ 的关系

式中，$d\Phi/dt$ 表示回路内磁通量的时间变化率；负号说明 $\boldsymbol{E}_{旋}$ 和 $d\Phi/dt$ 实际上是形成左旋系统。如果左手螺旋沿 $\boldsymbol{E}_{旋}$ 的转向转动，那么螺旋前进的方向就是 $d\Phi/dt$ 的方向，如图 9-30 所示。式 (9-38) 表明，感生电场的场强沿任一闭合回路的线积分，等于穿过该回路所包围面积磁通量的变化率的负值。

必须指出，法拉第电磁感应定律的原始形式只适用于导体构成的闭合回路，而麦克斯韦的假设是不管有无导体，不管是在介质或真空中都是适用的。如果有导体回路存在，则在导体中有感生电流产生，否则只有感生电动势而无感生电流。

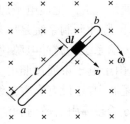

图 9-31　直棒在匀强磁场旋转

【**例 9-6**】　在均匀磁场中有一长为 L 的铜棒 ab，在垂直于磁场的平面内绕 a 点以角速度 ω 旋转，如图 9-31 所示。求这根铜棒两

端的电势差。

【解】 用法拉第定律求解。

设 ab 在 dt 时间内转了 $d\theta$ 角,则它扫过的面积为 $\frac{1}{2}L^2 d\theta$,如图

9-32所示。此时,通过此面积的磁通量为

$$d\Phi = \frac{1}{2}BL^2 d\theta$$

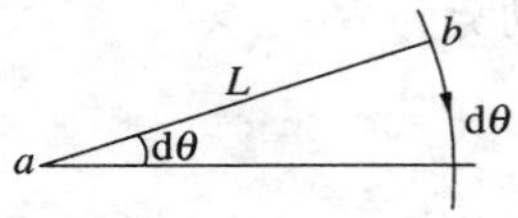

由法拉第电磁感应定律得

$$\mathscr{E} = \left| \frac{d\Phi}{dt} \right| = \frac{1}{2}BL^2 \frac{d\theta}{dt} = \frac{1}{2}\omega BL^2$$

图 9-32 ab 在 dt 时间内扫过的面积为 $\frac{1}{2}L^2 d\theta$

读者也可以用动生电动势式(9-35)求解,计算结果与上式相同。

9.5.3 电子感应加速器

电子感应加速器是加速电子的装置,它在工农业、医药卫生以及科学研究等方面,已经得到了广泛的应用。电子感应加速器有直线式和回旋式的,现分别加以叙述。

1) 医用电子直线加速器

医用电子直线加速器是用微波电磁场加速电子的一种装置。它能产生高能 X 射线和电子束射线。由于它具有剂量率高,照射时间短,照射范围大,剂量均匀与稳定性好以及半影区小等特点,国际上早已将这样的加速器作为放射治疗的主要工具。

医用电子直线加速器根据所采用的电磁场形式,分为行波直线加速器和驻波直线加速器两种。这里只讨论行波直线加速器。

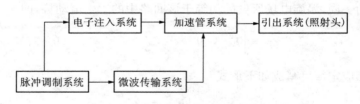

图 9-33 医用电子直线加速器方框图

图 9-33是医用电子直线加速器的原理方框图。现分别叙述各部分的主要作用。电子注入系统是用来发射电子,并使电子具有一定的速度和较小发射角的装置。此装置可使电子沿加速管的轴线注入加速管中,微波传输系统是用来产生微波脉冲功率并输送到加速系统中,加速系统能产生使电子加速的轴向微波电场,并能使加速过程中的电子始终会聚在一起而不散开,脉冲调制系统是用来产生具有一定波形和一定频率的脉冲高压,作为电子注入系统和微波传输系统的脉冲电源,引出系统是将已加速的电子引入到照射头,并能对电子束或 X 射线束(由于电子束通过照射头中的金靶转换而来)进行控制,以满足治疗要求。此外,在电子直线加速器中,还设有真空系统、恒温冷却调节系统等,其目的是为了避免电子在加速过程中与气体分子碰撞引起散射和消除各种部件所产生的热量,以确保加速器的正常工作。

2) 电子感应加速器

电子感应加速器是另一种加速电子的装置。它主要的组成部分有圆形电磁铁、环形真

空室、交流电源以及激励线圈等,其结构示意如图 9-34 所示。电子感应加速器的工作原理是:频率为几十赫的交流电源,使激励线圈中产生一个随时间变化的交变电流。此电流在两圆形电磁铁间的环形真空室内激发一个随时间变化的磁场,这个变化的磁场引起一个涡旋电场。若用电子枪将电子沿回路的切线方向注入环形真空室,此时,电子将受到两个力的作用。一个是涡旋电场力 F_e,它使电子沿回路切线方向加速;另一个是洛仑兹力 f,它使电子在环形真空室内沿圆形轨道运动,从而使电子获得足够高的能量。

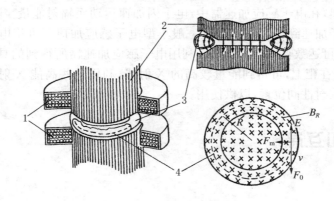

图 9-34 电子感应加速器示意图
1-线圈;2-铁心;3-环形真空室;4-电子束

这里有两个问题需要解决。一是为了使电子稳定在给定的轨道上运动应满足什么条件;二是如何使电子在圆形轨道上被加速,而不致被减速。现在先分析第一个问题。

设电子以速率 v 在半径为 R 的圆形轨道上运动,圆形轨道所处的磁感应强度为 B_R,如图 9-33 所示。由洛仑兹力和牛顿第二定律,有

$$evB_R = m\frac{v^2}{R}$$

得

$$R = \frac{mv}{eB_R} \tag{9-39}$$

从式(9-38)可以看出,要使电子沿给定半径 R 做圆周运动,必须使磁感应强度 B_R 随电子的动量 mv 成比例地增加才行。为了实现这一点,经计算,只要

$$\frac{dB_R}{dt} = \frac{1}{2}\frac{dB}{dt} \tag{9-40}$$

成立时,上述条件就可得到满足。式中 B 是电子圆轨道所包围的面积内磁场的平均磁感应强度。式(9-40)表明,当环形真空室内电子圆轨道所在处磁场的磁感应强度随时间的增长率,等于电子圆轨所包围的面积内磁场的平均磁感应强度随时间的增长率的一半时,电子将稳定在给定轨道上运动。

对于第二个问题,经理论分析,要使电子在圆形轨道上被加速,而不致被减速,必须在 $t=0$(即 $B_R=0$)时将被电子注入感应加速器中,经前 1/4 周期涡旋电场加速后就应把被加

速的电子由加速器中导出,否则它就要被减速。

另外还有一个问题,由于激励线圈中的交变电流其频率只有几十赫(我国为50Hz),工作周期为1/4周期,约为10^{-2}s(我国为5×10^{-2}s)。在这样短的时间里,能否使电子加速到很高的速率? 实际上,在电子注入时已有一定的速率(例如用电子枪使电子通过5000V的电压),所以在1/4周期内,电子在圆轨道上可转几十万圈,而每转一周电子被涡旋电场加速一次。因此,电子在1/4周期里可获得很高的速率和能量。

最后还应指出,在电子感应加速器中,电子因加速运动而辐射能量。因此,电子感应加速器还不能把电子加速到极高的能量。一般小型电子感应加速器可将电子加速到几十万电子伏特,大型的可达数百万电子伏特。利用电子感应加速器所得到的具有较高能量的电子束(β射线)打击在靶上,可得到能量较高的X射线,利用这些高能X射线可研究某些核反应和制备一些放射性同位素,以供使用。

9.6 自感和互感

9.6.1 自感

当一回路中有电流通过时,该电流产生的磁感应线穿过自身回路所包围面积的磁通量随电流的变化而发生变化时,在自身的回路中产生感应电动势的现象,称为**自感现象**,所产生的电动势称为**自感电动势**。

设回路中的电流强度为I,它在空间某点产生的磁感应强度B是和回路中的电流强度I成正比的。因此穿过回路所包围的面积的磁通量Φ,也和电流强度I成正比,即

$$\Phi = LI \tag{9-41}$$

式中L称为回路的**自感系数**,有时称为**自感**或**电感**。它的数值由回路的几何形状和周围的磁介质的磁导率决定。L常用的单位有亨利(H)、毫亨(mH)、微亨(μH),$1H = 10^3 mH$ $= 10^6 \mu H$。

若回路的形状、大小和周围的磁介质的磁导率不变时,则L为恒量,由(9-31)式可得

$$\mathscr{E}_L = -L \frac{dI}{dt} \tag{9-42}$$

可见,回路中的自感电动势与回路中的电流变化率成正比。式中负号是楞次定律的数学表示。它指出,自感电动势的方向总是反抗回路中电流的变化。当回路中的电流I增加时,$\mathscr{E}_L$与I反向,阻止电流增加;当I减少时,$\mathscr{E}_L$与I同向,阻止电流减少。由此可见,自感的作用是阻碍回路中电流的变化。回路中自感系数愈大,自感作用也愈强,改变回路中的电流也愈难。

如果考虑回路是一个有N匝的线圈,通过每匝线圈的磁通量均为Φ,则式(9-41)可写为

$$N\Phi = LI \tag{9-43}$$

其中,$N\Phi$称为线圈的**磁通匝链数**,反映所有线圈的总磁通量。

　　自感系数的计算一般都比较复杂,所以通常都用实验方法来测定。对于几何形状规则对称的电感器,可以根据 L 的定义式(9-42)来计算。比如,长度为 l,横截面积 S,总匝数为 N 的长直螺线管的自感系数为

$$L = \mu n^2 V \tag{9-44}$$

其中,$n = \dfrac{N}{l}$,$V = Sl$,$\mu = \mu_r \mu_0$ 为磁介质的绝对磁导率,而 μ_r 称为**相对磁导率**,真空中的 $\mu_r = 1$。

　　式9-44中不含有电流 I,说明 L 的数值与螺线管内通电与否无关,它只与螺线管的几何形状、线圈匝数及磁介质的磁导率有关。因此,自感系数 L 是描写线圈本身电磁性质的一个物理量。

9.6.2　互感

　　除了自感以外,互感现象也是电磁感应中的一种重要现象。如果在两个邻近回路1和2中分别通以电流 I_1 和 I_2,I_1 所产生的磁通量有一部分穿过回路2,如图9-35所示,当电流 I_1 发生变化时,将引起回路2中的磁通量发生变化,而产生感应电动势;同样,当回路2中的电流 I_2 变化时,也将在回路1中产生感应电动势。所以,当任何一个回路中的电流变化时,在邻近另一个回路中产生的电磁感应现象,称为**互感**。由此产生的电动势称为**互感电动势**。

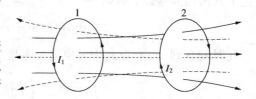

图9-35　互感现象原理图

　　根据法拉第电磁感应定律,在回路2中产生的互感电动势与回路1中的电流 I_1 对时间的变化率成正比,即

$$\mathscr{E}_{21} = -M_{21}\frac{\mathrm{d}I_1}{\mathrm{d}t} \tag{9-45}$$

式中,比例系数 M_{21} 称为回路2对回路1的互感系数。同样,回路1中的互感电动势与回路2中的电流 I_2 对时间的变化率成正比,即

$$\mathscr{E}_{12} = -M_{12}\frac{\mathrm{d}I_2}{\mathrm{d}t} \tag{9-46}$$

式中,比例系数 M_{12} 称为回路1对回路2的互感系数。

　　实验证明,$M_{12} = M_{21} = M$ 称为两个回路的**互感系数**。互感系数是描述两个回路互感能力的一个物理量,它的单位与自感系数相同,也是亨利(H)。

　　互感系数的大小,决定于两回路的形状、大小、相对位置以及周围介质的磁导率等因素。互感现象也有着广泛的应用,如变压器、感应线圈等都是根据互感原理制造的。

9.7　磁场的能量

　　第7.5节讨论了电场的能量问题,该能量储藏在电容器中,可以通过在对电容器进行充

电时外力所做的功来计算。同样,磁场也具有能量,该能量储藏在线圈中,可以通过在建立电流的过程中外力反抗自感电动势所做的功来计算。

在图 9-36 所示的电路中,有一个自感系数为 L 的线圈,R 为整个回路的总电阻。当开关 K 与电源接通后,由于自感电动势,电路中的电流不是立刻由零变到稳定值 I_0,而是要经过一段时间 t 才能达到稳定值。在这段时间内,电流 i 不断增加,于是在线圈中产生与电流方向相反的自感电动势,即

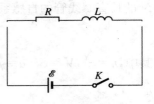

图 9-36 $R-L$ 电路

$$\mathscr{E}_L = -L\,\frac{\mathrm{d}i}{\mathrm{d}t}$$

根据基尔霍夫第二定律,得 $\mathscr{E} + \mathscr{E}_L = iR$,故

$$\mathscr{E} = L\,\frac{\mathrm{d}i}{\mathrm{d}t} + iR$$

把上式两边同乘以 $i\mathrm{d}t$,则得

$$\mathscr{E}i\mathrm{d}t = Li\,\mathrm{d}i + i^2R\mathrm{d}t$$

若在时间 0 到 t_0 内,电路中的电流由零增加到 I_0,对上式积分,得

$$\int_0^{t_0}\mathscr{E}i\mathrm{d}t = \frac{1}{2}LI_0^2 + \int_0^{t_0}i^2R\mathrm{d}t$$

上式中 $\int_0^{t_0}\mathscr{E}i\mathrm{d}t$ 表示在 0 到 t_0 这段时间内电源所做的功,即电源所供给的能量;$\int_0^{t_0}i^2R\mathrm{d}t$ 为这段时间内,电流在电阻上所放出的焦耳热;$LI_0^2/2$ 则为电源反抗自感电动势所做的功,这是另一种形式的能量改变的量度。当电路中的电流从零增长到 I_0 时,在电路周围的空间逐渐建立起一个稳定的磁场,而没有其他变化。所以电源因反抗自感电动势做功所消耗的能量,就是在建立磁场的过程中转换为磁场的能量 W_m,即

$$W_m = \frac{1}{2}LI_0^2 \tag{9-47}$$

式中,L 的单位为亨利(H);I_0 的单位为安培(A);W_m 的单位为焦耳(J)。

当切断电路后,可以证明在电阻 R 上放出的全部能量为 $(1/2)LI_0^2$。这说明,断电后电阻 R 所放出的能量与磁场能量是相等的,即是磁场能量转化来的。

我们知道,磁场的性质是用磁感应强度 $\boldsymbol{B}$ 来描述的。因此磁场能量也可以用磁感应强度来表示。为简单起见,我们对长直螺线管进行讨论。设有一长直螺线管,自感系数为 $L = \mu\dfrac{N^2S}{l}$,当通以电流 I_0 时,螺线管中的磁感应强度 $B = \mu\dfrac{N}{l}I_0$,此时磁场能量 W_m 为

$$W_m = \frac{1}{2}LI_0^2 = \frac{1}{2}\,\frac{\mu N^2S}{l}\left(\frac{Bl}{\mu N}\right)^2 = \frac{B^2}{2\mu}(Sl) = \frac{B^2}{2\mu}V \tag{9-48}$$

式中 $Sl = V$ 是螺线管内空间的体积。因为螺线管外的磁感应强度为零,所以它是磁场空间的体积。在 B 一定时,磁场能量和磁场的体积成正比。可见,磁场能量是分布在磁场的整个空间。

对于长直螺线管来说,单位体积内的磁场能量为

$$w_{\mathrm{m}} = \frac{W_{\mathrm{m}}}{V} = \frac{1}{2\mu}B^2 \tag{9-49}$$

式中,w_{m} 为**磁场能量密度**,它的单位是焦耳·米$^{-3}$(J·m^{-3})。上式表明,磁场能量密度与磁感应强度的平方成正比。应该指出式(9-49)式是从长直螺线管的特殊情况下得出的,但它具有普遍意义,适用于一切磁场,也就是说,在任何磁场中,某一点的磁场能量体密度只与该点的磁感应强度 B 和磁介质的磁导率 μ 有关。能量是物质存在的一种形式。磁场除有能量外,还有质量、动量等,因此,磁场是一种物质。

本 章 小 结

1. 几个重要的物理量

(1)磁感应强度 $\boldsymbol{B}$,是描写磁场本身性质的基本物理量,它是用运动电荷在磁场中一点所受的力来定义的。它的大小为 $B = \dfrac{F_{\mathrm{max}}}{qv}$。

(2)磁感应通量(简称磁通量)$\varPhi$,对面元 $\mathrm{d}S$,有 $\mathrm{d}\varPhi = \boldsymbol{B} \cdot \mathrm{d}\boldsymbol{S} = B\mathrm{d}S\cos\theta$,对于任意曲面,其磁通量 $\varPhi = \displaystyle\int \mathrm{d}\varPhi = \iint_S \boldsymbol{B} \cdot \mathrm{d}\boldsymbol{S}$。

(3)磁矩 $\boldsymbol{m}$ 是描写载流线圈本身性质的物理量,定义为 $\boldsymbol{m} = IS\boldsymbol{n}_0$。载流线圈所产生的磁场和他在磁场中所受到的力矩,都可以用它的磁矩来表示。

(4)动生电动势,非静电力由洛仑兹力提供,即 $\mathscr{E}_{AB} = \displaystyle\int_A^B \boldsymbol{E}_K \cdot \mathrm{d}\boldsymbol{l} = \int_A^B (\boldsymbol{v} \times \boldsymbol{B}) \cdot \mathrm{d}\boldsymbol{l}$ 对一个闭合回路,有 $\mathscr{E}_L = \displaystyle\oint_L (\boldsymbol{v} \times \boldsymbol{B}) \cdot \mathrm{d}\boldsymbol{l}$,式中作用在单位正点荷上的洛仑兹力 $(\boldsymbol{v} \times \boldsymbol{B})$,就是非静电场强。

(5)感生电动势,非静电力由变化磁场产生的感应电场来提供,即 $\mathscr{E}_{AB} = \displaystyle\int_A^B \boldsymbol{E}_K \cdot \mathrm{d}\boldsymbol{l} = \int_A^B \boldsymbol{E}_{\text{感}} \cdot \mathrm{d}\boldsymbol{l}$ 对一个闭合回路,有 $\mathscr{E}_L = \displaystyle\oint_L \boldsymbol{E}_{\text{感}} \cdot \mathrm{d}\boldsymbol{l}$,这里的非静电场强是感应电场。

2. 基本定律

(1)安培定律给出了电流元在(外)磁场 $\boldsymbol{B}$ 中受力的表达式:$\mathrm{d}\boldsymbol{F} = I\mathrm{d}\boldsymbol{l} \times \boldsymbol{B}$。

(2)由安培定律可以得到运动电荷在(外)磁场 $\boldsymbol{B}$ 中受力的表达式:$\boldsymbol{f} = q(\boldsymbol{v} \times \boldsymbol{B})$ 这就是洛仑兹力公式。

(3)法拉第电磁感应定律:它通常一般写作为:$\mathscr{E}_i = -\dfrac{\mathrm{d}\varPhi}{\mathrm{d}t} = -\dfrac{\mathrm{d}}{\mathrm{d}t}\iint_S \boldsymbol{B} \cdot \mathrm{d}\boldsymbol{S}$,此式说明,不论 B 的大小发生变化,还是 S 的大小发生变化,或者是 B 与 S 的夹角发生变化,都会引起 $\varPhi$ 的变化,即有感应电动势产生。

(4)楞次定律告诉我们:回路中感应电流的方向总是使它所产生的磁通量来阻碍回路中磁通量的变化。

3. 基本定理

(1) 磁场的高斯定理:可用公式定义为:$\oiint_S \boldsymbol{B} \cdot \mathrm{d}\boldsymbol{S} = 0$,它反映了磁场是无源场。

(2) 安培环路定理:可用公式定义为:$\oint_L \boldsymbol{B} \cdot \mathrm{d}\boldsymbol{l} = \mu_0 \sum I$,它说明磁感应强度 $\boldsymbol{B}$ 沿闭合路径的线积分,等于穿过闭合路径的电流和的 μ_0 倍,电流方向与闭合路径(环路,有时也称回路)的绕行方向符合右手螺旋关系的 I 取正,否则取负。

$\oint_L \boldsymbol{B} \cdot \mathrm{d}\boldsymbol{l} \neq 0$ 反映了磁场不是有势场。

习　题

9-1 如题 9-1 图所示,在球面上铅直和水平的两个圆中,通以电流强度相等的电流,问球心处的磁感应强度 $\boldsymbol{B}$ 指向什么方向?

9-2 有两根长导线接在电源上,并使它们对称地接到一个铁环上,如题 9-2 图所示。此时在环心处的磁感应强度等于多少?

9-3 在题 9-3 图中两导线中的电流 $I_1 = I_2 = 8\mathrm{A}$。试对如图所示的三个闭合线 a、b、c 分别写出安培环路定律等式右边电流的代数和。并讨论:

(1)在每一个闭合线上各点的磁感应强度 B 是否相等,为什么? (2)在闭合线 b 上各点的 B 是否为零,为什么?

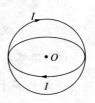

题 9-1 图

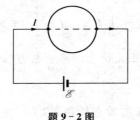

题 9-2 图

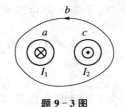

题 9-3 图

9-4 一长直导线载有电流 50A,离导线 5.0 cm 处有一电子以速率 $1.0 \times 10^{-7}\,\mathrm{ms^{-1}}$ 运动,求下列情况下作用在电子上的洛仑兹力:

(1)设电子的速度 v 平行于导线;(2)设 v 垂直于导线并指向导线;(3)设 v 垂直于导线和电子所构成的平面。

9-5 一段直导线在均匀磁场中做如题 9-5 图所示的四种运动。在哪种情况下导线中有感生电动势? 感生电动势的方向是怎样的?

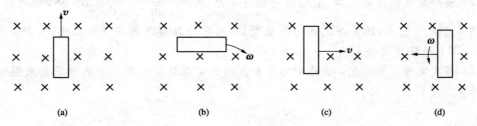

(a) (b) (c) (d)

题 9-5 图

9-6 线圈在磁场中(该磁场由无限长直载流导线所产生)做匀速平动,如题9-6图所示,问哪种情况会产生感生电流? 为什么? 感生电流的方向是怎样的?

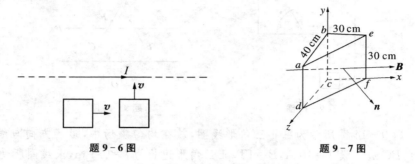

题9-6图   题9-7图

9-7 已知磁感应强度 $B=2.0$ T 的均匀磁场,方向是沿 x 轴的正方向,如题图所示。试求:

(1)通过 $abcd$ 面的磁通量;(2)通过 $befc$ 面的磁通量;(3)通过 $aefd$ 面的磁通量。

9-8 已知一螺线管的直径为 2 cm,长为 20 cm,匝数为 100,通过螺线管的电流为 2A,求通过螺线管每一匝的磁通量。

9-9 两根长直导线互相平行地放置在真空中,如题9-9图所示,其中通以同方向的电流 $I_1=I_2=10$ A。求 P 点的磁感应强度,已知 $PI_1 \perp PI_2$,$PI_1=PI_2=0.5$ m。

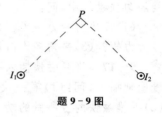

题9-9图

9-10 一带电粒子进入均匀磁场 **B** 中,如题9-10图所示。当它位于 A 点时速度与磁场方向成 α 角,绕螺旋线一圈后达到 B 点,求 AB 的长度。已知带电粒子的电量 $q=10^{-4}$ C,$m=10^{-9}$ g,$B=10^{-3}$ T,$v=10^6$ cm·s^{-1},$\alpha=30°$。

9-11 电子在磁感应强度 **B** 为 20×10^{-3} T 的均匀磁场中,沿半径 R 为 2 cm 的螺旋线运动,螺旋线间距 h 为 5 cm,如题9-11图所示,求电子的速度。

题9-10图   题9-11图

9-12 一束二价铜离子以 1.0×10^5 m·s^{-1} 的速率进入质谱仪的均匀磁场,转过 $180°$ 后各离子打在照相底片上,设磁感应强度为 0.50 T。试计算质量为 63 原子质量单位(μ)和 65 原子质量单位(μ)的两同位素分开的距离($1\mu=1.66\times10^{-27}$ kg)。

9-13 题9-13图所示为一测定离子质量所用的装置。离子源 S 为发生气体放电的气室,一质量为 M,电量为 $+q$ 的离子在此处产生出来的基本上是静止的。离子经电势差 U 加速后进入磁感应强度为 **B** 的均匀磁场,在此磁场中,离子沿一半圆周运动后射到距入口缝隙 x 远处的感应底片上。试证明离子的质量 m 为

$$m=\frac{B^2q}{8U}x^2$$

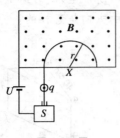

题 9-13 图   题 9-14 图

9-14 题 9-14 图所示为一正三角形线圈,放在均匀磁场中,磁场方向与线圈平面平行,且平行于 BC 边。设 $I=10$ A, $B=1$ T,正三角形边长为 $l=0.1$ m,求线圈所受的力矩。

9-15 在 B 为 4.0×10^{-2} Wb·m^{-2} 的均匀磁场中,放置一长 l 为 0.10 m,宽 b 为 1.5×10^{-2} m 的 3 匝线圈,通有电流 3.0 A,求:

(1)线圈的磁矩;(2)线圈所受的最大磁力矩。

9-16 长方形线圈 $abcd$ 可绕 y 轴旋转,载有电流 10 A,其方向如题 9-16 图中所示。线圈放在磁感应强度为 0.02 T,方向平行于 x 轴的匀强磁场中,问:

(1)每边所受力多大?方向如何?(2)若维持线圈在原位置时需多大力矩?(3)夹角多大时所受力矩最小?

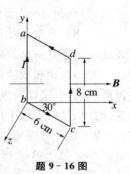

题 9-16 图

9-17 将一磁铁插入一闭合电路线圈中,一次迅速插入,另一次缓慢地插入,问:(1)第一次和第二次线圈中的感生电量是否相同?(2)手推磁铁的力所做的功是否相同?(3)将磁铁插入一不闭合的金属环中,环中将发生什么变化?

9-18 长 20 cm 的铜棒水平放置如题 9-18 图所示,沿通过其中点竖直轴线旋转,转速为每秒 5 圈。垂直于棒的旋转平面有一匀强磁场,其磁感应强度为 1.0×10^{-2} T,求棒的一端 A 和中点间的电势差及棒两端 AB 的电势差。

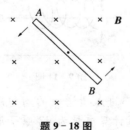

题 9-18 图   题 9-19 图

9-19 如题 9-19 图所示,铜盘半径 R 为 50 cm,在方向垂直纸面向内的匀强磁场 B (B 为 1.0×10^{-2} T)中,沿反时针方向绕圆盘中心转动,角速度 ω 为每秒 50 转,求铜盘中心和边缘之间的电势差。

9-20 两段导线 $AB=BC=10$ cm,在 B 处相接而成 30° 角,若使导线在均匀磁场中以速率 $v=1.5$ m·s^{-1} 运动,方向如题 9-20 图所示,磁场方向垂直纸面向内,磁感应强度为 $B=2.5\times10^{-2}$ T,问 AC 间的电势差为多少?哪一端电势高?

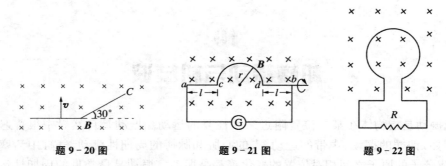

题 9−20 图　　　　　题 9−21 图　　　　　题 9−22 图

9−21　一导线 ab 弯成如题 9−21 图的形状(其中 cd 是一半圆,半径 $r=0.10$ m,ac 和 db 段的长度均为 $l=0.01$ m),在均匀磁场 B(B 大小为 0.50 T)中绕轴线 ab 转动,转速 $n=3\,600$ 转/min。设电路的总电阻(包括电表 G 的内阻)为 $1000\ \Omega$,求导线中的感生电动势和感生电流的频率及它们的最大值各是多少?

9−22　在题 9−22 图中通过回路的磁通量与线圈平面垂直,且指向图面,磁通量依如下关系变化:

$$\Phi_B = 6t^2 + 7t + 1$$

式中 Φ_B 的单位为 Wb,t 的单位为 s,问:

(1)当 $t=2$s 时,在回路中的感生电动势的量值如何?(2)R 上的电流方向如何?

9−23　螺线管长为 15cm,共绕线圈 120 匝,截面积为 20cm²,内无铁芯。当电流在 0.1s 内自 5A 均匀地减小为零。求螺线管两端的自感电动势。

10

机械振动与机械波

机械振动是指物体在某一位置附近来回往复的运动。振动是自然界中很普遍的运动形式。例如,钟摆的摆动、声带的运动、人的心脏和脉搏的周期性跳动、气缸中活塞的往复运动、组成分子的原子之间相对位置的变化等都是振动。振动是最常见的周期性运动。从广泛的意义上说,任何一个物理量在某一个定值附近反复的周期变化都可以称为**振动**。尽管振动的形式多种多样,但无论多复杂的振动都是由相同的要素构成,都可以看成是一些最基本、最简单的振动合成。

波动也是物质运动的一种常见形式。任何一种形式的波都是某种振动的传播过程,波动是能量传播的一种重要形式。例如,绳子上的波、声波、水面波和电磁波等,虽然它们产生的方式或原因不同,但都遵守着一些共同的规律。波动理论不仅对一些宏观现象的解释非常重要,也是研究微观世界的重要基础。

本章重点讨论简谐振动和简谐波动的基本性质和它们的运动规律,还将介绍声波和超声波的一些物理性质以及在医药领域的应用。

10.1 简 谐 振 动

常见的振动多数是很复杂的运动。**简谐振动**(又称谐振动)是最简单、最基本的振动。可以证明,任何一个复杂的振动都可以看做为若干谐振动的合成。在忽略空气阻力和摩擦力的情况下,弹簧振子的振动、单摆的微小摆动都可看做是简谐振动。现以弹簧振子的振动为例来讨论谐振动的规律。

10.1.1 简谐振动方程

弹簧振子是简谐振动常见的例子,如图 10-1 所示。把一轻质弹簧左端固定,右端系一质量为 m 的物体,放在光滑的水平面上,这个系统称为**弹簧振子**。如将物体稍作移动,物体就在弹性**回复力**的作用下来回振动。

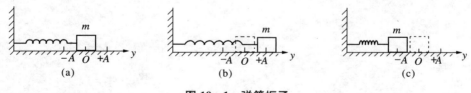

图 10-1 弹簧振子

当物体 m 处于 O 点时,弹簧呈松弛状态,保持原来的长度,物体在水平方向上不受力,在竖直方向所受的重力和支持力互相平衡。这样,物体在位置 O 时,所受的合外力为零,位置 O 称为平衡位置。取平衡位置为坐标原点,物体的振动方向为 y 轴,并规定平衡位置向

右的方向为 y 轴的正方向。当物体在振动过程中离开平衡位置时，无论物体在平衡位置的右方（弹簧被拉长）或左方（弹簧被压缩）都受到一个沿 y 方向上弹性力的作用。根据胡克定律可知，这个弹性力的大小与弹簧的伸长量（或压缩量）y 成正比，方向与位移的方向始终相反，即弹性力的方向永远指向平衡位置，表示为

$$F = -ky \tag{10-1}$$

式中的负号表示力的方向始终与物体的位移方向相反，k 为弹簧的倔强系数。

根据牛顿第二定律 $F = ma$，得

$$a = -\frac{k}{m}y, \quad 或 \quad \frac{\mathrm{d}^2 y}{\mathrm{d}t^2} = -\frac{k}{m}y$$

对一给定的弹簧振子而言，m 和 k 都是常量且均为正数，可设 $\omega^2 = \frac{k}{m}$，代入上式得

$$a = -\omega^2 y, \quad 或 \quad \frac{\mathrm{d}^2 y}{\mathrm{d}t^2} = -\omega^2 y \tag{10-2}$$

即

$$\frac{\mathrm{d}^2 y}{\mathrm{d}t^2} + \omega^2 y = 0 \tag{10-3}$$

其中，$\omega = \sqrt{k/m}$，反映了"刚性"和"惯性"两种对立力量的对比，决定于系统本身的性质。

式（10-2）表明，物体的加速度与位移的大小成正比，而方向与位移方向相反，具有这种特征的运动称为**简谐振动**，简称**谐振动**。

式（10-3）是简谐振动的二阶常系数微分方程，其解为

$$y = A\cos(\omega t + \varphi) \quad 或 \quad y = A\sin(\omega t + \varphi + \frac{\pi}{2}) \tag{10-4}$$

其中，A 与 φ 为两个常量，A 为位移的幅值。式（10-4）式即为**简谐振动的运动方程**。可见，做简谐振动物体的位移 y 是时间 t 的余弦（或正弦）函数。

根据速度、加速度与位移的关系可得

物体的振动速度为

$$v = \frac{\mathrm{d}y}{\mathrm{d}t} = -A\omega\sin(\omega t + \varphi)$$

$$= A\omega\cos(\omega t + \varphi + \frac{\pi}{2}) \tag{10-5}$$

物体的振动加速度

$$a = \frac{\mathrm{d}^2 y}{\mathrm{d}t^2} = -A\omega^2\cos(\omega t + \varphi)$$

$$= A\omega^2\cos(\omega t \pm \pi) \tag{10-6}$$

上两式中 $A\omega$ 称速度幅值，表示为 $v_\mathrm{m} = A\omega$；$A\omega^2$ 称为加速度幅值，表示为 $a_\mathrm{m} = A\omega^2$。

实际上，式（10-1）、（10-2）和（10-4）均可作为简谐振动的定义表达式。

10.1.2　余弦量（或正弦量）的三要素

1）振　幅

从式（10-4）可知，A 是振动物体离开平衡位置的最大位移的绝对值，称为简谐振动的

振幅。A 的值由初始条件决定。

2) 周期 T、频率 ν

物体完成一次完全振动(即来回振动一次)所需要的时间,称为振动的**周期** T,单位为秒(s)。对于弹簧振子,其振动周期为

$$T = 2\pi\sqrt{\frac{m}{k}} \qquad (10-7)$$

单位时间内物体所完成的全振动的次数称为**频率**,用 ν 表示,ν 的单位是赫兹(Hz)。它是反映振动快慢的物理量。显然频率等于周期的倒数,即

$$\nu = \frac{1}{T} = \frac{\omega}{2\pi} \quad 或 \quad \omega = 2\pi\nu \qquad (10-8)$$

这里 ω 称为简谐振动的**角频率**,又称**圆频率**。三个物理量 T、ν、ω 只取决系统本身的力学性质(对弹簧振子,它们只决定于 m 和 k),而与常数 A、φ 无关。因而 T 又称为固有周期,ν(或 ω)称为系统的固有频率(或固有圆频率)。

3) 初相位

式(10-4)中($\omega t + \varphi$)称为振动的**相位**,单位是弧度(rad)。相位是一个极为重要的物理量,它决定振动物体的运动状态(即决定振动物体的位移、速度、加速度)。振动物体在振动一周之内所经历的状态没有一个是相同的。例如,当 $\omega t + \varphi = \pi/2$ 和 $\omega t + \varphi = 3\pi/2$ 时,物体都是在平衡位置,但并不是相同的运动状态,因为和它们对应的速度并不相同,前者的速度方向与后者正好相反,所以,相位是决定振动物体运动状态的物理量。

常量 φ 是初始时刻($t=0$)的相位,称为**初相位**。φ 的大小由初始条件决定。

由于有了振幅、频率(或周期)和初相位这三个物理量,或据式(10-4)、(10-5)和(10-6)就可确定任意时刻系统的运动状态,因而它们被称之为**三要素**。

对于给定的谐振动,ω(或 T、ν)由系统本身决定,而振幅 A 和初相位 φ 由初始条件(即开始计时时物体的位移 y_0 和初速度 v_0)决定;当 $t=0$ 时,根据式(10-4)和(10-5)得

$$y_0 = A\cos\varphi, \quad v_0 = -A\omega\sin\varphi$$

联解上两式,并注意到振幅为正,得

$$A = \sqrt{y_0^2 + \frac{v_0^2}{\omega^2}} \qquad (10-9)$$

$$\varphi = \arctan\left(-\frac{v_0}{\omega y_0}\right) \qquad (10-10)$$

因此,只要给定谐振系统的力学性质及初始条件 y_0 和 v_0,就可以确定其频率(或周期)、振幅和初相位这三个物理量(即三要素),并可以写出具体的振动方程,从而可以确定任意时刻系统的状态(y、v 等)。

【例 10-1】 一弹簧振子其质量 $m=0.64$ kg,$k=100$ N/m;当 $t=0$ 时,$y_0=0.10$ m,$v_0=-1.25\sqrt{3}$ m/s。试求:(1)角频率及周期;(2)振幅及初相位,并写出振动方程;(3)$t=$

$\dfrac{6}{25}\pi$ s 时的位移、速度、加速度以及所受到弹性力 F 的大小。

【解】 (1) 由 $\omega^2 = \dfrac{k}{m}$ 得

$$\omega = \sqrt{\dfrac{k}{m}} = \sqrt{\dfrac{100}{0.64}} = 12.5 \text{ rad/s}$$

$$T = \dfrac{2\pi}{\omega} = \dfrac{2\pi}{12.5} = 0.50 \text{ s}$$

(2) 由式(10-9)得

$$A = \sqrt{y_0^2 + \dfrac{v_0^2}{\omega^2}} = \sqrt{0.10^2 + \left(\dfrac{-12.5\sqrt{3}}{12.5}\right)^2} = 0.20 \text{ m}$$

又由式(10-10)得

$$\tan\varphi = -\dfrac{v_0}{\omega y_0} = \dfrac{1.25\sqrt{3}}{12.5 \times 0.10} = \sqrt{3}$$

解得

$$\varphi = \dfrac{\pi}{3} \text{ 或} \dfrac{4\pi}{3}$$

因为 $y_0 = A\cos\varphi = 0.10$ m > 0,所以必须有 $\cos\varphi > 0$,只有取 $\varphi = \dfrac{\pi}{3}$。因此,该振子的振动方程为

$$y = A\cos(\omega t + \varphi) = 0.20\cos\left(12.5t + \dfrac{\pi}{3}\right) \text{ m}$$

(3) 当 $t = \dfrac{6}{25}\pi$ s 时,得

$$y = 0.20\cos\left(12.5 \times \dfrac{6}{25}\pi + \dfrac{\pi}{3}\right) = -0.10 \text{ m}$$

$$v = -A\omega\sin\varphi$$

$$= -0.20 \times 12.5\sin\left(12.5 \times \dfrac{6}{25}\pi + \dfrac{\pi}{3}\right) = 2.17 \text{ m/s}$$

$$a = -A\omega^2\cos(\omega t + \varphi)$$

$$= -0.20 \times (12.5)^2\cos\left(12.5 \times \dfrac{6}{25}\pi + \dfrac{\pi}{3}\right) = 15.6 \text{ m/s}^2$$

$$F = -ky = -100 \times (-0.10) = 10 \text{ N}$$

10.1.3　简谐振动的几何描述

旋转矢量投影图示法可以更直观地描述简谐振动的性质。

如图 10-2 所示,以水平 Oy 轴的原点为中心,以 A 为半径作圆,此圆称为**参考圆**。设圆中矢量 A 以角速度 ω 绕 O 点沿逆时针方向匀速转动,该矢量称为**旋转矢量**。而矢量 A 的端点 P 在 y 轴上的投影 M 点在 y 轴上做往复的运动。若在开始时刻 $t = 0$ 时,P 点处于 P_0 的

位置,此时矢量 A 与 y 轴的夹角是 φ,以后任何时刻 t,矢量 A 与 y 轴的夹角应为 $(\omega t + \varphi)$。从图中可以看出,在任一时刻 t,矢径 A 在 y 轴上的投影,也就是 M 点的坐标,为

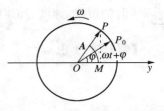

图 10-2 旋转矢量

$$y = A\cos(\omega t + \varphi)$$

这正是简谐振动的运动方程。它说明当矢径 A 以角速度 ω 绕 O 点沿逆时针方向做匀速圆周运动时,其端点在 y 轴上的投影 M 点在 y 轴上做谐振动;反之,任何一个谐振动都可用一个旋转矢量表示,矢量长度对应于振幅 A,矢量旋转的角速度对应于圆频率。

此外,矢量 A 的端点的速度在 y 轴上的投影为

$$v = -\omega A \sin(\omega t + \varphi)$$

端点的向心加速度在 y 轴上的投影为

$$a = -\omega^2 A \cos(\omega t + \varphi)$$

可见,它们均与谐振动的速度和加速度表达式完全相同。

10.1.4 简谐振动的能量

物体做简谐振动时具有的能量,既有动能还有势能。现以弹簧振子为例来讨论谐振动能量。设物体的质量为 m,弹簧的倔强系数为 k,在一任何时刻 t 的位移为 y,速度为 v,则动能为

$$E_K = \frac{1}{2}mv^2 = \frac{1}{2}m\omega^2 A^2 \sin^2(\omega t + \varphi) = \frac{1}{2}kA^2 \sin^2(\omega t + \varphi)$$

势能为 $\qquad E_P = \frac{1}{2}ky^2 = \frac{1}{2}kA^2 \cos^2(\omega t + \varphi)$

系统的机械能为 $\quad E = E_K + E_P = \frac{1}{2}kA^2 \sin^2(\omega t + \varphi) + \frac{1}{2}kA^2 \cos^2(\omega t + \varphi)$

$$= \frac{1}{2}kA^2 = \frac{1}{2}m\omega^2 A^2$$

$$= \frac{1}{2}mv_m^2 \tag{10-11}$$

从上面的讨论可知,弹簧振子的动能和势能都是随时间做周期性变化的。当振动物体在平衡位置时它的动能最大为 $kA^2/2$,势能为零;位移达到最大时,势能达到最大为 $kA^2/2$,动能为零。在振动过程中,动能与势能相互转化,机械能在振动过程中始终保持不变。

10.1.5 两个同方向、同频率简谐振动的合成

设想物体同时参与同一方向上两个同频率的简谐振动,两个简谐振动的方程分别为

$$y_1 = A_1\cos(\omega t + \varphi_1), \quad y_2 = A_2\cos(\omega t + \varphi_2)$$

该物体的合位移也在 y 轴方向上,且为上述两个分振动位移的和,即

$$y = y_1 + y_2 = A_1 \cos(\omega t + \varphi_1) + A_2 \cos(\omega t + \varphi_2)$$

根据三角函数公式,上式可以化简成

$$y = A\cos(\omega t + \varphi) \tag{10-12}$$

其中

$$A = \sqrt{A_1{}^2 + A_2{}^2 + 2A_1 A_2 \cos(\varphi_2 - \varphi_1)} \tag{10-13}$$

$$\tan\varphi = \frac{A_1 \sin\varphi_1 + A_2 \sin\varphi_2}{A_1 \cos\varphi_1 + A_2 \cos\varphi_2} \tag{10-14}$$

式(10-12)表明,两个同方向、同频率的简谐振动的合振动仍是一个与分振动同方向、同频率的简谐振动。式中 A 和 φ 分别为合振动的振幅和初位相。

上述结果同样可以用旋转矢量法求得。

如图 10-3 所示,旋转矢量 $\boldsymbol{A}_1$ 和 $\boldsymbol{A}_2$ 以同样的角速度 ω 沿逆时针方向绕原点 O 转动,它们在 y 轴上的投影 y_1 和 y_2 分别为 M_1 和 M_2 点沿 y 轴做简谐振动的位移。由于角速度相同,$\boldsymbol{A}_1$ 和 $\boldsymbol{A}_2$ 在转动过程中始终保持一定的夹角($\varphi_2 - \varphi_1$),并且它们的矢量和 $\boldsymbol{A}$ 始终保持一定的大小,也以同样的角速度 ω 沿逆时针方向绕原点转动。

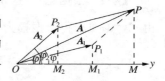

图 10-3 振动合成矢量图

这表明,合矢量 $\boldsymbol{A}$ 的端点 P 在 y 轴上的投影点 M 也沿 y 轴做简谐振动。$\boldsymbol{A}$ 的投影 y 就是 M 点做简谐振动的位移,从图 10-3 中可看出 $y = y_1 + y_2$。相应的简谐振动的振动方程为

$$y = A\cos(\omega t + \varphi)$$

其中,振幅 A 就是合矢量 $\boldsymbol{A}$ 的长度,初相位 φ 就是合矢量 $\boldsymbol{A}$ 在 $t=0$ 时刻与 y 轴之间的夹角。运用余弦定理,可得

$$A = \sqrt{A_1{}^2 + A_2{}^2 + 2A_1 A_2 \cos(\varphi_2 - \varphi_1)}$$

$$\tan\varphi = \frac{A_1 \sin\varphi_1 + A_2 \sin\varphi_2}{A_1 \cos\varphi_1 + A_2 \cos\varphi_2}$$

综上所述,两个同方向、同频率的谐振动的合成结果仍然是简谐振动,且合振动与两个分振动同方向、同频率。合振动的振幅和初相位由两个分振动的振幅和初相位决定。

从式(10-13)可以看出,合振幅 A 除了与分振幅 A_1、A_2 有关外,还取决于两个分振动的相位差 $\Delta\varphi = \varphi_2 - \varphi_1$。

(1)当相位差 $\Delta\varphi = \varphi_2 - \varphi_1 = \pm 2k\pi (k = 0, 1, 2, 3, \cdots)$ 时,称为两个分振动同相位(或同相),此时

$$A = \sqrt{A_1{}^2 + A_2{}^2 + 2A_1 A_2} = A_1 + A_2 \tag{10-15}$$

合成振动的振幅最大,振动达到最强。

(2)当相位差 $\Delta\varphi = \varphi_2 - \varphi_1 = \pm(2k-1)\pi (k = 1, 2, 3, \cdots)$ 时,称为两个分振动相位相反(或反相),此时

$$A = \sqrt{A_1{}^2 + A_2{}^2 - 2A_1 A_2} = |A_1 - A_2| \tag{10-16}$$

合成振动的振幅最小，振动最弱。若 $A_1 = A_2$，则 $A = 0$，说明两振动互相抵消使质点处于静止状态，即使两个分振幅很大。

在一般情况下，当相位差 $\Delta\varphi = \varphi_2 - \varphi_1$ 不是 π 的整数倍时（即在矢量图上，两旋转矢量 A_1，A_2 方向既非一致又非相反时），合振动的振幅介于在 $A_1 + A_2$ 与 $|A_1 - A_2|$ 之间。由此可见，两个谐振动的相位差对合振动的振幅或强度起着决定性作用。正确理解这些特征对于学习波的干涉及衍射和光的干涉及衍射等内容非常重要。用旋转矢量的方法同样可以很方便地讨论多个同方向、同频率的简谐振动的合成问题，此问题请读者思考。

【例 10 - 2】 已知两个简谐振动运动方程分别为 $y_1 = 3.0\cos(\omega t + \pi)$ cm，$y_2 = 4.0\cos\left(\omega t + \dfrac{3\pi}{2}\right)$ cm，求其合振动的振幅、初相及振动方程。

【解】 根据题意，这是两个同方向、同频率的简谐振动的合成。已知 $\Delta\varphi = \varphi_2 - \varphi_1 = \dfrac{\pi}{2}$，由式（10 - 13）得合振幅为

$$A = \sqrt{A_1{}^2 + A_2{}^2} = \sqrt{3.0^2 + 4.0^2} = 5.0 \text{ cm}$$

合振动的初相位 $\quad \tan\varphi = \dfrac{A_1\sin\varphi_1 + A_2\sin\varphi_2}{A_1\cos\varphi_1 + A_2\cos\varphi_2} = \dfrac{A_2\sin\left(\dfrac{3\pi}{2}\right)}{A_1\cos\pi} = \dfrac{4}{3} \approx 1.33$

$$\varphi = 0.93 \,(\text{rad})$$

其振动方程为 $\qquad\qquad y = 5.0\cos(\omega t + 0.93) \text{ cm}$

10.1.6 振动方向相互垂直、同频率的两个谐振动的合成

在一般情况下，当一质点同时参与两个不同方向的振动时，这个质点在平面上做复杂的曲线运动，其轨迹的形状可由分振动的频率、振幅和相位差所决定。为了简单起见，下面只考虑两个相互垂直，且同频率的两个简谐振动的合成。

设两个谐振动在互相垂直的 x 轴和 y 轴方向上进行，运动方程分别为

$$x = A_1\cos(\omega t + \varphi_1) \qquad\qquad (10 - 17)$$
$$y = A_2\cos(\omega t + \varphi_2) \qquad\qquad (10 - 18)$$

由上两式消去 t，就得到质点运动轨道方程为

$$\frac{x^2}{A_1^2} + \frac{y^2}{A_2^2} - \frac{2xy}{A_1 A_2}\cos(\varphi_2 - \varphi_1) = \sin^2(\varphi_2 - \varphi_1) \qquad\qquad (10 - 19)$$

这是一个椭圆方程，椭圆的形状由相位差 $(\varphi_2 - \varphi_1)$ 的值决定。下面讨论几种特殊情形。

(1) 当 $(\varphi_2 - \varphi_1) = 0$ 时，即两个分振动的相位差为 0 或同相位，可简化为

$$\frac{x^2}{A_1^2} + \frac{y^2}{A_2^2} - \frac{2xy}{A_1 A_2} = 0, \ \text{即}\ \left(\frac{x}{A_1} - \frac{y}{A_2}\right)^2 = 0$$

则 $\qquad\qquad\qquad\qquad y = \dfrac{A_2}{A_1}x \qquad\qquad (10 - 20)$

可见，此时质点的轨道是一条通过坐标原点，且在第一、第三象限内的直线，如图 10 - 4

所示。其振动合成的位移为

$$s = \sqrt{x^2 + y^2} = \sqrt{A_1^2 \cos^2(\omega t + \varphi) + A_2^2 \cos^2(\omega t + \varphi)}$$
$$= \sqrt{A_1^2 + A_2^2} \cos(\omega t + \varphi) \qquad (10-21)$$

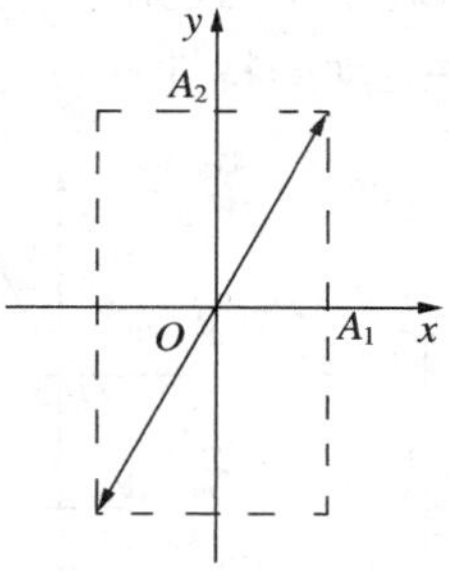

由式(10-21)可知,合振动是沿着这条直线的简谐振动,其频率
与分振动频率相同,振幅为 $\sqrt{A_1^2 + A_2^2}$。

(2) 当 $(\varphi_2 - \varphi_1) = \pi$ 时,即两个分振动的相位相反时,可得

$$\frac{x^2}{A_1^2} + \frac{y^2}{A_2^2} + \frac{2xy}{A_1 A_2} = 0, \quad 即 \left(\frac{x}{A_1} + \frac{y}{A_2}\right)^2 = 0$$

图 10-4 $y = \dfrac{A_2}{A_1}x$ 质
点运动轨迹

则
$$y = -\frac{A_2}{A_1}x \qquad (10-22)$$

这是一条通过坐标原点,且在二、四象限内的直线,如图 10-5
所示。与上述情形相似,合振动也是沿着这条直线的简谐振动。

(3) 当 $(\varphi_2 - \varphi_1) = \dfrac{\pi}{2}$ 时,可得

$$\frac{x^2}{A_1^2} + \frac{y^2}{A_2^2} = 1 \qquad (10-23)$$

此时,质点运动的轨迹为一正椭圆,如图 10-6(a)所示。椭圆上
的箭头表示质点的运动方向。因 $\varphi_2 = \varphi_1 + \dfrac{\pi}{2}$,两分振动为

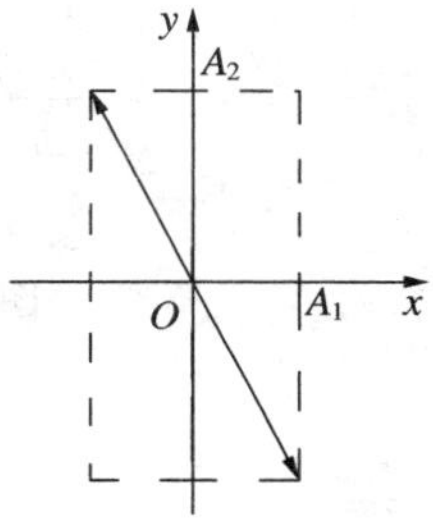

图 10-5 $y = -\dfrac{A_2}{A_1}x$ 质
点运动轨迹

$$x = A_1 \cos(\omega t + \varphi_1) \qquad (10-24)$$
$$y = A_2 \cos\left(\omega t + \varphi_1 + \frac{\pi}{2}\right) = -A_2 \sin(\omega t + \varphi_1) \qquad (10-25)$$

当 $\omega t + \varphi_1 = 0$ 时,$x_1 = A_1$,$y = 0$,振动质点在图的
A_1 点。在稍后一时刻,当 $(\omega t + \varphi_1)$ 稍大于零时,x 为正,y
为负,振动质点将在第四象限。所以质点是按顺时针方向
沿椭圆轨道运动。若 $A_1 = A_2$,则椭圆将变为圆。

(4) 当 $(\varphi_2 - \varphi_1) = \dfrac{3\pi}{2}$ 时,仍然有

$$\frac{x^2}{A_1^2} + \frac{y^2}{A_2^2} = 1$$

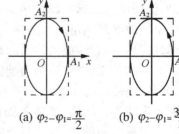

(a) $\varphi_2 - \varphi_1 = \dfrac{\pi}{2}$ (b) $\varphi_2 - \varphi_1 = \dfrac{3\pi}{2}$

图 10-6 质点的运动轨迹

此时,质点运动轨迹仍然是椭圆,经分析可知,质点
按逆时针方向沿椭圆轨迹运动,如图 10-6(b)所示。同样,若 $A_1 = A_2$,则椭圆将变为圆。

在一般情况下,当相位差 $(\varphi_2 - \varphi_1)$ 不等于以上讨论的任一值时,所得到的质点运动轨
迹的形状和绕行方向是各不相同的椭圆。如图 10-7 所示,是相位差为 $k\pi/4(k = 0, 1, 2,$
$3, \cdots)$ 时 质点运动的轨迹。

以上讨论的是两种特殊情况(同频同向和同频方向垂直)的两简谐振动的合成,实际上
各种振动都可以合成一个复杂的周期性运动。反过来,任何一种复杂的周期性运动可分解

为若干个(或无数个)具有不同振幅、不同频率的简谐振动,通过这样方法,可以分析原周期性运动的特性。目前,这种方法在信号处理方面得到了十分广泛的应用。

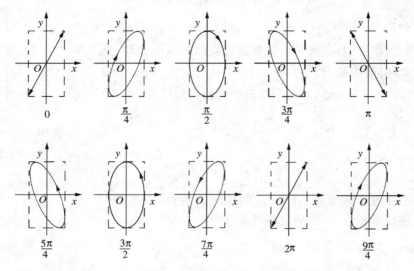

图 10-7　在不同相位差的情况下,两个互相垂直振动的合成

10.2　简　谐　波

10.2.1　机械波的产生和传播

由弹性力联系着的各部分组成的媒质称为**弹性媒质**。当弹性媒质中某一质点因受外界扰动而发生振动时,在媒质各质点之间弹性力作用下,振动质点将带动其周围的质点随之振动,振动由近及远在媒质中向四周传播。机械振动在弹性媒质中的传播称为**机械波**。要产生机械波必须满足两个条件:首先要有做机械振动的波源,其次要有能够传播这种振动的弹性媒质。因此,波动传播的是振动状态而非传播质点本身。根据质点振动方向与波的传播方向的关系,波可分为两类:一类是质点振动方向与传播方向垂直的波称为**横波**,比如,水面波、电磁波等。第二是质点振动方向与波传播方向一致的波称为**纵波**(又称**疏密波**),例如声波等。气体、液体和固体都可以传播纵波,而横波只能在固体中传播。横波和纵波是最简单的两种波,其他复杂的波都可以分解为纵波和横波来研究。

为了形象地描述波的传播过程,引入几个常用的概念。为了表示波的传播方向,沿波的传播方向画一些带有箭头的线,称为**波线**。在波的传播过程中,媒质中各质点都在平衡位置附近振动,这样可以把具有相同振动相位的点连成一个曲面称为**同相面**或**波面**。在某一时刻,由波源最初振动状态传达到最前面的各点所连成的曲面,称为**波阵面**或**波前**,如图 10-8 所示。

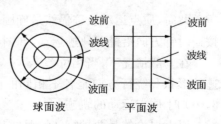

图 10-8　波线、波面和波前

由此可见,在某一时刻,波面可以有任意多个,而波前只有一个,是最前面的那个波面。用上面这几个概念可直观地表示波传播的状况。按波前的形状可将波分成球面波和平面波等。波前是球面的波称球面波。波前是平面的波,称平面波。在各向同性的媒质中,波线与波面垂直。

波长、频率(或周期)和波速是描述波动的重要物理量。在同一波线上振动相位差为 2π 的两个质点间的距离,称为**波长**,常用 λ 来表示。如图 10-9 所示,对于横波,波长等于两相邻波峰或波谷之间的距离。波向前推进一个波长的距离所需要的时间,或一个完整波通过波线上某点所需要的时间称为**周期**,用 T 表示,单位是秒(s)。周期的倒数称为频率,用 ν 表示,单位是赫兹(Hz)。频率也就是单位时间内,波动向前推进的距离内所包含的波长的

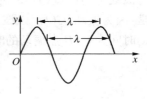

图 10-9　横波的波形图

数目,或单位时间内通过波线上某点的完整波的数目。由波动形成可知,经过一个周期,波源完成一次全振动,沿波线传播一个完整的波,所以,波的周期(或频率)等于波源振动的周期(或频率),也就等于媒质中各质点振动的周期(或频率)。这就是说,当波在不同的媒质中传播时,它的周期(或频率)是不变的。在波动过程中,单位时间内振动(任一振动状态)所传播的距离,称为**波速**,常用 c 表示,单位是米/秒(m/s),其方向与波的传播方向相同。由于相位是描述振动状态的物理量,因而波速又称为**相速**。波速是描述振动在媒质中传播快慢的物理量,其大小取决于媒质的弹性和密度,与波长、频率无关。在不同媒质中,波速是不同的。例如声波在 0℃ 时,在空气中的传播速度为 331 m/s,在水中的传播速度为 1 498 m/s,在钢轨中的传播速度为 5 950 m/s。

按照波速的定义可得

$$c = \frac{\lambda}{T} \text{ 或 } c = \nu\lambda \tag{10-26}$$

式(10-26)是波长、周期(或频率)、波速之间的关系式,具有普遍的意义,对各种类型的波都是适用的。

需要强调的是,波动只是振动状态的传播,媒质中各质点本身并不随波前进,各质点只会在各自的平衡位置附近振动。另外,也不要把波速和质点振动的速度混淆起来。

10.2.2　简谐波的波动方程

由于媒质中质点振动是复杂的,所以产生的波动也是复杂的。如果波源作简谐振动,那么简谐振动在弹性媒质中传播形成**简谐波**。简谐波是最基本、最简单的波,任何复杂的波都可以看做是由若干个频率不同的简谐波叠加而成。

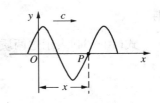

图 10-10　波动方程的推导波形

下面定量讨论在均匀的媒质中沿 x 轴正方向传播的简谐波,如图 10-10 所示。在波动过程中,媒质中各点都会振动,它们相对于平衡位置的位移 y 与时间 t、位置 x 的关系可用函数表达出来,这样的函数式称为简谐波的**波动方程**。设原点 O 为波源的位置,波源作简谐振动,振动方程为

$$y = A\cos(\omega t + \varphi_0) \qquad (10-27)$$

其中,A 是波源振动的振幅;ω 是波源振动的角频率;φ_0 是波源振动的初相位。假定在振动的传播过程中,各点的振幅不变(即媒质是均匀无限大、无吸收的),这样的波称为等幅波。设 P 为波线上与原点相距 x 的任一点,P 点处的质点将以相同的振幅和频率重复 O 点的振动。但是,因为振动从 O 点以波速 c 沿 x 轴正方向传播到 P 点需要的时间为 x/c,这表明当 O 点振动时间为 t,P 点振动的时间应为 $[t-(x/c)]$。此时,P 点的位移可表示为

$$y = A\cos\left[\omega\left(t - \frac{x}{c}\right) + \varphi_0\right] \qquad (10-28)$$

这就是沿 Ox 轴正方向传播的简谐波的波动方程。它表示了在波线上距离波源 x 处质点在 t 时刻的位移,描述了波线上任意处质点在 t 时刻的振动状态。

又 $\omega = \dfrac{2\pi}{T}$,$T = \dfrac{1}{\nu}$,$c = \nu\lambda$,则式(10-28)还可写为

$$y = A\cos\left[2\pi\left(\frac{t}{T} - \frac{x}{\lambda}\right) + \varphi_0\right] \qquad (10-29)$$

$$y = A\cos\left[2\pi\left(\nu t - \frac{x}{\lambda}\right) + \varphi_0\right] \qquad (10-30)$$

为了进一步理解波动方程的物理意义,现讨论如下几种情况。

(1) 当 x 一定时,位移 y 只是时间 t 的函数,这时波动方程表示距波源为 x 处质点在不同时刻的位移,也就是 x 处质点的简谐振动的振动方程,该方程又可写成

$$y = A\cos(\omega t + \varphi_0 + \varphi) \qquad (10-31)$$

式中 $\varphi = -\dfrac{2\pi x}{\lambda}$,它表示 x 处质点振动落后于波源的相位。在同一时刻与波源 O 距离为 x_1 和 x_2 的两点,它们的振动相位差 $(\varphi_1 - \varphi_2)$ 为

$$\varphi_1 - \varphi_2 = \frac{2\pi}{\lambda}(x_2 - x_1) \qquad (10-32)$$

若波线上两点距离为波长的整数倍,即

$$x_2 - x_1 = \pm k\lambda \qquad (k=1,2,3,\cdots) \qquad (10-33)$$

则 $\qquad\qquad\qquad\qquad \varphi_1 - \varphi_2 = 2k\pi \qquad (k=0,1,2,3,\cdots) \qquad (10-34)$

式(10-34)表示这两质点同相位。若波线上两质点间距离为半波长的奇数倍,即

$$x_2 - x_1 = \pm(2k-1)\frac{\lambda}{2} \qquad (k=1,2,\cdots) \qquad (10-35)$$

则 $\qquad\qquad\qquad\qquad \varphi_1 - \varphi_2 = \pm(2k-1)\pi \qquad (k=1,2,\cdots) \qquad (10-36)$

式(10-36)表明相距为半波长奇数倍的两质点的相位相反。

(2) 当 t 一定时,位移 y 是距离 x 的函数。这时波动方程表示在给定时刻波线上各个不同 x 值处质点的位移,也就是表示在给定时刻的波形。若 $t=0$,式(10-29)为

$$y = A\cos\left(-\frac{2\pi x}{\lambda} + \varphi_0\right) \qquad (10-37)$$

如图 10-11 所示,实线表示该时刻的波形。若 $t = T/4$,式(10-29)为

$$y = A\cos\left[\frac{2\pi}{\lambda}\left(-x + \frac{\lambda}{4}\right) + \varphi_0\right] \qquad (10-38)$$

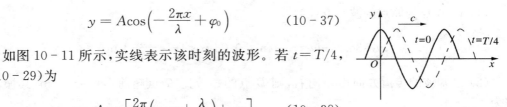

图 10-11 波的传播

如图 10-11 所示,虚线表示该时刻的波形。

(3) 当 t 和 x 都变化时,波动方程表示出波线上所有质点在各个时刻的位移情况。比较图 10-11 中两个不同时刻的波形图,便可以看出波沿 x 轴的正方向传播,在 $T/4$ 时间内,整个波形向前移动了 $\lambda/4$。

如果波沿 x 轴的反方向传播,那么原点 O 右边的任一点都先于 O 点振动,其相位也超前于 O 点。因此沿 x 轴的反方向传播的波动方程可表示为:

$$y = A\cos\left[\omega\left(t + \frac{x}{c}\right) + \varphi_0\right]$$

【例 10-3】 已知一列简谐波的波长 $\lambda = 1.0$ m,振幅 $A = 0.4$ m,周期 $T = 2.0$ s,波源初相位 $\varphi_0 = 0$。(1) 试写出波动方程;(2) 求距离波源为 $\lambda/2$ 处质点的振动方程;(3) 求距波源 $x_1 = 0.6$ m 和 $x_2 = 0.80$ m 处的两质点的相位差。

【解】 (1) 将 $\lambda = 1.0$ m,$A = 0.4$ m,$T = 2.0$ s 代入波动方程 $y = A\cos 2\pi\left(\frac{t}{T} - \frac{x}{\lambda}\right)$,得该简谐波的波动方程为

$$y = 0.4\cos 2\pi\left(\frac{t}{2} - x\right) \text{ m}$$

(2) 已知 $x = \frac{\lambda}{2}$,则该处质点的振动方程为

$$y = 0.4\cos\pi(t - 1) \text{ m}$$

(3) 将 $x_1 = 0.6$ m,$x_2 = 0.80$ m 代入式(10-32),得

$$\Delta\varphi = \frac{2\pi}{\lambda}(0.80 - 0.60) = 0.40\pi = \frac{2}{5}\pi$$

【例 10-4】 一列平面简谐波在媒质中以速度 $c = 20$ m/s 沿 x 轴正向传播,已知其频率 $\nu = 2$Hz,在传播路径上 A 点的振动方程为 $y_A = 3\cos 4\pi t$ cm,如图 10-12 所示。

(1) 若以 A 点为坐标原点,写出波动方程;

(2) 若以距 A 点 5 m 处的 B 点为坐标原点,写出波动方程;

(3) 仍以 A 为波源,写出 C 点、D 点的振动方程;

(4) 分别求出 CB 和 CD 两质点间的相位差。

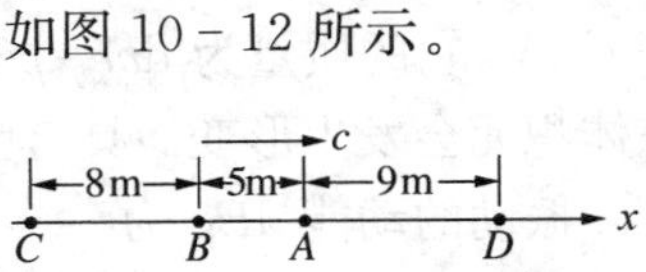

图 10-12 一列平面简谐波

【解】 依题意,$c = 20$ m/s,$\nu = 2$ Hz,$\lambda = \frac{c}{\nu} = \frac{20}{2} = 10$ m,A 点的振动方程为 $y_A = 3\cos 4\pi t$,

(1) 以 A 点为原点的波动方程为

$$y = 3\cos 4\pi\left(t - \frac{x}{c}\right)\text{cm} = 0.03\cos 4\pi\left(t - \frac{x}{20}\right)\text{m}$$

(2) 已知波的传播方向由左向右，则 B 点的相位比 A 点超前，$x_B = -5$ m，其振动方程为

$$y_B = 0.03\cos 4\pi\left(t + \frac{5}{20}\right) = 0.03\cos 4\pi\left(t + \frac{1}{4}\right)\text{m}$$

根据式(10-28)写出以 B 点为原点的波动方程

$$y = 0.03\cos 4\pi\left[\left(t - \frac{x}{20}\right) + \frac{1}{4}\right]\text{m}$$

(3) 由于 C 点的相位比 A 点超前，D 点的相位比 A 点的相位落后，则 C、D 点的振动方程分别为

$$y_C = 0.03\cos 4\pi\left(t + \frac{13}{20}\right)\text{m}$$

$$y_D = 0.03\cos 4\pi\left(t - \frac{9}{20}\right)\text{m}$$

(4) C、B 两点距离为 $\overline{CB} = 8$ m，C、D 两点距离为 $\overline{CD} = 22$ m，则 C、B 和 C、D 两点相位差分别为

$$\varphi_C - \varphi_B = \frac{2\pi}{\lambda}\overline{CB} = \frac{2\pi}{10} \times 8 = 1.6\pi$$

$$\varphi_C - \varphi_D = \frac{2\pi}{\lambda}\overline{CD} = \frac{2\pi}{10} \times 22 = 4.4\pi$$

10.2.3 波的能量

1)波的能量 能量密度

波动过程是振动状态传播的过程，同时也是能量传播的过程。因为在波的传播过程中，媒质中各质点振动具有动能，同时媒质因发生形变而具有势能，所以说波动过程也伴随着能量的传递。

设有一平面简谐波，在密度为 ρ 的媒质中以波速 c 沿 x 轴正向传播。在媒质中取一体积元 dV，它的质量为 $dm = \rho dV$，当波动传到此体积元时，使这个体积元获得动能 dE_K，同时该体积元会发生形变而具有弹性势能 dE_P。

振动的动能 dE_K 为

$$dE_K = \frac{1}{2}v^2 dm = \frac{1}{2}\rho v^2 dV \qquad (10-39)$$

因为是简谐波，所以该体积元的振动速度为(取 $\varphi_0 = 0$)

$$v = \frac{dy}{dt} = -A\omega\sin\omega\left(t - \frac{x}{c}\right) \qquad (10-40)$$

式中，A 为波的振幅，ω 为圆频率，c 为波速。

将式(10-40)代入式(10-39)可得

$$dE_K = \frac{1}{2}\rho dV\, A^2\omega^2 \sin^2\omega\left(t-\frac{x}{c}\right) \qquad (10-41)$$

理论计算可得体积元因发生形变而具有的弹性势能 dE_P 与其动能 dE_K 相等，即

$$dE_P = \frac{1}{2}\rho dV\, A^2\omega^2 \sin^2\omega\left(t-\frac{x}{c}\right) \qquad (10-42)$$

因此，体积元的总能量 dE 为

$$dE = dE_K + dE_P = \rho dV\, A^2\omega^2 \sin^2\omega\left(t-\frac{x}{c}\right) \qquad (10-43)$$

比较式(10-43)和式(10-11)可以看出，波动的能量与谐振的能量有显著的区别。在简谐振动过程中，系统的动能和势能互相转换，其相位差 $\pi/2$，即动能最大时，势能为零，势能最大时，动能为零，系统的总机械能守恒。而在波动中，任何体积元内的动能和势能的相位相同，即两者同时达到最大或者同时为零，它的机械能是不守恒的。体积元的总能量随时间做周期性的变化，即波动能量是时间的周期函数，这说明波是在不断地重复着吸收与辐射能量的过程。所以说波动是能量传播的一种方式。

用体积元 dV 去除能量 dE，即得单位体积内的波动能量，称为**能量密度**，用 w 表示有

$$w = \frac{dE}{dV} = \rho A^2\omega^2 \sin^2\omega\left(t-\frac{x}{c}\right) \qquad (10-44)$$

因为能量密度是随时间而变化，通常求在一个周期 T 内的能量密度的平均值 $\overline{w}$，即

$$\overline{w} = \frac{1}{T}\int_0^T \rho A^2\omega^2 \sin^2\omega\left(t-\frac{x}{c}\right)dt = \frac{1}{2}\rho A^2\omega^2 \qquad (10-45)$$

可见，波的平均能量密度 $\overline{w}$ 与振幅平方、圆频率的平方以及媒质的密度成正比。

2) 能流　能流密度

波的能量是随着波动的进行在媒质中传播。通常把单位时间内通过媒质中某一截面积的能量，称为通过该截面积的**能流**。设在媒质中垂直波速 c 方向取截面积 S，于是单位时间内通过 S 的能量等于体积为 cS 的柱体中的能量，如图 10-13 所示。这个能量是周期性变化的，故其平均能流 $\overline{P}$ 为 $\overline{P}=\overline{w}cS$。再以 S 除 $\overline{P}$，就得到单位时间内通过垂直于波动传播方向的单位面积的平均能流，称为**平均能流密度**或**波的强度**。以 I 表示，即

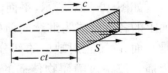

图 10-13　波的强度

$$I = \overline{w}c = \frac{1}{2}\rho cA^2\omega^2 = \frac{1}{2}ZA^2\omega^2 \qquad (10-46)$$

其中，$Z=\rho c$ 称为媒质的**声阻**(详情请参见 10.4 节)，它决定于媒质性质；A、ω 分别为振幅及圆频率，决定于波源性质。式(10-46)包含了产生波的两个充要条件的信息，且 I 正比于 Z、A^2、ω^2，A 增加 1 倍或 ω 增加 1 倍时，其强度将增加到原来的 4 倍！

10.3 波的干涉和衍射

10.3.1 惠更斯原理

波的干涉和衍射是波动的两个重要特征。波的产生是由于波源的振动,然后经媒质中质点的相互作用把振动传播出去。对于连续分布的媒质,其中任何一点的振动将直接引起它邻近各点的振动。因此媒质中振动着的任一质点都可看做新的波源。如图 10-14 所示,一列波在水面上传播,只要没有遇到障碍物,波前的形状在传播过程中不变。若遇到一个有直径为 a 的小孔的障碍物 AB,只要小孔直径与波长相比很小,无论原来的波前是什么形状,通过小孔的波前都将变成以小孔为中心的圆形波,而与原来的波形无关,说明小孔可以看做新的波源。

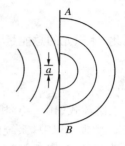

图 10-14 波通过小孔

惠更斯总结了上述现象后提出,波前上的每一点都可看做是发射次级子波的波源,在其后的任一时刻,这些子波的包迹(公切面)就是新的波前。这就是**惠更斯原理**。

如图 10-15(a)、(b) 所示,S_1 为某一时刻的波前,箭头表示波动传播的方向。为了求得经过 t 时刻后的波前,我们把 S_1 上每一点作为新的波源,画出 t 时刻后它们的子波半球面,且球面半径 $r=ct$。这些半球面的包迹 S_2 就是新的波前。

惠更斯原理对机械波或电磁波都是适用的,不论这些波动经过的媒质是均匀的或非均匀的,各向同性的或各向异性的,只要知道某一时刻的波前,就可以根据惠更斯原理很直观地描述波的传播过程。

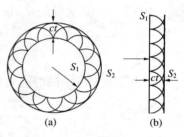

图 10-15 惠更斯原理

10.3.2 波的衍射

如图 10-16 所示,平面波的波前达到宽度为 d,且大于波长 λ 的缝 AB 时,缺口处波阵面上的各点就成为继续向前发射子波的新波源。根据惠更斯原理做出的新波前显然不再是平面,除了正对缺口的部分仍然是平面外,两旁出现了弯曲。这表明波动能绕过障碍物传播。波绕过障碍物传播的现象称为**波的衍射**。缝愈窄,波线的弯曲愈显著,绕过障碍物传播的现象也愈显著。如果 d 小于 λ,则缝可看做单独的振动中心,从它发出的波前成为半球形。可见波长愈长,衍射现象愈显著。声波的波长,有几米左右,因此衍射现象比较明显。无线电波的中波波长有几百米,因此衍射现象更显著,即使电台与接收机中间隔着大山,也能接收到无线电波。超声的波长很短,只有几毫米,衍射现象不明显,因而能实现定向传播(请参见第10.4.4节)。

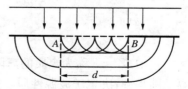

图 10-16 波的衍射

10.3.3 波的干涉

在日常生活中,人们听乐队演奏时,能够辨别出每个乐器发生的音色,几个人同时说话也能够分辨出他们的声音。这表明:① 各种波都有保持各自原有的特征(频率、波长、振动方向)不变的性质,各自按原来的传播方向向前传播,不受其他波的影响,这就是**波的独立性原理**。② 两列波在相遇区域,媒质中各质点的位移为各列波在该点单独引起的位移的矢量和,这称为**波的叠加原理**。

两个频率相同、振动方向相同而且同相位或初相位差恒定的两个波源称为**相干波源**,由相干波源发出的波称为**相干波**。根据波的叠加原理,两列相干波在空间相遇时,出现空间某些地方振动始终加强而另一些地方的振动始终减弱或完全抵消的现象,称为**波的干涉**。

现在根据波的叠加原理,讨论波的干涉现象或某些点振动加强与减弱的条件。如图 10-17 所示,设两个相干波源 S_1、S_2 的振动方程分别为

$$\left. \begin{array}{l} y_{10} = A_1\cos(\omega t + \varphi_1) \\ y_{20} = A_2\cos(\omega t + \varphi_2) \end{array} \right\} \quad (10-47)$$

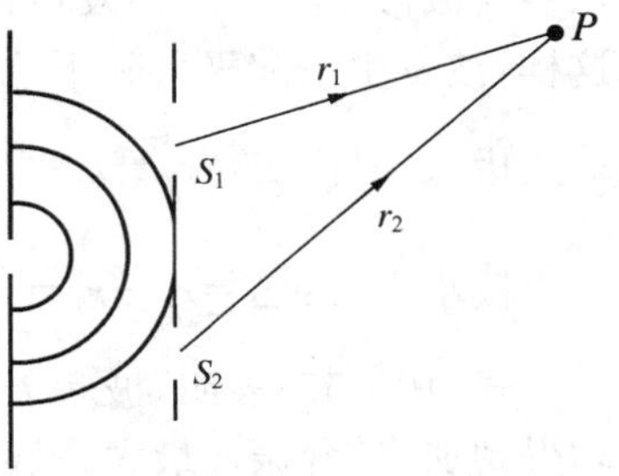

图 10-17 相干波源

此时,它们产生的两列波在距两波源分别为 r_1 和 r_2 的任意点 P 处相遇,各自引起 P 点的谐振动方程分别为

$$\left. \begin{array}{l} y_1 = A_1\cos\left(\omega t + \varphi_1 - \dfrac{2\pi r_1}{\lambda}\right) \\ y_2 = A_2\cos\left(\omega t + \varphi_2 - \dfrac{2\pi r_2}{\lambda}\right) \end{array} \right\} \quad (10-48)$$

显然,式(10-48)是两个同方向、同频率的谐振动方程,其合成振动才代表 P 点的真实振动。由振动合成的结论可知,P 点仍作简谐振动,振动方程为

$$y = A\cos(\omega t + \varphi) \quad (10-49)$$

其中,P 点振动振幅 $A = \sqrt{A_1{}^2 + A_2{}^2 + 2A_1A_2\cos\left(\varphi_2 - \varphi_1 - 2\pi\dfrac{r_2 - r_1}{\lambda}\right)}$ $\quad (10-50)$

P 点振动初相位 $\quad \varphi = \arctan\dfrac{A_1\sin\left(\varphi_1 - \dfrac{2\pi r_1}{\lambda}\right) + A_2\sin\left(\varphi_2 - \dfrac{2\pi r_2}{\lambda}\right)}{A_1\cos\left(\varphi_1 - \dfrac{2\pi r_1}{\lambda}\right) + A_2\cos\left(\varphi_2 - \dfrac{2\pi r_2}{\lambda}\right)} \quad (10-51)$

两分振动在 P 点的总相位差为 $\quad \Delta\varphi = (\varphi_2 - \varphi_1) - 2\pi\dfrac{r_2 - r_1}{\lambda} \quad (10-52)$

总的相位差 $\Delta\varphi$ 由两项组成:第一项 $(\varphi_2 - \varphi_1)$ 代表两波源的初相差;第二项 $-2\pi\dfrac{r_2 - r_1}{\lambda}$ 代表两列波传播到 P 点因所传播的空间距离不同而产生的空间相位差。当 P 点位置确定后,$\Delta\varphi$ 就是一恒量,由式(10-50)可知,P 点的振幅也是一个恒量。当 P 点位置改变时,$\Delta\varphi$ 也会随之改变,P 点的振幅也会改变,但各点的振幅均具有确定的值,且不随时间变化。因此,波的干涉使空间某些点振动始终加强,在另一些点振动始终减弱。

当 $\Delta\varphi = \pm 2k\pi \ (k = 0, 1, 2, \cdots)$ 时,即

$$(\varphi_2 - \varphi_1) - \frac{2\pi(r_2 - r_1)}{\lambda} = \pm 2k\pi \qquad (10-53)$$

符合该条件的点的合振幅最大,为 $A_{max} = A_1 + A_2$。式(10-53)称为干涉极大条件。

当 $\Delta\varphi = \pm(2k-1)\pi \ (k = 1, 2, \cdots)$ 时,即

$$(\varphi_2 - \varphi_1) - \frac{2\pi(r_2 - r_1)}{\lambda} = \pm(2k-1)\pi \qquad (10-54)$$

符合该条件的点的合振幅最小,为 $A_{min} = |A_1 - A_2|$。式(10-54)称为干涉极小条件。若 $A_1 = A_2$,则 $A = 0$,对应的点停振而处于静止状态。

为了简化讨论,令 $\varphi_1 = \varphi_2$,$\Delta = r_2 - r_1$。Δ 表示两列相干波同时从各自波源 S_1 和 S_2 出发传播到 P 点所经路程之差,称为**波程差**。这样,波发生干涉极大和干涉极小的条件可简单表示为

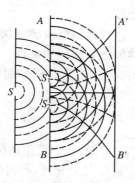

极大条件:$\Delta = r_2 - r_1 = \pm 2k \dfrac{\lambda}{2} \ (k = 0, 1, 2, \cdots)$ (10-55)

极小条件:$\Delta = r_2 - r_1 = \pm(2k-1)\dfrac{\lambda}{2} \ (k = 1, 2, \cdots)$ (10-56)

式(10-55)表明,波程差等于半波长的偶数倍的空间各点,振动得到加强,合振幅最大;式(10-56)表明,波程差等于半波长的奇数倍的空间各点,振动减弱,合振幅最小。

图 10-18　水波的干涉

相干波可用下面的实验产生。设有一波源 S 发出球面波,如图 10-18 所示。在 S 附近放一障碍物 AB,在 AB 上有两个小孔 S_1 和 S_2,S_1 和 S_2 的位置对 S 来说是对称的。根据惠更斯原理,S_1 和 S_2 可认为是两个同相位的相干波源。波通过小孔 S_1 和 S_2 后即在 AB 右边的媒质中产生波的干涉现象。如图 10-18 所示,振幅最大的各点用粗实线绘出,振幅最小的各点用细虚线绘出。如果在 S 处置一音叉,使之振动,用水作为媒质,即可看到水波的干涉现象。

【例 10-5】 在同一媒质中有相距为 20 m 的两个波源 A 和 B,它们的初相位差为 π,振动周期均为 $T = 0.01$ s,振动方向相同,发出两列平面简谐波,振幅均为 5cm,波速为 $200 \ \text{m} \cdot \text{s}^{-1}$。求在 A 和 B 的连线上因干涉而静止的各点的位置。

【解】 设因两波干涉而引起静止的点为 C,它与 A 点的距离 $\overline{CA}$ 为 x,则 C、B 的距离为 $\overline{CB} = 20 - x$,两波源初相位差为 π,若设 A 点发出来的波的波动方程为

$$y_A = 0.05\cos\omega\left(t - \frac{x}{c}\right)$$

则 B 点发出的波的波动方程为

$$y_B = 0.05\cos\left[\omega\left(t - \frac{20-x}{c}\right) + \pi\right]$$

两波传到 C 点的相位差为

$$\Delta\varphi = \pi - \omega\left(\frac{20-x}{c} - \frac{x}{c}\right)$$

当 $\Delta\varphi = \pm(2k-1)\pi$ $(k = 1,2,\cdots)$ 时,C 点的振动静止。即

$$\pi - \omega\left(\frac{20-x}{c} - \frac{x}{c}\right) = \pm(2k-1)\pi$$

由此可得 $\qquad x = 10-k$ 和 $x = 9+k$,$(k = 1,2,\cdots)$

取 $k = 1,2,\cdots,9,10$ 并考虑到波源处振幅不为零的实际情况,最后确定在 AB 连线上有 19 个点因干涉而静止的点的位置。

10.4　声　波

声波是指在弹性介质中传播的机械波。频率大约在 $20 \sim 20\,000\,\text{Hz}$ 之间,可以被人耳听到的声波称为**声音**,有时也称为声波。频率高于 $20\,000\,\text{Hz}$ 的声波称为**超声波**,低于 $20\,\text{Hz}$ 的声波称为**次声波**或**亚声波**。超声波和次声波都不引起人的听觉。

10.4.1　声波的性质

1) 声速

声波可以在气体、液体、固体中传播,在不同的媒质中传播的速度一般不同,其大小主要取决于媒质的弹性模量和密度。除此之外,声速还与温度有关,比如,在标准状态下的空气中,声速为 $331\,\text{m}\cdot\text{s}^{-1}$,而温度每升高(或降低)$1\,\text{℃}$,声速约增加(或减少)$0.6\,\text{m}\cdot\text{s}^{-1}$。

2) 声压

声波是纵波,在传播过程中,媒质中任一体积元的密度随质点的振动做周期性的疏密变化。在稠密处,压强大于没有声波传播时的静压强,在稀疏处,压强小于静压强。在媒质中,有声波传播时的压强与无声波传播时的静压强的差值称为**声压**,用 p 表示。显然,声压是空间和时间的函数,且作周期性变化。

设声波为平面简谐波,在均匀弹性媒质(液体或固体)中无衰减地沿 x 轴正向传播,其波动方程为

$$y = A\cos\omega\left(t - \frac{x}{c}\right)$$

理论上可证明,声压方程为 $\qquad p = p_{\text{m}}\cos\left[\omega\left(t - \frac{x}{c}\right) - \frac{\pi}{2}\right]$ $\qquad$ (10-57)

其中 $p_{\text{m}} = \rho c\omega A$,称为**声压幅值**,简称**声幅**。通常所说的声压大多是指声压的有效值,即有效声压 $p_{\text{eff}} = \frac{p_{\text{m}}}{\sqrt{2}}$。式(10-57)说明,声压也是时间和空间位置的周期函数,而且媒质中任一处的声压的相位超前该处质点的振动位移相位 $\pi/2$,与振动速度同相位。

3) 声阻抗

声波在弹性媒质中传播时,引起媒质质点的振动,质点振动速度幅值为 $v_{\text{m}} = \omega A$,则声压幅值可表示为

$$p_{\text{m}} = \rho c\omega A = \rho c v_{\text{m}}$$ $\qquad$ (10-58)

上式表明在均匀弹性媒质中,声压幅值与质点振动的速度幅值 v_{m} 成正比。若令 $Z = \rho c$,则

$$Z = \frac{p_{\mathrm{m}}}{v_{\mathrm{m}}} \qquad\qquad (10-59)$$

将式(10-59)与欧姆定律比较,声压与电压对应,振动速度与电流对应,则 Z 就对应于电阻,称之为**声阻抗**,等于媒质密度与该媒质中声速的乘积。声阻抗是表征媒质声学特性的一个重要物理量,单位为牛顿·秒·米$^{-3}$(N·s·m^{-3})。表 10-1 给出了几种媒质的声速和声阻抗。

表 10-1　几种媒质的声速和声阻抗

媒质	声速 c(m/s)	密度 ρ(kg/m³)	声阻抗(N·S·m^{-3})
空气(0℃)	3.32×10^2	1.29	4.28×10^2
空气(20℃)	3.44×10^2	1.21	4.16×10^2
水(20℃)	14.8×10^2	988.2	1.48×10^2
脂肪	14.0×10^2	970	1.36×10^2
脑	15.3×10^2	1 020	1.56×10^2
肌肉	15.7×10^2	1 040	1.63×10^2
密质骨	36.0×10^2	1 700	6.12×10^2
钢	50.5×10^2	7 800	39.4×10^2

4) 声强

声波的平均能流密度称为声波的强度,简称**声强**。它表示单位时间内通过与声波的传播方向垂直的单位面积的能量,用 I 表示。由式(10-46)和式(10-58)及式(10-59)可得声强与声压幅值、声阻抗之间的关系为

$$I = \frac{1}{2}\rho A^2 \omega^2 c = \frac{1}{2}p_{\mathrm{m}}v_{\mathrm{m}} = \frac{1}{2}Z v_{\mathrm{m}}^2 = \frac{p_{\mathrm{m}}^2}{2Z} \qquad (10-60)$$

式(10-60)表明,声强与声幅的平方和频率的平方成正比,与声阻抗成反比。

5) 声波的反射定律和折射定律

声波在传播过程中,当遇到两种不同媒质的界面时,要发生反射和折射。声波的入射波、反射波和折射波同光波一样,遵守反射定律、折射定律。反射波强度与入射波强度之比,称为**反射系数**,用 R 表示。折射波强度与入射波强度之比,称为媒质的**折射系数**或**透射系数**,用 T 表示。理论上可以证明,反射系数 R 和透射系数 T 由入射角及媒质声阻抗的大小决定,而在垂直入射时,两系数可写成

$$R = \frac{I_{\mathrm{r}}}{I_{\mathrm{i}}} = \left(\frac{Z_2 - Z_1}{Z_2 + Z_1}\right)^2$$

$$T = \frac{I_{\mathrm{t}}}{I_{\mathrm{i}}} = \frac{4Z_2 Z_1}{(Z_1 + Z_2)^2} \qquad\qquad (10-61)$$

其中，I_i 为入射波强度；I_r 为反射波强度；I_t 为透射波强度；Z_1、Z_2 分别为两种媒质的声阻抗。

可见，两种媒质声阻抗差值越大，反射越强，透射越弱；而声阻抗相近时，透射增强，反射减弱。对超声波来说，由于空气与液体、固体的声阻抗相差很大，超声波很难直接从空气进入液体或固体，所以在做 B 超等超声波检查时，要在探头上涂抹液体石蜡油，防止探头与体表间产生空气层，使超声波尽量多透射入人体内。因为人体各组织器官的声阻抗不同，所以超声波入射到各组织界面时会产生反射波，反射波的强度的大小决定于相邻组织之间的差异大小，这成为超声波用于诊断的物理基础。

10.4.2 声强级与响度级

1) 声强级

声强是声音的主要客观指标之一，必须在达到一定量值后，才能引起人的听觉。把声波频率在 20～20 000 Hz 范围内能引起听觉的最小声强刺激量，称为**听阈**。不同频率的声波听阈值不同，说明人耳对不同频率声波的灵敏度不同。当声强大到一定量值，就会引起人耳疼痛感觉，把人耳能忍受的最大声强刺激量，称为**痛阈**。由痛阈线、听阈线、20 Hz 线和20 000 Hz 线围成的区域称为**听觉区域**，如图 10-19 所示。在听觉区域内，声强的变化范围是很大的。例如 1 000 Hz 声波引起听觉的声强的最大值为 1 W·m^{-2}，最小值为10^{-12} W·m^{-2}，二者相差 10^{12} 倍。而人耳实际上对同一频率不同声强所产生的主观感觉——**响度**差别并没有如此之大，它与声强的对数值近似成正比关系。即声音强度增加 10 倍，响度增加仅 1 倍。因此，声学中常采用对数标度来表示声强的等级，称为**声强级**，用 L 表示，单位为贝尔或分贝，1 贝尔＝10 分贝（或 1 B＝10 dB）。取 $I_0 = 10^{-12}$ W·m^{-2} 为基准声强，声强为 I 的声波的声强级定义为

$$L = \lg \frac{I}{I_0} \text{ B} = 10\lg \frac{I}{I_0} \text{ dB} \tag{10-62}$$

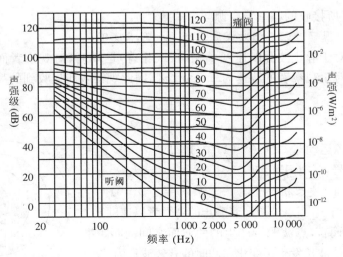

图 10-19 等响曲线

2)响度级

声强、声强级是根据声波的能量来确定的,是客观物理量。响度是人耳对声音强弱的主观感受,并不完全是取决于声强,也与声音的频率有关。例如,频率 50 Hz 声强级约为 78 dB 的声音与频率 1 000 Hz 声强级约为 60 dB 的声音具有同等的响度,即等响。如图 10 - 19 所示,每条曲线的响度相同,称为**等响曲线**。可见,听阈曲线和痛阈曲线是人耳最低可闻和最高可忍受的等响曲线。为了能用数值来比较响度,把不同响度用响度级表示,即同一等响曲线上的各点处于同一响度级。响度级的单位为方,其值与产生相同响度的频率为 1 000 Hz 声波的声强级的分贝值相等。

10.4.3　多普勒效应

在日常生活和科学观测中,经常会遇到波源或观察者或这两者同时相对于媒质运动的情况。例如,当一列火车鸣笛急驰而过时,在铁道附近的人们会听到火车驶来时声调高昂,火车离去时笛声音调低沉。前者说明人耳接收的声波的频率较高,而后者说明人耳接收的声波频率较低。实际上火车鸣笛的音调并没有改变,即波源的频率并未改变,只是人耳听到的音调发生了变化,即接收到的声波频率发生变化。这是由于波源或观察者相对于媒质的运动,从而使观察者所接收的声波的频率有所变化所致的,这种现象称为**多普勒效应**。

下面分四种情况讨论。为了简单起见,设想波源 S 与观察者的相对运动发生在两者连线上,波源和观察者相对于媒质运动速度分别为 u、v,波在媒质中的波速为 c,波源的振动频率和观察者接受到的频率分别为 ν 和 ν'。

1)声源、观察者相对媒质静止($u=0$, $v=0$)

若在某一时刻,声波刚刚到达观察者,1s 后,声波由此向前传播的距离为 $L=c$。观察者所接受到的声波频率应等于单位时间内通过观察者完整的波数(即在距离为 L 的范围内所包含的波数)。所以

$$\nu' = \frac{c}{\lambda} = \nu \tag{10-63}$$

此时,观察者所接收的频率与声源频率一致。

2)声源静止,观察者以 v 相对媒质运动($u=0$, $v\neq 0$)

若观察者相对于静止波源以速度 v 相向(或相背)运动时,对观察者而言,静止波源所产生的球面波相对于观察者的波速为 $c'=c\pm v$。因此观察者所接收到的频率为

$$\nu' = \frac{c'}{\lambda} = \frac{c\pm v}{\lambda} = \frac{c\pm v}{c}\nu \tag{10-64}$$

当观察者向着波源运动时,式(10-64)中分子取"+"号,ν' 大于 ν;反之取"-"号,ν' 小于 ν。

3)观察者静止,波源相对于媒质运动($v=0$, $u\neq 0$)

如图 10 - 20 所示,当点波源向着静止的观察者以速度 u 运动时,对观察者而言,点波源所产生的两波面之间的间距沿运动方向被压缩,使波长发生了变化。此时的有效波长为 $\lambda'=\lambda-uT=(c-u)T$,观察者接收到的频率为

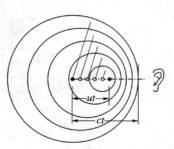

图 10 - 20　多普勒效应

$$\nu' = \frac{c'}{\lambda'} = \frac{c}{c-u}\nu \qquad (10-65)$$

当点波源背离观察者运动时,有

$$\nu' = \frac{c}{c+u}\nu \qquad (10-66)$$

4)波源和观察者都运动 ($u\neq0,v\neq0$)

当观察者和波源都运动时,有效波速和波长都发生了变化,这时观察者接受到的频率为

$$\nu' = \frac{c'}{\lambda'} = \frac{c\pm v}{c\mp u}\nu \qquad (10-67)$$

式(10-67)为一维多普勒效应的普遍表达式,不仅适用于声波,而且适用于电磁波等。

10.4.4 超声波及其在医药上的应用

1)超声波的性质

超声波是频率大于 20 000 Hz,不能引起人的听觉的机械波。超声波除了具有与声波相同的传播速度,并遵守反射、折射定律的一般性质外,由于其频率高、波长短,还具有一系列特殊性质。

(1)超声波的方向性好。因为波长越短的波,方向性越好,而超声波波长极短,所以超声波的方向性好,具有类似光波的直线传播性质,并易于聚焦,可用做定向发射。

(2)超声波的强度大。因为声强与频率的平方成正比,所以超声波的强度大(功率大)。

(3)超声波的穿透本领大。媒质对声波能量的吸收作用与许多因素有关,一般来说,超声波在固体、液体中被吸收的较少,能穿透媒质内部一定的深度,具有很强的穿透本领。但超声波在空气中传播时,强度减弱很快,这主要是因为空气对声波能量的吸收随频率的增加而增大。

超声波在媒质中传播时,对物质有许多特殊作用,主要有以下三种:机械作用、空化作用、热作用。

① 机械作用 高频超声波在媒质中传播时,媒质中质点做高频振动,当功率大时,能破坏媒质的力学结构,具有击碎作用。常用于碎石、切割、凝聚等方面。

② 空化作用 当较强的超声波在液体中传播时,声压的幅值很大,一般数值在 105～106Pa。液体因超声波的传播而发生疏密变化,稠密区受压,液体完全可以承受得住。但紧跟而来的下一时刻成为稀疏区,液体受拉力作用,液体承受拉力的能力较差,特别是含有杂质或气泡的地方,由于承受不了拉力而产生一些近乎真空的微小空腔,空腔存在的时间很短暂,当受压时,空腔迅速闭合。这一瞬间,在迅速而强烈的冲击下,局部将产生高压(可达几千至几万个大气压)和高温(可达几千度),引起放电和发光现象,这种作用称为**空化作用**。这一特性主要用于清洗、雾化、乳化及促进化学反应等方面。

③ 热作用 媒质吸收了超声波的能量,引起温度升高,称为热作用。由于超声波的高频机械振荡同时伴有热效应,对生物体可产生强烈的作用。滴虫类生物体在超声波的作用下,细胞被破坏,几乎立刻死亡。利用在超声波的作用下细胞迅速死亡,而引起化学变化,

可获得各种重要的制品,如抗生素等。在理疗中,常将风湿、脉管炎等患部浸在通有超声波的药液中,借助于超声波的热效应,促进血液循环,加速药物的渗透,以便充分发挥药物的作用。

2) 超声波在医药方面的应用

超声波已广泛应用于临床的诊断和治疗,以及药物的分析和制备。

(1) B型超声诊断仪　在医学上,超声诊断是一种无创伤,非侵入的诊断方式。到目前为止尚无一例超声损伤的病例,因此超声波广泛地应用于医学诊断及临床治疗中。

超声波诊断仪是利用超声回波图像与正常回波图像相比较而进行诊断的仪器。超声诊断仪种类很多,这里仅介绍常用的B型超声仪的原理。

图10-21是B型超声诊断仪的原理方框图。当超声波在体内遇到不同组织和器官的分界面时产生回波,回波作用在压电晶体上,使晶体产生高频机械振荡,从而使晶体表面被拉伸或压缩产生高频电场,经放大后加在示波器上显示。

B型超声波回波的电信号经放大后加到示波器的控制栅极(或阴极),以调节栅—阴极板间的电压,从而调节示波器的显示辉度。回波强,则示波器显示的亮度高,回波弱,则亮度小。图中同步信号发生器的作用是产生同步信号,使高频脉冲发生器与y轴扫描同步进行。y轴扫描(即时基电路产生的锯齿波)加到示波器的垂直偏转板上,以显示反射回波部位到探头的距离。B超的探头能同时发出具有一定宽度的超声束,这样在回波束中能观察到各个组织器官界面和各组织及器官的情况。因此B超图像是被探测部位的二维图像,宜于检查人体不动部位的病变。目前采用了提高声束扫描速度的先进方法,改变探头的结构,使B型超声诊断仪能在一定范围内选择探测部位,并具有连续显示运动脏器的功能,因此B型较其他类型的超声仪更容易普及。

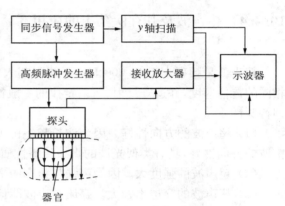

图 10-21　B超原理方框图

(2) 多普勒超声血流计　血液流速的测量一般是指测量血管或心脏中某一部位的血流速,通过一定的计算得出血流的平均流速、阻力指数等,供临床诊断参考。

多普勒超声血流计是利用多普勒效应测量血液的流速。它的探头中有两块超声换能器,一块用于发射连续的超声波,另一块作为回波接收器。探头向血液发射的连续超声波被血管或心脏中随血液流动的红细胞反射,产生的回波由接收器接收。设入射超声波的频率为 ν,波长为 λ,在人体组织内的传播速度为 c,血液的流动速度为 v,流速方向与入射超声波波线方向的夹角为 α,则血液所接收到的超声波频率为

$$\nu' = \frac{c + v\cos\alpha}{c}\nu$$

而对反射波而言,血液为波源,探头为接收器,由于此时血液的反射波频率为 ν' 且血液以速度 v 运动,因此探头接收到的回波频率为

$$\nu'' = \frac{c}{c - v\cos\alpha}\nu' = \frac{c + v\cos\alpha}{c - v\cos\alpha}\nu$$

则探头发射与接收频率之差为

$$\Delta\nu = \nu'' - \nu \approx \frac{2v\cos\alpha}{c}\nu = \frac{2v\cos\alpha}{\lambda}$$

由此可得血流速度为

$$v = \frac{\lambda}{2\cos\alpha}\Delta\nu \qquad\qquad (10-68)$$

从式(10-68)可知,若测出频率差 $\Delta\nu$,并根据 λ 和 α 的值,可计算出血液流动的速度。

随着科学技术的发展,血流的超声测量已发展到彩色多普勒血流仪,它能将反映血流动态的多普勒信息用彩色实时地显示出来。比如凡指向探头的血流用红色来表示,凡背离探头的血流用蓝色来表示,不论颜色如何,其色彩愈亮则表示血流的速度愈大。

由于超声彩色多普勒血流仪能将探测部位的解剖结构和血流信息结合在一起,医生既可看到血管的部位及血管中的血流,也可看到心脏内部各处的血流方向,测出血流的速度,因此它是心血管疾病诊断的先进工具之一。

(3)超声波提取中药材的有效成分

将中药材浸泡在冷水中或提取液容器中,应用超声波的机械作用和空化作用,对容器发射超声波,超声波直接作用在药材上,在短时间内中药材中的化学物质被分离出来,溶于水或溶剂中,这样大大提高了提取效率。

基本概念及公式

(1)机械振动:物体在一定位置附近做周期性的往复运动,简称振动。

(2)广义振动:从广泛意义上来说,物理量在某一数值附近做周期性的变化,都可以称为振动。

(3)简谐振动:振动物体受到弹性回复力 $f = -ky$ 作用下的运动称为简谐振动。

(4)描述简谐振动的三要素:振幅 A、周期 T(或频率 ν、圆频率 ω)、初相位 φ。

① 振幅 A:振动物体离开平衡位置的最大距离。

② 周期 T:振动物体完成一次全振动所需要的时间称为周期;

频率 ν 或圆频率 ω:周期的倒数就是频率 ν,即每秒钟完成全振动的次数。

③ φ 是时刻 $t=0$ 的相位,称为初相位。

周期和频率有如下关系:$\nu = \dfrac{1}{T}$,$\omega = 2\pi\nu = \dfrac{2\pi}{T}$

弹簧振子的固有周期:$T = 2\pi\sqrt{\dfrac{m}{k}}$

(5)简谐振动的位移、速度、加速度

① 简谐振动方程(位移):$y = A\cos(\omega t + \varphi)$

② 简谐振动的速度：$v = \dfrac{\mathrm{d}y}{\mathrm{d}t} = -\omega A \sin(\omega t + \varphi) = \omega A \cos\left(\omega t + \varphi + \dfrac{\pi}{2}\right)$

速度相位比位移相位超前或落后 $\dfrac{\pi}{2}$。

③ 简谐振动的加速度：$a = \dfrac{\mathrm{d}^2 y}{\mathrm{d}t^2} = -\omega^2 A \cos(\omega t + \varphi) = \omega^2 A \cos(\omega t + \varphi \pm \pi)$

加速度相位比位移相位超前或落后 π。

(6) 简谐振动的能量

① 动能：$E_K = \dfrac{1}{2} m \omega^2 A^2 \sin^2(\omega t + \varphi)$

② 势能：$E_P = \dfrac{1}{2} k x^2 = \dfrac{1}{2} k A^2 \cos^2(\omega t + \varphi)$

③ 总能量：$E = E_K + E_P = \dfrac{1}{2} k A^2$

在振动过程中，动能和势能随时间都做周期性变化，但总能量保持不变。

(7) 同方向、同频率的两个简谐振动的合成仍然是简谐振动、合成的简谐振动，其频率与分振动频率相同，振幅和初相分别为

$$A = \sqrt{A_1^2 + A_2^2 + 2A_1 A_2 \cos(\varphi_2 - \varphi_1)}, \quad \tan\varphi = \dfrac{A_1 \sin\varphi_1 + A_2 \sin\varphi_2}{A_1 \cos\varphi_1 + A_2 \cos\varphi_2}$$

① 当 $\varphi_2 - \varphi_1 = \pm 2k\pi(k = 0, 1, 2, 3, \cdots)$ 时，合振幅最大，$A = A_1 + A_2$。

② 当 $\varphi_2 - \varphi_1 = \pm(2k-1)\pi(k = 1, 2, 3, \cdots)$ 时，合振幅最小，$A = |A_1 - A_2|$。

两个互相垂直的、同频率的简谐振动合成时，物体运动的轨迹，在通常情况下是椭圆。

(8) 描述波动的三个物理量：波长 λ，周期 T 或频率 ν 和波速 c。

① 波长 λ：沿同一波线上两个相邻的，相位相同的质点间的距离称为波长。

② 周期 T、频率 ν：波前进一个波长距离所需的时间称为周期；周期的倒数称为波的频率。

③ 波速 c：单位时间内振动所传播的距离称为波速。

它们有如下关系：

$$c = \dfrac{\lambda}{T} \quad 或\ c = \nu\lambda$$

(9) 简谐波的波动方程(波源初相位 $\varphi = 0$)

$$y = A\cos\omega\left(t - \dfrac{x}{c}\right) = A\cos 2\pi\left(\dfrac{t}{T} - \dfrac{x}{\lambda}\right) = A\cos 2\pi\left(\nu t - \dfrac{x}{\lambda}\right)$$

它表示任意时刻在波线上任意一点的位移。波动方程描述了波的传播规律。

(10) 波动的能量：波的能量密度 w、平均能量密度 $\overline{w}$、能流密度或波的强度 I。

$$w = \rho A^2 \omega^2 \sin^2\omega\left(t - \dfrac{x}{c}\right)$$

$$\overline{w} = \dfrac{1}{2}\rho A^2 \omega^2$$

$$I = \frac{1}{2}\rho c A^2 \omega^2$$

(11) 惠更斯原理和波的叠加原理。

① 惠更斯原理：媒质中波前上每一点都可看做是独立的波源而发出次级子波，在任一时刻，这些子波的包迹就是新的波前。

② 波的叠加原理：几列波在同一媒质中传播时，无论相遇与否，都保留各自原有的特征，按照各自原来的方向传播，不受其他波的影响。在相遇区域内，任一点的振动是各列波在该点所引起的振动的合成。

(12) 相干波的条件：频率相同，振动方向相同，相位相同或相位差恒定。

(13) 波的干涉产生极大和极小的条件（两波源的初相相同射）：

① 当波程差 $\quad \Delta = r_2 - r_1 = \pm 2k \frac{\lambda}{2} \qquad (k = 0, 1, 2, \cdots) \quad$ 极大条件

② 当波程差 $\quad \Delta = r_2 - r_1 = \pm(2k-1)\frac{\lambda}{2} \qquad (k = 1, 2, \cdots) \quad$ 极小条件

(14) 波的衍射：波在传播过程中遇到障碍物时，能够绕过障碍物继续前进传播的现象。

(15) 声波和超声波：在弹性媒质中传播的频率在 $20 \sim 20\,000\,\mathrm{Hz}$ 范围内的机械纵波称为声波。频率高于 $20\,000\,\mathrm{Hz}$ 的声波称为超声波。

(16) 声阻抗：描述媒质声学性质的重要物理量，其大小 $Z = \rho c$，ρ 为媒质的密度，c 为声速。

(17) 声强及声强级：声波的平均能流密度称为声强。常用声强级来表示声强的相对大小，声强级的定义为

$$L = \lg \frac{I}{I_0}\ \mathrm{B} = 10 \lg \frac{I}{I_0}\ \mathrm{dB}$$

式中，$I_0 = 10^{-12}\,\mathrm{W \cdot m^{-2}}$ 作为测定声强的基准值。

习　题

10-1　下列表述是否正确：(1) 所有的周期运动都是简谐振动；(2) 所有的简谐振动都是周期运动；(3) 简谐振动的周期与振幅成正比；(4) 简谐振动的总能量与振幅成正比；(5) 简谐振动的速度方向与位移方向始终相同，或始终相反。

10-2　试指出简谐振动的物体，在何处满足下述条件：(1) 位移为零；(2) 位移最大；(3) 速度为零；(4) 速度的绝对值最大；(5) 加速度为零；(6) 加速度的绝对值最大。

10-3　有一质量为 $10\,\mathrm{g}$ 的弹性物体做简谐振动，振幅 $24\,\mathrm{cm}$，周期 $4.0\,\mathrm{s}$。当 $t = 0$ 时，位移为 $24\,\mathrm{cm}$，试求：(1) 在 $t = 0.50\,\mathrm{s}$ 时，物体的位移；(2) 在 $t = 0.50\,\mathrm{s}$ 时，物体所受力的大小和方向；(3) 由初始位置运动到 $y = -12\,\mathrm{cm}$ 处所需的最少时间；(4) $y = 12\,\mathrm{cm}$ 处物体的速度。

10-4　一物体沿 y 轴做简谐振动，振幅 $24\,\mathrm{cm}$，周期 $2.0\,\mathrm{s}$。当 $t = 0$ 时，位移为 $12\,\mathrm{cm}$，且向 y 轴正方向运动。求：(1) 初相；(2) $t = 0.50\,\mathrm{s}$ 时物体的位移、速度和加速度；(3) 在 $y = 12\,\mathrm{cm}$ 处，且向 y 轴负方向运动时，物体的速度和加速度以及从这一位置回到平衡所需要

的时间。

10-5 物体做简谐振动,振幅为 15 cm,频率为 4.0 Hz,求:(1) 最大速度和最大加速度;(2) 位移为 9.0 cm 时的速度和加速度;(3) 从平衡位置运动到距平衡位置为 12 cm 处所需的时间。

10-6 两个质点在 Oy 方向上做简谐振动,两质点相对各自的平衡位置的位移 y 分别为

$$y_1 = A_1\sin(\omega t + \varphi), \quad y_2 = A_2\cos(\omega t + \varphi)$$

求这两个振动之间的相位差。

10-7 质量为 0.4 kg 的物体系于一倔强系数为 0.125 kg·cm^{-1} 的弹簧的一端,水平放置。求:(1)当把物体从平衡位置向右拉开 10 cm 后立即放开;(2)使物体在距平衡位置 10 cm 处,并以 2.4 m·s^{-1} 的速度向左运动。分别求上述两种情况的运动方程、频率与周期。

10-8 一轻弹簧受 29.4 N 的作用力时,伸长 9.8 cm。今在此弹簧下端悬挂一质量为 3.0 kg 的重物,求:(1)振动的周期;(2)使重物从平衡位置下拉 6.0 cm,然后放开任其自由振动,求振动的振幅、初相位、振动方程及振动能量。

10-9 一横波在张紧的弦上传播,其波动方程为 $y = 0.40\cos\pi(2.0x - 400t)$ m,求:(1) 振幅、波长、频率、周期和波速;(2) 相距波源 2.0 m 处的质点振动方程;(3) 当 $t = 5.0$ s 时,位移 y 与距离 x 的关系。

10-10 已知简谐波的周期 $T = 0.5$ s,波长 $\lambda = 1.0$ m,振幅 $A = 0.10$ m,试写出波动方程,并求距离波源 $\lambda/2$ 处质点的振动方程。

10-11 已知波源的振动周期 $T = 0.5$ s,产生的波的波长为 10 m,振幅为 10 cm。在 $t = 0$ 时,波源处的位移为 10 cm。求:(1)距波源为 $\lambda/2$ 处的振动方程;(2)当 $t = T/4$ 时,与波源的距离为 $3\lambda/4$ 点的位移。

10-12 一列波,频率为 300 Hz,波速为 300 m·s^{-1},在直径 0.140 m 的圆柱形管内的空气中传播,波的能流密度为 1.80×10^{-2} J·m^{-2}·s^{-1}。问:(1)波的平均能量密度和最大能量密度分别是多少?(2)相位差为 2π 的相邻两个截面间的能量为多少?

10-13 位相相同的两个相干波源 A、B,相距 $3\lambda/2$,C 为 AB 连线延长线上的一点。求:(1)自 A 发出的波与自 B 发出的波在 C 点的振动相位差;(2)C 点合振幅。

10-14 A、B 为振幅相等、频率都是 100 Hz 两个相干波源,相位差为 π。若 A、B 相距 30 m,波在媒质中的传播速度为 400 m/s,求 AB 连线及其延长线上因干涉而静止的点的位置。

10-15 频率为 400 kHz 的超声波,在水中传播的速度为 1.50×10^3 m/s,已知质点振动的振幅为 1.50×10^{-5} m,求超声波的强度和质点振动的最大速度以及最大加速度。

10-16 20℃时空气和肌肉的声阻抗分别为 4.28×10^2 kg·m^{-2}·s^{-1} 和 1.63×10^6 kg·m^{-2}·s^{-1}。计算声波由空气垂直入射于肌肉时的反射系数和透射系数。

11

波 动 光 学

　　光学是一门有着悠久历史的学科,也是近代物理学中研究最为活跃、发展最为迅速的学科之一,在工业、农业、国防等各个方面有着极其广泛的应用。1860 年,麦克斯韦建立的光的电磁波理论和赫兹的实验确立了光是电磁波;1905 年,爱因斯坦又提出光的量子理论和康普顿散射实验也确立了光具有"粒子"性。至此,对光的本质才有了一个全面而又正确的认识:光既是粒子又是波,具有波—粒二象性。

　　本章着重介绍波动光学,讨论光的干涉、衍射、偏振现象,详细地阐明光的波动性质。这些内容不仅在理论上富有意义,而且在实际上也有许多应用。

11.1　光 的 干 涉

11.1.1　光的相干性

　　干涉是波动重要特征之一。光是电磁波,若两列光波满足相干条件,就能产生干涉现象。要观察到光的干涉现象,首先要有相干光源。光波的干涉现象可以采用上一章的波动理论进行解释并用类似的实验方法加以研究。

　　在上一章中讨论波的干涉时指出,来自两个波源的两列波若满足相干条件,在空间重叠的区域会形成稳定的干涉图样。对于机械波来说,上述条件比较容易满足。但对光波来说,即使两个发光体或光源的强度、形状、大小等完全相同,相干条件仍然不可能获得,这是由于光源中射出的光是由大量分子和原子的运动状态发生变化时发出来的(参见第 12 章)。它们发光的情况是在迅速而又规则地变化着(根据理论分析和实验知道,平均约 10^{-8} s 就发生一次变化,真可谓此起彼伏、瞬息万变)。人眼是无法观察到这两个独立光源的光波形成的"昙花一现"的"干涉图样"的。可见,任意两个独立光源不会是相干光源,它们发出的两束光重叠时也就不会形成稳定的干涉图样,而只能观察到一个平均效果。研究表明光波的强度正比于电场强度幅值 E 的平方,通常规定电场强度 E 的方向为光振动的方向。在某一段时间 τ 内,两光波相遇处光的强度的平均值为

$$\bar{I} \propto \overline{E^2} = \frac{1}{\tau}\int_0^\tau E^2 \mathrm{d}t = \frac{1}{\tau}\int_0^\tau \left[E_1^2 + E_2^2 + 2E_1 E_2 \cos\Delta\varphi\right]\mathrm{d}t$$

$$= \overline{E_1^2} + \overline{E_2^2} + 2\,\overline{E_1}\,\overline{E_2}\,\frac{1}{\tau}\int_0^\tau \cos\Delta\varphi \mathrm{d}t \tag{11-1}$$

$$\bar{I} = \bar{I}_1 + \bar{I}_2 + 2\sqrt{\bar{I}_1\,\bar{I}_2}\,\frac{1}{\tau}\int_0^\tau \cos\Delta\varphi \mathrm{d}t \tag{11-2}$$

上式中 E_1、E_2 分别为两光波的振幅;$\bar{I}_1$、$\bar{I}_2$ 分别为两光源发出的光的光强。由于从两个独立光源发出的光,在叠加时相位差 $\Delta\varphi$ 不能保持恒定,在观察的一段时间 τ 内,$\Delta\varphi$ 的数值随

时间无规律地变化着,从 0 到 2π 之间的一切数值都有可能,则 $\Delta\varphi$ 的余弦值将在 -1 到 $+1$ 之间变化,故可以得到

$$\int_0^\tau \cos\Delta\varphi \, dt = 0$$

则有
$$\overline{E^2} = \overline{E_1^2} + \overline{E_2^2} \tag{11-3}$$

即
$$\overline{I} = \overline{I_1} + \overline{I_2} \tag{11-4}$$

可见合振动振幅平方的平均值等于两分振动振幅平方平均值之和,即光的总强度等于相遇的两光波平均强度之和。

如两列光波的相位差 $\Delta\varphi$ 保持不变,与时间无关,则

$$\frac{1}{\tau}\int_0^\tau \cos\Delta\varphi \, dt = \cos\Delta\varphi$$

叠加时,光的平均强度为

$$\overline{I} \propto \overline{E^2} = \overline{E_1^2} + \overline{E_2^2} + 2\,\overline{E_1}\,\overline{E_2}\cos\Delta\varphi \tag{11-5}$$

即
$$\overline{I} = \overline{I_1} + \overline{I_2} + 2\sqrt{\overline{I_1}\,\overline{I_2}}\cos\Delta\varphi \tag{11-6}$$

将不随时间而变化,从而得到稳定的干涉图样。

如果 $\Delta\varphi = 0$,即两列光波在相遇处相位相同,则 $\overline{I}_{max} = \overline{I_1} + \overline{I_2} + 2\sqrt{\overline{I_1}\overline{I_2}}$,可见此时叠加产生干涉时,光的总强度大于两光波分强度之和,这种干涉称为**相长干涉**。

如果 $\Delta\varphi = \pi$,即两列光波在相遇处相位相反,则 $\overline{I}_{min} = \overline{I_1} + \overline{I_2} - 2\sqrt{\overline{I_1}\overline{I_2}}$,可见叠加产生干涉时,光的总强度是两列波的强度之差,甚至变为零,这称干涉,称为**相消干涉**。

为获得相干光源,可采用人为的方法,把从一光源同一点发出的光分成两束,使它们沿着两条不同的路线传播,然后再使这两束光相遇于一点,这样就能实现光的干涉。这是因为,就光源中任一个原子或分子发出的任一列光波来说,分成两列光波后,它们仍然是来自同一光源的,所以能满足频率相同、振动方向相同、相位差恒定的条件,就能产生干涉。满足这种条件的两个光源称为**相干光源**,产生的两列光波称为**相干光**。

获得相干光一般有两种方法,一种是让光束通过并列的几个小孔,这就是分割波阵面的方法(例如双缝干涉和洛埃镜等),另一种是分割振幅的方法(例如薄膜干涉)。

11.1.2 杨氏双缝干涉实验

1801 年英国科学家托马斯·杨所做的干涉实验原理如图 11-1 所示。平面光波通过狭缝 S 时,可把 S 看成新光源,它发出的光再通过后面两个狭缝 S_1 和 S_2(S_1、S_2 到 S 的距离相等,缝 S_1 和 S_2 的宽度大约 0.1 mm,间距 d 小于 1 mm),形成两个新光源,它们位于光源 S 的光波的同一个波面上,具有相同的相位。屏与双缝的间距 D 大于 1 m。无论 S 在振动方向或相位上发生什么变化,S_1 和 S_2 都会发生同样的变化,这样就获得了两个相干光源 S_1 和 S_2。如果平

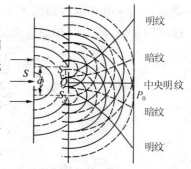

图 11-1 杨氏双缝干涉实验

面光波是单色光源发出的光,则在屏上可观察到与以 S_1、S_2 等距的 P_0 点为中心的、对称排列的明暗相间的条纹。P_0 处是一条亮条纹,称为中心亮条纹。如用白光作光源,则在屏幕上除中央亮条纹是白色外,在两侧形成多条由紫到红的彩色条纹带。

11.1.3 干涉条纹形成的条件

设一平面单色光射向 S,后经 S_1、S_2 两狭缝形成两束具有同频率、同方向、同位相的相干光。现在讨论屏幕上距离中心 P_0 点为 x 的 P_1 点的光路。如图 11-2 所示,两列波分别从波源传播到 P_1 点的距离分别为 r_1、r_2,相应的波程差 $\Delta r = r_2 - r_1$。由于屏幕到双缝屏的距离 $D \gg d$(双缝间距),θ 角又很小,所以可以近似地认为

$$\Delta r \approx S_2 N = d\sin\theta \approx d\frac{x}{D} \quad (11-7)$$

式中,$\sin\theta = \dfrac{x}{OP_1} \approx \dfrac{x}{D}$。

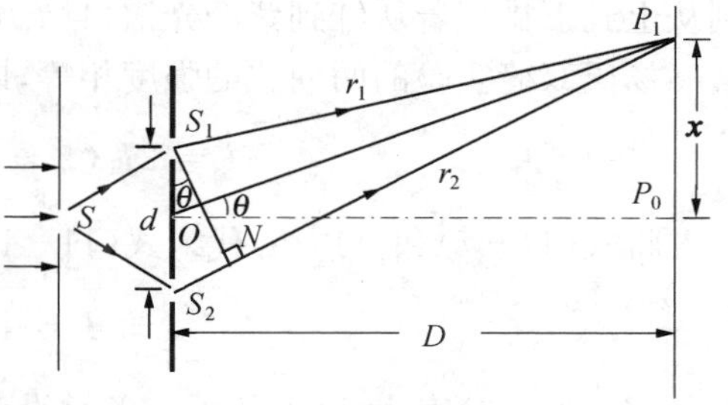

图 11-2 杨氏双缝干涉的原理

如前所述,P_1 点光强决定于两列光波到达 P_1 点的相位差 $\Delta\varphi$。此时,$\Delta\varphi$ 可表示为

$$\Delta\varphi = (\varphi_2 - \varphi_1) - \frac{2\pi}{\lambda}\Delta r \quad (11-8)$$

式中,φ_1、φ_2 为光源 S_1、S_2 的初位相,λ 为光的波长。这里 $\varphi_1 = \varphi_2$,所以

$$\Delta\varphi = -\frac{2\pi}{\lambda}\Delta r \quad (11-9)$$

即 $\Delta\varphi$ 完全决定于波程差 Δr。

当波程差 Δr 为波长的整数倍时,即

$$\Delta r = \pm k\lambda \quad (k = 0, 1, 2, \cdots) \quad (11-10)$$

P_1 点处光强最大,形成明纹,这就是亮纹条件或极大条件。相应的明纹位置

$$x = \pm k\lambda\frac{D}{d} \quad (11-11)$$

当 $k=0$ 时,称为零级明纹,即**中央明纹**,$k=1, 2, \cdots$ 时相应地称为第一级明纹、第二级明纹、……,正负号表示明纹对称分布于中央明纹的两侧。

当波程差为半波长的奇数倍时,即

$$\Delta r = \pm(2k-1)\frac{\lambda}{2} \quad (k = 1, 2, 3, \cdots) \quad (11-12)$$

P_1 点处光强最小,形成暗纹,这就是暗纹条件或极小条件。相应的暗纹位置

$$x = \pm(2k-1)\frac{\lambda}{2}\frac{D}{d} \quad (11-13)$$

相应于 $k=1, 2, \cdots$,分别称为第一级暗纹、第二级暗纹、……。

可以证明干涉条纹的间距(即两相邻明纹或两相邻暗纹的距离)是等间距的,同样可以证明各明纹的宽度(即两相邻暗纹的距离)也相同,均可表示成

$$\Delta x = \lambda \frac{D}{d} \tag{11-14}$$

利用式(11-14),实验中可通过测出双缝间距 d,双缝到屏幕的距离 D,以及条纹间距 Δx,而测出单色光的波长。从式(11-11)和式(11-14)可知,同级明纹的位置及亮纹宽度均正比于波长。因此,当用一束白光做光源时,在同一级(除中央亮纹以外)的亮纹会观察到从上到下排列着从红到紫的光谱,且红光的宽度最大,紫光的宽度最小。

杨氏双缝实验的两列波的强度相等,即 $I_1 = I_2$,由式(11-6)得 P_1 点的总的强度为

$$I = 2I_1(1 + \cos\Delta\varphi) = 4I_1\cos^2\frac{\Delta\varphi}{2} \tag{11-15}$$

将式(11-7)和(11-9)代入式(11-15)得

$$I = 4I_1\cos^2\left(\frac{\pi d}{\lambda D}x\right) \tag{11-16}$$

式(11-16)表明,屏上的干涉条纹沿双缝方向做周期性排列,且每个条纹的强度相等。

11.1.4 洛埃镜的实验

洛埃镜是另一种可以获得相干光的实验装置,如图11-3所示。洛埃镜是一块平面反射镜,使投射到其表面的反射光与同一光源 S_1 直接发出的其他部分的光构成相干光,它们相遇后,在相遇的区域产生干涉。洛埃镜实验除显示光的干涉外,还显示出光从空气射到玻璃上反射时存在相位变化,因此是很重要的实验。

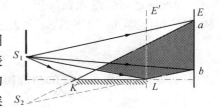

图 11-3 洛埃镜实验示意图

被单色光源照射的狭缝 S_1 作为线状光源,由 S_1 射出的光线以接近 $90°$ 的入射角照射一块背面涂黑的平板镜 KL 上,入射光被镜面反射后照射到屏幕 E 上,反射光就像由 S_1 的虚像 S_2 发出的一样,再与由 S_1 直接射到屏上的光相遇。由于光源 S_1 和它的虚像 S_2 的相位始终相同,可看做为两个相干光源,于是,两光波相遇后,屏上 ab 部分产生干涉条纹。

在洛埃镜实验中,如将屏移到与平面镜一端紧靠着的位置 $E'L$ 处,从理论上来说,由于 $S_1L = S_2L$ 对 L 点的波程差 $\Delta r = S_1L - S_2L = 0$,这样 L 点处应该是一条明纹,然而事实恰恰相反,实验中观察到的却是一条暗纹,这说明两束光中有一束的相位发生了 π 的变化。从 S_1 直接发出的光,一直在均匀介质中传播,不可能有相位的变化,因此,只可能是从平面玻璃镜面上反射的光发生了 π 的相位突变。这表明,当光从光疏媒质射到光密媒质时,相对于入射光而言反射光的相位产生了 π 的变化,相当于反射光在反射过程中损失了半个波长(多走或少走了半个波长),因此称这种现象为**半波损失**。这里必须指出的是:①当光从光密媒质射向光疏媒质时,反射光不会产生半波损失;②光在两种媒质界面处发生折射时,任何情况下,折射光也不会产生半波损失。

11.1.5 光 程

光波在不同媒质中的传播速度不同,其大小由媒质的性质决定。光波在真空中的传播

速度为 $c=3.0\times10^8$ m·s^{-1},在其他任何媒质中的波速 v 均小于这一速度,两者的比值 $n=c/v$ 称为该媒质的**折射率**。设光在真空中的波长为 λ,在折射率为 n 的媒质中的波长为 λ',则有 $\lambda'=\lambda/n$。由于光波每经过一个波长的距离,相位改变 2π,则光波在折射率为 n 的媒质中传播的路程为 r 时,其相位变化为

$$\Delta\varphi=2\pi\frac{r}{\lambda'}=2\pi\frac{nr}{\lambda} \tag{11-17}$$

式(11-17)表明,光在折射率为 n 的媒质中通过距离为 r 的几何光路时所产生的相位变化与光在真空中通过距离为 nr 的光路所产生的相位变化相同。为了便于比较光在不同媒质中传播路程所产生的相位变化,统一将光在介质中传播的路程折算为在真空中传播的路程,引入**光程**的概念。把光在媒质中经过的几何路程 r 与媒质的折射率 n 的乘积 nr 称为**光程**。可以证明,在相同时间内,光经过不同媒质的光程相等。若光波相继经过折射率为 n_1、n_2、n_3、$\cdots$ 的媒质,且经过各媒质的几何路程为 r_1、r_2、r_3、$\cdots$,则它们经过的总光程为

$$L=n_1r_1+n_2r_2+n_3r_3+\cdots \tag{10-18}$$

另外,平行光经凸透镜会聚于焦点,同相面(波面)上的各点到焦点的光程相同。

这样,在讨论两相干光经过不同的媒质而产生干涉时,可以将两光波各自经过的几何路程 r_1、r_2 乘上各自的折射率 n_1、n_2 换算成光程,再和光在真空中的波长比较。当两光源的初相位相同时,两光波相遇时的相位差为

$$\Delta\varphi=2\pi\frac{n_2r_2-n_1r_1}{\lambda}=2\pi\frac{\delta}{\lambda} \tag{11-19}$$

式中,λ 为光波在真空中的波长;$\delta=n_2r_2-n_1r_1$ 为两列波到达相遇点的光程差。

从式(11-19)可知,若 $n_1r_1=n_2r_2$,则 $\Delta\varphi=0$,对应于中央亮纹,也就是说,当两光波经过相等的光程时,虽然几何路程 r_1、r_2 可以不等,但不会产生相位差,这样的路程称为等光程。

由波的干涉的相位差条件,可知:

$$\Delta\varphi=\begin{cases} \pm2k\pi & (k=0,1,2,\cdots) \quad 极大 \\ \pm(2k-1)\pi & (k=1,2,3,\cdots) \quad 极小 \end{cases} \tag{11-20}$$

与式(11-19)比较可得光波产生明、暗条纹的光程差条件为

$$\delta=n_2r_2-n_1r_1=\begin{cases} \pm k\lambda & (k=0,1,2,\cdots) \quad 明纹 \\ & (k=0 \quad 对应于中央明纹) \\ \pm(2k-1)\lambda/2 & (k=1,2,3,\cdots) \quad 暗纹 \end{cases} \tag{11-21}$$

式中,λ 为光在真空中的波长。

【**例 11-1**】 用一厚度为 6.64×10^{-4} cm,折射率为 1.58 的云母片盖在双缝的一条缝上,如图 11-4 所示,这时屏上的中央明纹移到未覆盖时的第 7 级明纹处,求入射光波的波长 λ。

【**解**】 设入射光波的波长为 λ,则未盖云母时两缝到第 7 级明纹的光程差为

$$\delta=r_2-r_1=7\lambda$$

覆盖云母片后,两缝到该位置的光程差为

$$\delta' = r_2 - [r_1 + (n-1)d]$$
$$= (r_2 - r_1) - (n-1)d$$

中央亮纹对应于等光程,即 $\delta'=0$,可得

$$r_2 - r_1 = (n-1)d$$

则有

$$7\lambda = (n-1)d$$

$$\lambda = \frac{n-1}{7}d = \frac{1.58-1}{7} \times 6.64 \times 10^{-4}$$

$$\approx 5.5 \times 10^{-5} \text{ cm}$$

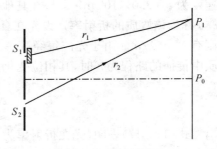

图 11-4 双缝干涉

11.1.6 薄膜干涉

平时经常见到肥皂泡或浮在水面上的薄油层显示出彩色的条纹,这些都是光的干涉引起的,它是光波在肥皂膜或油膜的两个表面反射后叠加的结果。如图11-5所示,单色光源 S 从空气发出的光到达折射率为 n、厚度为 d 的透明薄膜上表面 A 点,其中一部分光反射至 M 点,另一部分光折射至下表面 B 点。到达 B 点的光线一部分透过薄膜,一部分从 B 点反射到上表面的 C 点后回到空气中,最后到 N 点。AM 和 CN 是平行光,经凸透镜 L 会聚后到达屏上 P 点。由于到达 P 点的两束光线 AMP、CNP 是来自同一束光 SA 的两个部分,因此它们是相干光,在 P 点会产生干涉现象。P 点的干涉情况取决于光线 AMP 和 ABCNP 的光程差。

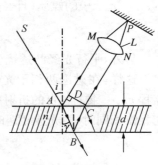

图 11-5 薄膜干涉

从 C 点作 AM 的垂线 CD,则 $MD=NC$,AMP 和 ABCNP 两段的总光程差为

$$\delta = [n_2(AB+BC) - n_1 AD] - \frac{\lambda}{2} \tag{11-22}$$

式中,$-\lambda/2$ 是考虑到两束光存在半波损失后加上去的项,大括号表示光路光程差。将 $AB = BC = d/\cos\gamma$,$AD = AC\sin i$ 代入上式,并注意到 $n_1\sin i = n_2\sin\gamma$,经整理得

$$\delta = 2d\sqrt{n_2^2 - n_1^2\sin^2 i} - \frac{\lambda}{2} \tag{11-23}$$

当入射角 i 不变,则由式(11-23)知,δ 随薄膜厚度 d 而变。当 i 为零(即垂直入射)时,且薄膜两侧为空气,$n_1=1$,则上式可简化为

$$\delta = 2nd - \frac{\lambda}{2} \tag{11-24}$$

可得薄膜干涉明、暗条纹的条件为

$$\delta = 2nd - \frac{\lambda}{2} = \begin{cases} k\lambda & (k=0,1,2,\cdots) \text{ 明纹} \\ (2k-1)\dfrac{\lambda}{2} & (k=1,2,3,\cdots) \text{ 暗纹} \end{cases} \tag{11-25}$$

从式(11-25)可知,d 与 k 一一对应,它表明一定的厚度与一定的干涉级对应,且是唯

一的,即有相同厚度 d 具有相同的干涉级 k,这种干涉称为**等厚干涉**。

当 d 不变而 i 改变时,由式(11-23)可知 δ 随 i 而变化,并且相同的 i 具有相同的干涉级,这种干涉称为**等倾干涉**。

必须指出的是,半波损失是光线从折射率小的光疏媒质向折射率大的光密媒质表面入射时,反射光的相位变化了 π,在计算光程时可减可加,只是所取 k 值不同而已。在讨论薄膜干涉时,尤其要分析相干光束之间是否存在半波损失!若两束相干光之间存在半波损失,则总光程差等于光路光程差减去 $\frac{\lambda}{2}$;若两束相干光之间不存在半波损失,则总光程差就等于光路光程差本身,而无须减去 $\frac{\lambda}{2}$。由式(11-25)可知,在薄膜干涉中,当薄膜的厚度不均匀而发生等厚干涉时,反射光的颜色随厚度进行分布。在阳光照射下肥皂泡上色彩的分布就由于薄膜厚度不同引起的。薄膜干涉有着广泛的应用,如检查棱镜的顶角 α,检查光学器件表面的质量,测量很大透镜的曲率半径 R 等。

【**例 11-2**】 已知薄膜媒质的折射率为1.30,透镜玻璃的折射率为1.69(都是对绿光 $\lambda=550$nm的折射率)。求无反射透镜表面上媒质薄膜的最小厚度。

【**解**】 设光线垂直透过表面入射,在空气与薄膜媒质及薄膜媒质与玻璃之间的表面上,光线反射时都有半波损失发生,式(11-24)中 $-\frac{\lambda}{2}$ 项舍去。两反射光线的光程差满足

$$\delta = 2nd = (2k+1)\frac{\lambda}{2} \quad (k = 0, 1, 2, \cdots)$$

时产生相消干涉。取 $k=0$ 时,得

$$d = \frac{\lambda}{4n} = \frac{550}{4 \times 1.30} = 105.8 \text{ nm}$$

镀膜镜片可增加看物体的清晰度,在成像时无反光现象。

11.2 光 的 衍 射

11.2.1 光的衍射现象

光能绕过障碍物偏离直线传播方向而进入几何阴影区,并在屏幕上出现光强不均匀分布的现象称为**光的衍射**。衍射现象是波动的另一个重要特征。但由于光的波长较短,一般的障碍物相对比较大,通常观察不到光的衍射现象。由图11-6看出,只有当障碍物(如小孔、狭缝、毛发、细针等)的线度比光的波长大得不多时,才能观察到较为明显的光的衍射现象。如图11-6所示,当单缝的宽度 a 小到一定的值时,在屏幕 E 上才观察到明暗相间的条纹。

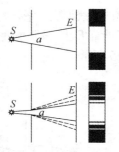

图 11-6 光的衍射现象

11.2.2 惠更斯—菲涅尔原理

上述单缝衍射现象无法用两束光的干涉得到解释。利用惠更斯原理,即波前上的每一

点都可作为发出次级子波的新光源,也只能说明了波的弯曲现象,但不能确切地说明出现明暗相间的条纹的原因。为了解释各类衍射现象,菲涅尔用"子波相干"的思想对惠更斯原理做了补充,从而更好地解释了各类衍射现象并得出了与实验相符的结果。

惠更斯—菲涅尔原理指出:任意波阵面 S 上的任意点发出的次级子波,要同该波面 S 上其他点发出的次级子波相互叠加发生干涉,最终结果是加强还是减弱,决定于各子波的分振动所合成的总振动的振幅大小。这一原理成功地解释了光的衍射现象,使光的波动学说更加完善。图 11-7 清楚地描绘了光的各种衍射现象。

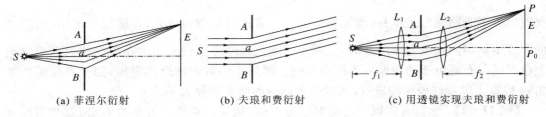

| (a) 菲涅尔衍射 | (b) 夫琅和费衍射 | (c) 用透镜实现夫琅和费衍射 |

图 11-7 光的各种衍射

光的衍射现象按照光源、狭缝、屏幕之间距离的大小来分,主要有两种情况:一是光源和屏幕相对于狭缝(统称为障碍物)为有限远,这种衍射称为**菲涅尔衍射**,如图 11-7(a)所示,图中由光源 S 射到狭缝的光线不是平行光线,波面也就不是平面,观察起来比较方便,但定量讨论显得比较复杂;另一种情况是光源和屏幕与狭缝的距离是在"无限远",如图 11-7(b)所示,图中入射光线和衍射光线都是平行光,在这种条件下产生的衍射现象称为**夫琅和费衍射**。实际上,平行光的衍射是利用两个会聚透镜来实现的,如图 11-7(c)所示,图示光源 S 放在透镜 L_1 的第一焦平面上,于是入射到狭缝上的光是平行光,光屏 P 放置在透镜 L_2 的第二焦平面上,经狭缝衍射后具有相同倾角的平行光束,将会聚在屏上产生衍射现象。下面主要讨论夫琅和费衍射。

11.2.3 夫琅和费单缝衍射

图 11-8 是夫琅和费单缝衍射的实验装置。图中光源 S 放在透镜 L_1 的主焦点上,经透镜 L_1 射出的光线形成一平行光束。这束平行光照射在单缝 AB 上,一部分穿过单缝,再经透镜 L_2,会聚于屏幕 E 上,只要单缝的宽度 a 的大小适当,在屏幕 E 上将出现明、暗相间的衍射条纹,如图 11-9 所示。

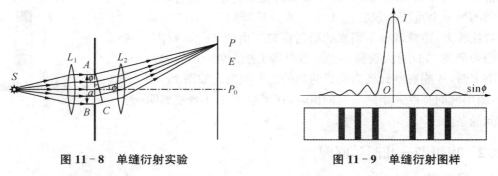

图 11-8 单缝衍射实验　　　　　**图 11-9 单缝衍射图样**

单缝衍射可用菲涅尔半波带法加以分析说明。如图 11-10(a)所示,设单缝的宽度为

a,在平面单色光的垂直照射下,位于单缝所在处的波阵面 AB 上的子波沿各个方向传播。偏离原来光线传播方向为 ϕ(ϕ 称为**衍射角**)的一束平行光经过透镜后,聚焦在屏幕上 P 点。这束平行光线的边缘两条光线之间的光程差为

$$BC = a\sin\phi \qquad\qquad (11-26)$$

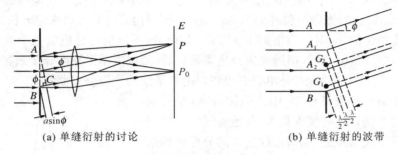

(a) 单缝衍射的讨论　　　　　(b) 单缝衍射的波带

图 11-10　单缝衍射与菲涅尔半波带法

　　P 点条纹的明暗完全决定于光程差 BC 的值。菲涅尔在惠更斯—菲涅尔原理的基础上,提出了将波阵面分割成许多等面积的波带的方法。以单缝为例子,可以作一些平行于 AC 的平面,使两相邻平面之间的距离等于入射光的半波长,即 $\lambda/2$。这些平面将单缝处的波阵面 AB 分成 AA_1、A_1A_2、A_2B 等整数个波带,这些波带称为**半波带**,如图11-10(b)所示。由于各个波带的面积相等,所以各个波带在 P 点所引起的光振幅相等,两相邻的波带上,任何两个对应点(A_1A_2 带上的 G_1 点与 A_2B 带上的 G_2 点)所发出的光线的光程差总是 $\lambda/2$,对应的相位差为 π;经过透镜聚焦,由于透镜成像不产生相位变化,所以到达 P 点时相位差仍然是 π,结果任何两个相邻半波带所发出的光线在 P 点将完全相互抵消。由此可见,当 BC 是半波长的偶数倍时,单缝可分成偶数个半波带,所有相邻半波带的作用成对地相互抵消,在 P 点处出现暗条纹;当 BC 是半波长的奇数倍时,单缝可分成奇数个半波带,相邻半波带相互抵消的结果,只留下一个半波带的作用,在 P 点将出现明条纹。单缝波面上所有点的光线汇聚到屏中心 P_0 点相位相同,所以 P_0 点是亮纹,称为中央明纹。

　　综上所述,单缝衍射出现明、暗条纹满足的条件为:

$$a\sin\phi = \pm 2k\frac{\lambda}{2} \qquad (k=1,2,3,\cdots)\ 暗纹 \qquad (11-27)$$

$$a\sin\phi = \pm(2k-1)\frac{\lambda}{2} \qquad (k=1,2,3,\cdots)\ 明纹 \qquad (11-28)$$

式中正负号表示暗条纹与明条纹对称分布于中央明纹的两侧。对应于 $k=1,2,3,\cdots$ 的明(暗)条纹分别称为第一级明(暗)纹、第二级明(暗)纹、第三级明(暗)纹、……。

　　中央明纹的宽度定义为其两旁对称的第一级暗纹之间的距离。在衍射角 ϕ 很小时,$\sin\phi\approx\phi$,第一级暗纹的位置:

$$x_1 = \pm\phi_1 f = \pm\frac{\lambda}{a}f \qquad\qquad (11-29)$$

这里 f 是透镜的焦距。所以,中央明纹的宽度

$$\Delta x_0 = 2\frac{\lambda}{a}f \qquad\qquad (11-30)$$

第 k 级明纹的宽度定义为第 $k+1$ 级暗纹与第 k 级暗纹之间的距离

$$\Delta x = \frac{\lambda}{a}f \qquad\qquad (11-31)$$

显然,除中央明纹外,其他各级明纹的宽度相等,而中央明纹的宽度是其他各级明纹宽度的 2 倍。若用未知波长的光做实验并测出 Δx、a、f,则可由式(11-31)求出波长 λ。

这里需要指出的是,对任意衍射角 ϕ 来说,AB 一般不能恰巧分成整数个波带,亦即 BC 不等于 $\lambda/2$ 的整数倍。此时,衍射光束经透镜聚焦后,形成屏幕上亮度介于最亮与最暗之间的中间区域。图 11-11 所示,是单缝夫琅和费衍射条纹的光强公布曲线。

在单缝衍射的各级条纹中,中央明纹较宽(是其他明条纹宽度的 2 倍),其亮度也最大,其他各级明纹的亮度随着级数的增大而降低,明暗条纹之间的分界也越来越不明显,一般只能看到中央明纹两侧的几条明暗纹。

从式(11-27)或式(11-28)可见,对一定宽度的单缝来说,$\sin\phi$ 与波长 λ 成正比,而单色光的衍射位置是由 $\sin\phi$ 决定的。因此,对同一级亮纹来说,不同波长的单色光的衍射明条纹是不会重叠在一起的。如果入射光为白光,白光中各种波长的光传播到 P_0 点时,都没

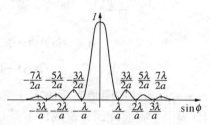

图 11-11　单缝夫琅和费衍射条纹的亮度曲线

有光程差,所以中央是白色明条纹。但在 P_0 两侧的各级条纹中,各种单色光的条纹将按波长排列,最靠近 P_0 的为紫色,最远的为红色。这种由衍射所产生的彩色条纹称为**衍射光谱**。对给定波长 λ 的单色光来说,a 愈小,与各级条纹相对应的 ϕ 角就愈大,衍射效果愈显著;缝愈宽,与各级条纹相对应的 ϕ 角将愈小,这些条纹都向中央明条纹 P_0 靠近,逐渐分辨不清,衍射效果也就愈不显著。当缝很宽,即 $a\gg\lambda$ 时,只能观察到中央明纹,此时光可看做是沿直线传播。这些表明,只有缝宽很小时才能观察到衍射图像。

【例 11-3】 水银灯发出的波长为 546nm 的绿色平行光垂直入射于宽 0.437 mm 的单缝,缝后放置一焦距为 40 cm 的透镜,求在透镜焦面上出现的中央明条纹的宽度。

【解】 由式(11-30)得中央明条纹宽度

$$\Delta x_0 = 2\frac{\lambda}{a}f$$

$$= \frac{2\times 5.460\times 10^{-7}\times 0.40}{0.437\times 10^{-3}} = 1.0\times 10^{-3}\ \text{m} = 1.0\ \text{mm}$$

11.2.4　光栅衍射

1) 光　栅

光栅是由大量等间距、等宽度的狭缝构成。通常,它是在一块玻璃板上,均匀等距离地刻上许多条细线,在 1cm 内刻痕可以多达 1 万条以上。刻痕相当于毛玻璃,成为光栅上不透光的部分;玻璃上未被刻画的部分是光栅上透光的缝。如图 11-12 所示,a 表示狭缝的

宽度,b 表示刻痕的宽度;$d=a+b$ 称为**光栅常数**。

光栅衍射条纹实际上是通过同一狭缝的光发生衍射和通过各条不同狭缝的光发生干涉的总效果。若让一束平行单色光垂直照射光栅,每一条缝所产生的衍射条纹完全相同,而且位置也完全重合。这是因为单缝衍射条纹的分布只取决于衍射角 ϕ,而与单缝本身在垂直方向的位置无关,因此,在单缝衍射暗纹的地方,光栅衍射叠加的结果仍是暗纹,即暗纹的位置不因缝的增多而改变。然而对于单缝衍射的明纹处,由于不同缝所发出的光是相干光,它们到达屏上时将要相干叠加,结果在原来明纹区域内,有可能出现暗纹,而且光栅上狭缝数目越多,明纹区内出现的暗条纹就越多,因此它也就被分成更多条狭窄的细明纹,细明纹也就更亮。

2) 光栅公式

如图 11-12 所示是光栅衍射原理示意图。设一束平面单色光垂直照射到光栅上,考虑与入射光成 ϕ 角方向的衍射光。从各个狭缝的对应点沿 ϕ 方向发出的光线,经透镜会聚于 P 点;任意相邻两狭缝的对应点发出的光线,它们之间的光程差都是 $(a+b)\sin\phi$。如果对于单缝衍射,P 点不满足暗纹条件,在这个前提下,上述光程差是波长的整数倍,即当 ϕ 满足条件

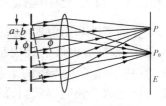

图 11-12　光栅衍射

$$(a+b)\sin\phi=\pm k\lambda \qquad (k=0,1,2,\cdots) \qquad (11-32)$$

时,所有各个狭缝的对应点发出的光线,到达 P 点时的相位都相同,干涉结果相互加强,形成明纹,称为**主极大**。式(11-32)称**光栅公式**。其中整数 k 是主极大明纹的级数。显然,光栅上的狭缝数目越多,明纹就越亮。

光栅公式是明纹的必要条件。但是如果满足光栅公式的衍射角 ϕ,同时满足单缝衍射的暗纹条件,即

$$a\sin\phi=\pm k'\lambda \qquad (k'=1,2,\cdots) \qquad (11-33)$$

那么,叠加的结果肯定是暗纹。按照光栅公式应该出现的明纹却没有出现。这种现象称为**缺级现象**。由式(11-32)和(11-33)可得

$$k=\frac{a+b}{a}k' \qquad (k'=1,2,\cdots) \qquad (11-34)$$

可见,只有$(a+b)/a$ 为整数时,才发生缺级现象。比如 $a+b=3a$,则第三级、第六级、……明纹不出现。

对于给定的光栅,即光栅常数$(a+b)$一定的情况下,明纹的衍射角 ϕ 与入射光的波长 λ 有关。对一级明纹,波长越长衍射越大,可见红光的衍射角大于紫光的衍射角。因此,光栅能把不同频率的光分开。如果用白光照射光栅,除中央明纹仍为白色外,其他各级明纹均为彩色光谱,把由衍射光栅所形成的光谱称为衍射光谱。

【例 11-4】 一波长为 600 nm 的平行光垂直照射到平面光栅上,其第一级谱线的衍射角 $\phi=25°$,求:(1) 光栅常数;(2) 最多能看到第几级光谱。

【解】 (1) 按光栅公式$(a+b)\sin\phi=k\lambda$,得

$$a+b=\frac{k\lambda}{\sin\phi}=\frac{1\times600}{\sin25°}=\frac{600}{0.4226}\approx1.42\times10^{3} \text{ nm}$$

(2) 根据 $(a+b)\sin\phi = k\lambda$ ，ϕ 增大，k 变大；当 $\phi = \dfrac{\pi}{2}$ 时，k 最大，则

$$k_{max} = \frac{a+b}{\lambda} = \frac{1.42 \times 10^3}{600} \approx 2 \quad (k\ 只能取整数部分)$$

最多能看到第二级明纹。

11.3 光的偏振

11.3.1 自然光和偏振光

光的干涉和衍射现象说明了光具有波动性，但并不能说明光是横波还是纵波。在某些现象中，横波和纵波的表现是截然不同的。这里首先讨论机械波的情况。如图 11-13 所示，在一根绳子上传播的上下振动的横波，在波的传播方向上放一狭缝，当缝长的方向与横波的振动方向平行时，则波可以通过狭缝；当缝长的方向与横波的振动方向垂直时，则波要受到狭缝的阻碍不能通过。对于纵波，比如空气中传播的声波，不管缝的取向如何，纵波总能通过狭缝。由波的传播方向和波的振动方向所确定的平面称为波的振动面。绳子上传播的横波，它的振动都限制在同一振动面内，这一特性称为**偏振性**。纵波的振动方向和传播方向一致，因此，如果通过波的传播方向作很多平面，振动方向总是包含在这些平面内。可见，只有横波才有偏振性，而纵

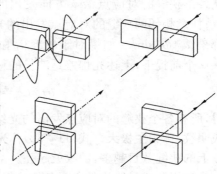

图 11-13 机械波横波和纵波的区别

波不具有偏振性。用偏振性就可以区别出波是横波还是纵波。光是电磁波，它由两个互相垂直的振动矢量，即电场强度 E 和磁场强度 H，它们的振动方向与光的传播方向都垂直，因此光波是横波。由于能引起感光作用和生理作用的是电场强度 E，因而通常把 E 矢量称为**光矢量**，E 的振动称为**光振动**。普通光源发出的光是由光源中大量分子或原子自发地、彼此独立地发出的光波所形成，所以，一般光源发出的光波包含各个方向的光矢量 E，且没有哪个方向上的光振动比其他方向占优势，各方向上 E 的振幅都相等，这类光称为**自然光**，如图 11-14 所示。实际上，在任一时刻，我们总可以把各个光矢量分解成两个互相垂直的分量，因此可把自然光看做是由两组在相互垂直的平面内振动的光波所组成。对自然光也可用短线和黑点相间的分布来表示。

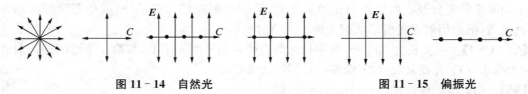

图 11-14 自然光　　　　　　　　图 11-15 偏振光

如果一束光中，光振动只有一个固定的方向，这种光称为**线偏振光**，又称**完全偏振光**，简称**偏振光**，如图 11-15 所示。偏振光的振动方向与传播方向组成的平面称为**振动面**。

除线偏振光外,还有这样一种偏振光,它的光矢量随时间作有规则的变化,光矢量末端在垂直于传播方向的平面上的轨道呈椭圆或圆,这样的光称为**椭圆偏振光**或**圆偏振光**。

11.3.2　起偏和检偏

自然光通过某些媒质时,媒质能够有选择地全部或大部分吸收掉某一方向的振动,而对与此方向垂直的振动却很少吸收,这样就可以获得偏振光。媒质的这种性质称为**二向色性**。偏振片就是利用媒质的二向色性制成的。自然光通过偏振片后成为偏振光,这一过程称为**起偏**,偏振片称为**起偏器**。在起偏器中能让光振动通过的方向称为**偏振化方向**。如图11-16所示的PP'方向就是偏振化方向。

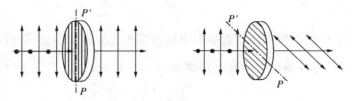

图 11-16　起　偏

偏振片不但可以作起偏器,而且还可以作检偏器,即用来检查某一束光是不是偏振光。如图11-17表示了起偏器和检偏器的作用。自然光通过起偏器时,只让与偏振化方向平行的光振动通过,而吸收其他方向的光振动。若在偏振光前进的方向上再加上一个检偏器,则当偏振光的振动方向与检偏器的偏振化方向一致时,这些偏振光可以通过检偏器出射,此时为亮场,因为起偏器与检偏器的偏振化方向之间的夹角$\theta=0°$,如图11-17(a)所示。当起偏器与检偏器的偏振化方向之间的夹角$\theta=90°$时,如图11-17(b)所示,则视野为暗场。因此,检偏器不仅可以辨别自然光与偏振光,而且还可以确定偏振光的振动方向。

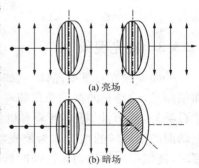

(a) 亮场

(b) 暗场

图 11-17　检　偏

如图11-18所示,如果检偏器A与起偏器P的偏振化方向既不相互平行也不相互垂直,而是成任意一个角度θ,那么只有部分偏振光通过检偏器A,如图11-18(a)。设E_0为通过起偏器P后偏振光的振幅,θ为起偏器P和检偏器A的偏振化方向之间的夹角,则可将E_0分解为两个相互垂直的分量,一个平行于检偏器的偏振化方向$E_1=E_0\cos\theta$,另一个垂直于检偏器的偏振化方向$E_2=E_0\sin\theta$,如图11-18(b)所

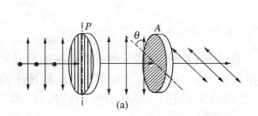

(a)

(b)

图 11-18　马吕斯定律

示。只有平行于检偏器偏振化方向的分量才可以通过,而垂直分量不能通过检偏器。又因为光强度 I 正比于振幅的平方,而 $E_1^2 = E_0^2 \cos^2\theta$,所以

$$I = I_0 \cos^2\theta \tag{11-35}$$

此式称为**马吕斯定律**。它表明,通过检偏器的偏振光强度与检偏器的偏振化方向有关。应该指出的是式(11-35)中 I_0 是射向检偏器的偏振光强度,在不考虑其他任何吸收的情况下,I 就是经过起偏器后的出射光强度。根据起偏器的工作原理可知,自然光经过起偏器后射出的偏振光强度仅是入射到起偏器上的自然光的强度的一半。

【例 11-5】 以强度 I_0 的自然光垂直入射平行放置的前后两块偏振片,出射光的强度 I 是原光强 I_0 的 1/8。忽略偏振片对于平行其偏振化方向的振动的吸收,求两偏振片偏振化方向的夹角。

【解】 光强为 I_0 的自然光经过起偏器出射的偏振光的强度为 $\dfrac{I_0}{2}$,若两偏振片的夹角为 θ,由马吕斯定律得从检片器出射的光的强度为

$$I = \frac{I_0}{2}\cos^2\theta$$

又因 $I = \dfrac{1}{8}I_0$,代入得 $\cos^2\theta = \dfrac{1}{4}$,$\cos\theta = \pm\dfrac{1}{2}$;

即有 $\theta_1 = 60°$,$\theta_2 = 120°$。

11.3.3 旋光现象

平面偏振光在某些晶体(例如石英)内沿着该晶体的光轴方向传播时,透出的光仍是平面偏振光,但是它的振动面却随着光在晶体中的传播连续地旋转,这种现象称为**旋光现象**。除石英外,松节油、糖溶液等有机化合物,虽然不存在光轴,但也能产生旋光现象。凡能使振动面产生旋转的物质称为**旋光物质**。旋光物质又有左旋和右旋之分。当迎着出射光观察时,使偏振光的振动面按顺时针方向旋转的物质称为**右旋物质**;按逆时针方向旋转的物质称为**左旋物质**。

对于一定的单色平面光,通过旋光物质后,振动面旋转的角度称为**旋光度**,用 φ 表示,它与物质的厚度 d 成正比,用公式表示为

$$\varphi = \alpha d \tag{11-36}$$

式中,α 称为**旋光率**,表示光通过单位长度的旋光物质后,振动面旋转的角度,与物质有关,其单位是度/分米(dm^{-1})。

对于液体旋光物质,旋光度为

$$\varphi = [\alpha]_\lambda^T cd \tag{11-37}$$

式中,$[\alpha]_\lambda^T$ 称为该液体的**比旋率**,表示光通过单位浓度、单位长度的液体时的旋光度,它与物质的分子性质、光波波长和液体温度有关,单位是 $\mathrm{cm}^3/(\mathrm{g \cdot dm})$。实验常用钠黄光作为光源,它的波长为 589.3nm,用 D 表示,即用 $[\alpha]_D^T$ 表示物质的比旋率;c 为溶液的浓度,单位为克/厘米^3 $(\mathrm{g/cm^3})$;d 为厚度,用分米(dm)表示。可见,根据式(11-37)可以通过实验测出 φ、d,查出 $[\alpha]_\lambda^T$,从而求出浓度 c。旋光计就是根据这一原理而制成的,常用来测量溶液的浓度。表 11-1 列出某

些药物的比旋率。

表 11-1　一些药物的比旋率　[cm³/(g·dm)]

药名	$[\alpha]_D^{20}$	药名	$[\alpha]_D^{20}$	药名	$[\alpha]_D^{20}$
乳糖	+52.2~+52.6	氯霉素	-17.0~-20.0	樟脑(醇溶液)	+41.0~+43.0
葡萄糖	+52.5~+53.0	桂皮油	-1.0~+1.0	山道年(醇溶液)	-170~-175
蔗糖	+65.9	蓖麻油	>+50.0	茴香油	+12.0~+24.0
维生素C	+21.0~+22.0	薄荷脑	-49.0~-50.0	化学醇(无水乙醇)	+18.5~+21.5

注：表中正号表示右旋，负号表示左旋。

11.4　光的吸收

11.4.1　朗伯-比尔定律

光通过介质时，其强度要减弱，这是因为一部分光被介质吸收了，而另一部分光被散射了。本节主要讨论介质对光的吸收作用。介质对光的吸收作用的本质是光与组成介质的分子或原子的相互作用的结果，光的一部分能量转变为分子或原子的能量，从而使通过的光能减弱，宏观表现为物质对光的吸收。

如图 11-19 所示，令一束强度为 I_0 的单色光通过厚度为 l 的均匀介质，经过物质中一薄层 dl 时，光的强度的减少量为 $-dI$，负号表示减少。朗伯指出这一减少量与光到达该薄层的强度 I 及薄层的厚度 dl 成正比，即

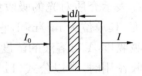

$$dI = -I\alpha\,dl,\qquad(11-38)$$

图 11-19　光被介质吸收

当光通过厚度为 l 的物质时，光的强度由 I_0 减弱到 I，于是，由式(11-38)积分可得

$$\ln\frac{I}{I_0} = -\alpha l\qquad(11-39)$$

则透射光的强度为

$$I = I_0 e^{-\alpha l}\qquad(11-40)$$

此式即为**朗伯定律**的表达式，其中，比例系数 α 称为介质的**吸收系数**，单位是 m^{-1}，它表示要使光强减弱到入射光强的 $1/e$ 时，光所通过介质厚度的倒数。例如玻璃对可见光的吸收系数 $\alpha = 1\,m^{-1}$，则光通过 $1\,m$ 厚的玻璃时，光强减弱到入射光的 $1/e$。对于标准大气压强下的空气 $\alpha = 10^{-3}\,m^{-1}$。当光通过 $1\,000\,m$ 的空气时，强度减弱到原光强的 $1/e$。吸收系数的数值除与物质有关外，还与入射光的波长有关。

实验表明，在溶液中，溶液的吸收系数与溶液的浓度成正比，即 $\alpha = \chi c$，这里 χ 与溶液浓度无关，只决定于吸收物质的分子特性，称为摩尔吸收系数，则式(11-40)可表示为

$$I = I_0 e^{-\chi c l}\qquad(11-41)$$

式(11-41)称为**朗伯-比尔定律**。该定律只有对单色光，且溶液的浓度不大时才适用。将式

(11-41)写成为

$$T = \frac{I}{I_0} = e^{-\chi cl} \qquad (11-42)$$

式中,透射光的强度 I 与入射光的强度 I_0 之比称为**透射比**,通常用 T 表示,它是小于 1 的纯数。朗伯—比尔定律表示,当物质的厚度 l 一定时,透射比 T 与溶液的浓度 c 成指数函数关系,而不是简单的线性关系。例如当浓度增大为原浓度的 2 倍时,透射比 T 不是减小到 $T/2$,而是减小到 T^2(由于 $T<1$,所以 $T^2<1$)。如对式(11-42)两边取常用对数,得到

$$-\log T = -\log \frac{I}{I_0} = \chi cl \log e$$

令
$$A = -\log \frac{I}{I_0} = -\log T \qquad (11-43)$$

式中,A 称为**吸收度**或**光密度**。再令 $\varepsilon = \chi \log e$,$\varepsilon$ 称为溶液的**消光系数**。这样朗伯—比尔定律又可表示为

$$A = \varepsilon cl \qquad (11-44)$$

吸收度 A 可以定量地表示介质对光的吸收程度,例如当 $T=1/3$ 时,则 $A=-\log(1/3)$ $=\log 3 = 0.477$;当 $T=1/5$ 时,则 $A=\log 5 = 0.699$。可见透射比 T 愈小时,吸收度 A 愈大,即表示介质对光的吸收愈大。消光系数 ε 的数值等于介质在单位浓度和单位厚度时的吸收度,其单位为 m^2/mol,它是物质的特性常数。从式(11-44)可见,当溶液的厚度 l 一定时,吸收度 A 与溶液的浓度 c 成简单的正比关系。在化学、生物化学、药物分析中讨论光的吸收作用时,常以公式(11-44)的形式来研究溶液的性质(比如浓度)。这就是吸收光谱分析的原理。

11.4.2　光电比色计原理

比较已知浓度的标准溶液和待测溶液的颜色深浅程度,以确定待测溶液的浓度的方法称为**比色分析法**。同一强度的单色光分别通过由同一物质配制的浓度为 c_0 的标准溶液和未知浓度为 c_x 的待测溶液,光在两种溶液中传播的距离相同,均为 l,两种溶液的吸收度分别为 A_0 和 A_x,根据式(11-44)得

$$c_x = \frac{A_x}{A_0} c_0 \qquad (11-45)$$

因此,只要测出 A_0 和 A_x,代入式(11-45)即可求出 c_x。光电比色计就是利用上述原理测量浓度的,其结构框图及工作原理如图 11-20 所示。它的主要组成部分有:光源、滤色片或单色光器、比色皿、光电池和检流计等。单色光器中的主要元件是用于分光的棱镜或光栅,然后将所需要的色光通过狭缝引出。

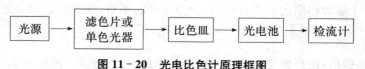

图 11-20　光电比色计原理框图

若用滤色片,则得到的是不纯粹的单色光,已经从白光中隔去了大部分与测量关系不大的色光,因而可以提高测量的准确度和灵敏度。当然,通过溶液的光应选择能被该溶液最强烈吸收的色光。

被测物对不同波长的光的吸收程度不同,常常表现出对某一波长的光有强烈的吸收,这称为**选择性吸收**。比如,当一束白光照射绿色玻璃时,红光和蓝光被强烈地吸收掉,透射光就呈现绿色。其他有色玻璃显示的颜色就是未被选择性吸收掉的色光。

按照上述要求,应该选择那些能被该溶液最强烈吸收的色光通过溶液,从而使不同浓度的液体的吸收情况有较明显差异,测量的精度有所提高。因此,所选择的光与溶液的颜色必须为互补色光。如图 11-21 所示,对角的一对颜色均为互补色光。比如,红和绿、橙和蓝、黄和蓝紫三对颜色都是互补色光。经过滤色片后便产生了一束与溶液颜色成为互补色的色光。透出的光强为 I,照射到光电池上,继而产生电流。T 大或者 A 小,则 I 大,电流也大;反之亦然。

图 11-21 互补色光对应图

11.4.3 分光光度计原理

分光光度计用于测定溶液对不同波长的光的吸收光谱(即吸收曲线),比照相法更简明,因而在分析化学、药物的定性和定量分析方面得到了广泛的应用。分光光度计的原理和结构与光电比色计类似,所不同的是前者要求的入射光接近于单色光,其谱带宽度不超过 $3\sim5nm$,最狭的要求在 $1nm$ 以下。所以它要用棱镜或光栅来分光,然后将不同波长的光分别通过待测液体,对每一个波长的光测出溶液的吸收度 A,得到数据,再以波长(或波长的倒数)为横坐标,以对应的吸收度为纵坐标作图,最后得到溶液的吸收光谱曲线图。

如图 11-22 为胡椒酮的吸收光谱图。整个吸收光谱的形状决定于溶质分子的性质,所以可作为物质定性分析的依据;同时,只要选择一定波长的光来测定溶液的吸收度,由朗伯—比尔定律即可求出溶液的浓度和物质含量,所以分光光度计也可以作为比色计使用。现在的分光光度计都由计算机控制,实现了测量、分析、绘图、存储、输出一体化,极大地提高了检测效率和精确度。目前,在药物分析中紫外吸收光谱和红外吸收光谱应用最为广泛。

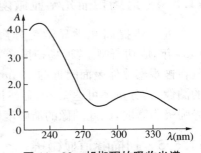

图 11-22 胡椒酮的吸收光谱

11.5 近代显微技术简介

11.5.1 普通光学显微镜

光学显微镜是极为有用的经典光学观察仪器,在生物学、医学研究方面被广泛地应用于肉眼难以观察、难以清楚地分辨的生物体的组织、细胞等,也应用在工业及科技领域中对微小物件和工件的精密测量。在一段漫长的历史发展过程中,为了改进和提高显微镜的观察功能而发展了所谓的"暗视场显微镜"(使视场的背景为暗黑,从而可以增强被观察物体各部分之间的反衬而提高图像的清晰度)、"相衬显微镜"等等技术。但是光学显微镜的最主要的指标是它的分辨极限。光学显微镜的分辨率为

$$S = \frac{1.22\lambda}{2n\,\sin i} \tag{11-46}$$

式中,n 为折射率,i 为被观察的物体对显微镜的张角的一半,$2n\sin i$ 称为显微镜的数值孔径。可见,为了改进分辨率,可以增大 n 或减小 λ。

11.5.2　电子显微镜

在 20 世纪初的几十年中,人们努力提高光学显微镜分辨本领却未取得革命性的进展,直到量子力学(参见第 12 章)的建立,发现微观粒子具有波粒二象性以后,这方面的工作才有突破。电子的物质波波长大约在 0.1 nm 到 0.01 nm 之间,因而利用电子的物质波来代替光波可以大大地提高分辨本领。根据这种想法,在 1930 年研制成了电子显微镜。电子显微镜已成为生物、医学、材料等方面极为有用的工具。但是电子显微镜不是对所有物体都可以进行观察的,往往要对被观察的物体的表面进行处理和复制,所以在使用上比较复杂。

11.5.3　扫描光学显微镜

光学显微镜的另一进展是在 1951 年研制成功了"扫描光学显微镜",它是利用一个只受到衍射限制的小光点,使它在样品上扫描,逐点地记录其透射或反射的光强,最终可以得到被观察的物体的像。其实,扫描光学显微镜的分辨本领并不比常规的光学显微镜高,但是其输出的数据可以存入计算机,然后加以处理,改善图像的质量。

11.5.4　近场扫描光学显微镜

进一步提高光学显微镜分辨本领的途径是必须突破光学系统衍射的极限的限制。1984 年,成功研制了"近场扫描光学显微镜"。它是利用一个直径比光波的波长还小的光源放在被观察物体表面附近约 10 nm 处,通过探测表面的近场电磁波的强度而获得物体表面的图像,其分辨率可达 $\lambda/20$,显然比常规光学显微镜提高了近一个数量级,但是可被探测的光强极为微弱,因此图像的清晰度会因干扰而降低,效果并不十分理想。

11.5.5　扫描隧道显微镜

1982 年,对电子显微镜的研究又获得了巨大的进展,研制成功了"扫描隧道显微镜"(简称 STM),从而可以实现原子线度量级(0.01~0.1 nm)的观察。它是利用一个极细的金属探针在与被观察的表面相距为纳米量级的情况下发生的量子隧道效应(参见第 12 章)而研制的。电子波在隧道中是指数衰减的,金属探针因而可以探测到随表面形态变化的电流从而获得表面的图像。利用 STM,除了做"显微镜"外,还可以利用针尖(即尖端原子)对样品原子或分子的吸引力来操纵和移动原子或分子,使它们重新排布,实现了按人类意愿重新排布单个原子、改变分子结构的"幻想"! 我国在 STM 方面的研制及应用研究也已进入了世界先进行列。当然,STM 也有一定的局限性,比如样品必须为导电材料(导体或半导体)、

对工作环境要求很高、不能提供样品的化学成分等。但是由于 STM 的独特功能,使它在物理、化学、生命科学、材料科学等方面应用越来越广泛和深入,起着非常巨大的作用。

11.5.6 原子力显微镜

考虑到 STM 技术只能用于导电材料的局限性,1986 年以后成功研制了"原子力显微镜"(简称 AFM)。所谓原子力,是指针尖原子与材料表面原子之间存在着的随距离变化的极微弱的相互作用力。AFM 不仅可以用来研究导电体表面,还能以极高的分辨率研究绝缘体表面,弥补了 STM 的不足。与 STM 一样,AFM 在生命科学、材料科学等方面的研究中,显示出了强大的生命力。

主要概念、定律及公式

(1) 光的干涉:它是指频率相同、振动方向相同、相位相同或相位差保持恒定的两光源发出的两束光在相遇(或重叠)的区域内发生的光强强弱而稳定的分布的现象。

(2) 半波损失:它是指光从光疏媒质射向光密媒质,其反射光发生了 π 的相位突变的现象称为半波损失。

(3) 光程:它是指光在媒质里的传播的几何路程 r 与媒质的折射率 n 的乘积 nr 称为光程。两列光波的光程之差称为光程差。

(4) 光的干涉极大和干涉极小的条件(两相干光源的初相差为零时)

$$\delta = n_2 r_2 - n_1 r_1 = \begin{cases} \pm k\lambda & (k = 0, 1, 2, \cdots) \quad \text{明纹} \\ \pm (2k-1)\lambda/2 & (k = 1, 2, 3, \cdots) \quad \text{暗纹} \end{cases}$$

(5) 杨氏双缝干涉

① 明纹位置: $\qquad x = \pm k\lambda \dfrac{D}{d} \qquad (k = 0, 1, 2, \cdots)$

② 暗纹位置: $\qquad x = \pm (2k-1) \dfrac{\lambda}{2} \dfrac{D}{d} \qquad (k = 1, 2, 3, \cdots)$

③ 两相邻明纹或暗纹间的距离: $\qquad \Delta x = \lambda \dfrac{D}{d}$

(6) 惠更斯—菲涅耳原理:波前上任一点都可以看做独立的新光源,波前上各点发出的子波在传播的空间可以相互叠加,叠加的结果是产生加强还是减弱取决于各子波的振幅及相位差。

(7) 单缝衍射条件

① 暗纹条件: $\qquad a\sin\phi = \pm 2k \dfrac{\lambda}{2} \qquad (k = 1, 2, 3, \cdots)$

② 明纹条件: $\qquad a\sin\phi = \pm (2k-1) \dfrac{\lambda}{2} \qquad (k = 1, 2, 3, \cdots)$

③ 中央明纹宽度: $\qquad \Delta x_0 = 2 \dfrac{\lambda}{a} f$

④ 其他明纹宽度: $\qquad \Delta x = \dfrac{\lambda}{a} f$

(8) 光栅衍射条件

① 光栅公式: $(a+b)\sin\varphi = \pm k\lambda$　　$(k = 0, 1, 2, 3, \cdots)$　　明纹

② 缺级条件: 若光栅常数$(a+b)$是缝宽a的整数倍时,则会产生缺级现象。

$$k = \frac{a+b}{a}k'　(k' = 1, 2, 3, \cdots)$$

(9) 偏振光: 光振动只有一个固定的方向,这种光称为偏振光。自然光经过起偏器后成为偏振光,该偏振光的强度是原自然光强度的一半。

(10) 马吕斯定律: $I = I_0\cos^2\theta$

(11) 光的吸收

① 朗伯—比尔定律: $I = I_0 e^{-\varkappa l}$

② 光电比色计 $c_x = \dfrac{A_x}{A_0}c_0$

习　题

11-1 汞弧灯发出的光通过一绿色滤光片后照射到两相距0.60 mm的狭缝上,在2.5 m远处的屏幕上出现干涉条纹。测得相邻两明条纹中心的距离为2.27 mm,试求入射光的波长。

11-2 用一块薄云母片盖住双缝中的一条狭缝,结果屏上第七级明纹恰好位于原中央明纹处,已知云母的折射率是1.58,入射光波长是550 nm,求云母片的厚度。

11-3 一束平行白光垂直照射在厚度均匀的、折射率为1.30的油膜上,油膜覆盖在折射率为1.50的玻璃上。正面观察时,发现500 nm和700 nm的色光在反射中消失,试求油膜的厚度。

11-4 一单色平行光束垂直照射在宽为1.0 mm的单缝上,在缝后放一焦距为2.0 m的会聚透镜。已知位于透镜焦平面处屏幕上的中央明条纹宽度为2.5mm,求入射光波长。

11-5 用波长为546 nm的平行光照射宽度为0.100 mm的单缝,在缝后放一焦距f=50.0 cm的凸透镜,在透镜的焦平面处放一屏,观察衍射条纹。求中央明纹的宽度、其他各级明纹的宽度以及第三级暗纹到中央明纹中心的距离。

11-6 用一束平行白光垂直照射宽度为0.100 mm的单缝,缝后透镜的焦距为50.0 cm。求屏上第一级光谱中红光(760 nm)和紫光(400 nm)的位置及其间的距离。

11-7 用单色平行光垂直照射每毫米有1000条刻痕的光栅,发现第一级明纹在27.0°的方向上。求单色光的波长。

11-8 为了测定光栅常数,用波长为632.8 nm的红光垂直照射光栅。已知第一级明纹在38.0°方向上,求光栅常数。该光栅每毫米有多少条刻痕? 能否观察到第二级明纹?

11-9 用波长为600 nm的光垂直照射到一光栅上,其第二级谱线的衍射角是30°。求:(1)光栅常数;(2)若第三级为第一缺级,则光栅狭缝宽度为多少?

11-10 强度为I_0的偏振光垂直入射偏振片,要求透射光的强度为$\dfrac{2}{5}I_0$,求偏振片的偏振化方向与入射偏振光的振动面之间的夹角。设偏振片对平行于偏振化方向的偏振光吸收20%。

11-11　使自然光通过两个相交 60° 的偏振片，求透射光与入射光强度之比？若考虑每个偏振片能使光的强度减弱 10%，求透射光与入射光强度之比。

11-12　使自然光通过两偏振化方向相交 60° 的偏振片，透射光强度为 I_1，求自然光的强度（以 I_1 表示）？今在这两个偏振片之间再插入另一个偏振片，它的方向与前两个偏振片均成 30° 角，则透射光强度为多少？

11-13　纯蔗糖的旋光率为 65.9° $cm^3/(g \cdot dm)$，现用含有杂质的蔗糖配制浓度为 0.20g/cm^3 的溶液，用 20.0 cm 测定管测得旋光度为 23.75°。假设杂质无旋光性，求该蔗糖溶液的浓度。

12

量子力学基础

19 世纪以来,物理学在与化学紧密配合下,深入到了微观领域,对物质结构的认识取得了巨大的进展。这个领域的探索对现代科学技术上产生了深远的影响,也大大开阔了人们对物理基本规律的认识,使物理学展现了崭新的面貌。微观领域中的物理规律,既有与宏观领域相同的情况,也有许多不同的特点——概括地说,就是它们的量子性的特点。本章主要介绍量子力学产生的背景、量子物理的基本规律、薛定谔方程及原子和分子光谱的基础知识和基本规律。

12.1 量子力学产生的实验基础

20 世纪以前,经典物理学已经建立了一套完善的理论,它们主要包括:牛顿力学、麦克斯韦电磁场理论、热力学与统计物理。这些理论在对某些实验现象的解释中也遇到了一些不可逾越的障碍,量子力学正是在探索解决问题的途径和方法过程中建立和发展起来的。现就当时的几个典型问题作一介绍。

12.1.1 黑体辐射问题和普朗克公式

到 19 世纪末,人们已认识到热辐射与光辐射的本质都是电磁波。电磁波的发现,促使人们开始研究辐射能量在不同频率范围内的分布问题,特别是对黑体(空窖)辐射进行了较深入的理论上和实验上的研究。

完全黑体(空窖)的热辐射达到平衡时,辐射能量密度 $E_\nu \mathrm{d}\nu$ 表示空窖单位体积中频率在 $(\nu, \nu + \mathrm{d}\nu)$ 间的辐射能量。维恩(1894 年)从分析实验数据得出的经验公式为

$$E_\nu \mathrm{d}\nu = c_1 \nu^3 \mathrm{e}^{-c_2 \nu/T} \mathrm{d}\nu \tag{12-1}$$

式中,c_1、c_2 分别为两个经验参数,T 为平衡时的绝对温度。

除了低频部分外,式(12-1)与实验曲线符合得不错,如图 12-1 所示。

关于黑体(空窖)辐射的能量分布,用经典电磁理论及统计物理学来处理,是有很确切的结果的,即瑞利(1900 年)得出的公式,称为瑞利—金斯公式,即

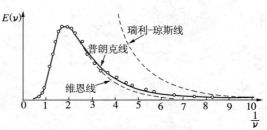

图 12-1 黑体辐射能谱(图中点表示 $T=1\,600\mathrm{K}$ 的实验数据)

$$E_\nu \mathrm{d}\nu = \frac{8\pi}{c^3} kT\nu^2 \mathrm{d}\nu \tag{12-2}$$

式中,c 为光速,k 为玻耳兹曼常数,$k = 1.38 \times 10^{-23}$ 焦耳/度。

式 12-2 在低频部分与实验曲线还比较符合。但当 $\nu \to \infty$ 时，$E_\nu \to \infty$ 是发散的，与实验明显不符(出现所谓"紫外灾难")，如图 12-1 所示。

在瑞利—金斯公式及维恩经验公式基础上，普朗克(1900 年)进一步分析了实验曲线，得到了一个很好的经验公式，即著名的**普朗克公式**：

$$E_\nu \, \mathrm{d}\nu = \frac{c_1 \nu^3 \, \mathrm{d}\nu}{\mathrm{e}^{c_2 \nu/T} - 1} \qquad (12-3)$$

不难看出，当 $\nu \to \infty$，此公式趋于维恩公式(12-1)，而当 $\nu \to 0$ 时，

$$E_\nu \, \mathrm{d}\nu \approx \frac{c_1}{c_2} \nu^2 T \, \mathrm{d}\nu \qquad (12-4)$$

式(12-4)与瑞利-金斯公式(12-2)形式相同 ($c_1/c_2 = 8\pi k/c^3$)。

普朗克提出这个公式后，许多实验物理学家立即用它去分析了当时最精确的实验数据，发现符合得非常好。普朗克认为，这绝非偶然的巧合，在这公式中一定蕴藏着一个非常重要但又尚未被人们揭示出的科学原理。

12.1.2　光电效应

19 世纪末，由于电气工业的发展，稀薄气体放电现象开始引起人们注意。汤姆逊通过对气体放电现象及阴极射线的研究发现了电子。在此之前，赫兹发现了**光电效应**，但对其机制还不清楚。直到电子发现后才认识到这是由于紫外线照射，大量电子从金属表面逸出的现象。经过实验研究，发现光电效应呈现下列几个特点：

(1) 对于一定的金属材料做成(表面光洁)的电极，有一个确定的临界频率 ν_0。当照射光频率 $\nu < \nu_0$ 时，无论光的强度多大，不会观测到光电子从电极上逸出。

(2) 每个光电子的能量只与照射光的频率 ν 有关，而与光强度无关。光强度只影响到光电流的强度，即单位时间从金属电极单位面积上逸出的电子的数目。

(3) 当入射光频率 $\nu > \nu_0$ 时，无论光多微弱，只要光一照上去，几乎立刻(大约 10^{-9} s)观测到光电子。而按经典电磁理论的计算，这需要相当长的时间才能积累足够的能量。

以上三个特点中，(3)是定量上的问题，而(1)与(2)在原则上无法用经典物理学解释。

12.1.3　原子的线状光谱及其规律

最原始的光谱分析始于牛顿(17 世纪)，但直到 19 世纪中叶，在人们把它应用于生产后才得到迅速发展。在对光谱分析积累了相当丰富的资料的基础上，不少人对它们进行了整理与分析。1885 年，巴耳末发现，氢原子可见光谱线的波数 $\tilde{\nu} \left(\tilde{\nu} = \frac{1}{\lambda} = \frac{\nu}{c} \right)$ 具有以下规律：

$$\tilde{\nu} = R \left(\frac{1}{2^2} - \frac{1}{n^2} \right) \qquad (n = 3, 4, 5, \cdots) \qquad (12-5)$$

式(12-5)称为**巴尔末公式**，其中，实验测得 $R = 109\ 677.581\ \mathrm{cm}^{-1}$，称为**里德伯常数**。巴耳末公式与观测结果的惊人符合，引起了光谱学家的注意。紧跟着就有不少人对光谱线波长(数)的规律进行了大量分析。例如里德伯对碱金属元素的光谱进行过仔细分析，发现它们可以分为主线系(p)、锐线系(s)及漫线系(d)等几个线系。每一线系的各条谱线

的波数,都有与式(12-5)有类似的规律。里兹(1908年)的组合原则对此作了更普遍的概括。按此原则,每一种原子都有它特有的一系列光谱项 $T(n)$,而原子发出的光谱线的波数 $\tilde{\nu}$,总可以表成两个光谱项之差:

$$\tilde{\nu}_{mn} = T(m) - T(n) \tag{12-6}$$

式中,m、n 是互不相等的正整数。显然,光谱项的数目比光谱线的数目要少得多。那么,原子的线状光谱产生的机制是什么? 光谱项的本质又是什么? 这些谱线的波长(数)为什么有这样的简单的规律? ……

12.1.4 原子的稳定性

1895年,伦琴发现了 X 射线。1896年,贝克勒耳在铀盐中发现了天然放射性这一重要特性(后来弄清楚,这些天然放射线由 α、β 及 γ 三种射线组成)。1898年,居里夫妇发现了放射性元素钋与镭。

电子与放射性的发现揭示出:原子不再是物质组成的永恒不变的最小单位,它们具有复杂的结构,并可互相转化。1911年,卢瑟福用 α 粒子去打击原子,研究碰撞后散射出去的 α 粒子的角分布,他提出:原子中正电部分集中在很小区域中($<10^{-12}$ cm),原子质量主要集中在正电部分,形成"原子核",而电子则围绕着它运动(与太阳系很相似),这就是今天众所周知的"原子有核模型"。按照经典电磁场理论,电子围绕着原子核做圆周运动时产生轫致辐射,不断发出射线,电子的能量会逐渐减少,电子的轨道半径也会逐渐变小,最终电子将"掉进"原子核里去,原子瓦解。但实际上自然界中的若干原子都很稳定,其物理本质是什么?

另外,在极低温($T\rightarrow 4$K)下,固体比热都趋于零。这是什么原因? 量子理论就是在解决这些生产实践和科学实验同经典物理学的矛盾中逐步建立起来的。

12.2 普朗克-爱因斯坦光量子论

普朗克找到的黑体辐射公式与实验符合得非常好,这促使他进一步去探索这公式所蕴含的、更深刻的物理本质。1900年,经过将近两个月的探索,他首次提出了"量子"的概念并假设对于一定频率 ν 的电磁辐射,物体只能以 $h\nu$ 为单位、吸收或发射它(h 为一个普适常数)。换言之,吸收或发射电磁辐射只能以"量子"的方式进行,每个"量子"的能量为

$$\varepsilon = h\nu \tag{12-7}$$

这里,h 称为普朗克常数,数值为 6.626×10^{-34} 焦尔·秒。这种吸收或发射电磁辐射能量的不连续性概念,在经典力学中是无法理解的。所以,尽管普朗克的假设可以解释他的与实验符合得非常好的公式,却并未引起很多人的注意。

首先注意到量子假设有可能解决经典物理学所碰到的其他困难的是爱因斯坦。他在1905年用普朗克的量子假设去解决光电效应问题,进一步提出了**光量子**概念,即认为:光是由一束高速运动的光量子组成,每一个光量子的能量与光的频率的关系是

$$E = h\nu \tag{12-8}$$

因此,光子的动量 p 与光的波长 λ 有下列关系:

$$p = \frac{h}{\lambda} \qquad (12-9)$$

当采用了光量子概念之后,光电效应问题便立即迎刃而解。当光量子射到金属表面上时,一个光子的能量可能立即被子一个电子吸收。但只当入射光频率足够高,即每一个光子的能量足够大时,吸收了光子的电子才可能克服脱出功 A 而逸出金属表面。逸出表面后,电子的动能为

$$\frac{1}{2}mv^2 = h\nu - A \qquad (12-10)$$

当 $\nu < \nu_0 = A/h(\nu_0$ 称为临界频率或红限频率)时,电子无法克服金属表面的脱出功而从金属中逸出,因而就没有光电子发出。式(12-10)就是著名的**普朗克—爱因斯坦关系式**或光电方程。

爱因斯坦(1907 年)还进一步把能量不连续的概念用到固体中原子振动上去,成功地解决了固体比热在温度 $T \to 0$K 时趋于 0 的现象。这时,普朗克提出的光的能量不连续性概念才引起很多人的注意。光量子概念,在后来(1923 年)的康普顿散射实验中得到了直接的证实。在康普顿效应里,伦琴射线的散射,使光的粒子性表现得更为明显,光子也同实物粒子(譬如电子)一样,不仅有能量,也具有质量和动量,从而对光的本性的认识又更深入一步。有关康普顿散射的内容请查阅书末的参考书目。至此,光的本质已经完全被揭示出来:光具有波粒二象性,即光既是粒子(光子),又是波(电磁波)。

表 12-1　几种金属的红限和逸出功

金　属	红限 ν_0($\times 10^{14}$)(Hz)	红限波长 λ_0(nm)	逸出功(eV)
铯(Cs)	4.5	652	1.9
铍(Be)	9.4	319	3.9
钛(Ti)	9.9	303	4.1
汞(Hg)	10.9	275	4.5
金(Au)	11.6	258	4.8
钯(Pd)	12.1	248	5.0

【例 12-1】　设光电管的阴极由金属铯制成,当受到波长为 632.8nm 的红光照射时,试计算放出的光电子的最大初速率。

【解】　由爱因斯坦的光电效应方程式(12-10)可得

$$v = \sqrt{\frac{2}{m}(h\nu - A)}$$

其中 m 为电子质量,h 为普朗克常数,c 为光速,$\nu = c/\lambda$,$A = h\nu_0$,ν_0 为铯的红限,查表 12-1 得 $\nu_0 = 4.5 \times 10^{14}$ Hz,代入相应数值得

$$v = \sqrt{\frac{2}{m}\left(h\frac{c}{\lambda} - h\nu_0\right)} = \sqrt{\frac{2}{m}h\left(\frac{c}{\lambda} - \nu_0\right)}$$

$$= \sqrt{\frac{2}{9.1 \times 10^{-31}} \times 6.63 \times 10^{-34}\left(\frac{3 \times 10^8}{632.8 \times 10^{-9}} - 4.5 \times 10^{14}\right)}$$

$$\approx 1.72 \times 10^5 \text{ m/s}$$

12.3 玻尔量子论

玻尔把量子的能量不连续的概念运用到原子结构上,提出了原子的量子论(1913 年)。这个理论虽然今天已经为量子力学所代替,但在历史上曾经起过重大的推动作用。而且,这个理论的某些核心的思想至今仍然是正确的,并在量子力学中被保留下来。

12.3.1 玻尔量子论的内容

玻尔在他的量子论中提出的两个极为重要的概念可以认为是对大量实验事实的概括。

(1)原子具有能量不连续的定态的概念。他提出,原子的稳定状态只可能是某些有确定值的分立能量(E_1,E_2,E_3,$\cdots$)的状态。为了具体确定这些能量的数值,他提出了量子化条件——电子的轨道角动量 J 只能是 $\hbar(=h/2\pi)$ 的整数倍,即

$$J = mvr = n\hbar \quad (n = 1, 2, 3, \cdots) \tag{12-11}$$

(2)量子跃迁的概念。原子处于定态时是不辐射的。但由于某种原因,原子可以从一个能级 E_n 跃迁到另一个较低(高)能级 E_m。此时,将发射(吸收)一个光子,光子的频率 ν_{mn} 为

$$\nu_{mn} = \frac{|E_n - E_m|}{h} \quad (\text{频率条件}) \tag{12-12}$$

但处于基态(能量最低的状态)的原子,则不再放出光子而稳定地存在着。量子跃迁的概念深刻地反映了微观粒子运动的特征,而频率条件则揭示了光谱项 $T(n)$ 是与原子的能量 E_n 联系在一起的[$T(n) = E_n/hc$]。

12.3.2 氢原子及类氢原子的能量

如图 12-2 所示,一个带电量为 $-e$ 的电子绕一带电量为 $+Ze$ 的原子核做匀速圆周运动,它们之间的库仑力提供电子圆周运动的向心力,即为

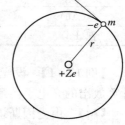

$$\frac{Ze}{4\pi\varepsilon_0 r^2} = \frac{mv^2}{r} \tag{12-13}$$

原子的总能量为

图 12-2 玻尔原子轨道

$$E = E_K + E_P = \frac{mv^2}{2} - \frac{Ze^2}{4\pi\varepsilon_0 r} \tag{12-14}$$

根据玻尔提出的量子化条件,结合式(12-13)和(12-14)得到

$$E_n = -\frac{mZ^2 e^4}{8n^2\varepsilon_0^2 h^2} = -13.6\frac{Z^2}{n^2} \text{ eV} \quad (n = 1, 2, 3, \cdots) \tag{12-15}$$

$$r_n = \frac{a_0 n^2}{Z} \quad (n = 1, 2, 3, \cdots) \tag{12-16}$$

式中 $a_0 = \varepsilon_0 h^2/(m\pi e^2) = 5.29 \times 10^{-11}$ m,称为**玻尔半径**。由此可见,原子的能量、轨道只能

有一些不连续的值,也就是说能量、轨道是量子化的。同样,可以推得电子运动的动量也是量子化的。量子化性质是经典物理无法得到也无法理解的,在那里,能量、动量、角动量、轨道半径等都是连续变化的。

$Z=1$,对应于氢原子。当 $n=1$ 时,$E_1=-13.6\text{eV}$,能量最低,此状态称为氢原子的**基态**,此时电子的轨道半径 $r_1=a_0$。当 $n>1$ 时,$0>E_n>E_1=-13.6\text{eV}$,此状态称为**激发态**,此时电子的轨道半径 $r_n>r_1=a_0$;当 $n\sim\infty$ 时,$E\sim0$,$r\sim\infty$,此状态称为**电离态**。将电子从某状态电离所需的能量称为该状态的**电离能**。比如,基态的电离能为 13.6eV;第一激发态的电离能为 13.6/4=3.4eV;第三激发态的电离能为 13.6/9(eV);……。

$Z>1$,对应于类氢离子,即核外只有一个电子的离子。以上有关基态、激发态、电离态等概念仍然适用,只是数值不同于氢原子而已。读者可自己计算并作比较。

根据玻尔理论的第二条假设,当原子从第 n 态跃迁到第 m($n>m$)态(即相当于电子从第 n 层轨道跃迁到第 m 层轨道)时,辐射出的光子的频率为

$$\nu=\frac{E_n-E_m}{h} \tag{12-17}$$

相应的波数为

$$\tilde{\nu}=\frac{1}{\lambda}=\frac{\nu}{c}=\frac{(E_n-E_k)}{hc}$$

$$=RZ^2\left(\frac{1}{m^2}-\frac{1}{n^2}\right) \tag{12-18}$$

式中 R 成为里德堡常数,其理论值为

$$R=\frac{me^4}{8\varepsilon_0^2ch^3} \tag{12-19}$$

$$=1.097\,373\times10^7\ \text{m}^{-1}$$

这与实验测得的值 $R=1.096\,776\times10^7\ \text{m}^{-1}$ 符合得极好,也为玻尔理论的正确性提供了有力证据。

对氢原子,$Z=1$,能级发生跃迁时所发射光子的波数为

$$\tilde{\nu}=\frac{1}{\lambda}=R\left(\frac{1}{m^2}-\frac{1}{n^2}\right)$$

$$=T(m)-T(n) \tag{12-20}$$

于是得到:

(1) 赖曼系　$\tilde{\nu}=\dfrac{1}{\lambda}=R\left(\dfrac{1}{1^2}-\dfrac{1}{n^2}\right)$　$(n=2,3,4,\cdots)$　(紫外光区)

(2) 巴尔末系　$\tilde{\nu}=\dfrac{1}{\lambda}=R\left(\dfrac{1}{2^2}-\dfrac{1}{n^2}\right)$　$(n=3,4,5,\cdots)$　(可见光区)

(3) 帕邢系　$\tilde{\nu}=\dfrac{1}{\lambda}=R\left(\dfrac{1}{3^2}-\dfrac{1}{n^2}\right)$　$(n=4,5,6,\cdots)$　(红外光区)

(4) 布拉开系　$\tilde{\nu}=\dfrac{1}{\lambda}=R\left(\dfrac{1}{4^2}-\dfrac{1}{n^2}\right)$　$(n=5,6,7,\cdots)$　(红外光区)

(5) 普芳德系　$\tilde{\nu}=\dfrac{1}{\lambda}=R\left(\dfrac{1}{5^2}-\dfrac{1}{n^2}\right)$　$(n=6,7,8,\cdots)$　(红外光区)

如图 12-3 所示,为氢原子能级跃迁和对应的各谱系。从图中可以看到,在同一谱线系中,n 愈大,能级间隔愈小,能级愈密,相邻的两谱线的波数差愈小,因而谱线的分布愈密。

实验还测到连续光谱,这是原子外的自由电子被原子核捕获时产生的。

设自由电子的动能为 $E_K = \frac{1}{2}mv_0^2 > 0$,$v_0$ 为其运动的速度。当电子被氢原子核捕获后处于第 n 轨道,放出光子的能量

$$\Delta E = E_K - \left(-hc\frac{R}{n^2}\right) = E_K + hc\frac{R}{n^2}$$

$$(12-21)$$

相应的波数为

$$\tilde{\nu} = \frac{1}{\lambda} = \frac{R}{n^2} + \frac{E_K}{hc} \qquad (12-22)$$

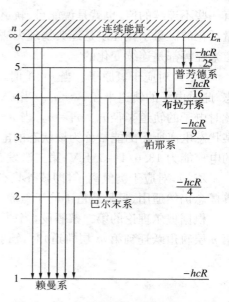

图 12-3　氢原子能级跃进

式(12-22)中的右边第二项具有连续值,因而存在连续谱,其位置处在在每个谱线系的极限波数(即 R/n^2)之外。

玻尔理论对于当时已发现的氢原子光谱线系的规律给出了很好的说明(可见光范围中的巴耳末线系,红外区域中的帕邢线系),并且还预言在紫外区还存在另一个线系。第二年(1914 年),这个线系果然被赖曼观察到了(赖曼线系),定量上与理论计算相符合。原子能量不连续性的概念也在第二年(1914 年)被夫兰克与赫兹直接从实验证实。因此,玻尔理论立即引起了人们的注意,反过来又大大促进了光谱分析等方面实验的发展。

玻尔理论虽然成功地说明了氢原子光谱的规律,但还有着许多重大的缺陷:① 对于复杂原子光谱,例如氦原子光谱,玻尔理论就遇到极大困难,不但定量上无法处理,甚至在原则上对有的问题也无法解决。② 玻尔理论只提出了计算光谱线频率的规则,而对于光谱分析中另外一个重要测量量——谱线强度,却未能很好地解决。③ 玻尔理论只能处理简单的周期运动问题,而不能解决非束缚态问题,例如散射。④ 从理论上来看,玻尔理论要求的量子化条件与经典力学是不相容的,因而多少带有人为的性质,而且它只是把能量的不连续性问题转化为角动量的不连续性,并未从根本上解决不连续性的本质。所以说,玻尔理论只是处于从经典理论到量子理论的过渡阶段。量子力学就是在克服这些困难中逐步建立起来的,它不但能够确定原子辐射的频率,而且能够确定原子辐射的强度。

12.3.3　四个量子数

按照经典力学理论,粒子在任意时刻的运动状态可以用其动量和坐标来描写。但是,按照量子理论,微观粒子具有波粒二象性(请参见下节),不能用动量和坐标确切地来描写它的状态。玻尔氢原子理论中,人为地用一个量子数来描述氢原子中电子轨道运动的稳定状态,但仅一个量子数是无法确定原子状态的。量子力学从理论上自然地得出描写原子状

态的四个量子数,下面简述四个量子数的物理意义。

1)主量子数

氢原子及类氢离子的能量是量子化的,其数值为

$$E_n = -\frac{mZ^2 e^4}{8n^2 \varepsilon_0^2 h^2} = -13.6\frac{Z^2}{n^2}\text{ eV} \qquad (n = 1, 2, 3, \cdots)$$

式中,n 称为**主量子数**,E_n 对应于原子的主要能量;Z 是原子核内的质子数。当然,原子的总的能量还会受到其他因素的影响。n 值相同的电子属于同一壳层,$n=1,2,3,4,5,6,\cdots$不同壳层分别用符号 $K,L,M,N,O,P,\cdots$ 表示。

2)轨道角动量量子数

电子绕核运动的角动量也是量子化的。电子的角动量 L 的值:

$$L = \sqrt{l(l+1)}\,\frac{h}{2\pi} \qquad (l = 0, 1, \cdots, n-1) \tag{12-23}$$

式中,l 称为**轨道角动量量子数**(简称**角量子数**)。当主量子数 n 确定后,角量子数可从 0 到 $n-1$,可取 n 个整数值。例如 $n=3$ 时,$l=0,1,2$,即 L 的值可以是 $0,\sqrt{2}h/2\pi$,和$\sqrt{6}h/2\pi$。通常用 s,p,d,f 等字母分别表示 $l=0,1,2,3$ 所对应的轨道。例如 $1s$ 表示 $n=1$,$l=0$ 的电子;$3p$ 表示 $n=3,l=1$的电子。主量子数 n 相同,角量子数 l 不同的电子其能量也有差异。

3)轨道磁量子数

在外磁场中,电子的能量与电子绕核运动角动量的取向有关,角动量 L 在磁场方向上的分量 L_z 不能取连续值,只能取下列的数值

$$L_z = m_l\frac{h}{2\pi} \qquad (m_l = 0, \pm 1, \cdots, \pm l) \tag{12-24}$$

式中 m_l 称为**轨道磁量子数**。对于一定的 l,m_l 共有 $2l+1$ 个数值。如果 $l=1$ 时,m_l 有 0,$+1$ 和 -1 三个数值。每一组量子数(n、l、m_l)代表电子在氢原子或类氢原子中的三维空间的一个运动状态。

4)自旋磁量子数

电子除绕核转动外,还有**自旋**,相应的角动量称为**自旋角动量**。自旋角动量也是量子化的,不过其数值是不变的。对于电子内部结构和自旋的本质,目前还不完全了解。理论计算和实验结果都表明,电子自旋角动量 S 的数值是

$$S = \sqrt{s(s+1)}\,\frac{h}{2\pi} \tag{12-25}$$

式中,s 称为**自旋量子数**。对于电子,$s=1/2$。自旋角动量在外磁场中的取向也不能是连续的。自旋角动量 S 在外磁场方向的分量 S_z 只能取下列值:

$$S_z = m_s\frac{h}{2\pi} \tag{12-26}$$

式中,m_s 称**自旋磁量子数**。它可以取从 $-s$ 到 $+s$ 的值,相邻的值相差 1,共有 $2s+1$ 个可能的值。对于电子来说 $m_s = \pm 1/2$。这就是说,对于每组 n、l、m_l 的值都有两个可能的 m_s 值。

综上所述,每个电子的运动状态可用 n、l、m_l 及 m_s 四个量子数来表示。例如,在基态,$n=1$,电子有两个不同的运动状态,量子数分别为 $n=1, l=0, m_l=0, m_s=+1/2$ 和 $n=0, l=0, m_l=0, m_s=-1/2$。对于 $n=2$(巴耳末系中的最低能级),电子具有 8 种不同的运动状态;$n=3$ 时,则有 18 种不同的运动状态。一般地说,第 n 个能级有 $N=\sum_{l=0}^{n-1}2(2l+1)=2n^2$ 种不同的运动状态,或者说可以容纳 $2n^2$ 个状态不同的电子。

12.4 微观粒子的波粒二象性

1924 年,德布罗意在光的波粒二象性的启示下,提出微观粒子也具有波粒二象性的假说。他认为 19 世纪在对光的研究上,重视了光的波动性而忽略了光的粒子性,但在对实体的研究上,则可能发生了相反的情况,即过分重视实体的粒子性而忽略了实体的波动性。因此,它提出了微观粒子也具有波粒二象性的假说,把粒子和波通过下面的关系联系起来:粒子的能量 E 和动量 p 与波的频率 ν 波长 λ 之间的关系,正像光子和光波的关系一样,可表达为

$$E = h\nu \tag{12-27}$$

$$p = \frac{h}{\lambda}n = \hbar k \tag{12-28}$$

称为**德布罗意关系**。其中,n 为传播方向的单位矢量,$\hbar=h/2\pi$,$k=\dfrac{2\pi}{\lambda}n$ 称为**波矢量**。

自由粒子的能量和动量都是常量,所以由德布罗意关系可知:与自由粒子联系的波是一个单色平面波,因为它的频率 ν、波长 λ 都不变。

一个频率为 ν,波长为 λ,沿 x 方向传播的平面波可用方程表示,即

$$\begin{aligned}\Psi &= A\cos\left[2\pi\left(\nu t-\frac{x}{\lambda}\right)\right]\\ &= A\cos[\omega t - k\cdot r]\end{aligned} \tag{12-29}$$

写成复数的指数形式为

$$\Psi = A\exp[\mathrm{i}(\omega t - k\cdot r)] \tag{12-30}$$

由式(12-27)和(12-28)可将上式写成为

$$\Psi = A\exp\left[-\frac{\mathrm{i}(p\cdot r-Et)}{h}\right] \tag{12-31}$$

这种波称为**德布罗意平面波**。式(12-31)中的 A 为波的振幅。关于德布罗意平面波的物理意义将在下面的章节中介绍。

设自由粒子的动能为 E,速度远小光速,则 $E=p^2/2m$。德布罗意平面波的波长为

$$\lambda = \frac{h}{p} = \frac{h}{\sqrt{2mE}} \tag{12-32}$$

如果电子从静止开始被 U 伏的电势差加速,则 $E=eU$,其中 e 是电子电荷的大小。将

h、m、e 的数值代入式(12-32)后,可得

$$\lambda = \frac{h}{\sqrt{2meU}} \approx \frac{1.225}{\sqrt{U}} \text{ nm} \qquad (12-33)$$

由此可知,用150V的电势差所加速的电子,德布罗意波长为0.1nm,而当 $U=10\,000\text{V}$ 时,$\lambda=0.012\,2\text{nm}$,所以,加速电子的德布罗意波长在数量级上相当于(或略小于)晶体中的原子间距,它比宏观线度要短得多,这说明了电子的波动性长期未被发现的原因。

德布罗意假说的正确性,在1927年为戴维逊和革末所做的电子衍射实验所证实。戴维逊和革末把电子束正入射到镍单晶表面,观察散射电子束的强度和散射角之间的关系。所得到的图案如图12-4所示。戴维逊和革末发现,散射电子束强度随散射角 θ 而改变,当 θ 为某些确定值时,强度有最大值。这现象与X射线的衍射现象相同,充分说明电子具有波动性。根据衍射理论,衍射最大值由公式 $k\lambda=d\sin\theta$ 确定。式中,k 是衍射最大值的序数;λ 是衍射波的波长;d 是晶体的晶格常数,它与光栅常数对应,是指相邻两原子之间的距离。戴维逊和革末用这公式计算电

图12-4　电子衍射图案

子的德布罗意波长,得到与式(12-33)一致的结果。以后,又观察到原子、分子和中子等微观粒子的衍射现象。实验数据的分析都肯定衍射波波长和粒子动量间存在着德布罗意关系。

【例12-2】　质量为 1.0g 的小球,速度为 $1\,000\text{ m/s}$,求此小球的德布罗意波长。

【解】　$\lambda = \dfrac{h}{p} = \dfrac{h}{m_0 v} = \dfrac{6.63 \times 10^{-34}}{1.0 \times 10^{-3} \times 1\,000} = 6.63 \times 10^{-34} \text{ m}$

可见,宏观粒子质量大,相应的德布罗意波长很短,实际上也无法测出,因此可以忽略其波动性。所以宏观粒子仅表现出粒子性。但是对于微观粒子,因其质量很小,德布罗意波长就不是微不足道的了,所以必须考虑其波动性。电子衍射实验就是一个例证。

12.5　测不准关系

在经典物理中,宏观粒子的运动状态是用坐标 r 和动量 p 来描写的,任一时刻它的位置、动量等都能同时准确地被确定下来。但对于微观粒子来说,要同时测出它的位置和动量,其精密度是有一定限制的,这个限制来源于微观粒子的波粒二象性。

下面以电子的单缝衍射为例来研究电子的位置和动量不确性之间的关系。如图12-5所示,一束电子沿 y 轴方向射向宽度为 d 的狭缝,在屏 CD 上产生衍射图像,电子的物质波波长 λ 与缝宽 d、衍射角 φ 之间的衍射极小的条件是 $d\sin\varphi=k\lambda$,$k=1,2,3\cdots$。对第一级极小,有关系式

$$d\sin\varphi = \lambda \qquad (\text{取 } k=1) \qquad (12-34)$$

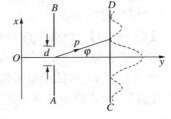

图12-5　电子单缝衍射原理图

在衍射过程中,电子通过狭缝后将散布落在屏幕上不同的地方。狭缝对电子的运动产生了两方面的影响:一是

将电子的 x 坐标限制在缝宽的范围内；二是使电子动量在 x 方向上的分量有一定的变化范围 Δp_x。这样，对于每一个在狭缝处的电子，我们不能确定其 x 和 p_x 的取值，只知道电子的 x 坐标有一不确定量 Δx，分动量 p_x 有一不确定量 Δp_x。显然

$$\Delta x = d$$

对于第一级暗条纹

$$\Delta p_x = p\sin\varphi$$

将德布罗意关系式 $p = h/\lambda$ 和 $\sin\varphi = \lambda/d$ 及 $d = \Delta x$ 代入上式得

$$\Delta p_x = \frac{h}{d} = \frac{h}{\Delta x} \tag{12-35}$$

所以

$$\Delta x \Delta p_x = h$$

在理论上，上式的"＝"用"≥"代替并可以推广到 y、z 坐标上，于是有

$$\Delta x \Delta p_x \geqslant h, \quad \Delta y \Delta p_y \geqslant h, \quad \Delta z \Delta p_z \geqslant h \tag{12-36}$$

式(12-36)称为**海森伯不确定关系**（或**测不准关系**），表述为：粒子某方向上坐标的不确定量与该方向上的动量分量的不确定量的乘积必不小于普朗克恒量。

不确定关系说明，当我们沿用经典的"坐标"、"动量"等概念描述微观粒子时，永远不可能以经典力学所具有的那种精度来确定微观粒子的运动路径，因为不可能同时推测它在某一坐标方向上的确切位置和准确的动量的分量值。当我们尽量减小狭缝的宽度，使粒子的位置尽量准确时，Δx 虽然变小，但粒子在 x 方向动量的不确定范围 Δp_x 就会增大，使动量更加不准确；反之，要使动量的不确定性变小，就必须以位置大的不确定性为代价，这就是微观粒子波粒二象性带来的必然结果。所以，对微观粒子来说，轨道概念是没有意义的。

【例 12-3】 一子弹质量 $m = 1.0 \times 10^{-2}$ kg，速度为 $v = 200$ m/s，速度的不确定量为 0.01%，试求子弹位置的不确定量。

【解】 子弹动量的不确定量

$$\Delta p = m\Delta v = mv \times 0.01\%$$

由不确定关系可知子弹位置的不确定量为

$$\Delta x = \frac{h}{\Delta p} = \frac{h}{mv \times 0.01\%} = \frac{6.63 \times 10^{-34}}{1.0 \times 10^{-2} \times 200 \times 0.01\%} \approx 3.3 \times 10^{-30} \text{ m}$$

如此小的不确定量，或者说子弹的波动性是现有的任何仪器都无法测出的。所以，对子弹这样的宏观小物体，完全可用经典力学的轨道来准确地进行描述。

【例 12-4】 由玻尔理论可知，氢原子中的电子在半径为 $r_0 = 0.53 \times 10^{-10}$ m 的轨道上运动时，速率为 2.2×10^6 m/s，假定电子速率的不确定量 Δv 为电子速率的千分之一，即 $\Delta v = 2.2 \times 10^3$ m/s，试求电子位置的不确定量。

【解】 由不确定关系式可知

$$\Delta x = \frac{h}{m\Delta v} = \frac{6.63 \times 10^{-34}}{9.1 \times 10^{-31} \times 2.2 \times 10^3} = 3.3 \times 10^{-7} \text{ m}$$

可见电子位置的不确定量约为原子半径的 6 200 倍。显然,用经典力学中的轨道来描述氢原子中的电子运动情况是不恰当的,而必须用量子力学的方法来描述。

在量子理论中,能量和时间也存在不确定关系。以 ΔE 表示能量的不确定量, Δt 表示时间的不确定量,则有

$$\Delta E \, \Delta t \geqslant h \tag{12-37}$$

这一点从原子发光的光谱线不是几何线,而是具有一定宽度的事实就可获得证明。处于激发态的原子是不稳定的,能自发地跃迁到能量较低的激发态。在发射可见光的范围内,原子在激发态停留的时间平均约为 10^{-8} s,则

$$\Delta E \geqslant \frac{h}{\Delta t} = \frac{6.63 \times 10^{-34}}{10^{-8}} = 6.63 \times 10^{-26} \text{ J}$$

所以能级就有一定的宽度。根据 $\Delta \nu = \Delta E / h$,原子的光谱线也必然有一定的宽度。

必须指出,不确定关系是建立在波粒二象性基础上的一条客观的、基本的规律,是微观粒子本身的固有特性的反映,它更真实地揭示了微观世界的运动规律,而不是仪器精度或测量方法的缺陷所造成。应用不确定关系,还可以区分宏观粒子和微观粒子,划分经典力学和量子力学的界限。

12.6　薛定谔方程

在经典力学中,质点的运动状态是用坐标和动量来描述的,尽管质点的运动状态可以多种多样,但它随时间的变化总是遵守牛顿运动方程 $\boldsymbol{F} = m\boldsymbol{a}$。因此,只要知道质点初始时刻的运动状态,原则上可通过牛顿运动方程求出它在任意时刻的状态。

微观粒子具有波粒二象性,它和宏观物体的运动有着质的差别, $\boldsymbol{r}$、$\boldsymbol{p}$ 之间存在式(12-36)的不确定关系,不能用简单的经典力学加以描述。所以,必须寻找一个描述微观粒子的运动状态的物理量——波函数,并建立能反映微观粒子状态变化的运动方程——薛定谔方程。

12.6.1　波函数

在量子力学中,微观粒子的运动状态是用**波函数** $\Psi(\boldsymbol{r}, t)$ 来描写的。那么, $\Psi(\boldsymbol{r}, t)$ 的物理意义是什么呢?

在光的衍射图样中,各处光的亮度分布不同。从光的波动性来看,亮处表示该处光的强度大,光波的振幅大,而暗处表示光的强度小,振幅小。从光的粒子性看,光的强度大的地方表示该处光子密度大,也就是说光子在该处出现的概率大,而暗处则表示该处光子密度小,光子在该处出现的概率小。电子的衍射实验的强度分布与光的衍射图样一样。从统计的观点看,即电子到达亮处的概率大于到达暗处的概率。把两者结合起来就可以得到一个普遍的规律:微观粒子在空间某处出现的概率,与其物质波在该处的强度或振幅的平方成正比。因此,德布罗意波(或物质波)既不是机械波,也不是电磁波,而是一种**几率波**。就物质粒子的空间位置来说,波函数反映了其空间位置呈现波动规律的几率分布,根据它可以确定在已知时间和已知地点找到粒子的几率。

描述几率波的波函数应当反映微观粒子的波粒二象性,而且应该是具有统计特性的时间和空坐标的周期性函数,常用 $\Psi(\boldsymbol{r},t)$ 或 $\Psi(x,y,z,t)$ 来表示。对于做匀速直线运动的自由粒子来说,由于能量和动量都保持恒定,其物质波的频率 $\nu=E/h$ 和波长 $\lambda=h/p$ 也将保持不变,因此,从波动的观点来看,自由粒子的物质波是单色平面波。

一个频率为 ν,波长为 λ 沿 $\boldsymbol{r}$ 正向传播的单色平面波表示为

$$\Psi(\boldsymbol{r},t)=A\cos 2\pi\left(\nu t-\frac{\boldsymbol{r}\cdot\boldsymbol{n}}{\lambda}\right) \qquad (12-38)$$

式中,$\boldsymbol{n}$ 是波的传播方向上的单位矢量。根据德布罗意假设,用描述粒子性的物理量 E、p 取代上式描述波动性的物理量 ν、λ,得到自由粒子的波函数,即

$$\Psi(\boldsymbol{r},t)=A\cos 2\pi\left(\frac{E}{h}t-\frac{\boldsymbol{r}\cdot\boldsymbol{n}}{h/p}\right)=A\cos\frac{2\pi}{h}(Et-\boldsymbol{p}\cdot\boldsymbol{r}) \qquad (12-39)$$

上式中的 A 为振幅。上式常采用如下的复数形式表示波函数:

$$\Psi(\boldsymbol{r},t)=A\mathrm{e}^{-\frac{2\pi}{h}(Et-\boldsymbol{p}\cdot\boldsymbol{r})} \qquad (12-40)$$

由于几率必须是正实数,因此微观粒子在空间某微小体积 $\mathrm{d}V$ 内出现的概率 $\mathrm{d}P$,应当同波函数的振幅的平方成正比,所以有

$$\mathrm{d}P=A^2\mathrm{d}V=|\Psi|^2\mathrm{d}V=(\Psi^*\Psi)\mathrm{d}V \qquad (12-41)$$

于是,粒子在空间单位体积内出现的几率——**几率密度**表示为

$$W=\frac{\mathrm{d}P}{\mathrm{d}V}=\Psi\Psi^* \qquad (12-42)$$

式(12-41)和式(12-42)中 Ψ^* 是 Ψ 的共轭复数,Ψ 是 $\Psi(\boldsymbol{r},t)$ 的简写。式(12-42)表明,波函数的模(或绝对值)的平方与粒子的几率密度成正比。这就是波函数的统计解释。波函数模的平方就是波函数本身和它的共轭复数的乘积。

根据以上对波函数的分析讨论,可以得到波函数必须满足以下条件:

(1) 任一时刻,粒子在整个空间出现的几率为 1,即有

$$\int_V \Psi\Psi^*\,\mathrm{d}V=1 \qquad (12-43)$$

该条件称为波函数的**归一化条件**。

(2) 在任一时刻、任一地点,粒子出现的几率的值不但是唯一的,而且是有限的;同时在空间不同区域,几率的分布是连续,不能逐点产生跃变(或突变)。所以波函数应当满足单值、有限、连续的这一波函数的**标准化条件**。

综上所述,可以描绘出微观粒子的波粒二象性的物理图像:微观粒子本身是一颗一颗的,即有粒子性;粒子在空间的分布体现出统计性,即波动性,就是说粒子不是某时某刻必定在那里,而是粒子某时刻可能在那里,这种可能性与 $|\Psi|^2$ 成正比。总之,微观粒子的运动所遵循的是统计性的规律,而不是经典力学的决定性的规律。

12.6.2 薛定谔方程

微观粒子的状态用波函数描写,那么反映波函数变化的方程又具有怎样的形式呢?

1926 年,薛定谔从光的波动方程出发,结合经典力学的能量关系,引入物质波的假说,导出了波函数所满足的基本方程——**薛定谔方程**。

1) 薛定谔方程的建立和一般表达式

根据德布罗意假设,一个动量为 p、能量为 E 的自由粒子的运动状态应当用一个平面波描述,即

$$\Psi(\boldsymbol{r}, t) = A e^{i\frac{2\pi}{h}(\boldsymbol{p} \cdot \boldsymbol{r} - Et)} = A e^{i\frac{2\pi}{h}(p_x \cdot x + p_y \cdot y + p_z \cdot z)} e^{-i\frac{2\pi}{h}Et} \tag{12-44}$$

将 $\Psi(\boldsymbol{r}, t)$ 对坐标 x、y、z 分别求二阶偏导数,可得

$$\frac{\partial^2 \Psi}{\partial x^2} = -\frac{4\pi^2}{h^2} p_x^2 \Psi, \qquad \frac{\partial^2 \Psi}{\partial y^2} = -\frac{4\pi^2}{h^2} p_y^2 \Psi, \qquad \frac{\partial^2 \Psi}{\partial z^2} = -\frac{4\pi^2}{h^2} p_z^2 \Psi$$

式中,Ψ 为 $\Psi(\boldsymbol{r}, t)$ 的简写。把上面三式相加,可得

$$\left(\frac{\partial^2}{\partial x^2} + \frac{\partial^2}{\partial y^2} + \frac{\partial^2}{\partial z^2} \right) \Psi = -\frac{4\pi^2}{h^2} (p_x^2 + p_y^2 + p_z^2) \Psi \tag{12-45}$$

采用拉普拉斯算符

$$\nabla^2 = \frac{\partial^2}{\partial x^2} + \frac{\partial^2}{\partial y^2} + \frac{\partial^2}{\partial z^2} \tag{12-46}$$

并令 $\hbar = \dfrac{h}{2\pi}$,式(12-45)简化为

$$\nabla^2 \Psi = -\frac{1}{\hbar^2} p^2 \Psi \tag{12-47}$$

再将 $\Psi(\boldsymbol{r}, t)$ 对时间取一阶导数,得

$$\frac{\partial \Psi}{\partial t} = -i \frac{2\pi}{h} E \Psi = -\frac{i}{\hbar} E \Psi \tag{12-48}$$

用 $i\hbar$ 乘上式两边,得

$$i\hbar \frac{\partial \Psi}{\partial t} = E \Psi \tag{12-49}$$

在低速$(v \ll c)$非相对论条件下,自由粒子的能量 E 和动量 p 的关系为

$$E = \frac{p^2}{2m} \tag{12-50}$$

由式(12-47)、(12-49)和(12-50)得

$$i\hbar \frac{\partial \Psi}{\partial t} = -\frac{\hbar^2}{2m} \nabla^2 \Psi \tag{12-51}$$

上式就称为自由粒子的**薛定谔方程**或称为自由粒子的波动方程。

若粒子并非自由,而是在一个势场中运动,那么它的能量应为动能和势能之和。若粒子的势能为 $E_P(\boldsymbol{r}, t)$,则粒子的总能量为

$$E = \frac{p^2}{2m} + E_P(\boldsymbol{r}, t) \tag{12-52}$$

由式(12-49)、(12-50)及(12-51)可得

$$i\hbar \frac{\partial \Psi}{\partial t} = -\frac{\hbar^2}{2m}\nabla^2\Psi + E_P(\boldsymbol{r},t)\Psi \qquad (12-53)$$

这就是薛定谔方程的一般形式。从式(12-53)可知,只要知道粒子的质量 m 和粒子所在势场中势能函数 $E_P(\boldsymbol{r},t)$ 的具体形式,就可以写出该粒子的薛定谔方程。由于薛定谔方程是时间变量和空间变量的偏微分方程,因而还需根据给定的初始条件和边界条件求解,最后得出波函数。波函数的模的平方表示粒子在不同时刻和不同位置出现的几率密度。这就是量子力学处理微观粒子运动的方法。

2) 定态薛定谔方程

当势能与时间无关,仅为坐标函数时,粒子处于所谓**定态**之中,例如,氢原子中电子的运动就属此种情况。此时,式(12-53)可写为

$$i\hbar \frac{\partial \Psi}{\partial t} = -\frac{\hbar^2}{2m}\nabla^2\Psi + E_P(x,y,z)\Psi \qquad (12-54)$$

利用分离变量法,可将时薛定谔方程的解变为空间坐标函数 $\phi(x,y,z)$ 和时间坐标函数 $f(t)$ 的乘积,即

$$\Psi(z,x,z,t) = \phi(x,y,z)f(t) \qquad (12-55)$$

将此式代入式(12-53)中并将等式两边用 $\phi(x,y,z)f(t)$ 除,可得

$$\frac{i\hbar}{f(t)}\frac{\mathrm{d}f(t)}{\mathrm{d}t} = \frac{1}{\phi(x,y,z)}\left[-\frac{\hbar^2}{2m}\nabla^2\phi(x,y,z) + E_P(x,y,z)\phi(x,y,z)\right] \qquad (12-56)$$

上式左端仅为时间 t 的函数,而右端仅为空间坐标 (x,y,z) 的函数,因而只有当两边都等于同一常数时,等式才能成立。令此常数为 E,则左边有

$$i\hbar \frac{\mathrm{d}f(t)}{\mathrm{d}t} = Ef(t) \qquad (12-57)$$

分离变量后为

$$\frac{\mathrm{d}f(t)}{f(t)} = \frac{E}{i\hbar}\mathrm{d}t \qquad (12-58)$$

两边积分后,解得

$$f(t) = \mathrm{e}^{-\frac{i}{\hbar}Et} \qquad (12-59)$$

同理式(12-56)右边有

$$-\frac{\hbar^2}{2m}\nabla^2\phi(x,y,z) + E_P(x,y,z)\phi(x,y,z) = E\phi(x,y,z)$$

将上式简写为

$$-\frac{\hbar^2}{2m}\nabla^2\phi + E_P\phi = E\phi \qquad (12-60)$$

称之为**定态薛定谔方程**。所谓定态,是指微观粒子的能量不随时间变化的状态。结合式(12-59)可得粒子在定态下的波函数为

$$\Psi(x, y, z, t) = \phi(x, y, z) e^{-\frac{i}{\hbar}Et} \qquad (12-61)$$

在定态下,粒子在空间出现的几率密度为

$$\Psi\Psi^* = |\phi(x, y, z)|^2 \qquad (12-62)$$

这是一个与时间无关的量,即粒子在空间出现的几率密度不随时间变化。

12.7　原子光谱与分子光谱

12.7.1　光谱的基本知识

1) 光谱的类型

各种类型的光源所发出的光谱各有不同的特点,可分成**连续光谱**、**线状光谱**(原子光谱)、**带状光谱**(分子光谱)。比如,太阳光和熔融的钢水等发出的是中间没有间断的连续光谱;在常压下,炎热的蒸汽或气体发出的是不连续的线状光谱,表现出明暗条纹,由于它是气体原子产生的,所以又称为原子光谱;一般化合物的光谱就是带状光谱,它由若干有一定宽度的光谱带所组成,但实际上它是非常密集的线状光谱,是化合物的分子产生的,是分子运动状态的反映,所以又称为分子光谱。各种光谱分类如下:

$$\text{光谱} \begin{cases} \text{发射光谱} \begin{cases} \text{连续光谱} \\ \text{线状光谱(原子光谱)} \\ \text{带状光谱} \end{cases} \\ \text{吸收光谱} \end{cases}$$

2) 光谱的获得

能获得光谱并能摄得光谱的仪器称为**摄谱仪**。摄谱仪的种类很多,主要包括:采用棱镜分色的称为棱镜摄谱仪,采用光栅分色的称为光栅摄谱仪。中国科学院上海硅酸盐研究所研制了一种新型的高速声光分色器,从而获得高分辨率、高质量的光谱。图12-6是一个棱镜摄谱仪的原理图。

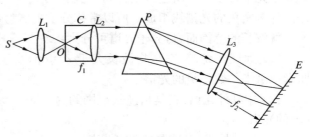

图12-6　棱镜摄谱仪的原理

发光体 S 发出的光被透镜 L_1 会聚于平行光管 C 前的狭缝 O 处,O 是透镜 L_2 的焦点。因此,光通过平行光管 C 后就形成平行光束入射到棱镜 P 上,经棱镜 P 色散后,分散的各单色光束被透镜 L_3 会聚于焦平面 E 上不同的位置上,从而构成发光体 S 所发出的光谱。放在透镜 L_3 的焦平面 E 处的底片拍摄出光谱的照片。

3) 光谱的应用

每一个元素均有其特定的线状光谱,因而可以通过测量物质的线状光谱来判断物质的

化学成分,这种方法称为**光谱分析法**。它的优点是灵敏、快捷、简便、量少。例如,对中草药中的微量元素进行分析测定,对一些中毒患者的血液或尿进行分析测定,对大气及室内的空气质量进行分析监测等。

12.7.2　原子光谱

原子光谱是原子的不同能级之间跃迁时发出的射线所形成的线状光谱,按照波长或者频率可分为光学线状光谱和伦琴线状光谱(也称 X 射线)。

1) 光学线状光谱

利用气体放电、电弧或燃烧等方法,将原子激发到高能态,从而使原子发出射线形成线状光谱。这些光谱来自于原子的外层电子的跃迁,能级间的能量差较小,一般为几个电子伏特左右,因而谱线对应的频率较低,谱线落在近红外区、可见光区或近紫外区。

2) 伦琴线状光谱

利用高速电子流轰击靶核(一般是重元素),将原子的内层电子击出而留下一个空位,这时外层电子向内层跃迁来填补这个空位,同时放出射线形成伦琴线状光谱(也称 X 射线谱)。显然,外层与内层电子的能量差较大,因此,X 射线的频率远高于前者,波长远大于前者,λ 在 $0.04 \sim 0.05$ nm 之间,它具有很强的穿透本领,也能产生生物、化学效应。分立 X 射线谱与靶的材料性质有关,能反映出材料的原子性质,因而又称之为标识 X 射线谱。莫塞莱从实验中观察总结出 X 射线谱的频率与靶核的原子序数之间的关系为

$$\nu^{1/2} = a(Z-b) \tag{12-63}$$

该关系称为**莫塞莱定律**,其中 a、b 都是常数,对不同元素的同一条谱线来说是一定值,这里的 Z 就是靶核的原子序数。

12.7.3　分子光谱

通过分子的光谱可以研究分子的结构。分子光谱(Ⅲ)比原子光谱要复杂得多,它是由若干个光谱带组(Ⅱ)所组成的。每个光谱带组中,含有若干个光谱带(Ⅰ),而每一光谱带是由许多密集的光谱线组成。所以常称分子光谱为带状光谱,如图 12-7 所示。

就波长的范围而言,分子光谱可分为:

(1) 远红外光谱:它是指波长大于 20 μm,直至厘米或毫米的数量级的光谱。

(2) 中红外光谱:它是指波长范围约为 $1.5 \sim 20$ μm 的光谱。

(3) 近红外光谱:它是指波长范围为 $0.76 \sim 1.5$ μm 的光谱。

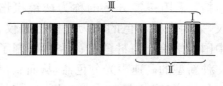

图 12-7　分子光谱图

(4) 可见光和紫外光谱:它是指波长小于 $0.76 \mu m$ 的光谱。

分子光谱的复杂性是源于它内部存在复杂的运动状态。为简单起见,我们仅讨论双原子分子。分子内部的运动可分为三个部分来描述:电子的运动、组成分子的原子间的振动和分子整体的转动,与这三种运动相关的能级分别是电子能级、振动能级和转动能级。因此分子的总能量 E 为

$$E = E_e + E_v + E_r \qquad (12-64)$$

式中，E_e、E_v、E_r 分别为分子的电子的定态能量、振动能量和转动能量，而且这些能量都是量子化的。

当分子由高能态跃迁到低能态时，就发射光子；相反地，分子吸收光子后从低能态跃迁到高能态。发射或吸收的光子能量由下式决定

$$h\nu = E_2 - E_1 = \Delta E_r + \Delta E_v + \Delta E_e \qquad (12-65)$$

式中，ΔE_e、ΔE_v、ΔE_r 分别表示分子跃迁时，电子能量、振动动能和转动动能的增量。ΔE_e 为 $1 \sim 20$ eV；ΔE_v 为 $0.05 \sim 1$ eV；ΔE_r 为 0.05 eV 以下。

1）分子的转动能级和光谱

设双原子分子中，质量分别为 m_1 和 m_2，相距为 r 的两个原子，绕着通过质心垂直于两原子连线的轴线转动，如图 12-8 所示。它们与质心的距离分别为 r_1、r_2，则

$$r = r_1 + r_2$$

根据质心的定义可知：

$$m_1 r_1 = m_2 r_2$$

由上两式得

$$r_1 = \frac{m_2}{m_1 + m_2} r, \quad r_2 = \frac{m_1}{m_1 + m_2} r$$

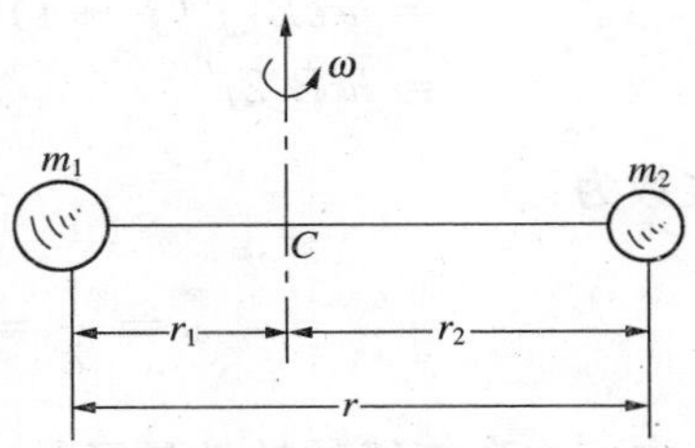

图 12-8 双原子分子的转动

因此，该体系对轴线的转动惯量为

$$I = m_1 r_1^2 + m_2 r_2^2 = \frac{m_1 m_2}{m_1 + m_2} r^2 = \mu r^2 \qquad (12-66)$$

式中，$\mu = \dfrac{m_1 m_2}{m_1 + m_2}$ 称为该体系的折合质量。

设分子转动的角速度为 ω，则其转动动能为

$$E_r = \frac{1}{2} I \omega^2 = \frac{1}{2I} L^2 \qquad (12-67)$$

转动的角动量 $L = I\omega$。根据量子力学，转动的角动量是量子化的，即

$$L = I\omega = \sqrt{j(j+1)}\, \frac{h}{2\pi} \quad (j = 0, 1, 2, \cdots) \qquad (12-68)$$

式中，j 称为角动量量子数，又称为转动量子数。将 L 代入 E_r，得

$$E_r = \frac{h^2}{8\pi^2 I} j(j+1) \qquad (12-69)$$

令 $B = \dfrac{h}{8\pi^2 c I}$，则上式写为

$$E_r = hcBj(j+1) \qquad (12-70)$$

式中,c 为光速,h 为普朗克常数。由此可见,对于给定的双原子分子,转动能量 E_r 是随转动量子数 j 而变化的。当 $j=0,1,2,3,\cdots$ 时,相应的能量值为 $0,2hcB,6\,hcB,12\,hcB,\cdots$。转动能级的间隔随能级的升高而增大,如图 12-9 所示。

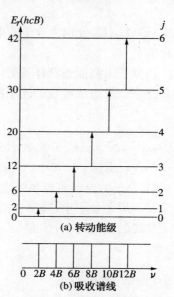

与原子能级的跃迁一样,分子在转动能级间发生跃迁时,就发射或吸收一个光子。但这种跃迁必须符合**选择定则**:

$$\Delta j = \pm 1 \qquad (12-71)$$

即转动能级的跃迁,只能在相邻的两级间进行。当 $\Delta j = +1$ 时,从低能级 j 跃迁到相邻的高能级 j',这是吸收过程。当 $\Delta j = -1$ 时,表示发射过程。吸收或发射的光子能量为

$$
\begin{aligned}
h\nu &= E_{rj'} - E_{rj} \\
&= hcbB\left[j'(j'+1) - j(j+1)\right] \\
&= hcB\,2j' \qquad (12-72)
\end{aligned}
$$

波数为

图 12-9 转动能级的间距随能级变化

$$\tilde{\nu} = \frac{1}{\lambda} = \frac{\nu}{c} = 2Bj' \qquad (j'=1,2,3,\cdots) \qquad (12-73)$$

式中 j' 为高能级的转动量子数,故 $j' \neq 0$。这样,可以得出一系列谱线,其波数为 $2B$、$4B$、$6B$、$8B$、$\cdots$ 一系列在标尺上匀排的光谱。只要测出谱线间的间隔,就可以算出 B 值,从而求出分子的转动惯量 I。若 μ 为已知,可求出分子中两原子间的距离 r。

由上面的分析可知,转动光谱谱线的波数是与 B 成正比的,而 B 又与分子的转动惯量 I 成反比。一般地说,轻分子的转动惯量较小,B 值就较大,谱线的波数也较大,波长就较短,它的转动光谱一般落在远红外区。相反地,重分子的转动惯量大,转动光谱谱线的波长较长,往往落在微波波段。

2）分子的振动能级与振动光谱

根据量子力学理论,可以得到双原子分子的振动能级 E_v 为

$$E_v = \left(v + \frac{1}{2}\right)h\nu_0 \qquad (v=0,1,2,\cdots) \qquad (12-74)$$

式中,v 称**振动量子数**。当 $v=0$ 时,$E_v = \frac{1}{2}h\nu_0$,这意味着在任何情况下,分子中的原子不会静止不动,而是永远在振动着,只是振动的能量较小而已。式中固有频率 $\nu_0 = \frac{1}{2\pi}\sqrt{\frac{k}{\mu}}$,$k$ 为力常数,μ 为双原子分子的折合质量。上式说明分子的振动能量是量子化的,它们分成一系列等间距的能级。相邻两振动能级之间的能量差 ΔE_v 为

$$\Delta E_v = h\nu_0 = \frac{h}{2\pi}\sqrt{\frac{k}{\mu}} \qquad (12-75)$$

组成分子的原子间的振动光谱的谱线一般属中红外区。

事实上，对 CO 红外吸收光谱的观测，我们发现在上述谱线附近看到数目很多、间隔很近的谱线，形成了谱带。这是由于在一对振动能级之间跃迁时，还伴有许多可能的转动能级的跃迁，因而出现了谱带。这就是分子的振动光谱。振动能级如图 12 - 10 所示。

3）电子—振动—转动能级与光谱

分子中电子的运动也和原子中的电子一样，具有一系列分立的能级。这些能级间的能量差约在 $1 \sim 20$ eV 的范围内，比振动能级的能量差更大。由图 12 - 10 看出，这些分立能级相互叠加，而它们分子中电子在其定态能级之间发生跃迁时，振动和转动的状态也随着改变，这就造成了分子光谱的复杂性。当分子在两能级之间发生跃迁时，发射或吸收光子的能量由下式决定。即

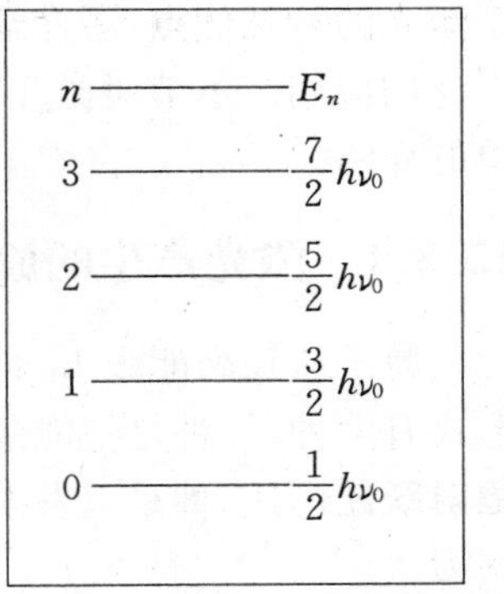

$$h\nu = \Delta E_r + \Delta E_v + \Delta E_e \qquad (12-76)$$

图 12 - 10　振动能级

电子定态能量 ΔE_e 的改变量最大，它决定了谱带组所在的区域，一般将落在可见光或紫外区。振动能量的改变量 ΔE_v 要比 ΔE_e 小得多，它的变化仅能引起谱带组中各谱带位置的改变。转动能量的改变量 ΔE_r 最小，它决定了谱带的精细结构，即谱带中各谱线的位置。由于 ΔE_r 甚小，形成的谱线非常密集连成了谱带。由此可见，在分子的电子能级上叠加了振动能级和转动能级是造成分子光谱比原子光谱更为复杂的根本原因。图 12 - 11 是双原子分子的电子能级、振动能级和转动能级示意图。

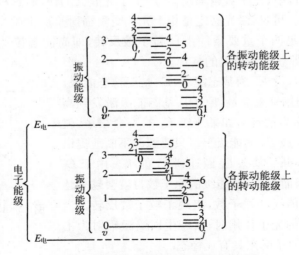

图 12 - 11　双原子分子的能级示意图

在分子光谱分析中，通常采用吸收光谱进行分析。因为在加热或放电的激发过程中，许多分子，特别是结构复杂的分子将会发生分解，因而得不到它的发射光谱，而吸收光谱的观测是在常温下进行的。吸收光谱，特别是紫外和红外吸收光谱的分析和研究，在中草药的生产和研究中的应用是非常广泛的。

12.8 激光原理简介

激光是"受激辐射光放大"的简称,是 20 世纪 60 年代发展起来的一种新型的光源。由于激光的特殊优点,激光器发展得非常快,激光在国防建设、医疗领域和科学研究中,得到广泛的应用。本节对激光产生的原理、激光的特点、激光器及激光在医药方面的应用作简单的介绍。

12.8.1 激光产生的原理

原子从较高能级 E_2 向较低能级 E_1 跃迁时,要释放出能量 $\Delta E = E_2 - E_1$。释放能量的形式有两种:一种是把能量 ΔE 转变为原子的热运动能量而不产生任何辐射,此过程称为**无辐射跃迁**;另一种是以发射电磁波的形式释放出来,称为**辐射跃迁**,此时所辐射的光波的频率为

$$\nu = \frac{E_2 - E_1}{h} \tag{12-77}$$

辐射方式通常有两种跃迁方式:一种是原子自发地从高能态向低能态跃迁而发射一个光子,称为**自发辐射**。各原子自发辐射的光子间无固定的相位关系,是非相干的。普通光源发出的光主要是由自发辐射产生的。另一种是处于激发态的原子受到外来光子的诱导而产生的向低能态的跃迁而发射一个光子,称为**受激辐射**。受激辐射产生的光子与外来光子具有完全相同的特性,即具有相同的频率、相同的相位、相同的传播方向和相同的偏振方向,这样 1 生 2,2 生 4,…,光子数越来越多,产生了光放大的作用,这种由于受激辐射而得到加强的光就是激光。可见,激光必定是相干光。受激辐射是产生激光的基础。要连续不断地产生激光必须满足两个重要条件:① **粒子数反转**,即高能态粒子数大于低能态粒子数。② **光学谐振腔**,即获得光放大的装置。

如图 12-12 所示,设 E_1 为基态能级,E_2 是亚稳态能级,E_3 是高能态能级。利用外来能量,原子从基态能级激发到高能态能级上(此过程称为**抽运**),如果能级 E_3 的寿命很短,就会很快地跃进迁到 E_1 或 E_2 的能级上。只要源源不断地提供外来能量,原子就会不断从基态 E_1 跃迁到 E_3 能级。由于 E_2 能级的平均寿命长,因而处于 E_2 能级的原子数目就会越来越多,直至超过处于 E_1 能级的原子数,出现了粒子数反转。当受到 $\nu = (E_2 - E_1)/h$ 的光子作用时,就产生以受激辐射为主的辐射。工作介质的原子必须具有亚稳态。

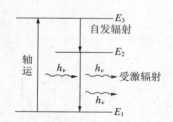

图 12-12 原子能数跃迁图

仅有粒子数反转还不能产生激光。引起受激辐射的最初光子源于自发辐射,而由自发辐射产生的光,是无规则的不相干的光。为了能产生激光,可在工作介质的两头放置两块互相平行并与工作介质的轴线垂直的反射镜。这两块反射镜与工作介质一起构成了所谓光学谐振腔,产生沿轴

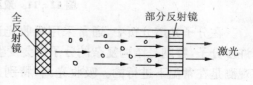

图 12-13 光学谐振腔

线方向传播的相干光,通过一个半透射半反射镜引出激光。如图 12-13 所示。

12.8.2 激光的特点

与一般光源相比,激光具有下列特点:

1) 方向性好

这是因为在光学谐振腔的作用下,只有沿轴向传播的光才能不断地得到放大,形成一束平行传播的激光输出。

2) 强度高

由于方向性好,可以获得能量集中、强度很高的激光束。经聚焦后,在焦点附近可产生高达几万度的高温,能熔化各种金属和非金属材料。

3) 单色性好

所有单色光源发射的光,其波长并不是单一的,而是有一个范围的,用谱线宽度来表示。谱线宽度越窄,光的单色性越好。比如,氪灯的谱线宽度约为 10^{-4} nm,氦氖激光器的激光谱线宽度只有 10^{-8} nm,为氪灯的万分之一。

4) 相干性好

由于激光是一束同频率、同相位和同振动方向的光,因而是很好的相干光。

12.8.3 激光在医药学上的应用简介

自 1960 年第一台红宝石激光器诞生以来,到目前为止已发现了数万种材料可以用来制造激光器。按工作介质的材料不同,激光器可分为气体激光器、固体激光器、半导体激光器和染料激光器四大类。这些不同种类的激光器所发射的波长已达数千种,最短的波长为 21 nm,属远紫外光区,最长波长为 $700\ \mu m$,在微波波段边缘。

激光在医学上的应用很多。利用它的方向性强和高强度的特点,可以将激光用透镜聚焦在很小的范围内,达到极高的功率密度从而产生很高的温度、很强的电磁场的机械压力,对组织造成破坏和产生其他的生物效应,这是激光用于临床治疗的物理基础。激光在医学领域常见用途主要有:① 激光刀用于切割(气化)或烧灼治疗,优点是无菌、无痛、止血、无声、无损伤,易为病人所接受。② 激光纤维内窥镜,将激光通过光导纤维引入体内,切除病变组织。③ 激光的生物效应。④ 低功率激光,可消炎和促进上皮生长,可应用于针灸,故有激光针之称。⑤ 全息图像,用激光的相干性和高强度顺进行全息照相,从而获得人体器官的立体图像,对诊断疾病提供可靠的依据。

激光应用于药学研究。用激光啦曼光谱对药物分子的组成和结构进行分析,对官能团进行鉴别。激光可对中药材的成分、热稳定性进行研究,特别是可对中药材进行无损检测,完成真伪鉴别。

由于激光的强度大、方向集中,所以在使用激光器时必须严格遵守各种安全规范。

本 章 小 结

主要定律、概念及公式

(1) 量子力学的实验基础

黑体辐射、光电效应、氢原子线状光谱等。

(2) 爱因斯坦的光量子论

(3) 微观粒子的波粒二象性,德布罗意关系

$$E = h\nu, \qquad p = \frac{h}{\lambda}$$

(4) 不确定关系:

$$\Delta x \Delta p_x \geqslant h, \qquad \Delta y \Delta p_y \geqslant h, \qquad \Delta z \Delta p_z \geqslant h, \qquad \Delta E \Delta t \geqslant h$$

不确定关系表明微观粒子不像经典粒子那样,遵从确定的规律,对于微观粒子的坐标和动量不可能同时无限精确地测量,所以宏观的轨道理论不适用于微观粒子的运动规律。

(5) 波函数:它描述微观粒子的运动状态。微观粒子在 t 时刻、在空间坐标(x, y, z)处出现的几率密度为

$$W = \frac{\mathrm{d}P}{\mathrm{d}V} = |\Psi|^2 = \Psi^* \Psi$$

即波函数的模的平方与粒子的几率密度成正比。因此,微观粒子的运动表现出波的特性,是一种统计行为,物质波是一种几率波,它并不准确地给出什么时刻粒子到达哪一位置,而只给出粒子可能到达地点的一个统计分布。

波函数必须满足归一化条件和标准化条件。

(6) 薛定谔方程

薛定谔方程的一般形式为

$$\mathrm{i}\hbar \frac{\partial \Psi}{\partial t} = -\frac{\hbar^2}{2m} \nabla^2 \phi + E_\mathrm{P}(\boldsymbol{r}, t)\phi$$

定态薛定谔方程为

$$-\frac{\hbar^2}{2m} \nabla^2 \Psi + E_\mathrm{P}(\boldsymbol{r})\Psi = E\Psi$$

定态波函数表示为

$$\Psi(x, y, z, t) = \phi_1(x, y, z)\, \mathrm{e}^{-\frac{\mathrm{i}}{\hbar}Et}$$

(7) 原子光谱和分子光谱:原子光谱呈现线状光谱,分子光谱呈现带状光谱。

分子的能量可表示为:$E = E_e + E_v + E_r$。

(8) 激光产生的条件:① 粒子数反转。② 光学谐振腔。

习　　题

12-1 请判断下列各题:

(1) 光电效应包含电子与光子的相互作用过程,下面说法正确有应当是哪一种?

① 光电效应属于光子与电子的弹性碰撞的过程。

② 光电效应是电子吸收光子能量而产生。

③ 光电效应满足动量守恒和能量守恒。

④ 光电效应光子能量全部转换为电子的能量而产生。

(2) 判别下列说法是否正确:

① 如用一束光照射某金属不会产生光电效应,现用一聚光镜将此束光聚集在一起,再照射此金属时就会产生光电效应。

② 可见光的光子与散射物质的自由电子发生弹性碰撞,也能发生康普顿效应,只是波长太长而极难观察到。

③ 对同一金属,如有光电效应产生,则入射光的频率越大,光电子的逸出数目就愈多。

④ 在伦琴射线的散射实验中,如果在散射角为 φ 的方向上观测散射光的波长改变量,当入射线的频率增大时,其波长改变量也随着增大。

12-2 已知铂的电子逸出功是 6.630 eV,求使它产生光电效应的光的最大波长。

12-3 当波长为 100 nm 的紫外线,照射到逸出功为 2.50 eV 的金属钡的表面时,为使发射的光电子在半径为 2.00 cm 的圆轨道上运动,试求垂直于光电子运动的轨道平面方向上应加上磁感应强度多大的匀强磁场?

12-4 试求波长分别为 600 nm 的可见光、0.30 nm 的伦琴射线和 0.001 5 nm 的 γ 射线这三种光子的质量、动量和能量。

12-5 求动能为 50 eV 的电子的德布罗波长。

12-6 经 206 V 的电压加速后,一个带有与电子相同电荷的粒子的德布罗波长为 2.00×10^{-12} m,求这个粒子的质量。

12-7 一质量为 6.63 g 的子弹以 1 000 m/s 的速率飞行,求:(1) 它的德波罗意波长;(2) 若测量子弹位置的不确定量为 0.1 cm,则其速率的不确定量是多少?

12-8 测得一个电子的速率为 200 m/s,相对误差为 0.10%,问此电子位置的不确量是多少?

12-9 分子的能量包含哪几部分? 各代表什么能量? 各表达式是什么?

12-10 激光的产生原理是什么? 激光的产生的条件是什么? 按工作物质分类,激光器一般分为几类?

13

核物理基础

原子核物理学是研究原子核的结构、性质及其相互作用的科学。它研究核子与核子、核子与粒子间的相互作用,原子核的激发过程与反应,原子核衰变及核辐射等问题。原子核物理学的进展,为核技术在工业、农业、国防和医药卫生等各领域应用和研究,提供了新的手段,开辟了新的途径。原子核的运动在理论上用量子力学才可以进行研究,但这里将不涉及这些问题。本章仅就与医学、药学有关的内容,诸如原子核的组成及基本性质、核磁共振与顺磁共振、原子核的放射性衰变类型及其规律、放射性的探测及辐射的防护等进行讨论。

13.1 原子核的组成与基本性质

13.1.1 原子核的组成

原子核是原子的组成部分。原子是由原子核及绕核旋转的电子组成。原子核带正电,体积很小,半径为 $10^{-15} \sim 10^{-14}$ m(即 $10^{-6} \sim 10^{-5}$ nm),却集中了原子的绝大部分质量。**原子核**是由**质子**(p)和**中子**(n)组成的,质子和中子统称为**核子**。质子带有一个单位的正电荷($+e$),中子不带电。所以,一个原子核所有的正电荷数等于组成该原子核的质子个数,也等于该元素的原子序数。

若一种原子核由 Z 个质子和 N 个中子组成,则该核共有 $A=Z+N$ 个核子,并记为 $^A_Z X$,其中,X 是元素符号,Z 是质子数,A 是核子数。不同原子核含有不同的质子数和中子数,例如氢原子核内就仅有一个质子,氦原子核内有两个质子和两个中子,而氧原子核内有 8 个质子和 8 个中子。一组 Z、N、A 确定的一种原子,称为"核素"。属于同一元素(有相同 Z 值)的各种核素,称为"同位素"。大多数元素都有同位素。同位素又分为两类:一类是稳定性同位素,在无外界作用时它的性质不变;另一类是放射性同位素,它能自发地放出射线,变成另一种原子核。例如,氕($^2_1 H$)、氘($^3_1 H$)就是氢($^1_1 H$)的同位素,氕($^1_1 H$)、氘($^2_1 H$)是稳定核素,天然存在,而氚($^3_1 H$)是放射性核素,不稳定,并不天然存在。放射性同位素又分为天然放射性同位素(比如钋、镭等)和人工放射性同位素(比如硼-11、超铀元素等)两种。

13.1.2 原子核的结合能

质子、中子和原子核都是微观粒子,它们的质量可用原子质量单位 u 表示,1u 等于碳原子 ^{12}C 质量的 1/12,即

$$1u = \frac{0.012}{N_A} \times \frac{1}{12} = 1.660\,565 \times 10^{-27} \text{ kg}$$

式中，阿伏伽德罗常数 $N_A = 6.022\,045 \times 10^{23}\ \text{mol}^{-1}$，当用原子质量单位 u 表示微观粒子的质量时，则质子质量 $m_p = 1.007\,276\text{u}$，中子质量 $m_n = 1.008\,665\text{u}$。各种不同核素的质量不同，同位素的原子量稍小于氢原子量的最接近的整数倍。例如氢的原子量的 4 倍等于 4.032\,48，而氦 的原子量则等于 4.003\,88。每个核都有一定的**质量亏损**，用 Δm 表示。根据爱因斯坦的质能关系可以得到，一个系统的质量的变更 Δm，相当于这个系统的能量的变更 ΔE 为

$$\Delta E = \Delta m\, c^2 \tag{13-1}$$

式中，c 为光在真空中的速度。由此可见，核的质量亏损 Δm 代表着基本粒子形成该核时所放出的能量。由于核在形成的时候放出大量的能量，所以核的质量小于组成该核的各基本粒子的质量之和。由核子结合成原子时所释放的能量称为原子核的**结合能**，此时，它可表示为

$$B\left(^A_Z X\right) = \left[Zm_p + Nm_n - M\left(^A_Z X\right) \right] c^2 \tag{13-2}$$

式中，B 称为原子核的结合能。它可以作两种理解：

（1）把 Z 个质子和 N 个中子从相隔很远的地方一个一个地移近，当它们接近到 10^{-12} cm 以内的距离时，彼此间都会发生强大的吸引力，称之为"**核力**"，该力足以克服质子之间的库仑斥力而能够形成一个原子核 $^A_Z X$。在这过程中，陆续以 γ 辐射的形式放掉能量，这些能量的总和就是核的结合能 B。

（2）从这个核 $^A_Z X$ 中一个一个地取出中子或质子，直至最后这 A 个核子都分离到无穷远处，即使核分成 A 个单独的核子，外界所做的功就等于核的结合能 B。

例如，一个质子和一个中子结合成一个氘核时发出一个能量为 2.22MeV 的光子（γ 辐射），反过来，当氘核吸收能量大于 2.22MeV 的光子时就能分解为一个质子和一个中子。

13.1.3 原子核的自旋角动量

实验研究表明，如同电子、质子、中子一样，原子核也具有角动量，称为的**自旋角动量**。原子核的自旋角动量可用下式表示：

$$L_I = \sqrt{I(I+1)}\, \frac{h}{2\pi} \tag{13-3}$$

式中 I 称为核**自旋量子数**，简称核自旋，它表征空间量子化情况。不同的原子核，核自旋不尽同的，它的值可由实验测得。不同的原子核的核自旋虽不尽相同，但核自旋 I 总是整数或半整数，并有如下规律：

（1）对于 $Z =$ 偶数，$N =$ 偶数，即偶－偶核，则核自旋 $I = 0$。例如：$^{12}_{18}C$，$^{16}_{18}O$，$^{32}_{16}S$，…。

（2）$Z + N =$ 偶数，其中 Z 或 N 为皆奇数，则 I 为整数。例如：^2_1H，^{14}N，…。

（3）$Z + N =$ 奇数，其中 Z 或 N 为奇数，I 为半整数。例如：^1_1H，$^{13}_6C$，$^{15}_7N$，$^{17}_8O$，$^{19}_9F$，…。

根据量子力学理论可知，核自旋角动量在空间给定的 z 方向（例如磁场方向）上的分量 L_{Iz} 是量子化的，其值为

$$L_{Iz} = m_I \frac{h}{2\pi} \qquad (m_I = -I, -I+1, \cdots, I-1, I) \qquad (13-4)$$

式中 m_I 称为**核自旋磁量子数**,对于质子 $I=1/2$,这表示在磁场中,质子的自旋角动量 L_I 有两种可能取向,相应于 $m_I = \pm 1/2$;而氘($^2_1$H) $I=1$,表示其自旋角动量在外磁场中有三种可能的取向,相应于 $m_I = 0, \pm 1$。因此磁量子数 m_I 可能的数值是 $I, I-1, \cdots, -I+1, -I$,共有 $(2I+1)$ 个可能值。

13.1.4 原子核的磁矩

电子绕原子核运动且有一定的轨道角动量,同时,又形成一个小的电流而具有磁矩 μ,它与轨道角动量直接相联。电子具有自旋角动量,同样有一个自旋磁矩与之对应。核子也有自旋,相应地也各有自旋磁矩。把核子的轨道磁矩和自旋磁矩进行合成,就得到原子核的总磁矩,用 μ_I 表示。原子核的自旋磁矩可用下式表示

$$\mu_I = g\sqrt{I(I+1)}\,\mu_N \qquad (13-5)$$

式中 $\mu_N = eh/4\pi m_p = 5.050\,786\,6 \times 10^{-27}\,\text{J} \cdot \text{T}^{-1}$,称为**核磁子**,常作为核磁矩的基本单位,$g$ 称朗德因子,其值可以由实验测出。

核自旋磁矩 $\boldsymbol{\mu}_I$ 是矢量,具有方向性,它在 z 轴(外磁场方向)上的投影为 μ_{Iz},表示为

$$\mu_{Iz} = m_I g \mu_N \qquad (13-6)$$

因为核自旋磁量子数 m_I 有 $2I+1$ 个可能的取值,所 μ_{Iz} 也有 $2I+1$ 个可能的取值。而当 $m_I = I$ 时,m_{Iz} 有最大值,习惯上把 μ_{Iz} 的最大值称为**原子核的磁矩**。用 μ'_{Iz} 表示则

$$\mu'_{Iz} = I g \mu_N \qquad (13-7)$$

例如,对 $I=1/2$ 的原子核,从式(13-5)可得 $\mu_I = \frac{\sqrt{3}}{2} g \mu_N$,因为 m_I 只能取 $\pm\frac{1}{2}$ 两个值,所以

$$\mu_{Iz} = m_I g \mu_N = \frac{1}{2} g \mu_N$$

13.2 原子核的放射性衰变

放射性核素能自发地放出射线,而由一种核素变成另一种新核素,这一过程称之为**放射性衰变**,或称为**核衰变**。放射性衰变是放射性核素本身的特征,不受外界因素的影响,放射性核素不同,其衰变的快慢、衰变的种类和衰变的过程也各不相同,但各种放射性核素在衰变过程中,都严格遵守能量、质量、动量、电荷数和核子数等相应的守恒定律。

13.2.1 核衰变类型

放射性核素的原子核经过一次衰变后,生成新的原子核,可能是稳定的,也可能是不稳定的,如果生成新核素的原子核是不稳定的,则它将以一定的形式继续进行衰变,直到最后生成稳定的原子核为止。通常把衰变的原子核称为**母体**(母核)以 X 表示,**子体**(子核)以 Y

表示。若子体为不稳定的核素,且要继续衰变,则有二代、三代甚至更多代的子体。在放射性核素衰变过程中,放出的主要射线有:α 射线、β 射线和 γ 射线,常把它们分别称之为 α、β、γ 衰变。

在核反应和核衰变过程中,可能出现这样两种状态:一是母体核衰变时,放射出某种粒子,直接衰变到子体核素原子核的基态;二是母体核衰变后产生新的子体核处于激发态,把处于比较长寿命激发态的子体核素,称为**同质异能素**,以区别于上一种情况处于基态的子体核素,其符号是在质量数后面添加一个 m,如 $^{222m}_{86}$Rh。

1) α 衰变

某一放射性核素放射出一个 α 粒子的过程通常是发生在质量数超过 209 的原子核。α 粒子带有 2 个质子和 2 个中子,实际上就是氦的原子核,其质量数为 4,电荷数是 2。经过 α 衰变后,子体核的电荷数应比原来的核小 2 个单位,其质量数较原来的核小 4 个单位。用符号 X、Y 将 α 衰变过程写作如下的形式:

$$^A_Z X \rightarrow ^{A-4}_{Z-2} Y + ^4_2 He + Q \tag{13-8}$$

镭($^{226}_{88}Ra$)的衰变可以作为 α 衰变的一例,镭放射出一个 α 粒子之后转变为氡:$^{222}_{88}$Rn:

$$^{226}_{88} Ra \rightarrow ^{222}_{86} Rn + ^4_2 He \tag{13-9}$$

Q 是核衰变时放出的能量,称为**衰变能**。α 粒子带正电荷,质量大,电离比度(每厘米路程上的电离数)大,穿透能力低,一张普通纸就可挡住。α 射线通过物质时能量减少,当它的能量损失完以后,便与外界电子结合形成氦原子。

2) β 衰变

通常指原子核自发地放射出 β 粒子而变成另一种原子核的过程。在一个原子核内,中子数和质子数应有适当的比例,中子过多或中子过少的原子核都是不稳定的,这些核素将通过中子和质子的互相转换达到适当比例,成为稳定的核素。在 β 衰变中发射电子的同时,还发射另一种粒子,这种粒子电荷为零,而且静止质量远小于电子的静止质量,可视为零,这种粒子称为**中微子**,有中微子和反中微子之分,分别用符号 ν 和 $\bar{\nu}$ 来表示。中微子具有很大的贯穿本领,而核的 β 衰变中的衰变能是由 β 粒子和中微子共享的。在中子 n 和质子 p 互相转换过程存在两种情况:

(1) β^- 衰变　在中子过多的原子核中,将发生中子转变为质子的过程,可写成 $n \rightarrow p + ^0_{-1}e + \bar{\nu}$,即中子 n 放出一个电子和一个反中微子,转变为质子。在这一过程母体发射一个电子和一个反中微子,使得生成的子体核较母体核质子数增加 1,但总质量数为不变。原子核发射电子的衰变过程称为 β^- 衰变,所发射的电子称为 β^- 粒子。β^- 衰变过程可用下式表示:

$$^A_Z X \rightarrow ^A_{Z+1} Y + ^0_{-1}e + \bar{\nu} + Q \tag{13-10}$$

(2) β^+ 衰变　有些中子过少的原子核,当基态能量较大时,其中的一个质子可发射一个正电子 $^0_{+1}e$ 和一个中微子,转变为一个中子。即 $p \rightarrow n + ^0_{+1}e + \nu$,从原子核中发射正电子的衰变方式称为 β^+ 衰变,所发射的正电子,称为 β^+ 粒子。β^+ 衰变后产生的子体核的质量与母体核相同,而子体核的原子序数减 1,则子体核在元素周期表中的位置向前移了一位。β^+ 衰变可用下式表示:

$$_2^AX \rightarrow _{z-1}^AY + _{+1}^0e + \bar{\nu} + Q \tag{13-11}$$

β^+ 衰变过程发射的 β^+ 粒子不能长期存在,当 β^+ 粒子被物质阻止而丧失了动能时,它就要与物质中的一个电子结合,这一过程称为正电子湮没。

3)电子 K 俘获

在中子过少的原子内部,质子可以俘获一个核外电子,发射一个中微子,转变为中子。这个衰变过程称为电子俘获,它可用下式表示:

$$_2^AX + _{-1}^0e \rightarrow _{z-1}^AY + \bar{\nu} + Q \tag{13-12}$$

衰变后产生的子体核的质量数仍与母体核质量数相同,而原子序数减 1,即在元素周期表中移前一位。

原子核俘获的电子主要来自原子的 K 壳层,也有少量来自 L 层和 M 层。原子核发生电子俘获后,核外电子分布的内壳层缺少一个电子而形成空穴。当外层电子填入该空穴时子体核发出其标识 X 射线。

4)γ 衰变与内转换

许多放射性核素在衰变过程伴随着 γ 射线(波长极短的电磁波)的发射,因此 γ 衰变是伴随着 α、β 衰变和某些核素电子俘获同时进行的。γ 衰变不改变原子核的组成,即不产生新的核素。核反应或核衰变后新产生的原子核,在绝大多数情况之下是处于激发态(高能态),而原子核处于激发态的寿命通常是极短的,原子核从能量较高的激发态回到基态,将多余的能量以 γ 射线形式放出。实际上,任何处于激发态的原子核都可以放出 γ 射线,γ 射线不带电,穿透能力比 α、β 射线强得多。发射出的 γ 射线同时能够在衰变原子本身的电子壳层中引起光电效应,这种过程称为**内转换**。而光电效应发射的电子叫做**内转换电子**。内转换过程的概率很大,甚至达到 100%,此时,完全观察不到 γ 射线。而在一般情况下,例如 ^{99m}Tc 向基态跃迁时,激发能有 89% 变成 γ 射线,11% 产生内转换发射的内转换电子。

13.2.2 核衰变的规律

放射性核素不同,其衰变的种类和过程都各不相同,放射性核素经一次衰变后生成的子体核,如仍是不稳定核素,它将以一定形式继续衰变,直到生成稳定的原子核为止。放射性核素衰变,不受外界环境温度、压力和物理、化学条件的影响。各个原子核的衰变有先有后,它们的寿命有长有短,每个原子核的衰变都是按照一定概率发生的独立过程。对单个原子核何时发生衰变是不可知的,但大量的原子核衰变服从一个统计规律。下面讨论的衰变快慢的规律适用于一切类型的核衰变。

1)衰变定律

假定在时间 dt 内衰变的原子核的数目为 $-dN$,则 $-dN$ 应与 dt 成正比,与现存原子核的数 N 成正比:

$$-dN = \lambda N\, dt \tag{13-13}$$

式中 λ 为一常数,称为**衰变常数**。由式(13-13)得

$$\lambda = \frac{-dN/N}{dt} \tag{13-14}$$

式中$-\mathrm{d}N/N$表示每个原子核的衰变率。因此,衰变常数λ的物理意义是:每个核在单位时间的衰变率。对于同一种核素,λ为常数。对于不同的核素,λ是不同的,λ的大小反映该核素衰变的快慢。由此,可把式(13-14)重写如下的形式:

$$\frac{\mathrm{d}N}{N} = -\lambda\mathrm{d}t \qquad (13-15)$$

将上式积分,得出

$$\ln N = -\lambda t + C \qquad (13-16)$$

式中C为积分常数。当$t=0$时,$\ln N_0 = C$,N_0为开始时原子核的数目。将$C = \ln N_0$代入上式得$\ln(N/N_0) = -\lambda t$,或者写成指数函数形式:

$$N = N_0 \mathrm{e}^{-\lambda t} \qquad (13-17)$$

这就是**放射性衰变定律**,它表明放射性物质是按负指数规律衰减的。

2) 平均寿命

将式(13-17)求微分,得$-\mathrm{d}N = \lambda N_0 \mathrm{e}^{-\lambda t}\mathrm{d}t$,$-\mathrm{d}N$表示经过时间$t$后,在时间间隔$\mathrm{d}t$内衰变的原子核的个数。由于在$t=0$时有$N_0$个放射性原子核,这些原子核的寿命从$t=0$开始计算,因此在$t$到$t+\mathrm{d}t$期间内衰变的原子核寿命应是$t$,它们寿命之和是$-t\,\mathrm{d}N$,因此全部原子核的**平均寿命**为

$$\tau = \int_{N_0}^{0} \frac{-t\mathrm{d}N}{N_0} = \int_{0}^{\infty} \lambda t\mathrm{e}^{-\lambda t}\mathrm{d}t = \frac{1}{\lambda} \qquad (13-18)$$

平均寿命(τ)是衰变常数λ的倒数,衰变常数愈大,则衰变愈快,平均寿命也愈短。

3) 半衰期

为了表示放射性核素衰变的快慢,除用衰变常数或平均寿命外,较常用的是半衰期。放射性核素衰变一半所需要的时间称为**半衰期**,常用$T_{1/2}$表示。根据半衰期定义,由式$N = N_0 \mathrm{e}^{-\lambda t}$,当$t = T_{1/2}$时,$N = N_0/2$,所以

$$\frac{N_0}{2} = N_0 \mathrm{e}^{-\lambda T_{1/2}}$$

$$T_{1/2} = \frac{\ln 2}{\lambda} = \frac{0.693}{\lambda} = 0.693\tau \qquad (13-19)$$

由上式可得$\lambda = \ln 2/T_{1/2}$,将其代入式(13-17),则

$$N = N_0 \left(\frac{1}{2}\right)^{t/T_{1/2}} \qquad (13-20)$$

这是衰变定律的另一种形式,当t为$T/2$整数倍时,计算极为方便。如$t = T_{1/2}$时,$N = N_0/2$,当$t = 2T_{1/2}$时,$N = N_0/4$。半衰期的单位为年(y)、天(d)、小时(h)、分(min)和秒(s)等,比如,$^{238}_{92}\mathrm{U}$、$^{11}_{6}\mathrm{C}$和$^{212}_{84}\mathrm{P}$的半衰期分别为4.5×10^9(y)、20.4(min)和3×10^{-7}(s)。

核医学中,还常用到"生物半衰期"及"有效半衰期"的概念。所谓生物半衰期(T_b)指生物体内的放射性核素由于生物的代谢过程从体内排除到原来的一半所需的时间。有效半衰期(T_{eff})指放射性核素由于放射性衰变和生物代谢过程的共同作用而减少到原来的一半

所需的时间。它们的关系为

$$\lambda_{eff} = \lambda + \lambda_b$$

或者

$$\frac{1}{T_{eff}} = \frac{1}{T_{1/2}} + \frac{1}{T_b}$$

4）放射性活度

放射性活度是量度放射性核素在单位时间内原子核衰变次数的物理量。某种放射性核素的放射性活度 A，是指单位时间内该放射性核素发生自发核衰变的次数，称为**放射性活度**，简称**活度**。显然，它同样也遵循上述衰变规律，故有

$$A = A_0 e^{-\lambda t} = A_0 \left(\frac{1}{2}\right)^{t/T_{1/2}} \tag{13-21}$$

式中，A_0 是初始时刻的放射性活度；A 是经过时间 t 以后的放射性活度。由式(13-21)可以看出放射性活度也是随时间按负指数规律衰减的。

放射性活度的国际单位是贝可，1 贝可(Bq)表示放射性核素每秒钟内发生一次核衰变。即，1 贝可＝1 次核衰变/秒。历史上放射性活度的单位曾用居里，1 居里表示每秒内发生 3.7×10^{10} 次核衰变。即 $1Ci = 3.7 \times 10^{10}$ Bq，Ci 是很大单位，通常用毫居里(m Ci)(10^{-3}Ci)和微居里(μCi)(10^{-6}Ci)等单位来表示。而 Bq 又是一个很小单位，所以实际采用倍数表示法：KBq(10^3Bq)；MBq(10^6Bq)；GBq(10^9Bq)；TBq(10^{12}Bq)；PBq(10^{15}Bq)。

必须指出的是：① 同样居里数的各种不同的核素，由于在衰变时发出的射线种类和能量各不相同，因此射线强度和贯穿本领是不相同的；② 同样多居里数，衰变常数 λ 大的核素，即半衰期 $T_{1/2}$ 短的核素，其放射性原子核的个数就少，这是因为 $A_0 = \lambda N_0$。这对于核医学很重要，因为引入人体的放射性物质，除部分排出的以外，先后在体内衰变，而射线对人体的伤害有累积作用。

【**例 13-1**】 ^{32}P 经过 7.51d 后留存的核数与开始时核数之比为 $\sqrt{2}/2$，求：(1) ^{32}P 的半衰期和平均寿命；(2) 1.00μg 的 ^{32}P 的活度；(3)1.00μg 的 ^{32}P 在 28.6d 中所放出的 β^- 粒子数。

【**解**】 (1) 根据已知条件和式(13-20)可得

$$\frac{N}{N_0} = \left(\frac{1}{2}\right)^{t/T_{1/2}}, \quad \left(\frac{1}{2}\right)^{7.15/T_{1/2}} = \frac{\sqrt{2}}{2}$$

求得半衰期 $T_{1/2} \approx 14.3$d。

根据式(13-19)求得衰变常数为

$$\lambda = \frac{0.693}{T_{1/2}} = \frac{0.693}{14.3} \approx 0.048\,5\,d^{-1} \approx 5.61 \times 10^{-7}\,s^{-1}$$

平均寿命为

$$\tau = \frac{1}{\lambda} \approx \frac{1}{0.048\,5} \approx 20.6\,d$$

(2) 设 1.00μg 的 ^{32}P 共有 N_0 个原子，则

$$N_0 = \frac{1.00 \times 10^{-6}}{32} \times 6.02 \times 10^{23} \approx 1.88 \times 10^{16} \text{ 个}$$

活度为 $A_0 = \lambda N_0 = 5.61 \times 10^{-7} \times 1.88 \times 10^{16} = 1.05 \times 10^{10}$ Bq $= 0.285$ Ci

（3）经 2.86 d 留存的核数为 N，衰变掉的核数为

$$N_0 - N = N_0 \left[1 - \left(\frac{1}{2} \right)^{t/T_{1/2}} \right] = 1.88 \times 10^{16} \left[1 - \left(\frac{1}{2} \right)^{28.6/14.3} \right] \approx 1.41 \times 10^{16} \text{ 个}$$

由于每个 ^{32}P 衰变时放出一个 β^- 粒子，所以 $1.00 \mu g$ ^{32}P 在 28.6 中共放出 1.41×10^{16} 个 β^- 粒子。

13.3 放射性的探测

放射性探测的基本原理是利用射线与物质互相作用时产生的特殊现象。例如，利用射线通过物质时的电离作用而设计的探测仪器，此类主要的探测仪器有电离室、计数器、云雾室和厚层乳胶照相等。利用射线使某些物质产生荧光效应，闪烁计数器就是利用射线引起某些荧光体的闪光作用而用以探测射线的仪器。此外尚有利用加热的方法，使某种晶体在受射线照射时所存的能量以光的形式释放出来，即热释光剂量计就是根据这一原理而设计成的。下面简单介绍几种常用的探测仪器。

13.3.1 气体电离室型探测器

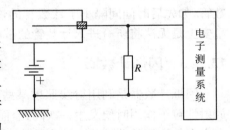

气体电离室型探测器与各种电离室的结构基本相同，在一个充有干燥空气或纯净惰性气体的密闭容器中，放置绝缘良好的正负两个电极，两极之间加一定的直流电压，在电离室内形成电场，如图 13-1 所示。当射线进入电离室时，室内气体被电离，形成的正、负离子在电场作用下分别向负极和正极运动，形

图 13-1 气体电离室示意图

成电流。这个电流在电阻 R 上产生压降，其压降大小与单位时间内产生总离子数的平均值成正比，这就可测定射线的强度。

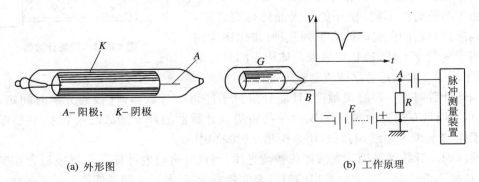

(a) 外形图　　　　　　　　　　(b) 工作原理

图 13-2 盖革计数管

13.3.2　盖革计数管

盖革计数管是由电离室发展而来,盖革计数管的结构,如图 13-2(a)所示。在密封的圆筒状玻璃管内充入气体(主要是氩、氖等惰性气体)作为电离的对象,另外还有少量酒精、石油、乙醚等有机气体(称为有机管)或氯、溴的卤素气体(称为卤素管)。盖革计数管探测 β 射线效率几乎是 100%。

图 13-2(b)是盖革计数管的工作原理图,图中 G 是盖革计数管,E 是加于计数管两极间的直流稳定电源,该电源电压略低于管内气体击穿电压,因而管内不放电。当一个高速带电粒子进入管内时,气体被电离。在电场作用下,正负离子和电子分别向阴极和阳极移动。而一些带电粒子在移动的过程又引起气体的电离。特别是电子质量甚小,在电场中获得较大运动速度,而愈接近阳极处电场愈强,电子加速度也愈大。因此,电子在移动过程中有很大的动能,在气体中由于碰撞又产生许多的离子,这样继续下去又产生了更多的离子,形成"雪崩"现象,使得在阳极附近离子将按几何级数增加。因此,在雪崩过程形成瞬间阳极,电势急剧下降,然后回升,形成一个负的电压脉冲。将每一个负脉冲放大之后,用计数器进行计数,通过数码管或其他设备给予显示或记录。这样,只要有粒子射入管中,都能引起同样的"雪崩",产生一次同样的负脉冲,而被记录下来,可见,脉冲的幅值不随入射粒子的能量而变。盖革计数管工作在经过一次雪崩过程之后,经再经历另一次雪崩过程,这之间有一定的恢复时间,称为死时间,约为数百微秒。因此当相邻两个带电粒子先后进入计数管,如先后时间间隔小于计数管的恢复时间,则后一个粒子将被漏记,所以,盖革计数管事实上是无法将所有进入计数管的带电粒子全部记录下来。

13.3.3　闪烁计数器

闪烁计数器是利用射线照射某些荧光晶体的闪光作用而制成。荧光晶体在受到一个放射性粒子作用时便发生一次闪光,而闪光的强度与粒子的能量成正比。如图 13-3 所示,在光电倍增管的前端装上荧光晶体,就组成一个闪烁计数器。

放射性粒子入射在荧光晶体上发生闪光,闪光被光电倍增管接收,由光脉冲转换成电脉冲,而后继的电子线路,可将脉冲个数和反映粒子能量的脉冲幅度记录下来,粒子能量愈大,脉冲的幅度也愈大。

由于测量射线不同,使用的荧光晶体也有差别,作为闪烁计数器的荧光晶体有下列几种:碘化钠掺铊晶体用于测量 γ 射线;硫化锌掺银晶体用于测量 α 射线;用于测量 β 射线是蒽晶体或塑料闪烁体。

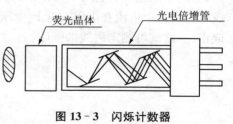

图 13-3　闪烁计数器

闪烁计数器是一种高灵敏度,且能分辨粒子能量的计数器,计数器分辨时间短(约为 10^{-8} s),所以具有很高的探测效率,几乎能将进入计数器的粒子全部记录下来,在医学上主要用于探测 γ 和 X 射线,有时也用来探测 β 射线和中子。

液体闪烁计数器是用荧光液体代替荧光体,测量时将放射性样品悬浮或混合在荧光液体中,这样不论从哪一个方向发出的射线都能激发荧光,最适于测量低能量的 β 射线。

13.3.4 热释光剂量计

热释光剂量计是近年来才发展起来的一种新的探测技术,是一种固态晶体结构的荧光体。热释光剂量计主要用于 X 线 γ 射线照射量的监测,也可用于 β 和热中子(是处于热运动状态的中子,其平均速度和平均动能不随时间变化,能量为 0.025eV)的剂量监测。

热释光剂量计是利用加热的方法,使晶体在受射线照射时所存的能量以光的形式释放出来,由于释放出来的总的光子数与晶体所受到的照射剂量成正比,因此,可用热释光的强度来测量射线剂量的大小。

热释光材料大致可分为两类:一类是原子序数较低的材料,如氟化锂(LiF)、硼酸锂掺锰[Li$_2$B$_4$O$_7$(Mn)]、氧化铍(BeO)等;另一类是原子序数较高的材料,如氟化钙掺锰[CaF$_2$(Mn)]、硫酸钙掺镝[CaSO$_4$(Dy)]等。

热释光剂量计是目前广为使用的一种剂量计,具有较宽的量程,探测灵敏度高,热释光剂量计元件体积小等特点,晶体在加热发光后还可以重复使用。

13.4 核磁共振与顺磁共振

13.4.1 核磁共振的基本原理

磁矩在外磁场中具有势能。所以,核磁矩 $\boldsymbol{\mu}_I$ 在磁场 $\boldsymbol{B}$ 中所具有的势能为

$$E = -\boldsymbol{\mu}_I \cdot \boldsymbol{B} = -\mu_I B\cos\theta \tag{13-22}$$

式中,θ 为 $\boldsymbol{\mu}_I$ 与 $\boldsymbol{B}$ 方向的夹角。

因为 $$\mu_{Iz} = \mu_I\cos\theta = g\mu_N m_I$$
所以 $$E = -g\mu_N B m_I \tag{13-23}$$

该式表明,对于自旋为 I 的原子核,m_I 的可能取值有 $I,I-1,\cdots,-I+1,-I$ 等 $2I+1$ 个。这说明无外磁场存在时的每一个核能级,在外磁场中要分裂成 $2I+1$ 个子能级。当 $m_I=I$ 时,$E=-Ig\mu_N B$,子能级能量最低;当 $m_I=-I$ 时,$E=+Ig\mu_N B$,子能级能量最高。根据原子核跃迁的选择定则,$\Delta m_I=\pm 1$,即跃迁只能发生于相邻的两个子能级间,其能量差为

$$\Delta E = -g\mu_N B[m_I - (m_I + 1)] = g\mu_N B \tag{13-24}$$

由此可见,在外磁场 $\boldsymbol{B}$ 中,原子核两个相邻的核磁能级之差 ΔE,除了由核本身的特征(核的 g 因子)决定外,还取决于外磁场 $\boldsymbol{B}$ 的大小,这是核磁能级的特征。在光谱分析中,分子的能级只由分子本身的特性所决定,人们不能用改变外界条件的办法使其改变。然而在核磁能级中,改变外加磁场 $\boldsymbol{B}$ 的数值,可以实现改变核磁能级的能量差。

$I=1/2$ 的核磁能级的分裂成两个能级。因为 $I=1/2$ 时,$m_I=\pm 1/2$,附加势能分别为 $E=\pm g\mu_N B/2$ 两个值,所以原来一个能级分裂成两个子能级。两能级之差 $\Delta E=g\mu_N B$,ΔE 将随着 B 的增加而增大。

当热平衡时,设相邻两核磁能级的能量值分别为 E_1 和 E_2,两能级上原子核的个数分别为 N_1 和 N_2,因为分布于各能级上的原子核数服从玻尔曼定律,因而有

$$\frac{N_2}{N_1} = e^{-(E_2-E_1)/kT} = e^{-\Delta E/kT} \qquad (13-25)$$

由此可知,温度 T 愈高,或两相邻的核磁能级之差 ΔE 愈小,处于高能级的原子核数 N_2 将愈多。由于核磁能级之差 ΔE 是很小的,所以处在高能级的原子核为数颇多。

尽管处在两能级的原子核数非常接近,然而处于高能级的核数还是稍小于低能级的核数。这样,当核吸收适当的能量后,它就可以跃迁到高能级去。

如果处于恒稳磁场 B 中的原子核,同时又受到一个较弱的交变高频磁场的作用,且交变磁场的频率 ν 又满足下式的关系时

$$h\nu = \Delta E = g\mu_N B$$

即

$$\nu = \frac{g\mu_N B}{h} \qquad (13-26)$$

那么原子核就会从低能级跃迁到高能级,高频磁场的能量将被强烈地吸收,这种现象称为**核磁共振**。如果处于低能级的原子核数目比处于高能级的原子核数目多得越多,那么吸收现象越强烈,共振信号也越强。

【**例 13-2**】 试计算质子($_1^1$H)在 1.4092×10^4 Gs 的磁场中产生共振吸收所需的辐射频率。

(已知 $\mu_N = 5.05\times10^{-31}$ J/Gs,$\mu_p = 2.7927\mu_N$,$g = 2$)

【**解**】 依题意 $\mu_p = 2.7927\mu_N = 2.7927\times5.05\times10^{-31}$ J/Gs $= 1.41\times10^{-30}$ J/Gs

由式(13-26)得:

$$\nu_0 = \frac{g\mu_p B}{h} = \frac{2\times1.41\times10^{-30}\times1.4092\times10^4}{6.63\times10^{-34}} \approx 60\times10^6 \text{ Hz} \approx 60 \text{ MHz}$$

处于低能态 E_1 的原子核吸收一定的高频能量后跃迁到高能态 E_2,产生核磁共振,由于一般共振核(比如氢核)吸收的能量 ΔE 是很小的,跃迁到高能态的核不太可能通过发射一定频率的电磁波来释放能量而回到低能态。这种由高能态回复到低能态而不发射原来所吸收的能量的过程称为**弛豫过程**。与一般的核受激后回复到低能态的过程相比弛豫过程有两个特点:

(1) 能量的获得和消失是以处于磁场中核的能级状态为表征的;

(2) 从高能态跃迁到低能态时,不发射一定波长的电磁波。

对于核自旋体系来说,"弛豫"分为两种:其一是"自旋-晶格'弛豫'",称为纵向弛豫,是宏观磁化矢量在稳恒磁场方向 z(纵向)的分量由于自旋与晶格(环境)的相互作用而恢复到平衡值的过程。而表征这一过程快慢的时间常数称为**自旋-晶格弛豫时间**,用 T_1 表示,它与核的性质及磁场 B 有关。对 $_1^1$H 核固体的 T_1 可长达数分钟之久,液体也可达 3 min。其二是"自旋-自旋弛豫",是宏观磁化矢量在交

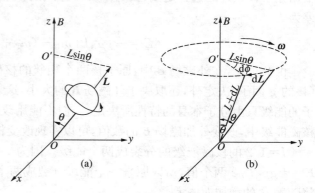

图 13-4 原子核的进动

变磁场 x、y 平面（横向）的 x 方向与 y 方向分量，由于核自旋之间的相互作用而消失的过程，称这一过程为横向弛豫，表征这一过程快慢的时间常数称为**自旋－自旋弛豫时间**，用 T_2 表示。

从经典理论来看，具有自旋角动量 **L** 的原子核，同时具有磁矩 **μ_I**，在外磁场 **B** 中受有磁力矩 **M** 的作用。就像高速旋转的陀螺在重力场中受到重力矩作用时将产生进动一样，原子核将产生绕磁场 **B** 方向地进动，称为**拉莫尔进动**，如图 13－4(a)所示。

由图 13－5(b)可以看出，dL 与进动角 $d\phi$ 之间有圆弧与圆周角的关系，即 $dL = L\sin\theta d\phi$，所以

$$\frac{dL}{dt} = L\sin\theta \frac{d\phi}{dt} = L\sin\theta\, \omega_N \qquad (13-27)$$

式中 ω_N 为拉莫尔进动角速度。转动定律可以写成以下形式：

$$\boldsymbol{M} = \frac{d\boldsymbol{L}}{dt} \qquad (13-28)$$

原子核所受磁力矩为 $\boldsymbol{M} = \boldsymbol{\mu_I} \times \boldsymbol{B}$，其数值大小为

$$M = \mu_I B \sin\theta \qquad (13-29)$$

由式(13－27)、(13－28)及(13－29)得拉莫尔进动角速度

$$\omega_N = \frac{\mu_I}{L}B = \gamma B \qquad (13-30)$$

式(13－30)中的 γ 为核的自旋磁矩与核自旋的比值，称为旋磁比，γ 为

$$\gamma = g\frac{e}{2m_p} \qquad (13-31)$$

因此，核的拉莫尔进动的频率为

$$\nu_N = \frac{1}{h}g\mu_N B \qquad (13-32)$$

式中，$\mu_N = eh/(4\pi m_p)$。式(13－32)与(13－26)相同，因此，拉莫尔频率是与相邻核磁能级间的能量差成正比。

综上所述，在外磁场 **B** 中，自旋的原子核将以拉莫尔频率绕 **B** 的方向进动，自旋的轴与 **B** 的方向的夹角 θ 将保持不变。因此，核磁矩在外磁场中附加的能量 $E = -\mu_I B\cos\theta$ 也将保持不变。如果在垂直于稳恒磁场 **B** 的方向上加一个交变磁场，其频率与核进动的拉莫尔频率相等时，交变磁场的能量将被强烈地吸收，而发生核磁共振现象，这就是经典理论对核磁共振的解释。

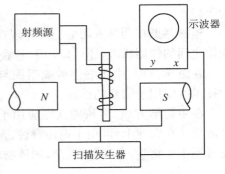

图 13－5 测量核磁共振波谱示意图

13.4.2　核磁共振波谱测量及其应用的简介

核磁共振波谱的测量方法有感应法、吸收法和脉冲法等。**感应法**测量核磁共振波谱如图 13-5 所示。由扫描发生器产生的直流电通过电磁铁的线圈，产生稳恒磁场，调节直流电的强度，可获得0.5～2.5T（特斯拉）的磁感应的强度。在磁场中还置有两个小线圈，它们的轴线方向和稳恒磁场的方向互相垂直，以减少相互影响。由振荡器产生 100MHz 的交变电流通过一个小振荡线圈，产生沿其轴线方向的高频交变磁场。样品放在试管中，调节直流电源，以改变稳恒磁场的 B 的值。当 B 满足 $h\nu = g\mu_N B$ 的关系时，交变磁场的能量强烈地被样品核所吸收，发生了核磁共振。

原子核吸收了磁场能量后从低能级跃迁到高能级，而处于高能级的原子核又有跃回低能级的趋势，以满足玻尔兹曼分布。在这过程中发生的电磁辐射通过接收线圈被示波器记录下来，这就是样品的核磁共振吸收波谱。因为在热平衡时，分布在高、低能级上的原子核数遵从玻尔兹曼定律，当 B 愈大（即 ΔE 愈大）或 T 愈小时，处于高、低能级的原子核数相差愈多，共振吸收信号愈强。所以，为了提高测量的灵敏度，必须提高稳恒磁场的磁感应强度 B，并降低系统的温度 T。

在图 13-5 中，如果将绕在样品管上的振荡线圈同时又作为测量回路的接收线圈，这种测量方法称为**吸收法**。两种测量方法相比较，吸收法装置结构简单，灵敏度高，而感应法有较高的信噪比，但装置调整麻烦，工艺困难，因此，吸收法应用得更为广泛。感应法也不乏人用。

近年来，又发明了**脉冲法**，即高频电磁场以脉冲形式发射。脉冲法装置结构简单，灵敏度高，发展很快。

核磁共振应用是多方面的。首先，它为物质结构的研究提供了一种重要的方法。例如由公式 $h\nu = g\mu_N B$ 可知，在已知稳恒磁场 B 和高频交变磁场的频率 ν 时，可测出原子核的 g 因子，进而可推算出相应的核磁矩。反过来，如果核磁矩为已知时，用核磁共振法可测出磁感应强度 B。核磁共振法应用最多的是分析一些化合物的结构和成分。从化学移位的不同，可以说明分子中有不同基团的存在；而自旋—自旋相互作用反映了各种基团相对排列的位置。由此可见，不同的化合物有不同的核磁共振谱。现在世界上制定了几万种化合物的核磁共振标准图谱，要分析一个未知样品，只要测出其核磁共振谱图，将它与标准图谱对照，就可以推知该样品的结构和成分。这为研究中草药的结构和成分提供了重要的手段。

核磁共振在药学方面的应用体现在可以研究药物分子间的相互作用，以及药物与细胞受体之间的作用机理，还可以用于定量分析，测定某些药物的含量等。

在医学方面，由于恶性肿瘤组织与相应的正常组织的核磁共振谱有所不同，所以将这一技术可应用于病症的诊断。

在生物学方面，将核磁共振应用于胰岛素、核糖核酸酶、血红蛋白等的研究，已取得许多成果。在农业上，可用于遗传育种、光合作用和谷物害虫的检测等方面的研究。另外，它还可用于矿物学、金属学、碳学、固体物理学等的研究。

13.4.3　核磁共振成像简介

处于高能态 E_2 的核回复到原低能态 E_1 时放出能量一般有三种方式：① 以射频电磁场

的形式向周围空间辐射能量,其频率与共振吸收时的外加高频磁场的频率相同。② 传递给物质中的同类核,经历自旋—自旋弛豫过程,所用时间用 T_2 表示。③ 传递给物质中非同类核,经历自旋—晶格弛豫过程,所用时间为 T_1,并且 T_1、T_2 的大小从能量转移速度的角度反映了共振核所处的物质结构状态的差异。其原理如图 13-6 所示。

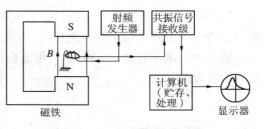

图 13-6 核磁共振原理图

在各类可发生核磁共振的原子核中,氢原子核发生共振的灵敏度最高,发射的共振信号最强,鉴于人体各组织中都含有大量的氢核,所以人体的核磁共振成像通常选择氢核($_1^1H$)作为共振核。

为了获得一幅核磁共振图像,首先要选定人体的一个横断面作为测试对象,其中的 $_1^1H$ 就是工作物质;然后将该面分成若干像素,作为共振单元,各像素处于大小不同的稳定磁场中,磁场对各像素进行空间编码;再向测试对象发射高频磁场(射频)脉冲使 $_1^1H$ 产生核磁共振,大量的 $_1^1H$ 从低能态 E_1 跃迁到高能态 E_2;最后,在脉冲间歇,按像素陈列依次测出像素中 $_1^1H$ 从高能态 E_2 返回到低能态 E_1 时发出的以上所讲的三种共振信息。其中,发射的射频电磁场强度反映了此像素中氢核的密度;T_1、T_2 的大小反映了 $_1^1H$ 在该像素中所处的环境的状态(气态、液态或固态)。通过计算机将以上测到的信号进行贮存、处理。任选一种信号(比如像素中氢核的密度),其大小按照各像素的空间编码的序列排列,构成这一种共振信号的“数字图像”。如果用灰度不等的亮点表示大小不同的数字,就将这数字图像显示于荧光屏上,获得一幅核磁共振图像。由于核磁共振图像可以选择多种信号而获得(比如密度、T_1、T_2 或它们的组合),所以,从同一个层面可得到多种核磁共振图像。可见,比起仅依赖于组织对 X 射线的吸收本领大小而实现的 X-CT,核磁共振图像有显著的优越性,特别是在生理、生化功能的研究,在早期诊断病变方面具有其他医学成像技术无法替代的优势地位。

13.4.4 顺磁共振

在原子内,电子除做轨道运动外,自身还做自旋运动。由于电子具有质量又带有电荷,当电子绕核做轨道运动时产生轨道角动量和轨道磁矩,而电子自旋运动又产生自旋角动量和自旋磁矩。电子的轨道磁矩和自旋磁矩是分子顺磁性来源。但在许多情况下,如有机自由基和某些晶体中的过渡族金属离子,轨道磁矩贡献很小,分子的磁矩主要来自于自旋磁矩。如果所有被占据的分子轨道和电子都已配对,则它们的自旋磁矩就完全被抵消而等于零,这类分子就无顺磁性。而能用电子顺磁共振波谱研究的分子至少要有一个自旋未配对的电子,我们可以把一个未配对电子看成是一个小磁体,顺磁性物质是这些无数小磁体的集合。在无外磁场情况下,小磁体取向是无规则的,并处于同一平均能量状态。当外加一个磁场,小磁体有规则排列成两种状态:一种是与外磁场平行,对应较低能级;另一种与外磁场反平行,对应较高能级。

由于电子具有磁矩,有角动量,因此在外磁场中受到力的作用而产生进动,如同原子核在外磁场中产生进动一样,只是原子核带正电荷,而电子带负电荷。此时,电子进动角频率

与磁感应强度成正比,其大小表示为

$$\omega = \gamma B \tag{13-33}$$

式中 γ 是电子的磁矩与角动量之比,称为**旋磁比**。

原子中的电子在外磁场中会发生能级的分裂,称为**塞曼效应**,分裂大小与外磁场成正比。两能级能量之差

$$\Delta E = E_2 - E_1 = g_e \mu_B B \tag{13-34}$$

式中,μ_B 称为玻尔磁子,$\mu_B = eh/(4\pi m_e)$,g_e 称为原子的朗德因子,B 为外磁场的磁感应强度。如果再对产生塞曼分裂的电子施加一与外磁场方向垂直的交变电磁场,交变电磁场能量 $h\nu$ 与塞曼能级之差相等时,有

$$h\nu = g_e \mu_B B \tag{13-35}$$

从式(13-35)知,电子受激,吸收交变电磁场能量从低能级跃迁到高能级的现象称为**顺磁共振现象**。

核磁共振和顺磁共振现象,有共同之处,都是一种磁共振现象;但也有不同,主要不同之处是:① 顺磁性物质一种是原子核,另一种是电子。② 在核磁共振中 $\nu_N = (g\mu_N B)/h$,这里 g 是原子核的 g 因子,$\mu_N = eh/(4\pi m_p)$ 称核磁子,而在顺磁共振中 $\nu = (g_e \mu_B B)/h$,式中 g_e 称为原子的朗德因子,其值在 $1 \sim 2$ 之间;对自由电子,$g_e = 2.0023$,μ_B 称为**玻尔磁子** $\mu_B = eh/(4\pi m_e) = 9.274078 \times 10^{-24} A \cdot m^2$。由于质子的质量 m_p 是电子质量 m_e 的 1 836 倍,所以核磁子 μ_N 的数值是玻尔磁子 μ_B 的 1/1 836。在相同的外磁场中,顺磁共振频率要比核磁共振频率高三个数量级,一般核磁共振频率在 10^7 Hz 数量级,则顺磁共振频率 ν_e 要在 10^{10} Hz(属于微波波段)。顺磁共振常用的频率为微波频率,用的是最普遍的波长为 3.2 cm 的 X 波段,其次是波长为 8 mm 的 Q 波段,另外还有 S 波段(9.4 cm)的 K 波段(1.2 cm)。同样,所必须加的稳恒磁场 B,顺磁 B_e 要较核磁 B_N 低三个数量级。这样测量顺磁共振所要求的实验条件可以比核磁共振低得多。

顺磁共振也是一种研究物质结构的有效方法,它研究的对象必须是具有未配对电子的物质,如:① 具有奇数个电子的原子,像氢原子。② 内电子壳层未被充满的离子。③ 具有奇数个电子的分子,如 NO。④ 某些虽不含奇数个电子,但分子的总角动量不为零,如 O_2。⑤ 在反应过程或物质因受辐射作用中产生了自由基。此外还有金属或半导体中的未偶电子等等。

通过对顺磁共振波谱的研究,可得到有关分子、原子或离子中未配对的电子的状态及其周围环境方面的信息,从而得到有关物质结构和化学键方面的知识。例如在有机化学中,顺磁共振对研究自由基很重要。动植物体内的自由基就是应用顺磁共振技术发现的。在癌症的预防和寻找治疗药物方面,用顺磁共振方法对有机体中的自由基进行测定。一些药学工作者应用顺磁共振法来研究各种激素和维生素等药物的化学结构。

13.5　辐射量与辐射防护

13.5.1　辐射量

辐射量是用以表征辐射源的物性,描述辐射场的性质,度量电离辐射(各种射线包括带电粒子射线、中子射线和光子射线等通过物质能够直接或间接产生电离作用,称为**电离辐射**)与物质相互作用时能量传递以及在生物体上所产生的生物效应。国际辐射单位与测量委员会(ICRU)建立了一套比较完善的电离辐射量单位,并确立使用用国际单位制(SI)。辐射量除在 13.2.2 中讲的活度之外,尚有以下三种:

1) 照射量(X)

X 射线或 γ 射线通过空气时,与空气中的原子相互作用,释放出高能的次级电子,这些次级电子使空气电离。照射量就是衡量 X 射线和 γ 射线对空气电离能力大小的一个量,故仅适用于 X 射线和 γ 射线。

照射量是指 X 射线或 γ 射线在单位质量空气中释放出来的所有次级电子完全被空气所阻止时,在空气中所产生同一种符号的离子的总电荷量。设 dm 为空气的质量,dQ 为 X 射线或 γ 射线照射后在 dm 空气中产生的总电荷量,则照射量 X 可用下式表示:

$$X = \frac{\mathrm{d}Q}{\mathrm{d}m} \tag{13-36}$$

所以照射量是从电离能力的角度反映 X 射线或 γ 射线在空气中的辐射场性质。照射量的国际单位是库仑/千克(C/kg),1 库仑/千克是 X 射线、γ 射线在质量为 1kg 的空气中所产生的全部次级电子在空气中完全被阻止时所形成的同种符号的离子总电荷量的绝对值为 1 C。

照射量的另一个单位为伦琴(R),简称**伦**,目前仍在使用。它与 SI 单位的关系是:

$$1R = 2.58 \times 10^{-4}\mathrm{C/kg} \quad\quad 或 \quad\quad 1\mathrm{C/kg} = 3.876 \times 10^{3}\mathrm{R}$$

因为照射量只能用于 X 射线或 γ 射线对空气的效应,而人们更关心的介质是人体组织,且沉积于人体组织中的能量要比空气中的多。所以引入吸收剂量这一概念来描述被照射介质吸收辐射能量的大小。

2) 吸收剂量(D)

电离辐射与物质的相互作用过程是辐射能量传递的过程,物质吸收能量后将产生物理、化学变化或其他生物效应,物质吸取辐射能量越多,则引起的各种效应越明显,为度量各种辐射效应的程度,引入**吸收剂量** D,其定义是:单位质量被照射的物质所吸收的辐射能量。

假设某介质的质量为 dm,而电离辐射给予的能量为 dE,那么该物质吸收剂量(D)为

$$D = \frac{\mathrm{d}E}{\mathrm{d}m} \tag{13-37}$$

吸收剂量的国际单位是焦耳/千克(J/kg),称为戈瑞(Gray,Gy),1Gy=1J/kg,暂时并用的旧单位为拉德(rad),1Gy=100rad。

吸收剂量适用于任何类型的电离辐射,它不仅与辐射场有关,也和被照物质本身的性质有关。例如 1R 的 X 射线或 γ 射线在空气中的吸收剂量约为 0.838rad,而在软组织中约为 0.931rad。显然,不同物质对辐射的吸收本领是不同的。所以,在讨论吸收剂量时,必须说明吸收物质的种类。

3) 剂量当量(H)及其单位

剂量当量是辐射防护中专用的单位,一般说,某一吸收剂量产生的生物效应与射线的种类、能量及照射条件有关。即使受相同数量的吸收剂量照射,因射线种类和辐射条件不同,所产生生物效应的程度大小或其发生概率都不相同。因此,为了统一表示各种射线对机体的危害程度,在辐射的防护中,采用**剂量当量**的概念,用 H 表示。剂量当量是考虑到适当的因素对吸收剂量的影响后对吸收剂量进行的修正,使得修正后的吸收剂量能更好地和辐射所引起的有害效应联系起来。因此,剂量当量就是经过修正后的吸收剂量。组织中某一点的剂量当量由下列公式给出:

$$H = NDXQ \qquad (13-38)$$

式中,剂量当量 H 的 SI 单位为 J/kg,称为**希沃特**,1Sv=1J/kg,暂时并用的旧单位是雷姆(rem),1rem=10^{-2}Sv;D 是吸收剂量(Gy);N 为其他修正因子,ICRP(国际放射防护委员会)规定:$N=1$;Q 是**品质因数**,又称**线质系数**,是估计辐射效应的因子。Q 越大,说明生物效应越强,对生物损伤程度越大。不同射线 Q 值不同,如表 13-1。

表 13-1　部分射线的品质因数

射 线 种 类	Q
X 射线、γ 射线、电子	1
热中子(能量为 0.025eV 的中子)	2.3
20MeV 以下快中子,质子和静止质量大于 1 u 的单电荷粒子	10
20MeV 以上快中子、α 粒子、多电荷粒子	20
慢中子(能量小于 100eV 的中子)	5

13.5.2　辐射防护

电离辐射对人体的照射随时都存在,这是因为人类赖以生存的宇宙空间和地球本身存在天然放射性、宇宙射线等,此类辐射称之为**本底辐射**。由于放射性核素、加速器、X 射线机,以及原子能和平应用等,使人类受到的辐射增多。无论来自体外的电离辐射照射,或是进入体内的放射性物质,其电离辐射与人体组织的相互作用都会导致有害的生物效应,产生损伤的临床症状。辐射对人体损伤机理是很复杂的,通常分为四个阶段:

1) 最初的物理阶段

最初的物理辐射阶段指对人体的瞬间,引起生物有机分子的电离和激发,使细胞内的水分子电离。

2) 物理—化学阶段

经最初阶段电离产生的离子与其他水分子相互作用形成一些新的离子和化学性质十分活泼的自由基,如 H^+、OH^- 和 OH 基,还会生成有害的强氧化剂(过氧化氢 H_2O_2)。

3）化学阶段

生成的离子和自由基及其产物与生物有机分子相互作用,可能破坏构成染色体的复杂分子。

4）生物阶段

该阶段的时间可以从几十分钟变化到几十年,这要看特定的症状而定。这些症状的性质和程度以及出现时间取决于人体所接受的总剂量、辐射性质、照射方式和部位等。

电离辐射对人体产生的有害效应,可分为躯体效应和遗传效应两类。躯体效应是由人体细胞受损引起效应,主要出现在被照者本人身上,如白内障、放射病、癌症等。遗传效应指辐射使性腺的生殖细胞受损,而引起染色体畸变或基因突变传递给后代的效应。1977 年国际放射防护委员会提出,将辐射所致的生物效应分为随机效应的非随机效应。

（1）随机性效应　随机性效应是指被照者有可能发生癌症,也可能对后代产生不良的遗传效应是随机的,另一方面也指在被相同照射剂量的人群中,谁将发生癌病或不良遗传也是随机的。随机性效应的发生概率与所接受剂量的大小成比例,而严重程度与剂量无关,不存在阈剂量。即所受的剂量很微小,也有引起癌病变或遗传性疾病的可能。随机性再一含义是,这种效应的发生率只与总的累积剂量成比例,而与接受照射的人数无关,例如 1 万人每人接受 0.1Sv 照射与 10 万人每人接受 0.01Sv 照射,其发生率相同。

国际放射防委员会 1977 年确定,辐射致癌的危险度为 $1.25 \times 10^{-2}/Sv$。在最初两代子孙出现遗传缺陷的危险度为 $4 \times 10^{-3}/Sv$。

（2）非随机性效应　当受辐射剂量较大时,组织中大量细胞或相当数量的细胞受损,造成组织、器官以致系统功能紊乱,白内障、生育能力衰退及因骨髓内细胞的减少而引起的造血障碍等,这些效应的严重程度与所受剂量的大小有关,并存在着一定的剂量阈值。这种非随机性效应只有超过某一阈剂量才会发生,效应严重程度随剂量大小改变。而且照射方式的不同和不同的组织剂量阈值也不相同。例如眼晶体,当剂量在极限条件下(0.15Sv)照射 50 年,其累积剂量为 7.5Sv,也不会导致白内障,而对于其他单个器官或组织的非随机效应,规定总剂量为 25Sv,相当于 0.5Sv/y(以 50 年平均工作时间计算)。

事实上电离辐射没什么"安全剂量"或"最大容许剂量"。应当做到尽量避免一切不必要的照射,并把剂量保持在所需的最低水平。

对于各种不同的射线需要不同的物质防护。例如 X 射线和 γ 射线应当用重元素物质屏蔽,最常用的有铅砖、铅皮,含铅玻璃和含铅胶皮等。β^- 和 β^+ 射线应当用原子序数较小的物质屏蔽,如各种塑料和有机玻璃等。中子应当用水和石蜡屏蔽。各种屏蔽物质的厚度,可以根据射线的类型和能量的大小,从有关手册或资料中查到。

本 章 小 结

主要性质、概念及公式

（1）原子核的基本性质

① 原子核的自旋角动量为

$$L_I = \sqrt{I(I+1)}\, \frac{h}{2\pi}$$

式中 I 为原子核的自旋量子数,简称核自旋。当核素 $_Z^A$X,Z 也为偶数时,I 零;当 $Z+N$ 为偶数,I 为整数;而 $Z+N$ 为奇数时,Z 或 N 为奇数,I 为半整数。

② 核自旋角动量在 Z 方向分量为

$$L_{Iz} = m_I \frac{h}{2\pi}$$

磁量子数 m_I 共有 $(2I+1)$ 个可能值。

③ 原子核的磁矩为

$$\mu_I = g\sqrt{I(I+1)}\,\mu_N$$

式中,$\mu_N = \dfrac{eh}{4\pi m_p} = 5.050\,786\,6 \times 10^{-27}\text{J} \cdot \text{T}^{-1}$,称为核磁子。核磁矩是矢量,在外磁场方向的投影为

$$\mu_{Iz} = m_I g \mu_N$$

对于给定的 I,m_I 有 $2I+1$ 个不同的可能取值。

(2) 核磁共振与顺磁共振

由于原子核有自旋,当有外磁场 $\boldsymbol{B}$ 存在时,原子核的自旋磁矩与外磁场相互作用,使原来的一个核磁能级分裂成 $2I+1$ 个子能级,相邻两子能级的能量之差为 $\Delta E = g\mu_N B$。如果在垂直于 $\boldsymbol{B}$ 的方向上另加一高频交变磁场,当其频率 ν 符合 $h\nu = g\mu_N B$ 时,原子核强烈地吸收高频磁场的能量,并从低能级跃迁到高能级而发生核磁共振。

同样顺磁性物质的核外电子具有自旋和磁矩,在外磁场的作用下,能级也会分裂,两能级的能量之差为 $\Delta E = g_e \mu_B B$。如果垂直 $\boldsymbol{B}$ 的方向上另加一高频交变磁场,当其频率 ν 符合 $h\nu = g_e \mu_B B$ 时,顺磁性物质也会强烈吸收高频磁能量,并由低能级跃迁到高能级而发生顺磁共振。

(3) 原子核的放射性衰变

① 原子核的放射性衰变的类型

α 衰变: $\quad _Z^A\text{X} \rightarrow _{Z-2}^{A-4}\text{Y} + _2^4\text{He} + Q$

β^- 衰变: $\quad _Z^A\text{X} \rightarrow _{Z+1}^A\text{Y} + _{-1}^0\text{e} + \bar{\nu} + Q$

β^+ 衰变: $\quad _Z^A\text{X} \rightarrow _{Z-1}^A\text{Y} + _{+1}^0\text{e} + \nu + Q$

电子俘获: $\quad _Z^A\text{X} + _{-1}^0\text{e} \rightarrow _{Z-1}^A\text{Y} + \nu + Q$

核衰变快慢、种类及衰变过程由核素本身的特性所决定,不受外界影响。各种衰变的共性是各个核素在衰变过程中遵守能量、质量、动量、电荷数和核子数的守恒。

② 放射性衰变规律

$$N = N_0 e^{-\lambda t}$$

半衰期 $T_{1/2}$ 和平均寿命 τ 之间的关系为

$$T_{1/2} = \frac{\ln 2}{\lambda} = \tau \ln 2$$

③ 放射量

a. 放射性活度: $\quad A = A_0 e^{-\lambda t} = A_0 \left(\frac{1}{2}\right)^{t/T_{1/2}} \text{(Bq)} \text{ 或 (Ci)}$

$$1\text{Ci} = 3.7 \times 10^{10}\,\text{Bq}$$

b. 照射量(X)：$\qquad X=\dfrac{\mathrm{d}Q}{\mathrm{d}m}$ （C/kg 或 R）

$$1R=2.58\times10^4\,\mathrm{c/kg}$$

c. 吸收剂量(D)：$\qquad D=\dfrac{\mathrm{d}E}{\mathrm{d}m}$ （J/kg 或 Gy）

$$1\mathrm{Gy}=1\mathrm{J/kg}=100\mathrm{rad}$$

d. 剂量当量(H)：$\qquad H=NDXQ$ （J/kg 或 Sv）

$$1\mathrm{Sv}=\frac{1\mathrm{J}}{\mathrm{kg}}=10^2\,\mathrm{rem}$$

（4）放射性的探测

放射性的探测是利用射线与物质互相作用时产生电离效应、荧光效应、热效应和化学效应等特殊现象，用仪器给予间接探测而完成。

（5）辐射对人体损伤机理通常分为四个阶段：最初的物理阶段，物理一化学阶段，化学阶段，生物阶段。

习　题

13-1　原子核^{6}Li 的核自旋 $I=1$,问它的自旋角量是多少？它在磁场 z 方向的分量有哪些可能的取值？设实验测得核磁矩在外磁场方向的最大分量等于 $0.822\mu_\mathrm{N}$,度求它的 g 因子、核磁矩在外磁场方向的分量。

13-2　设外磁场的磁感应强 $B=1.5\mathrm{T}$,(1) 问^{6}Li 的原子核在此磁场中的附加势能是多少？(2) 试计算相邻两子能级间的能量差;(3) 为了获得核磁共振现象,问交变磁场的频率应为多少？

13-3　某核磁共振谱仪的磁场强度为 $1.409\,2\mathrm{T}$,求下述核的工作频率：^{1}H、^{13}C、^{19}F、^{31}P。

13-4　某种放射性核素在 1.0h 内衰变掉原来的 29.3%,求它的半衰期、衰变常数和平均寿命。

13-5　化学库中,1.0g 的纯 KCl 样品是放射性的,并以衰变率 $R=-\mathrm{d}N/\mathrm{d}t=1600$ 计数/秒衰变。此衰变是来自元素钾,特别是在普通钾中占 1.18% 的同位素^{40}K 所引起。问此衰变的半衰期为多少？

13-6　古代木炭样品 5.00g,其^{14}C 的放射性是 63.0 次衰变/分。现存树林中碳的放射性比度是 15.3 次衰变/分·克。^{14}C 的半衰期是 $5\,730$ 年,则此木炭样品有多少年了？

13-7　写出核素$^{198}_{79}$Au 的 β^- 衰变方程式。已知$^{198}_{79}$Au 的半衰期为 3.1d。求:(1) 其衰变常数和平均寿命;(2) 1.0μCi 的$^{198}_{79}$Au 经 1.55d 后其活度减弱了多少？

13-8　已知^{131}I 的半衰期为 8.1d,问 12mCi 的^{131}I 经 24.3d 后其活度是多少？

13-9　将少量含有放射性^{24}Na 的溶液注入病人静脉,当时测得计数率为 $12\,000$ 核衰变/分,30h 后抽出血液 $1.0\mathrm{cm}^3$,测得计数率为 0.50 核衰变/分。已知^{24}Na 的半衰期为 15h,试估算该病人全身的血液量。

13-10　已知^{222}Rn 的半衰期为 3.8d,求:(1) 它的平均寿命和衰变常数;(2) 1.0μg 的^{222}Rn 在 1.9d 有多少 μg 发生了衰变？

参考文献

［1］ 谈正卿. 物理学. 上海：上海科学技术出版社,1985

［2］ 崔桂珍. 物理学. 南京：南京大学出版社,1996

［3］ 唐志伦. 药用物理学教程. 贵阳：贵州科技出版社,1996

［4］ 孟和,顾志华. 骨伤科生物力学. 北京：人民卫生出版社,1999

［5］ 章志鸣,沈文华,陈惠芬. 光学. 北京：高等教育出版社,2000

［6］ 秦台豪. 热学. 北京：高等教育出版社,2000

［7］ 曾谨言. 量子力学. 北京：科学出版社,1984

［8］ 褚圣麟. 原子物理学. 北京：人民教育出版社,1983

［9］ 顾柏平. 物理学实验. 南京：东南大学出版社,2000

［10］ 倪光炯,王炎森,钱景华,等. 改变世界的物理学. 上海：复旦大学出版社,2000

［11］ 顾柏平,章新友主编. 医用物理学实验. 北京：中国中医药出版社,2007

［12］ 张三慧. 大学基础物理学. 北京：清华大学出版社,2003

［13］ 程守洙,江之永. 普通物理学. 第四版. 北京：高等教育出版社,2003